高等学校物理实验教学示范中心系列教材

大学物理实验教程

College Physics Experiments

杜旭日　编

厦门大学出版社 国家一级出版社
XIAMEN UNIVERSITY PRESS 全国百佳图书出版单位

内容简介

  本书以实验基本理论与大学物理实验项目为主线,包括基础性与综合性实验、设计性与研究性实验等。设计性与研究性实验主要起抛砖引玉作用。实验内容层次分明,深入浅出,物理概念准确,逻辑体系严谨,注重与工程技术的应用相结合。各部分及各实验项目既相互独立,又相互配合,循序渐进。内容涉及力学、热学、电磁学、光学和近代物理等各个不同领域,初步形成了一个较为完整的大学基础物理实验体系。

  本书可作为高等院校理工科类非物理专业"大学物理实验"课程的教材或参考书,也可供有关工程技术人员和有兴趣的读者参考。

图书在版编目(CIP)数据

大学物理实验教程/杜旭日编. —厦门:厦门大学出版社,2016.2(2017.4 重印)
ISBN 978-7-5615-5837-9

Ⅰ.①大… Ⅱ.①杜… Ⅲ.①物理学-实验-高等学校-教材 Ⅳ.①O4-33

中国版本图书馆 CIP 数据核字(2016)第 008651 号

出 版 人	蒋东明
责任编辑	眭 蔚
装帧设计	蒋卓群
责任印制	许克华

出版发行	厦门大学出版社
社　　址	厦门市软件园二期望海路 39 号
邮政编码	361008
总 编 办	0592-2182177　0592-2181253(传真)
营销中心	0592-2184458　0592-2181365
网　　址	http://www.xmupress.com
邮　　箱	xmupress@126.com
印　　刷	厦门市金凯龙印刷有限公司

开本	787mm×1092mm　1/16
印张	26.5
字数	680 千字
印数	5 001~10 000 册
版次	2016 年 2 月第 1 版
印次	2017 年 4 月第 2 次印刷
定价	50.00 元

厦门大学出版社
微信二维码

厦门大学出版社
微博二维码

前　言

本书根据《理工科类大学物理实验课程教学基本要求》，并参照《大学物理实验课程教学基本要求(基础实验部分)》，结合《高等学校基础课实验教学示范中心建设标准》推荐的实验项目，在多年使用的《大学物理实验》基础上编写而成，适合作为应用型本科院校教材或教学参考书。

编写时，专业术语主要以《辞海》(第六版)等为依据，其他一些内容参考了仪器制造厂商提供的资料以及兄弟院校的相关教材或网络资料，力求做到物理概念表达准确，实验内容思路清晰，实验原理与工程应用技术相结合。本书各章节或实验项目所涉及的内容，都是某一方面的基本知识与基础理论，尽可能在对应项目的一定深度上讨论清楚，因此没有开列众多的参考书籍。

物理学的魅力在于通过探索自然规律和事物本质，把自然界的种种神奇现象和物质变化规律变成易于学习的公式和原理，使人们总是充满激情与乐趣，进一步推动了技术发展与工程应用。有人向伊西多·拉比(Isidor Isaac Rabi,1898—1988)请教成才之道，拉比说："提出好问题让我成了科学家。"小时候每天放学后，母亲都会问他当天的学习情况，她对儿子一天所学内容并不感兴趣，但她总要问，今天你是否提了一个好问题？严格的教育与不懈的努力使拉比最终登上了科学高峰，1944年获诺贝尔物理学奖。对基础实验课程，不仅有普及性的基础知识，也有深层次的甚至跨学科内容，我们不仅要勤于思考，善于提问，还要勇于实践，才能真正地感受物理学之魅力，享受其带来的乐趣。

实验室建设可以看作一个系统工程，硬件的东西终将会沉没于历史，只有实验室文化可以传承，永续辉煌。在一些高校看到早期的教学仪器，如500型万用表、SR-2型示波器、拉伸法测量杨氏模量实验仪等国产教学实验器材时隐时现，这些学校在教学中凭借着这些普通设备而挺立过时光的磨灭与辉煌，数十年后的今天，他们在实验室建设方面仍然起到引领作用，至今仍被人们津津乐道，尤其值得地方性应用型院校学习。

编写过程中，吸收了兄弟院校的宝贵经验，得到实验中心同仁们的大力支持，在此深表谢意；感谢厦门大学出版社眭蔚老师付出的辛勤劳动。

成稿之后，总觉得不尽如人意，希望所做工作只是引玉之砖。限于编者知识水平，错漏与不足在所难免，恳请同行和使用或阅读本书的读者批评指正(E-mail:xitpd@163.com)，以便再版时进一步完善与修订。

编　者

2016年1月

"大学物理实验"课程表

序	项目序号	实验项目简称	地点	周次	时间
1					
2					
3					
4					
5					
6					
7					
8					
9					
10					
11					
12					
13					
14					
15					
16					
17					
18					

物理教学实验中心主页:http://

实验室联系人:＿＿＿＿＿＿＿＿ 电话:＿＿＿＿＿＿＿＿ 地点:＿＿＿＿＿＿＿＿＿＿＿＿

指导教师姓名:＿＿＿＿＿＿＿＿ 手机:＿＿＿＿＿＿＿＿ 邮箱:＿＿＿＿＿＿＿＿＿＿＿＿

目　录

第一章　物理实验基本方法

物理学是研究自然界最基本规律的科学,是研究物质、能量及其相互作用,以及所使用的实验手段和思维方法的学科,通常简称为物理。物理是学习和研究其他自然科学和工程技术的基础。

科学研究方法通常有两种:实验研究方法和理论研究方法。

所谓实验,就是用人为的方法可控制地再现自然现象,并从中进行观测的过程。根据实验中观察到的现象和采集到的数据,加以总结、归纳和抽象,找出事物的内在联系和规律,这种研究科学的方法就是实验研究方法。因此,物理学是一门实验科学。

理论研究方法虽不直接进行实验,但理论研究课题的提出及其研究结果往往都需要通过实验加以检验,因此,实验是理论的源泉。量子力学奠基人之一、德国理论物理学家玻恩(Max Born,1882—1970)在获诺贝尔奖时曾说:"我荣获 1954 年诺贝尔奖与其说是我工作里包括了一个自然现象的发现,倒不如说是那里面包括了一个自然现象的新的思想方法基础的发现。"

物理学之所以被公认为一门重要的科学,不仅仅在于它对客观世界的规律作出了深刻的揭示,还因为其在发展、成长的过程中,形成了一套独特而卓有成效的思想方法体系。

1.1　物理实验的重要性

物理学经历了原始萌芽时期、经典物理时期以及近现代物理时期,很多技术科学是从物理学的分支中独立发展出来的。经典物理学的形成,是伽利略、牛顿、法拉第、麦克斯韦、焦耳等人通过观察自然现象,反复实验,运用抽象思维的方法总结出来的。近代物理的发展,是在某些实验的基础上提出假设,如普朗克根据黑体辐射提出"能量子"假设,再经过大量的实验证实,假设才成为科学理论。

1.1.1　科学实验是发现新事实的手段,是构成科学理论的基础

伽利略主张用具体的实验来认识自然规律,认为经验是理论知识的源泉,其单摆实验和斜面实验为研究力学规律提供了依据。他把实验和逻辑引入物理学,利用实验和数学相结合的方法,确定了一些重要的力学定律,使物理学最终成为一门科学。

牛顿强调自己从实验观察出发,通过归纳综合的研究方法进行光学的研究。在《光学》一书中他指出,在自然科学里,应该像在数学里一样,在研究困难的事物时总是应当先用分析的方法,然后才用综合的方法;这样的分析方法包括做实验和观察,用归纳法得出普遍结论,并且不使这些结论遭到非议,除非这些异议来自实验或者其他可靠的真理。

物理学是一门实验科学,无论是物理概念的建立还是物理规律的发现都必须以严格的科学实验为基础,并通过科学实验来证实。物理实验的重要性,不仅表现在通过实验发现物理定律,而且物理学中的每一项重要突破都与实验密切相关。

1752 年,富兰克林利用风筝把天空的电引入室内,进行室内雷鸣闪电实验,证实了雷电与电火花放电具有同样的本质,进而找到雷电的成因,并在此基础上发明了避雷针。此简单的实验事实说明,物理实验在物理学的发展过程中起着重要和直接的作用。此实验极具危险性,瑞典一科学家试图重复此实验,结果被击死。

牛顿的色散实验证明了不同颜色的光具有不同折射性能,不仅为颜色理论奠定了基础,而且为光谱学的发展开辟了道路。

从科学理论的建立看,实验是理论的源泉,科学理论是从感性认识中抽象出来的理性认识。许多科学理论,如热力学理论等,本身就是科学实验的概括和总结;许多重大理论的突破,如宇称不守恒定律、基本粒子理论等,都是在科学实验有所进步的条件下取得的;许多科学发现,如质子、电子、中子等,也都是在科学实验中发现新事实后提出的。

随着现代科学在广度和深度上的发展,作为建立科学理论的直接事实源泉,科学实验的作用越来越重要。可以说,如果没有系统的科学实验的产生和发展,近代与现代科学将止步不前。

从科学理论的发展看,科学实验是发展科学理论的主要动力,电磁学的发展就是一个典型的例证与缩影。1820 年,奥斯特发现电流的磁效应,揭示了原来认为性质不同的电与磁两种现象之间的联系,轰动了科学界,电磁研究热潮席卷欧洲,揭开了电磁学研究的序幕。紧接着,安培进行了一系列的实验,创立了相关的理论;1831 年底法拉第用铁粉实验演示并提出了磁力线(磁感应线)概念,革命性地把磁力线的重要概念引入物理学,在大量实验结果的基础上,发现了电磁感应定律,1845 年提出了场的概念;麦克斯韦被法拉第的成果所吸引,体会到了场的引入对物理学发展具有革命性意义,在 1856 年之后致力于用数学语言表述和揭示电磁场的运动规律,对前人与自己的研究成果进行了综合与概括,建立了著名的麦克斯韦方程组,使电磁学理论成为经典物理学的支柱之一。这其中的每一个发现都是由相应的科学实验推动的。

有时科学实验还会导致一些意想不到的新发现和新事实,经过新的理论解释与说明,补充和完善,成为发展科学理论的重要动力。麦克斯韦建立电磁场理论时,把电、磁、光三个领域有机地联系起来,预言了光也是一种电磁波。这在当时只能被看作是一种假说,直到 20 多年后的 1888 年,德国的物理学家亨利·赫兹(H. Hertz,1857—1894)从实验发现了电磁波,并证实了其传播速度就是光的速度,才使电磁场理论得到了广泛的公认。此外,1895 年俄国波波夫和意大利马可尼分别实现了无线电波的功能,1925 年英国工程师贝尔德(J. L. Baird,1888—1946)发明了电视,20 世纪无线电通信技术得到迅猛发展。"场"的引入是物理学中极具创造性和想象力的科学思维,对物理学发展具有开创意义。爱因斯坦说,法拉第和麦克斯韦在电磁场方面的工作引发一场最伟大的革命。

19 和 20 世纪之交的三大发现——X 射线、放射性和电子的发现,为原子物理学、核物理学等的发展奠定了基础,人类从此打开了奇妙的微观世界研究的大门。

1.1.2　科学实验是检验理论正确与否的重要判据

理论物理与实验物理相辅相成,构成了物理学的两大组成部分。理论物理通过高度概括与推理,达到规律化、公式化,使理性认识更具有普遍性,但物理概念的建立、物理规律的发现必须建立在实验的基础上。物理模型与假说等物理理论只有经受住实验的检验,由实验所证实,才会得到公认,形成严谨和客观的物理定律或物理定理,否则,不完全正确的就要予以修正。可以说,物理学作为一门科学的地位是由物理实验予以确立的。

伽利略用新发明的望远镜观察到木星有四个卫星后,否定了地心说,支持日心说。2009年为国际天文年,以纪念400年前(1609年)伽利略第一次用望远镜观察星空的壮举。

库仑1777年开始研究静电和磁力问题。当时法国科学院悬赏征求改良航海指南针中的磁针问题。库仑认为磁针支架在轴上,必然会带来摩擦,提出用细头发丝或丝线悬挂磁针。研究中发现线扭转时的扭力和针转过的角度成比例关系,从而可利用这种装置测出静电力和磁力的大小,这导致他发明扭秤,即库仑扭秤。有了这一精密的仪器和测量手段,导致了著名的库仑定律的产生。

奥斯特坚信电磁间有联系,并开展电是否能产生磁的研究,在教学中发现了电流的磁效应。法国著名生物学家巴斯德在讲述奥斯特的发现时,说过一句话:"在观察领域的一切机遇,只偏爱那些有准备的头脑。"这句话成为名言,至今仍被广泛引用。

杨氏双缝干涉实验证实了光的波动假说的正确性。

1900年普朗克在黑体辐射实验的基础上提出了能量子概念,1905年爱因斯坦通过分析光电效应现象提出了光量子假说,总结了光的微粒说和波动说之间的争论,很好地解释 P. 勒纳(勒纳德)等人的光电效应实验结果,直到1916年密立根以极其严密的油滴实验,发表了58次观测结果,用经典力学的方法,给出了精确的电子电荷电量 e 值,测定了普朗克常数,验证了爱因斯坦光电方程的正确性,揭示了微观粒子的量子本性之后,光的粒子性才为人们所接受。1909年,爱因斯坦明确地提出了光的波粒二象性,并说这"可以被理解为波动理论和微粒说的一种统一"。

可以说,物理学的每一次进步都离不开实验,科学实验是理论正确与否的重要判据。

狭义相对论创立时,瑞士的科学家表示怀疑,由于经典理论的烙印太深,物理学家无法摆脱绝对时空观的束缚;当物理学家们正在慢慢领悟其精深含义时,广义相对论再一次把他们抛在后面。人们都知道爱因斯坦是个伟大的科学家,但是真正理解其理论的人寥寥无几,广义相对论的发展过程比狭义相对论还要艰难曲折,很长一个时期,只有那些研究宇宙学的天文学家对广义相对论感兴趣。相对论通过十分精致的科学实验验证,从而上升为公认的科学理论。在当代物理学家眼中,爱因斯坦的狭义和广义相对论、牛顿的运动和引力定律再加上量子力学理论,是有史以来最重要的三项物理学发现。

现代科学中的许多假说,由于没有相应的科学实验技术,只能停留在假说阶段,因而没能成为科学理论。

在获诺贝尔奖的150余名得主中,以实验物理方面的成就为主,获奖人数远超过三分之二。实验成果可以很快得奖,而理论成果要经过实验的检验。例如,德布罗意1929年得奖是在1927年晶体的电子衍射实验证实了电子的波动性之后;李政道、杨振宁1957年得奖也是在吴健雄1957年初的实验之后。正如伦琴所说,"实验是最有力的杠杆,我们可以利用这个杠杆去撬开自然界的秘密;在解决某一假说是保留还是摒弃这一问题时,这个杠杆应当成为'最高一级的审理法院'"。物理学正是实验物理和理论物理的相互结合、探索前进,而不断向前发展的。

1.1.3 精湛的实验不仅是科学而且是艺术

实验大师们凭借精湛的实验技巧、坚实的理论基础、不懈的探索精神和严谨的科学作风,在经历了长期的实验探索之后才获得辉煌的成果。值得一提的是,迈克耳孙以毕生精力从事光速的精密测量,在有生之年,一直是光速测定的国际中心人物,成为第一个获得诺贝尔物理学奖的美国人。迈克耳孙干涉仪蕴涵着重要的物理思想,以巧妙的实验构思、精湛的实验技术使之在近代物理和近代干涉计量技术中起了重要作用,尽管它已被更完善的现代干涉仪所取代,但其基本结构仍然是许多现代干涉仪的基础。爱因斯坦称赞迈克耳孙说:"我总认为迈克耳孙是科学家中的艺术家,他的最大乐趣似乎来自实验本身的优美和所使用方法的精湛,他从来不认为自己在科学上是个严格的'专家',事实上的确不是,但始终是个艺术家。"

英国物理学家托马斯·杨是一位伟大的业余科学活动家,以丰富的想象力并用简便方法设计了光的双缝实验,并明确指出,要使两束分光叠加,必须发自同一光源,这是干涉实验成功的关键,并测出了光的波长。这是波动说对微粒说的一个重大胜利(不是决定性胜利)。他说:"尽管我仰慕牛顿的大名,但是我并不因此而认为他是万无一失的。……我遗憾地看到,他也会弄错,而他的权威有时甚至可能阻碍科学的进步。"

一个人的精神世界有三大支柱:科学、艺术、人文。科学追求的是真,给人以理性,使人理智;艺术追求的是美,给人以感性,让人富有激情;人文追求的是善,给人以悟性,其信仰使人虔诚。

科学强调客观规律,艺术更注重主观情感;科学讲的是理性,艺术更富于情感;"科学就是根据事物的普遍性处理事物的特殊性,艺术则是根据事物的特殊性去处理事物的普遍性。"人文则既有深刻的理性思考,又有深厚的情感魅力。

物理实验既有重要的物理思想,又有巧妙的实验构思,加上精湛的实验技术,这就是科学中的艺术。可网络查阅"十大经典物理实验"等相关资料。

一般认为,物理学的理论与实验集中地体现了科学精神与科学方法,其成果为工程技术进步开辟了道路,工程技术进步又进一步推动着科学的发展,三者是支撑人类社会文明必不可少的重要组成部分。

1.1.4　诺贝尔物理学奖的启迪

根据调查,诺贝尔奖无论是知名度还是声望在世界近百项荣誉奖励中,都是科学奖励系统的"最高奖励",对于科学发展、人类文明和社会进步起到了积极的推动作用。

自 1901 年 12 月诺贝尔奖颁发至今的 115 年来,全世界共有 592 位科学家获三大自然科学奖(物理学奖、化学奖、生理学或医学奖)。美国位居榜首,仅物理学奖就有 90 多名。

"二战"结束前 45 年中,美国获物理学奖的人数比英国和德国都少。当时,自然科学特别是物理学研究的中心在欧洲,尤其是在德国。德国格丁根大学是当时公认的世界理论物理研究中心,英国剑桥大学的卡文迪什实验室是实验物理的研究中心,一大批科学家在这里学习或工作过,做出了许多新发现。在此期间,众多优秀的科学家移民美国,包括航空航天奇才冯·卡门、德国火箭专家冯·布劳恩,以及费米、爱因斯坦等。"二战"结束至今,物理学家群体为美国的科技发展作出了卓越的贡献,获得物理学奖的美国人或具有美国国籍的科学家明显增多,可以说,世界自然科学的研究中心已从欧洲转移到了美国。

此外,日本政府在 2001 年第二个科学技术基本计划中提出,要在 50 年内获得 30 个诺贝尔奖的目标。在过去的 15 年里,已有 14 人获奖(不含外籍日裔),仅次于美国,总数达到 23 位,超过瑞士,位居美国、英国、德国、法国之后,获奖数为世界第五。其中物理学奖 11 人,显示了日本科技实力和在物理学领域的强大优势。

有人把一个国家的科学成果超过全世界总数的 25% 界定为世界科学中心。世界科研活动、主要技术革新成果的绝大多数掌握在欧美日等发达国家手中,发达国家 16% 的人口却创造了世界 80% 的价值。当代最为人们注目的诺贝尔物理学奖从 1901 年首次授奖至今,95% 以上是发达国家的科学家获得的。其中,200 余名获奖者中美国人有 90 多人获奖,超过 45% 物理学家群体使美国当之无愧地成为世界科学中心。据估计,在知识经济时代,科技进步对经济增长的贡献率将超过 80%。近年来,电子信息产业对美国经济增长的贡献率达 45% 以上。这一切与美国的科学家群体、先进实验技术的积累,以及拥有先进的实验设备是分不开的。

有研究表明,20 世纪诺贝尔物理学奖得主做出其重要获奖发现的年龄分布在 22～62 岁,平均年龄为(37.4±8.1)岁,其中实验物理学家平均年龄为(38.2±7.9)岁,理论物理学家平均年龄为(34.0±7.0)岁。理论领域获得重要突破的时间较实验要早。

根据授奖词中关于获奖者开始和完成其获奖工作的年龄分析,在物理学领域,约 2/3 获奖者在 35 岁之前就开始了相关工作,45 岁后才开始的不到 8%,超过 1/3 的工作在 35 岁前就完成了,超过 3/4 的工作是在 45 岁前完成的。其中,在 1901—1992 年间超过 1/2 的物理学家在 35 岁前(53.2%)就做出了重要突破,所有领域在 50 岁后做出重大突破的均不多。

特别是在 20 世纪早期,获奖者在物理学领域做出获奖成果时都非常年轻,这与量子论建立及其发展是分不开的。大多数物理学奖授给了 30 岁前做出成果的个人。狄拉克 26 岁建立相对论性量子力学(1928 年),31 岁获奖;泡利 25 岁提出不相容原理(1925 年),45 岁获奖;德布罗意 31 岁提出物质波(1923 年),37 岁获奖;海森堡 24 岁发展了矩阵力学(1925 年),2 年后又发现测不准原理,31 岁获奖;年仅 25 岁的劳伦斯·布拉格与其父亲分享了 1915 年度诺贝尔物理学奖,成为该奖项历史上最年轻的获得者;1956 年李政道(30 岁)和杨振宁(34 岁)提出在弱相互作用下宇称不守恒理论,否定弱相互作用下宇称守恒定律,使基本粒子研究获重大发现,1957 年获奖;薛定谔 39 岁建立量子力学的波动方程(1926 年),46 岁获奖;年仅 25 岁的费曼研究生毕业后就参与曼哈顿计划,30 岁时就对量子电动力学方面作出贡献而在 1965 年获奖;荷兰物理学家洛伦兹年仅 24 岁就被莱顿大学聘为理论物理学教授,他在莱顿大学任教 35 年,对物理学的贡献都是在此期间的年轻时代作出的。最值得一提的是 1905 年,年仅 26 岁的爱因斯坦在 6 个月内,利用业余时间,在 3 个不同领域创造了科学史上史无前例的奇迹,堪称神话。其中光量子假设理论获 1921 年诺贝尔物理学奖,虽然狭义相对论没有获奖,却开创了物理学的新纪元。这一颗颗闪耀的新星,影响了百年来物理学的发展。

可见,就物理学奖而言,科学发现的最佳年龄段在 25～45 岁,最佳峰值年龄约为 38 岁,而首次贡献的最佳成名年龄许多是在 35 岁之前。在人的一生中,总有一个记忆力方兴未艾而创造力"止于至善"的时期,即记忆力和理解力都是最好的时期。这个时期,就是一个人创新和学有所成的"黄金时代",或者说,是取得成果和科学发现的"最佳年龄区"。可以说,历史上重大的科学发现大多是由年轻人做出的。

20 世纪的物理学奖得主获奖年龄分布在 25～84 岁,平均年龄为(52.6±12.1)岁。从获奖者的重大发现到获奖时间的延迟,表明了科学成果对人类的贡献不仅要经过反复细致的实验或实践检验,还要经过较长时间的考验。只有这样,才能得到公认,印证科学的价值。当然,历史上科学发现的最佳年龄总是在移动着,其趋势是越来越大。最佳年龄的后移反映了人类知识的增长所造成的科学发现难度的增加。

事实证明,青年科技工作者要想在科技领域有所建树,仅有刻苦精神是远远不够的。首先,需要一个大的创新环境,良好的学术氛围,善于把不同的学科结合在一起,不满足于重复过去的东西,勇于提出新见解,反对各种功利性的研究。其次,要具有浓厚的质疑精神,多质疑,常反问,不轻易相信既成事实。正如爱因斯坦所说,我没有什么别的才能,只不过喜欢刨根问底地追究问题罢了。诺贝尔物理学奖评委会主席祖纳·斯万伯格指出,诺贝尔奖获奖者不是通过类似机器的模式就可以制造出来的,也不是靠刻苦就可以成功。像训练运动员一样训练研究者,未必能获得成功。它需要足够的才智、努力、外在条件等,也需要突然降临的灵感。

英国著名哲学家和思想家培根(F. Bacon,1561—1626)指出,一般说来,青年人富于直觉,富有创造性的想象和发明力,长于创造而短于思考与判断,长于行动而短于讨论与交流,长于革新而短于持重与借鉴。因此,若能多一些思考和总结,加上热情和活力,易于有所发现,更容易获得成功,但行事轻率也可能毁坏大局。最好的办法是把青年的特点与老年的特点在事业上结合在一起,取长补短,如果说,老人的经验是可贵的,那么青年人的纯真则是崇高的。

"江山代有才人出,各领风骚数百年。"(【清】赵翼《论诗》)每个有志于从事科学工作的青年学生在成长过程中,除了加强素质培养,开拓思维,勇于创新,还需要只争朝夕,奋发向上。面对困难,都可以从科学家身上找到答案。引用《聊斋志异》作者蒲松龄(1640—1715)励志自勉联与读者共勉:

> 有志者,事竟成,破釜沉舟,百二秦关终属楚;
> 苦心人,天不负,卧薪尝胆,三千越甲可吞吴。

作为基础训练的实践环节,大学物理实验不是探索性的科学实验研究,实验结果也大多有定论。但是,课程教学是系统性的,学习实验的基础理论、基本方法与基本技能,学习对物理量的测量及对实验现象的观察与分析,以及学习有关数据处理,对误差分析、结果表述等方面进行初步训练,使实验者加深对理论的理解。更重要的是,物理实验起着潜移默化的作用,通过以上诸方面较为系统、严格的训练,旨在为今后从事科学实验打下良好的基础,培养良好的科学研究素质。

1.2   如何学好大学物理实验

1.2.1   大学物理实验的任务

大学物理实验不同于其他课程实验,与理论课没有同步和章节的直接联系,顺序性也不强,实验项目通常是不连续和跳跃的,内容的选择具有随意性。注重问题的主要因素,但存在次要因素的影响,实验结果也有误差。虽然有时并不完整,甚至有缺陷,但是较接近实际,通过实验,可以发现一些问题并且可能留下更多的思考。

现代科学素质的三大要素是"实验技能、理论思维和科学计算"。大学物理实验着重于学习实验基本理论、基本实验方法、实验仪器操作技能、数据处理基础知识,通过较为系统和严格的基本训练,以及了解科学实验的基本过程,培养科学作风,为今后的学习和工作奠定良好的实验基础。

1. 通过对实验现象的观察、分析和对物理量的测量,学习物理实验知识,加深对物理学原理的理解。

2. 培养和提高学生的科学实验能力。包括:

(1)能够通过阅读实验教材或相关资料,做好实验前的准备;

(2)能够借助教材或仪器说明书,正确使用常用的仪器;

(3)能够运用物理学理论对实验现象进行初步分析与判断;

(4)能够正确记录和处理实验数据,绘制曲线,说明实验结果,撰写规范的实验报告;

(5)能够完成简单的具有设计性与研究性内容的实验;

(6)能够达到培养科学实验作风和提高科学素养的目的。主要是理论联系实际、实事求是的工作作风,一丝不苟、严肃认真的工作态度,积极主动、敢于创新的探索精神,团结协作、爱护公物的优良品德。

1.2.2 如何学好大学物理实验

物理实验是高等学校理工科院校对大学生进行科学实验基础训练的一门必修基础课程,是大学生接受系统的实验方法和实验技能训练的开端。因此,教育部大学物理课程教学指导委员会把"大学物理实验"作为独立设置的基础实验课程列入大学教学计划。

要学好物理实验课,除了对物理实验要有明确的学习态度和正确的认识,按照规定的步骤进行实验外,还应注意"三要":

1. 要注意学习和总结实验中所采取的实验方法,尤其是基本的测量方法。这些基本的测量方法是科研实践中经常用到的,也是复杂测量方法的基础。没有经过学习、思考和总结,想在一夜之间解决一个有名的难题,历史上从来没有发生过,也是不可能的。

2. 要自觉培养细心观察、发现实验中的问题和解决问题的能力。不要得到一个所谓好的结果就忘乎所以,就以为已经掌握了这个实验。实际上,任何实验结果,由于各种因素的影响,总会与理想的实验结果有差异,问题在于分析这种差异的存在及其大小是否合理。实验操作仪器时,不可避免地会遇到各种问题,要力求独立思考分析,自己动手去解决。即使请他人协助解决,也要积极思考,留心观察处理和解决问题的方法。可以说,能否发现和排除实验中出现的故障是实验能力的一个重要体现。

3. 要自觉养成良好的科学实验习惯。在实验过程中,有些事情看似简单,但对保证实验顺利地进行以及少出差错起着重要的作用,如合理安排实验仪器的布局,事先画好数据记录表格,清晰、准确并如实地记录实验数据,记录与实验相关的数据,包括实验时间、地点和实验环境(如温度、湿度和大气压)等。特别要阅读实验注意事项,注意人身与实物的安全,还要注意节约易耗品以及保持环境的肃静、整洁等。

1.3 如何进行大学物理实验

物理实验的程序由课前预习、实验操作、课后作业(实验报告)三个环节组成。具体的步骤为预习—预习报告—进行实验—检查数据—检查仪器—准许离开—缴交报告等。

1.3.1 预习要求

实验预习就是在开始实验之前,通过阅读和理解实验教材,查找参考资料,了解实验的目的与要求、原理、基本步骤、数据处理方法、注意事项等,并写好预习报告的过程。认真预习是实验成功的前提。

可到实验室现场熟悉实验实物,有的放矢地预习。

1. 预习的内容

实验前进行预习,旨在对所要做的实验有一个全面了解和初步认识。通过阅读实验教材,了解实验目的,以及要达到这些目的,需要什么样的仪器设备,应用什么样的实验原理和实验方法,以及如何使用这些实验设备,阅读注意事项,明确实验任务及要记录的内容等,做到心中有数。实验项目中,有关实验仪器描述、实验步骤、数据处理等内容可选择性阅读。有的实验配有 CAI 软件或电子课件,可利用实验室开放时间到实验室熟悉实验仪器,有的放矢地做好预习。实验室的大门对好学者永远是敞开的。

为做到事半功倍,顺利地完成实验,应写出简单的预习报告。

2. 预习报告的格式

预习报告包括以下内容:

(1)实验题目。明确实验目标,了解实验的关键注意事项。

(2)理出实验依据的主要原理与方法,包括实验用到的计算公式、必要的电路图或光路图等,以及简要步骤等。

(3)画出原始数据记录表格。可自行设计,做到清晰直观,最好单独一页。

3. 预习注意事项

预习报告可用提纲形式,用自己的语言简明扼要地加以叙述。切忌长篇大论,甚至照抄教材。

预习报告为预习时写的报告,不一定要写上"预习"两字。若书写完整,包含实验报告(后述)1~5 项的内容,且书写工整的,也可以作为提交的实验报告的一部分。

1.3.2　进行实验

科学实验是一种精细的手工劳动,更是一种复杂的脑力劳动,是理论与实践相结合的典型过程。实验的过程是实验者动手动脑、实际操作仪器进行观测的过程,是对实验者的实验技能与实验方法,以及预习情况的综合检查。

实验时,人身安全是第一要素,要做得专心致志,对实验现象十分敏感,准确判断,果断决策。发现故障或出现危险(对人与物)迹象时,应立即控制现场(如断电、降温等防护措施),并报告老师,分析原因,排除故障,总结教训,逐步积累临场经验。严禁擅自调换或挪用别组和空闲的仪器,损坏和丢失仪器按规定赔偿。

为了顺利进行实验,下面简要介绍实验的基本过程。

1. 准备工作

实验前,应准备好预习报告,以备检查。对没有预习或预习不充分者,指导教师有权停止其本次实验或者不给予预习成绩,迟到超过 10 分钟者,不得参加本次实验。

2. 认识仪器

刚进入实验室时,要大致核对一下仪器与材料清单,熟悉一下将要使用的仪器、设备等的型号、构造特点和特征,了解其规范,如使用方法、注意事项和测量误差等,并及时做好必要的记录。

3. 熟悉操作步骤

对照实物,研究实验操作程序,想一想原方案是否合理。不要急于动手,以免造成错误。

4. 仪器安装和调试

首先对单个仪器进行检查调试,然后按实验要求安装。仪器安装(连接)好后,正式实验前,必要时应请指导教师检查,特别是可能涉及人身与仪器安全的情况,务必经过指导教师同意,方可通电操作。

　　5. **实验试做和观察**

　　为发现实验过程中可能出现的问题或错误,避免测量数据时出现问题,要重视实验试做。对于可能危及人身安全的电学类实验,要尽量避免双手带电操作。

　　6. **数据测量和记录**

　　实验开始后,要仔细观察,认真思考,及时测量,准确读取和记录数据。读取数据要符合读数规则,记录数字应注意有效数字,并注明单位。发现异常现象、仪器故障及损坏时,要及时报告,以便解决。

　　7. **数据检查**

　　所有数据测量完成后,不要急于拆除线路。首先自己检查数据的合理性,然后交指导教师检查并签字。若问题较大,应重做。数据正确的,方可拆除线路。

　　8. **完成实验**

　　经指导教师检查并同意后,断开实验桌上有关电源,拆除安装的仪器及实验连接件,并放回原位摆放整齐,同时做好清洁卫生,填写"学生实验情况记录表",经指导教师或实验室管理人员验收并签字后,方可离开实验室,且不得无故逗留。

1.3.3　记录原始数据的技巧

　　1. 标示实验时间,记录环境条件。所有的记录都应注明日期以及实验时环境参数。

　　2. 注意仪器特征。记录所使用的仪器型号、规格或参数,相关附件和材料的规格,以及对应的序号等。记录仪器特征是一个好的工作习惯,便于以后必要时对实验数据进行复查。记录仪器规格可以使实验者逐步地熟悉它,以培养选用仪器的能力。若实验数据异常,一旦怀疑某个设备有问题时,即可检查所使用的是哪一台设备。

　　3. 记录实验数据及其单位。所有的被测量都应及时、直接地记录,不要在进行记录之前做任何心算,哪怕是一些微不足道的内容。避免因心算发生错误而导致无法修正。

　　4. 细心观测。在测量和记录结果时,应再次观察仪器和检查记录,做到"读数、记录、检查"。作记录时,重要的是准确,而不是好看。通常情况下,不要过分节省纸张,在可能的情况下,尽量把测量的数据记录成表格形式。

　　5. 不随意涂改数据。测错而无用的原始数据,可在上面画双删除线,如"~~3.172~~",不得随意涂改,以便分析出错原因。确实测错而无用的数据,可在旁边注明"作废"字样。

　　6. 克服坏习惯。把测量数据或结果记录在草稿纸上,再抄到干净纸张或本子上,扔掉原始记录,是个坏习惯。这样做的坏处是浪费时间,在誊写时有可能出错,几乎无法避免挑选结果的诱惑。

1.3.4　怎样写实验报告

　　实验报告的撰写是整个实验知识系统化吸收和升华的过程,因此,实验后要趁热打铁,及时完成实验报告。撰写实验报告的重点在于对原始数据的整理、对数据的处理和结果的正确表示,以及对实验过程的分析与总结等。力求做到思路清晰,表述通顺,内容完整。

　　一份完整的实验报告一般包括以下内容:

　　1. **实验名称**:所做实验项目的名称。

　　2. **实验目的**:说明本实验的目的与实验方法。

　　3. **实验仪器**:列出主要仪器的名称,留待实验时填写型号、规格和编号(或序号);必要时注明主要仪器的使用方法及操作注意事项,避免束手无策或损坏仪器。

4. 实验原理:在理解的基础上,用简明扼要的文字、简略的数学式或图示方式,概括实验原理、实验条件,画好有关框图、结构图、电路图或光路图,力求图文并茂。

5. 实验任务或实验步骤:列出关键事项,简单明了。

6. 数据处理:包括实验数据整理、处理过程(必要的计算、作图、误差估算、不确定度分析与评定等)和实验结果。实验时,把原始数据记录在预习报告的表格上,写正式报告时要重新整理。画图要用正式的坐标纸并按作图规则进行。计算时,先将文字符号公式化简后,再代入数值进行运算。误差估算要预先写出误差公式,再把数据代入。最后,按标准形式写出测量结果,有时还要注明结果的实验条件。

7. 实验小结:对实验中出现的问题进行说明和讨论,包括对实验的小结、结果分析与讨论、经验教训,以及对实验教材与仪器的建议等,有感而发。实验旨在培养实事求是、理论联系实际的科学工作作风及独立思考与分析综合的能力,可作为讨论写出这方面的感受或建议等。

8. 原始材料:附有经指导教师签字的原始数据,以及简要的预习报告。

上述1～5项手写,通过自己提炼,做到尽量简洁和清晰,不照抄教材或讲义。报告重点应放在第6项。若是设计性与研究实验,还要列出所引用的参考资料。

注意:(1)实验总成绩包括期末考试成绩和平时成绩两部分。期末考试包括笔试、口试和操作等;平时成绩由预习报告、提问、操作、课堂表现(科学作风)、实验报告等几部分组成,各占一定的比例。迟到和早退情况、实验过程的表现和态度、整理实验室等都属于课堂表现的内容。(2)实验报告也是课程作业,多人同组合作的,应分别写出各自的报告,不能合做一份。(3)在撰写报告时,弄虚作假、歪曲事实、篡改或伪造数据等,如同考试作弊,属欺骗行为,应予以抵制。

实验报告参考格式:

"大学物理实验"实验报告

实验名称:＿＿＿＿＿＿＿＿＿＿＿＿＿＿＿＿＿

实验报告者:＿＿＿＿＿　　班级:＿＿＿＿　　学号:＿＿＿＿　　实验时间:＿＿＿＿＿

1. 实验目的
分项列出。

2. 实验仪器设备
分项列出实际使用的仪器设备(包括名称、型号、规格、数量等)。

3. 实验原理
实验原理、公式,以及公式成立的条件,电路(光路)图等。

4. 实验内容
按照要求分项写出。

实验记录(包括室温、图、表和实验数据等)。

实验结果(包括图、曲线、记录表、结论等)。

5. 实验数据记录与处理
包括实验时出现或意识到的问题的讨论,以及实验结果的分析与比较或心得体会。

6. 解答思考与练习题

1.4　科学研究与实验方法

人们利用自然法则、规律和其他科学知识进行辩证思维活动，正确认识客观世界，在科学发展过程中形成了相对稳定的科学研究方法。

物理实验通过研究物理现象、规律及原理，建立正确的物理模型，以一种特殊的手段，实现观察和测量，形成了人们认可的科学实验方法。

1.4.1　科学研究步骤与方法

科学研究的目的就是要在前人的基础上有所创新，是创造性的工作。

伽利略开创了科学实验方法，创立了对物理现象进行实验研究与观察，并把实验的方法与理论思维（科学假设、数学推理、逻辑论证和演绎）相结合的科学研究方法。他认为，采用定量方法，能够在更加详尽的细节上由实验加以检验，做出定量预测的理论比描述性预测的理论更加有说服力；通过设计实验，以检验特定的假说；分析问题时一次只考虑其中之一以限制探究范围，把现象分解为最简单的成分并对其进行研究，如力的分解与合成。伽利略的方法符合人类科学认知的过程，经得起时间的考验，对科学发展起着关键的作用。爱因斯坦指出："伽利略的发现以及他所用的科学推理方法，是人类思想史上最伟大的成就之一，而且标志着物理学真正的开端。"伽利略被后人尊称为"现代物理之父"。

演绎是一种推理方法，即运用一般的原理或定律，推论出一个新的结论或假设，或者是特殊情况下的结论。归纳也是一种推理方法，是由一系列的具体事实概括出一般的原理，或者运用一些特殊的观察现象或实验，发现一个新的规律。

所谓假说，就是以人们一定的经验素材及已知的事实依据，运用已有的科学理论与技术方法，对未知的自然事物或现象的产生原因及运动规律所作出的推测或推测性解释。

观察与实验是人类认知活动的实践部分，演绎法和归纳法是人类认知活动的思维（理性）部分。人类的认知活动应该是思维和实践的统一体，从事科学研究经常采用演绎和归纳两种基本的系统思维方式。

爱因斯坦指出，近代科学的发展在方法论上需要两大发现，这两大发现是以实验为基础的、从特殊到一般的分析和归纳法，以及从一般到特殊的演绎法。

从方法论上看，大学物理中的力学和热学的研究方法是演绎法，从基本规律出发，应用基本原理解决问题；而电磁学的研究方法是归纳法，从几个基本实验规律出发，经过建立模型，定义概念，数学外推与理论假设，理论预言与实验相结合，进行归纳和总结，得出基本的规律，最终形成了完整的理论体系，并在工业革命中起了重要的作用。光学的发展与研究也符合科学认识过程，在观察与实验的基础上，对物理现象进行分析、抽象和综合，进而提出假说，形成理论，并不断加以完善以经受实践的检验。

图 1-4-1 为科学研究的一般步骤。建立理论的目的就是为新的研究提供理论基础。

人类大脑思维分为抽象（逻辑）思维、形象（直观）思维和灵感（顿悟）思维三种基本形式。分析与综合是抽象思维的基本方法。有些人埋头做科学实验，凭借着敏锐的洞察力发现了新的现象，如伦琴发现 X 射线；有些人按照概念做实验，如居里夫人从大量的矿石中提炼出放射性元素；有些人广泛收集资料，并进行观察，悟物穷理，如达尔文的进化论；还有一些人是把不

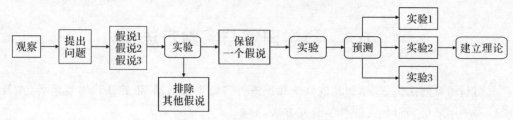

图 1-4-1　科学研究的一般步骤

同的学科组织联系起来,像维纳提出控制论。

明确研究对象之后,一般的科学研究工作大都遵循图 1-4-2 所示的研究方法。

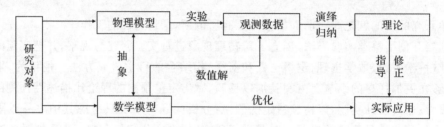

图 1-4-2　科学研究方法

牛顿创立了力学模型,其自然哲学思想、归纳法与演绎法相结合、模型与数学相结合等科学研究方法,不仅成功地建立了经典力学体系,使物理学成为定量的科学,实现了物理学史上第一次大综合,而且推动了近代科学的大发展。除了质点外,有关实验还会遇到许多物理模型,如刚体、谐振子、气体分子、点电荷、模拟静电场、液体模型等,具体应用时,应理解这些模型是如何建立的,并注意分析其适用条件。

模型方法抓住问题的主要矛盾,(暂时)忽略其他次要矛盾,用最少的假设,并最大限度地使用数学这一精确的工具,揭示了问题的本质,已成为现代科学研究的基本方法之一,在物理学的发展中起了重大的作用。例如,玻尔模型为后来基于量子力学的原子结构理论奠定了基础。

法拉第作为一位伟大的实验家,有着丰富的想象力。他提出"场"的概念,是一种创造性的科学思维,对物理学发展具有开创意义。从某种意义上说,场既是一种概念,也是一种模型。

类比法是一种以比较为基础的逻辑推理方法。从库仑定律建立来看,库仑成功地运用了类比法。日本科学家汤川秀树(1907—1981)将核力和电磁力类比,提出了核力的介子理论,成为第一个获得诺贝尔奖的日本人(1949 年)。1939 年 8 月,以爱因斯坦为代表的科学家致信美国总统罗斯福,通过总统军事顾问萨克斯呈交万言书,萨克斯以英法战争为例,说明拿破仑没有采用富尔顿的发明在战船上安装蒸汽机,失去战争主动权,英国逃过了一劫,从而说服罗斯福总统实施"曼哈顿工程"计划,也是成功地运用了类比法,改变了历史的进程。

对称性也是一种从"一般到特殊"的演绎法。人们习惯上把对称性看成是由于一个物体或系统各部分之间的恰当比例、平衡和协调一致而产生的一种简单性和美感。除了传统的空间对称外,物理学中的某种对称性是物理规律(或可观察量)在某种(在本质上不可观察的)变换下保持不变的性质。这种方法可以用尽可能少的普遍的基本定理(或对称性)作为前提,用严格的数学演绎和推理,导出各种特殊的可供实验检验的预言。例如,牛顿运动方程的伽利略变换不变性,麦克斯韦方程的洛伦兹变换不变性和相位不变性,相对性原理和光速不变原理等,从本质上说,都是一种关于对称性的概念。

科学研究与技术研究在形式和方法上并没有什么不同,技术研究的动机在于应用,基础科学代表着一种探索,在于揭示和认识客观世界的基本规律。宋朝之后的中国逐渐衰落,现代时期的科技远落后于西方国家。"现代科学没有发生在中国",许多学者探究这一"李约瑟难题"时指出,原因之一是没有从以经验为基础的传统方式转换到以科学和实验为基础的创新方式上来,而同时期的欧洲,18世纪以来的科学技术革命已经成功地实现了这种转变。中国近代物理学的起步比西方晚了200多年。

凡此种种,说明科学研究没有一成不变的方法,获得创造性的途径是多种多样的。

1.4.2　大学物理实验方法

大学物理实验方法,大致可分为三种:

一是直接测量法。将待测物理量与经过标定或高一级的仪器或量具的同类标准量发生直接联系,并直接读出待测物理量量值的过程。

二是间接测量法。根据被测量与测出量之间的关系,通过它们之间的函数关系计算出被测量的值,是直接测量的延伸与补充。

三是模拟方法。基于相似性原理,采用模型进行分析研究的方法。

物理实验的基本方法不同于仪器的调整方法,也不同于数据处理方法。例如,为使分光计的望远镜光轴同仪器主轴严格垂直,采用了自准法调整仪器;为了减少系统误差,采用左右逼近法测量;为了减少随机误差,采用逐差法处理数据。显然,以上都不是实验的基本方法。

常用的实验基本方法有以下几种:

1. 放大法

所谓放大法,就是将被测量其值的大小直观放大后再测量的方法。有时,也涉及不同物理量之间的转换,如千分表将微小线位移转变成指针偏转的角位移。

(1)机械放大法

微小长度或角度的测量,都是将所用的测量工具最小分度值进行机械放大,如千分尺和各种游标等。具有易观测,可增加有效数位,读数精度高,误差小等优点。

(2)光学放大法

显微镜通过光学仪器形成放大的像,已为人们所熟知。此外,通过增大光程,也可进行放大。如冲击电流计装置,通过增大光程,把线圈偏转的微小角度,变成一个相当大的长度量测量。借助平面镜的光杠杆法测量杨氏模量,也是基于光学放大法原理。

(3)电放大法

利用放大电路,可对微弱电信号进行有效的观测。电子仪表和示波器内部有放大部件和放大电路等信号调节电路,可用于观测微弱电信号(电压、电流或功率)。凡是能转化为电信号(电压、电流或功率)的电学量或非电学量,一般都可以用示波器来观测。

2. 微小量积累法

积累法,实际上也是一种放大法,但与机械放大法、光学放大法以及电放大法不同。通常指微小量积累法,又称累计法,用于减少测量误差。

例如,用单摆测量重力加速度 g,不直接测量全振动一次的时间来测量单摆的振动周期 T,而是测量全振动 n 次,如 $n=100$ 的总时间 t,再由 $T=t/100$ 计算出 T 值。这样,可增加有效数位,减小测量误差。

3. 补偿法

补偿法的实质就是用一个标准量去抵消未知量的方法。例如,用电位差计测量电源电动势或电压就是一种典型的补偿法。

4. 比较法

用量具测量某一物理量,既有直接比较,又具有间接测量的意义,实际上就是比较测量方法。例如,电桥测量电动势,将标准量(已知)与未知量加以比较,再将未知量求出,就是一种比较测量法。应用比较法测量时,通常有一个已知的标准量。比较法也是最常用的基本实验方法之一。

5. 零位测量法

电桥电路是一种基于比较法的零位测量法。两种方法相结合,通过调节电阻箱,使检流计指示零值,通过比较,获得测量结果。

6. 模拟法

模拟法是一种模型测量,间接地研究原型规律性的实验方法。例如,利用电模拟法测量各种非规则场的分布,包括不规则带电物体在空间产生的电场分布,在较复杂场合下声场(声强)的分布,温度场的分布等。一般说来,想用数学模型解决上述非规则场的分布问题是不易办到的。在这种情况下,只有在测量中,在确保原场不受影响的情况下,模拟实际情况(可按比例缩小)进行实际测量,再将得到的数据描绘成曲线。

在大学物理实验中,还有刚体、谐振子、气体分子、点电荷,以及流体模型(实验17)等,具体应用时,应理解这些模型是如何建立的,并注意分析其适用条件。

计算机模拟技术对科学实验的发展起到前所未有的推动作用,使复杂问题的处理变得简单与快捷。

7. 电测法

电测法的特点是将非电量变换为电学量进行测量。把各种非电量,如温度、压力等转换为易于测量的电压、电流或电阻,据此,人们做成各种传感器,有力敏、压敏、热敏、气敏、湿敏、磁敏、光敏、光色、光纤、微波、液晶、超导、非晶态合金、化学生物和智能等各种各样的传感器。这些传感器在工农业生产、科研和自动控制中得到了广泛应用。

8. 光测法

光的波粒二象性在基础物理和近代物理实验中得到了广泛的应用。

(1)应用光的波动性可以进行多种物理量的测量。例如,应用光的干涉现象测量长度、速度以及应力分布等。牛顿环、劈尖、分光计、迈克耳孙干涉仪等都是利用光的干涉原理测量长度的典型例子。

此外,利用光的偏振现象可以测量角度、某些液体浓度或折射率、物体的某些化学成分及晶体结构,以及利用光的衍射现象进行图像识别等。

(2)应用几何光学进行测量,如分光计、显微镜、望远镜等。

1.5　实验室安全知识

实验室安全包括排除安全隐患,预防事故发生,保障人身与财物安全,保证教学与科研的连续性,减少安全事故造成的经济损失。安全问题无小事,应做到防微杜渐。

实验室存在的安全隐患包括电器设备用电安全、激光的防护、易破碎的玻璃仪器,以及易燃、易爆、有毒性(腐蚀性)的化学药品等,潜伏着发生诸如触电、激光伤害、着火、爆炸、中毒、灼伤、割伤等事故的危险,因此,熟悉如何防止事故的发生及妥善处理发生的事故,是每一个实验者必备的基本素质。

以下主要针对大学物理实验的特点,简要介绍一些相关的安全知识。

1.5.1　实验室基本安全常识

实验室安全问题需要从学生入学时做起,尤其要体现在基础实验课程中,在实验中不断地加以强调。作为一个实验工作者或参与者,除了积极参与实验操作,提高实验技能外,还要熟悉有关实验室的安全防护知识。

(1)进入实验室时,要注意观察和识别有关安全提示标志,如激光、高压、防静电、防灼伤、防毒等。实验过程中,注意把前后门都打开,防止堵塞。一旦发生事故,能及时有效地疏散。

(2)尽管实验室使用的激光器输出功率不太大,但是,仍能对肉眼造成严重的伤害,请小心操作,切勿投射(直射、反射或折射)到其他人的眼睛里或直接观看,应进行有效的遮挡,以免出现意外。凡是涉及较强光能的实验,无论是坐下或弯腰等动作,都要小心行事,危险可能来自其他组的实验。在实验过程中,应相互督促,若有必要,应按有关要求佩戴激光防护镜。

(3)保持实验台整洁和环境安静。不要在实验台上放置与实验无关的物品,如书包、手机、水杯等;不要在实验室喧哗,最好关闭移动通信工具电源。

(4)人体电阻通常为 $1\sim100$ kΩ,在出汗或潮湿环境中,会降低到数百欧姆。因此,规定在一般工作环境中,安全电压为 36 V;在恶劣环境中,安全电压低于 36 V。不要用潮湿的手接触电器。低频电流比高频电流对人体的危害更为严重。

(5)在实验室内,无论发生任何事故,都要做到不惊慌,冷静判断,及时采取得力措施。平时可阅读一些有关急救的知识。有条件时,可参加专业机构举办的培训。

1.5.2　电器设备的安全防护

实验室用到各种各样的电器设备,安全防护包括实验者人身安全、用电安全以及电器设备安全。在实验室中,除了遵守常规的用电安全事项外,还应做到:

(1)认真阅读实验教材或产品说明书,弄清其结构、性能、使用范围、注意事项以及安全防护措施。发现损坏的接头及电线应及时报告,及时更换或维修。连接好线路后,应仔细检查,再经教师确认无误后,方可通电实验。严禁随意合闸和带电操作。

(2)清楚实验使用的电源开关和实验室电源总开关的位置,一旦发生事故,如有人触电或电器着火,要立即切断电源。金属外壳的电器设备一般应接地线。

(3)在实验桌上的电烙铁和热源,无论其是否处于通电状态,都不要随意直接触摸导热部分,避免出现意外。

(4)清楚静电对人体和实验设备有潜在危害。涉及有关静电或可能产生静电的实验时,要遵守操作规程和注意事项,避免其与电子设备或电子元器件等直接接触。同时,还要避免意外造成实验者的电子用具,如手机、U盘等的损坏。在干燥的天气,为了避免人体的静电对有关电子设备造成意外的损坏,操作前应释放静电,如双掌摸一下墙壁就是一种行之有效的简便方法。

(5)平时养成单手操作的习惯,避免双手带电操作。如需要测量可能对人体造成伤害的较高电压时,尽量采用单手操作。例如,采用类似拿筷子的方法单手操作万用表的两支测试棒。

(6)针对各地气候特点,做好防潮、防静电、防台风等工作,如除湿机的日常管理等;离开实验室时,做好"水、电、门、窗"及其相关的安全检查与防范管理工作,并规范实验室钥匙管理制度等。

1.5.3　化学药品的安全防护

有时,由于实验内容或擦洗光学镜头等的需要,必须使用一些化学药品,有的甚至有毒、易燃、易爆,具有腐蚀性。

(1)使用时,要了解其规格、性能及可能发生的危险,做好防范,包括防毒、防爆、防火、防灼伤、防吸入和防散发等,将其对人体造成的伤害降到最低限度。使用时,要特别注意,最好在通风良好的环境中使用。

(2)对化学药品,实验室要有专人负责保管,实验者不要随意拿取和放置。严格规范使用条件,并做必要的回收。使用完毕,应及时洗手。

(3)应尽量避免化学药品与人体的直接接触,不在实验台附近饮水、进食或存放食物,杜绝化学药品入口。

(4)应尽量避免可燃性气体散发到空气中,避免其受到热源诱发(如电火花等)或震动,否则容易引起爆炸。

(5)对有机溶剂应杜绝室内明火、电火花或静电放电,且不可过多存放这类药品,用后要及时回收,不可随意处理,以免聚集引起火灾。通常用于灭火的有水、沙、二氧化碳灭火器、四氯化碳灭火器、泡沫灭火器和干粉灭火器等,可根据起火原因和场所选择使用。

> 科学的真理不应在古代圣人的蒙着灰尘的书上去找,而应该在实验中和以实验为基础的理论中去找。真正的哲学是写在那本经常在我们眼前打开着的最伟大的书里面的。这本书就是宇宙,就是自然本身,人们必须去读它。
>
> ——伽利略

第二章　测量误差与数据处理基本理论

本章主要介绍大学物理实验所需要的基本理论,包括测量及其基本概念、有效数字及其表示方法、误差的分类与不确定度的评定、测量结果的评价与表示、数据处理的基本方法等,着重介绍标准不确定度的评定和测量结果的表示方法。

2.1　测量与有效数字

2.1.1　关于测量

实验离不开测量,物理实验不仅需要定性地观察物理现象,更重要的是通过定量地观测物理量大小的变化,找出有关物理量之间的定量关系,确定其变化规律。因此,测量是物理实验的基本任务和极其重要的组成部分。

物理量,通常指可测的量,是现象、物体或物质可定性区别和定量确定的属性,有一般意义的量(广义)和特定量(狭义)之分。前者如长度、电阻等,后者如书本的厚度、电流表的内阻等。

物理实验中所有的被测量(被测量的量)和测量结果,都是作为研究对象的特定量。通过一系列的测量,确定其量值。

所谓量值,一般是由一个数辅以测量单位(通常为数乘以单位)表示特定量的大小。或者说,量的大小可用一个数和一个参照对象表示。例如,某人身高 L.73 m 或 173 cm,体重 70 kg,室温 20 ℃等,都是有名数。而线应变、摩擦系数、折射率等,其单位均为"1",称为量纲一的量,属于无名数,或两个有名数的比值。

同类量可以使用相同的测量单位,可以相互比较并按大小排序,如波长、宽度、厚度等为一组同类量,功、热、能等为另一组同类量。但是,可以使用相同单位的量不一定是同类量,如力矩和功,都以牛·米(N·m)为单位,但不是同类量;量纲一的量,其单位都是1,但不是同类量。同种或不同种、不同类的量都可以进行乘除运算,组合成另一个量;只有同种(一定条件下也可以是同类)量才可以相加减,结果仍是一个同种(类)量。

与大学物理理论课程一样,量纲分析在物理实验课程中也是一个非常有用的工具。书写量及其数值、单位时,要使用规范的字母、数字或汉字,符合 GB 3100-3102 要求。如变量用斜体,单位用正体等。初学者常常漏写单位,要特别留意。

1. 测量

所谓测量,就是通过一定的方法,将被测量(未知量)与一个规定的作为标准单位的同类量或可借以导出的异类物理量(已知量)进行比较,以确定量值为目的而进行的一系列操作,得到被测量大小是标准量的多少倍的过程,即通过实验获得并可合理赋予某量一个或多个量值的过程。这个标准量称为该物理量的单位,通过测量仪器来体现,其倍数称为待测量的数值(被测量与标准量的比值)。测量结果即实验数据,表示为测量数值(大小)和单位。

可见,一个物理量必须由测量值的大小和单位组成,两者缺一不可。

选作比较用的标准量必须是国际公认的、唯一的和稳定不变的。国际单位制(SI)规定了基本单位、辅助单位和导出单位等。例如,长度的单位为米,1983 年国际计量大会规定,1 米是光在真空中,在 1/299 792 458 s 的时间间隔内运行路程的长度。

例如,钢球的直径可通过与规定用厘米作为标准单位的游标卡尺进行比较,而得出测量结果;物体的运动速度可通过与两个不同的物理量,即长度和时间的标准单位进行比较而得出。

一个被测物理量,除了用数值和单位表征外,还需要表征测量结果的可靠性,进行必要的定量估计,这将在第三节介绍。

按照测量结果获得的方式,测量可分为直接测量和间接测量;按照测量的条件,测量可分为等精度测量和不等精度测量。

等精度测量,就是在相同测量条件下进行的一系列测量,每次测量的可靠程度相同。

不等精度测量,即不同条件下对某物理量所进行的一系列测量,或测量仪器改变,或测量方法、条件改变,其结果的可靠程度各不相同。

2. 直接测量

直接测量就是把待测量与标准量直接比较得出结果,借助选定的测量仪器或仪表,直接读取测量结果。例如,用米尺测量桌子的长度,用秒表测量百米跑的时间,用天平称量物体的质量,用万用表测量电路中的电压或电流等,相应的这些被测物理量称为直接测量量。

3. 间接测量

间接测量是借助一定的函数关系(一般为物理概念、定理或定律),根据函数关系中直接测量的结果才能计算出来的测量过程,相应的待测量称为间接测量量。例如,伏安法测电阻,已知电压和电流值,由欧姆定律计算出的电阻就是间接测量量。

对一个给定的待测物理量,能否直接测量不是绝对的,与待测量本身没有直接的联系,而是取决于所采用实验的方法和实验仪器设备等。例如,采用万用表或电桥进行电阻测量时,电阻为直接测量;用伏安法时,电阻是间接测量。直接测量是间接测量的基础。

2.1.2 真值与误差的概念

所谓真值,就是被测物理量本身所具有的、客观的、真实的数值,记为 X_0。严格地讲,真值只是一个理想化概念,真值是不能获得的。

通过测量所获得的被测物理量的值,称为测量值,记为 X。一般地,X 总是不会等于真值的,只能接近真值。只有通过严密的定义和完善的测量才可能接近真值。

实验时,总是希望测量结果尽可能准确,甚至幻想获得绝对准确的真值。真值(量的真值)是与给定的特定量定义一致的值,只有通过完善的测量才有可能接近。

量子效应排除了唯一真值的存在,真值按其本性是不确定的;与给定的特定量定义一致的值不一定只有一个。即使存在唯一确定的真值,用十进数字来表示,应当是一个无穷多位的数。实际测量中,还存在其他类型的测量误差,只能读出有限位数字。

可见,真值是不可能测量的。

在相同条件下,对某一物理量进行的一组 n 次测量的值 $X_1, X_2, \cdots, X_n$ 的总和除以测量次数 n 所得的值,就是平均值,记为 $\overline{X}$,即

$$\overline{X} = \frac{1}{n} \sum_{i=1}^{n} X_i \tag{2-1-1}$$

对这组测量来讲,$\overline{X}$ 被认为是最接近真值的,故又称为测量的最佳值或近真值。它与真值的关系为

$$\lim_{n \to \infty} \overline{X} = X_0 \qquad\qquad (2\text{-}1\text{-}2)$$

因此,在处理测量数据时,通常用物理量的平均值 $\overline{X}$ 代替其真值 X_0。

随着测量理论和测量技术的发展,测量结果会有限度地接近真值。在讨论问题的时候,真值是一个很有用的概念。通常把误差较小,相对可靠的量值作为约定真值。例如,国际公布的相对原子质量等物理常量或常数,标准物质(如砝码)的值,标准器证书上的值,某量重复性条件下多次测量的平均值等。

误差通常指测量值 X_i 与被测量的真值或约定真值 X_0 之差,记为 ε_i,即

$$\varepsilon_i = X_i - X_0 \qquad\qquad (2\text{-}1\text{-}3)$$

真值是不能获得的,因此,严格意义上的误差也是不可求的。由于测量原理或方法不完善,测量仪器准确度的限制,以及环境条件、操作人员熟练程度等不定因素,任何测量都具有误差,即误差的普遍性,因此,应通过测量误差分析及其不确定度评定,尽可能完整地表达测量结果。

因为可用 $\overline{X}$ 近似代替 X_0,所以,通常也用偏差 v_i 代替误差 ε_i。测量值 X_i 与相同条件下多次等精度测量所得平均值 $\overline{X}$ 的差值,称为偏差,记为 v_i,即

$$v_i = X_i - \overline{X} \qquad\qquad (2\text{-}1\text{-}4)$$

一般情况下所说的误差通常指偏差。

2.1.3　有效数字

1. 有效数字的概念

任何一个物理量,其测量的结果或多或少地存在误差,对于一个物理量的数值不可能想写多少位就多少位,写多了没有实际意义,写少了又不能真实地反映该物理量的测量属性。因此,需要引入有效数字的概念。

用最小分度值为 1 mm 的卷尺测量某不锈钢板厚度,读数值为 1.29 cm 或 1.30 cm,其中 1 和 2 或 3 是从刻度上准确读出的,可认为是准确的,称为可靠数字;而末尾数字 9 或 0 是在最小分度值内估计的,是不准确的,叫作欠准(可疑)数。虽是估读的,但能使测量值更接近真实值,更好地反映真实长度。因此,测量值应保留到这一位,而且只能保留一位欠准(可疑)数字。

所谓有效数字,就是在测量结果的数字表示中,由若干位可靠数字加一位可疑数字组成,是一个近似数中不被误差影响的每一位数字。

真值 X_0 是不可知的,对 X_0 的一切观测值 X_k 都是近似值,通常用十进制记数法表示。近似的特征体现在数字的最末一两位存在误差 Δ_x,误差 Δ_x 的大小和正负不能准确确定。这样的近似数通常称为有效数(字)。

引入有效数字的概念后,有效数字表示为:有效数字＝可靠数字＋欠准(可疑)数字(估读)。

记录实验数据时,测量值可表示为:测量值＝读数值(有效数字)(单位)。

2. 关于"0"的有效问题

(1)"0"在数字中间或末尾时有效

例如,1.234、50.23、70.02、102.0 均为四位有效数字。

不能在数字的末尾随便增加或删减"0"。数学上 10.24＝10.240＝10.2400,在科学实验中,就测量值而言则是不相等的。

（2）小数点前面的"0"和紧接小数点后面的"0"不算作有效数字

例如，0.123，0.012 3，0.001 23均为三位有效数字。单位换算不改变有效数字的位数，即0.001 23 m＝0.012 3 dm＝0.123 cm＝1.23 mm，也可以用下面的科学记数法表示。

（3）数值的科学记数法——数据过大或过小时的表达方法

有效数字的位数与十进制单位的变换无关，即与小数点的位置无关。单位换算只涉及小数点位置变化，不允许改变有效位数。

例如，3.14 m＝3.14×10^2 cm＝3.14×10^3 mm＝3.14×10^{-3} km。数学上，其大小是相等的；但对测量值来说，写成3.14 m＝3140 mm是错误的。

科学记数法把数据表示为10的幂，即数量级的形式。通过选择数量级指数，使量值在形式上有且只有一位整数，即首位数为1～9。科学记数法既能使很大或很小的量值书写简洁方便，又能正确表示其有效数字。

例如，某电阻的阻值为20 000 Ω，保留三位有效数字时，写成2.00×10^4 Ω；又如，数据为0.002 34 m，使用科学记数法写成2.34×10^{-3} m。

2.1.4　仪器的估计读数

1. 有效数字与仪器的关系

仪器的准确度与有效数字的位数是密切相关的，有效数字的位数反映了测量值本身的大小及仪器的准确度。

例如，如图2-1-1所示，用钢直尺测量一长度为 L 的直棒，钢直尺的最小分度值为 e_L＝1 mm，用目测将35～36两刻线的间隔看成10等分，测量结果读为 L＝2.56 cm，其中最后一位为估读，是近似值中的不确定数字，为误差所在的位。

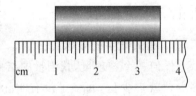

图 2-1-1　估计读数

至于误差究竟有多大，将在后面的章节中学习其估算方法，但绝不能理解为误差就是0.5或0.6 mm等。另外，被测棒左端与10 mm而不是0 mm对齐，可避免对偏，并可避免总是使用标尺的同一工作段。

上述的测量结果为三位有效数字，但是，若采用50分度游标卡尺，如读出的结果 L＝25.54 mm，为四位有效数字；若采用螺旋测微计，测得 L＝25.542 mm，为五位有效数字。有效数字位数不同，它们的误差不同，测量的准确度也不同。

可见，有效数字位数的多少，直接反映实验测量的准确度，有效数字位数越多，测量准确度越高，测量结果就越接近真实值。

2. 直接测量有效数字的确定

直接测量的有效数字涉及读数的问题，其一般规则是读至仪器误差所在的位置。

估计读数的方法要视标尺类型灵活掌握。仪器标尺刻度是十进制的，可按上述方法进行估读。例如，钢直尺测量某长度读数约在24～25 mm中段，可读为24.4 mm、24.5 mm或24.6 mm之一；若读为24.× mm，×为1～9的数，都不能说是错误的，因为每个人视力等因素可能略有不同；若认为刚好在24 mm处，则应读为24.0 mm，均为3位有效数字。

图2-1-2为天平横梁的标尺，其一的最小分度值为 e_m＝0.5 g，为五进制，应将最小格分成5份来估读，可读为5.×，×＝0～5；另一个的分度值为 e_m＝0.02 g，为二进制，应将最小格分成2份来估读，可读为0.52、0.53或0.54 g。即游码左沿靠近刻线读偶数，靠近半格读奇数。

所谓"靠近",包括稍欠和稍超。电学仪表也有类似情况。游标卡尺、机械秒表等量具不必估读,其读数的末位虽然表示整格数,但也是不确定数字。

例如,用 0.1 级量程为 100 mA 电流表测量电流,则偏差为 $100×0.1\% = 0.1$ mA(共 100 小格,每小格为 1 mA)。若指针在 $72\sim73$ mA 之间,则读为

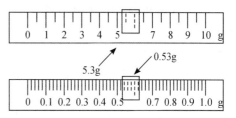

图 2-1-2　非十进制标尺估计读数

$72.×$ mA,若刚好在 72 处,应读为 72.0 mA;若采用 1.0 级的测量,则偏差为 $100×1\% = 1$ mA(共 50 小格,每小格为 2 mA),当指针在 $72\sim74$ mA 之间(不是 $72\sim73$ mA,为 20 进制)时,每格分为 20 份估读是不现实的,读为 72、73、74 mA 均可。若大约在 72 处,就读为 72 mA。

可见,使用不同规格的仪器时,都要明确其量程 FS 及其分度值 e,并做好记录,学会正确估读。

2.1.5　有效数字尾数的修约规则

在计算数据时,当有效数字位数确定以后,应将多余的数字舍去,数字尾数(拟舍弃数字的最左一位数字)的舍入叫修约。"四舍五入"规则使 $1\sim9$ 九个数字进位的机会偏大,这在数理统计中是不合理的。修约的原则是使"舍"和"入"的机会均等,避免在处理较多数据时因入多舍少而带来系统误差。

为了加以识别,下面暂用数字上面加横线标出不确定数字,以便观察修约与运算过程。

修约规则如下,并以保留 3 位有效数字为例加以说明。

(1)拟舍弃数字的最左一位数字小于 5 时,则舍去,即保留的各位数字不变,简称为"四舍"。如 $4.27\overline{4}\,\overline{9} = 4.27$。

(2)拟舍弃数字的最左一位数字大于 5,或等于 5 而其后紧接为非 0 的数字时,则保留的末位数字进 1,简称为"六入"和"五看右"。如 $4.28\overline{7}\,\overline{1} = 4.29$,$4.28\overline{5}\,\overline{2} = 4.29$,$4.29\overline{5}\,\overline{2} = 4.30$。

(3)拟舍弃数字的最左一位数字是 5,而其后无数字或皆为 0 时,若所保留的末位数字为奇数则进 1,为偶数或 0 则舍去,即"单进偶舍",简称为"五看右左"。如 $4.25\overline{5}\,\overline{0} = 4.26$,$4.26\overline{5}\,\overline{0} = 4.26$。

上述规则也称数字修约的偶数规则,可简述为"四舍六入五看右左"。

在修约最后结果的不确定度时,为确保其可信性,往往还需要根据实际情况执行"宁大勿小"原则。

【例 1】　将下列近似值保留 2 位不确定数字:(1)$1.5\overline{3}\,\overline{5}$;(2)$12.4\overline{0}\,\overline{5}$;(3)$12\overline{0}.5$。

【解】　(1)$1.5\overline{3}\,\overline{5} = 1.5\overline{4}$;(2)$12.4\overline{0}\,\overline{5} = 12.4\overline{0}$;(3)$12\overline{0}.5 = 12\overline{0}$。

2.1.6　间接测量量有效数字的确定——有效数字的运算法则

处理实验数据要遵守近似数运算的修约规则。下面的例题用数字上面加横线标识为不确定数字,以便观察其在运算过程中对结果的影响情况。

1. 加减法

【例 2】　求(1)$96.\overline{4} + 8.8\overline{5}$;　　　(2)$45.3\overline{5} - 36.\overline{8}$。

【解】　(1)$96.\overline{4} + 8.8\overline{5} = 105.2\overline{5}$　　(2)$45.3\overline{5} - 36.\overline{8} = 8.5\overline{5}$

$$
\begin{array}{r}
96.\overline{4} \\
+\ \ 8.8\overline{5} \\
\hline
105.2\overline{5}
\end{array}
\qquad
\begin{array}{r}
45.3\overline{5} \\
-\ \ 36.\overline{8} \\
\hline
8.5\overline{5}
\end{array}
$$

分位运算中,同一位上有不确定数字时,其和、差在本位仍是不确定数字,进位和借位不是不确定数字。由例 2 可以归纳为运算规则:

(1)和(差)的不确定数字起始位置,与相加(减)的几个数中不确定数字最靠前的相同,即取到参与运算各数中最靠前出现可疑数的那一位。

(2)不确定数字之和(差),其结果在本位仍是不确定数字。

中间的运算结果可暂且保留 2 位不确定数字,以便该结果在参加以后的运算时,不致带去太大的修约误差。若是最后结果,则不确定数字一般只取一位。

下面的例子,说明了修约误差的单向积累效应。

【例 3】　某班一次考试成绩分布如下:100～90 分 2 人,89～80 分 9 人,79～70 分 16 人,69～60 分 6 人,60 分以下 2 人,求各档百分比,并验算。

【解】　$2+9+16+6+2=35$(人)

$2\div35=6\%$,$9\div35=26\%$,$16\div35=46\%$,$6\div35=17\%$,$2\div35=6\%$

验算:$(6+26+46+17+6)\%=101\%$,修约误差出现较大的单向积累,得出不合常理的结果。如果取各百分数多保留 1 位尾数,得

$2\div35=5.7\%$,$9\div35=25.7\%$,$16\div35=45.7\%$,$6\div35=17.1\%$,$2\div35=5.7\%$

验算:$(5.7+25.7+45.7+17.1+5.7)\%=99.9\%$,可见修约误差的单向积累减小,计算结果趋于合理。

若取各百分数多保留 2 位尾数,可得 99.98%,结果更接近 100%。

2. 乘除法

分位运算中,有不确定数字参与乘除的,得数(包括乘法的进位)都是不确定数字。考察例 4 中各数的确定数字,例 4 第(1)题 3 位乘以 2 位,结果得 2 位;例 4 第(2)题 5 位除以 2 位,结果得 2 位。

【例 4】　(1)$5.34\overline{8}\times2.0\overline{5}$;　　　　(2)$18.176\overline{4}\div1.0\overline{2}$。

【解】　(1)$5.34\overline{8}\times2.0\overline{5}=10.\overline{9}6$　　(2)$18.176\overline{4}\div1.0\overline{2}=17.\overline{8}2$

$$
\begin{array}{r}
5.34\overline{8} \\
\times\ 2.0\overline{5} \\
\hline
2\,6\,7\,\overline{4}\,\overline{0} \\
1\,0\,6\,9\,\overline{\overline{6}} \\
\hline
1\,0.9\,6\,\overline{3}\,\overline{4}\,\overline{0}
\end{array}
$$

$$
\begin{array}{r}
17.\overline{8}2\overline{0} \\
1.0\overline{2}\,)\,\overline{18.176\overline{4}} \\
\hline
10\overline{2} \\
\hline
7\overline{9}7 \\
7\overline{1}4 \\
\hline
\overline{8}3\overline{6} \\
\overline{8}1\overline{6} \\
\hline
\overline{2}0\overline{4} \\
\overline{2}0\overline{4} \\
\hline
0
\end{array}
$$

据此,可以归纳为以下运算规则:

(1)各量相乘(除)后,其积(商)所保留的有效数字只需与各因子中有效数字最少的一个相同,即以参与运算各数中有效数字位数最少的为准。

(2)乘方也是乘法运算的一种,开方和取对数都是它的逆运算。

(3)乘方、立方、开方运算结果的有效数字位数与其底数的有效位数相同。

(4)乘方和开方的确定数字与原数相同。

例如,$29.\overline{4}^2=86\overline{4}.\overline{4}$,$\sqrt{36.8\overline{7}}=6.07\overline{2}\overline{1}$,$100^2=100\times10^2$,$\sqrt{100}=10.0$。

$\sqrt{36}=6.0$,$5.0^2=25$ 是正确的;而 $\sqrt{36}=6$,$5.0^2=25.0$ 是错误的。

3. 函数*

(1)对数函数 $\lg x$ 的尾数与 x 的位数相同。

例如,$\lg100=2.000$;$\lg2005=3.302\,11\cdots$,取 $3.302\,1$;$\lg2.005=0.302\,114\,3\cdots$,取 $0.302\,1$。

又如,$\lg6.80\overline{5}=0.832\,8\overline{3}$,$\lg68.0\overline{5}=1.832\,8\overline{3}$。

(2)指数函数 10^x 或 e^x 的位数和 x 小数点后的位数相同(包括紧接小数点后面的 0)。

例如,$10^{6.25}=1\,778\,279.41$,取 1.8×10^6;$10^{0.003\,5}=1.008\,096\,1$,取 1.008。

(3)对数、三角函数运算

前面的有效数字四则运算法则是根据不确定度合成理论和有效数字的定义总结出来的。因此,对数函数、指数函数和三角函数的运算结果必须按照不确定度传递公式,先求出函数值的不确定度,再根据测量结果最后 1 位数字与不确定度对齐的原则,最后确定有效数字。

【例 5】　已知 $N=6158\pm4$,求 $y=\ln N$。

【解】　按照不确定度传递公式

$$\sigma_y=\frac{1}{N}\times\sigma_N=\frac{1}{6\,158}\times4=0.000\,649,\text{取}\,\sigma_N=0.000\,7,$$

而 $y=\ln N=8.725\,507$,则 $y=8.725\,5\pm0.000\,7$。

【例 6】　$\theta=60°0'\pm3'$,求 $x=\sin\theta$ 的值。

【解】　由不确定度传递公式

$$U_x=|\cos\theta|U_\theta=|\cos60°|\frac{3\times\pi}{60\times180}=0.000\,4,$$

$\sin60°0'=0.866\,0$,则 $x=0.866\,0\pm0.000\,4$。

当直接测量的不确定度未给出时,上述过程也可简化为通过改变自变量末位的一个单位,观察函数运算结果的变化情况来确定其有效数字。例如 $\theta=20°6'$ 中的“$6'$”是欠准确数字,由计算器运算,结果为 $\sin20°6'=0.343\,659\,695\cdots$,$\sin20°7'=0.343\,932\,851\cdots$,两种结果在小数点后面第 4 位出现了差异,则 $\sin20°6'=0.343\,6$。

同理,$\ln598=6.393\,590\,754\cdots$,$\ln599=6.395\,261\,598\cdots$,所以 $\ln598=6.394$。

又如,$\sin1.0\overline{3}=0.85\overline{7}\overline{3}$,$\arctan5.77\overline{2}=1.39\overline{9}\overline{2}$等。

但是,这种方法是较粗糙的,有时与正确结果会出现明显差异。

4. 自然数与常量

(1)自然数与常量不是测量值,不存在误差,有效数字为无穷多位,如 $D=2R$ 中的 2。

(2)公式中的常数,如 π、e、$\sqrt{2}$ 等,其有效数字位数也是无限的。运算时,一般应根据需要,其位数取参加运算量中有效数字位数最少的位数或多取 1 位即可。

例如,$L=2\pi R$,设 $R=2.35$ cm,π 可取 3.14(或 3.142),则 $L=2\times3.14\times2.35=14.8$ cm。

又如,$\theta=129.3+\pi$,π 可取为 3.14,$\theta=129.3+3.14=132.4$ rad。

上述运算规则并不是绝对的。在进行近似计算时,可以直接引用以上相关规则。

在运算过程中,为避免因数字的取舍而引入计算误差,运算过程的中间结果一般以多保留 1 位数字为宜,但在最后的结果中仍要删去,以间接测量值最后 1 位数字与不确定度对齐的原则为准。

上述各例题的结果都保留了 2 位不确定数字,留待实验数据的全部计算结束之后,再按有关规则进行修约,最多选取 2 位不确定数字。

利用计算器连续运算时,机内保留位数很多,发生的修约误差极小,计算出结果后,其位数仍然很多,书写结果时可仿照上述处理方法和修约规则,只保留 2 位不确定数字,留待进一步处理。

2.2　误差基础

2.2.1　关于误差

1. 关于误差与相对误差

物理量测量结果的获得有直接测量和间接测量两种方式,由于测量对象、测量仪器、实验方法、测量环境、观测者等因素的作用,测量结果与真值(约定真值)之间总存在一定的差值,这两种测量也都有误差。因此,研究测量误差是物理实验的重要内容之一。

上一节简单介绍了误差的概念,由于被测量 X 的真值 X_0 是不可知的,对 X 的所有观测值 X_i 都是 X_0 的估计值,而 X_0 是所有 X_i 的期望值。因此,严格意义上的误差是无法计算的,只能通过各种方法进行近似计算,即误差的估算。通常把直接测量的误差处理称为误差计算,间接测量的误差是由直接测量通过给定的函数关系确定的,其误差计算称为误差传递。

通常把估计值与真值之差 $\Delta(X_i)$,称为误差或测量误差,即

$$\Delta(X_i) = X_i - X_0 \qquad (2\text{-}2\text{-}1)$$

误差 $\Delta(X_i)$ 一般都发生在估计值 X_i 的最末一两位不确定数字上。

误差就是测量结果与被测量的真值之差。$\Delta(X_i)$ 有正有负,与被测量 X 一样,属于具有单位的同种量。

为了便于比较,有时把 $\Delta(X_i)$ 换算成相对误差 $E(X_i)$ 来表示。

相对误差等于测量误差与被测量的真值之比,即

$$E_r(X_i) = |\Delta(X_i)| / X_0 \qquad (2\text{-}2\text{-}2)$$

$E_r(X_i)$ 是量纲一的量,一般写成百分数或数量级形式,不含单位,又称为百分误差。当有必要区分 $E_r(X_i)$ 和 $\Delta(X_i)$ 的名称时,把误差 $\Delta(X_i)$ 称为绝对误差。这里的"绝对"只是为了区别于"相对",不要误解为误差的绝对值。广义的绝对误差还有后面要讨论的相对偏差、标准偏差等。

由于真值是不可知的,上述两式中的 X_0 通常采用约定真值进行运算,因此上面讲的这些误差都是估计值,即误差本身也存在误差。

在误差较小、要求不大严格的场合,也可用测量值 X 代替实际值 X_0,由此得出示值相对误差,用 γ_X 来表示为

$$\gamma_X = \frac{\Delta X}{X} \times 100\% \qquad (2\text{-}2\text{-}3)$$

上式中的 ΔX 由所用仪器的准确度等级定出,由于 X 中含有误差,所以 γ_X 只适用于近似

测量。当 ΔX 很小时,$X \approx X_0$,$\gamma_X \approx \gamma_{X0}$。对于一般的工程测量,用 γ_X 来表示测量的准确度较为方便。

【例1】 测量某书本的长度为 $l = 25.72$ cm,其误差约为 0.05 cm;测量某桌子的长度为 $L = 100.12$ m,误差约为 10 cm。哪个结果较准确?

【解】 虽然误差 $\Delta(L)$ 是 $\Delta(l)$ 的 200 倍,但并不说明书本的测量误差小。

$E_r(l) = \Delta(l)/l = 0.05$ cm$/25.72$ cm$= 1.9 \times 10^{-3} = 0.19\%$,

$E_r(L) = \Delta(L)/L = 0.10$ m$/100.12$ m$= 1.0 \times 10^{-3} = 0.10\%$,

因为 $E_r(L) < E_r(l)$,可见,桌子的测量结果较准确。

2. 电工测量仪表的误差

电工测量仪表等计量器具,通常用满度相对误差来划分其准确度等级。

计量器具的绝对误差 Δx 与满量程值 x_m 之比,称为满度相对误差或引用相对误差,用 γ_m 表示

$$\gamma_m = \frac{\Delta x}{x_m} \times 100\% \qquad (2\text{-}2\text{-}4)$$

若已知仪器的满度相对误差 γ_m,即可方便地推算出该仪器最大的绝对误差,即

$$\Delta x_m \leqslant \gamma_m \cdot x_m \qquad (2\text{-}2\text{-}5)$$

式中,x_m 为满刻度值,Δx_m 表示仪器在该量程范围内出现的最大绝对误差。

电工测量仪表按 γ_m 值分为 0.1、0.2、0.5、1.0、1.5、2.5、5.0 共七个等级,也称为准确度等级,分别表示其满度相对误差为 $\pm 0.1\%$、$\pm 0.2\%$、$\pm 0.5\%$、$\pm 1.0\%$、$\pm 1.5\%$、$\pm 2.5\%$、$\pm 5.0\%$。例如,1.0 级表示该仪表的最大引用相对误差不会超过 $\pm 1.0\%$,但超过 $\pm 0.5\%$。准确度等级常用符号 S 表示。测量的有效数字,主要考虑准确度和每格所表示的大小对误差的影响。

【例2】 已知某被测电压为 80 V,用 1.0 级、100 V 量程的电压表测量。若只做一次测量就把该测量值作为测量结果,可能产生的最大绝对误差是多少?

【解】 仪表的准确度等级表示该仪表的最大引用相对误差,该仪表可能出现的最大绝对误差为

$$\Delta x_m = x_m \times S\% = 100 \times 1.0\% = 1 \text{ V}$$

计算可知,测量误差 $\Delta x = 80 \times 1.0\% = 0.8$ V,满足

$$\Delta x \leqslant \Delta x_m \text{ 和 } \gamma_x = \frac{\Delta x}{x} \leqslant \frac{x_m \cdot S\%}{x}$$

实际测量时,测量值总要小于满量程值,即满足 $x \leqslant x_m$。

可见,当仪表的准确度等级确定后,x 越接近 x_m,测量的示值相对误差越小,测量准确度越高。在测量中,应注意合理地选择仪表类型及量程。例如,对于正向线性刻度的一般电压、电流表等类型的仪表,应使指针尽量接近满偏转,一般最好指示在满度值 2/3 以上的区域。而对于仪器指针偏转角度和被测量值成反比的反向刻度仪表,涉及设计与检定的问题,如指针式模拟万用表的欧姆挡,应以中值电阻为基础,其量程的选择应以电表指针到最大偏转角度的 1/3~2/3 区域为宜。

2.2.2 误差的分类

误差的来源是多方面的,误差的分类也有多种方式。

1. 误差的分类

根据引起误差的主要因素和性质的不同，一般可将误差分为系统误差、偶然误差和粗大误差。

尽管它们与现在广泛采用的描述测量结果的不确定度概念之间不一定存在简单的对应关系，甚至有些概念可能还不太严格，但是，正确分析测量中可能产生的各种误差，并尽可能消除或减少其影响，有利于对测量结果作出合理评价，同时，有利于进一步优化实验设计，合理选用仪器和测量方法，提高测量水平。

（1）系统误差

在重复性条件下，对同一被测量的多次测量过程中，若误差的大小及符号都保持不变或按可以预知的一定规律变化，这种误差称为系统误差，简称系差。

系统误差的来源是多方面的，如仪器、环境、方法和观测者等因素的影响都可能导致系统误差。如果发现系统误差涉及实验条件和测量方法，应该反复测量并进行对比。例如，一架"等臂"杠杆的天平，不可能严格等臂，可用交换称衡法修正系统误差。

系统误差的减小或消除是比较复杂的问题，一般是不可能完全消除的。

这种误差具有确定性和规律性（方向性）特征。例如，数值与符号都保持不变；数值随待测物理量的增大而增大，具有一定的周期性。

（2）偶然误差

在重复性条件下，多次测量同一物理量时，若误差的大小和符号都不确定，这种误差称为随机误差或偶然误差，简称随差。

生活中不会反复度量同一个量值，但是科学实验通常需要在重复性条件或复现性条件下多次测量同一被测量。这里的"重复性条件"包括：相同测量程序、同一观测者、在相同条件下使用相同的测量仪器、相同地点以及在短时期内进行重复测量。

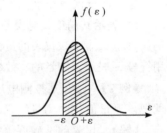

图 2-2-1　偶然误差的正态分布

单次测量的偶然误差是无法预测的。一般情况下，重复测量次数 n 为 4～20；讨论理想概念的时候，通常假设 $n\to\infty$。由于实验条件不能保持绝对恒定，重复观测值也会在真值附近随机摆动，因此被测量 X 就是一个服从某种概率分布的随机变量。很多被测量可近似为统计分布中的正态分布，其概率密度函数的特征如图 2-2-1 所示。对于正态分布，具有单峰性、对称性、有界性和抵偿性等特点。对于有限次测量，数据离散度大，实验数据的分布服从 t 分布（略）。

偶然误差主要受环境的影响，如温度、气压、电压等的波动以及观测者的原因，如读数不稳定等因素。虽然对单次测量的偶然误差无法确定，但对多次测量而言，偶然误差的分布却是服从一定的统计分布规律的。

通过实验数据处理，分析与研究测量的偶然误差，从中寻找其规律性，是评定测量结果的重要内容。因此，了解偶然误差计算的意义，掌握其计算方法是非常重要的。

（3）粗大误差

在实验过程中，由于某种差错使得测量值明显偏离规定条件下预期值的误差称为粗大误差，简称粗差。例如误读、误记，或环境条件突变等。数据处理时，应按一定的规则判断，并剔除粗大误差。

2. 精密度、准确度和精确度

（1）精密度

简称精度，描述多次等精度重复观测同一待测量时，各观测值的离散程度，反映了偶然误差对测量影响的大小，可由测量仪器的最小测量单位确定。但它的系统误差大小并不明确。例如，在相同观测条件下，对同一量进行多次重复观测，如果各观测值与其算术平均值的差异（即离散程度）大，说明这组观测值的精密度差，相应计算的中误差值也大；反之，这组观测值的精密度高，相应计算的中误差值较小。

（2）准确度

准确度简称准度，描述多次等精度重复观测同一待测量时，各观测值的集中程度。表征观测值系统误差大小的指标。常用观测值的理论平均值（数学期望）与其真值之差值度量。此差值越大，表明存在的系统误差越大。

（3）精确度

精确即精密准确。精确度是精密度和准确度的合称，是描述多次等精度重复观测同一待测量时，各观测值的离散程度和集中程度的综合指标，是对测量的系统误差和偶然误差的综合评定，表示测量结果的平均值偏离（约定）真值的程度。当观测值不存在系统误差的误差时，精确度就是精密度。精确度越高，测量值越接近真值，系统误差也就越小。

对于可知的系统误差是可以修正的，因此精确度一般表示仪器误差的大小，测量仪器和测量方法一经选定，测量的精确度与就确定了。用同一台仪器对同一物理量进行多次测量，只能确定其重复性的好坏，而不能确定其精确度；一台仪器的精密度高并不一定表示其精确度就高，如果是一台比较粗糙的仪器，也能做到测量的精密度高，但仪器本身和测量方法限制了测量的精确度；使用精确度高的仪器，有时即使测量的精密度较低，其测量结果也有可能是正确的。

人们习惯采用"精度"一类的词来描述测量结果的误差大小。如果以标准偏差为表征值的精密度大致相等，或者以误差限为表征值的准确度大致相等，即可认为是等精度测量。

以上概念都与真值有关，而真值是一个理想化的概念，无法直接定义操作，因此，上述评价方式只是相对和定性的，是评定测量结果的传统方法。

作为一种形象的说明，可用图 2-2-2 来帮助理解。相对而言，图（a）偶然误差大，精密度差；图（b）系统误差大，准确度差；图（c）精确度好。

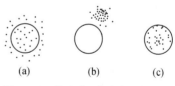

图 2-2-2　精密度、准确度和精确度

顺便指出，有的教材用"精密度、准确度和正确度"描述系统误差和偶然误差对重复观测值的离散程度或集中程度的影响，其定义及其描述方法不尽相同，要注意区别。

2.3　实验不确定度的评定

2.3.1　不确定度评定的意义

在测量时，测量误差是普遍存在的。即使采用了正确的测量方法，改善了仪器设备，提高了测量技术，误差也是不可能（往往也没必要）完全消除的。测量的目的不仅要取得待测物理量的近似值,而且要对近似真实值的可靠性作出评定与表述,或者说,人们关心不仅要给出被测物理量的最佳值,还要指出其具有一定置信水平的测量值对真值的取值范围,即把误差控制在允许的范围内。

2.3.2　关于不确定度的一些基本概念和分类

评定测量结果有传统的方法,主要是估算随机误差,不考虑未定系统误差。现代方法采用不确定度,能全面地分析各种因素对误差的影响,是一种科学合理的方法。

1. 不确定度的概念

关于测量的不确定度(uncertainty),以前对不确定度的表示和评定有不同的看法和规定,处于混乱状态,影响了国际的交流和合作。为了解决这一问题,1980 年国际计量局召集了 11 个国家标准实验室的专家进行合作研究,讨论并提出了《实验不确定度的规定建议书》;1992 年,国际标准化组织(ISO)发布了具有指导性的文件《测量不确定度表示指南》(以下简称指南),为世界各国不确定度的统一奠定了基础;1993 年国际标准化组织(ISO)和国际理论与应用物理联合会(IUPAP)等 7 个国际权威组织又联合提出了上述"指南"的修订版。从此,不确定度评定有了国际公认的准则,开始广泛使用。

"指南"对实验的测量不确定度有十分严格而详尽的论述,作为大学物理实验教学,只要求对不确定度的基本概念和基本理论有初步的了解。

所谓不确定度,就是用于表示测量结果可能出现的具有一定置信水平的误差范围的量,即表征测量结果具有分散性的一个参数,是被测量的真值在某一量值范围内的一个评定。

可见,不确定度与误差不同,误差是一个理想的概念,一般不能精确确定。而不确定度反映误差存在分布的范围,可由误差理论求得。

不确定度是标准不确定度的简称,指以"标准偏差"表示的测量不确定度估计值,通常用 σ 表示。

(1) σ 的大小反映了测量结果的可信赖的程度。当采用了正确的测量方法时,σ 小,表明测量更接近真值,可信程度高,即准确度高。反之,σ 越大,测量的质量越低,其可靠性越差,使用价值也就越低。测量误差在所确定的范围内出现的可能性是很大的,但不一定为 100%。

(2)不确定度的产生原因不仅涉及测量仪器、测量装置、测量方法、环境和观测者,还包括测量对象的影响,即涉及整个测量系统。

可见,必须正确评价不确定度。评价得过大,会因测量结果不能满足要求而需要再次进行方案的设计,造成浪费;评价得过小,在实验中可能得出错误的结论,造成危害。

2. 不确定度的分类

不确定度的数值一般包含几个分量,按照其数值评定方式,可分为两类,常称为 A 类和 B 类。用统计方法确定的分量为 A 类,用其他方法确定的分量为 B 类。

要计算不确定度,首先要求出所有的 A 类和 B 类分量,然后,再求合成不确定度 σ。

(1)A 类评定不确定度 u_A

A 类评定不确定度是指在同一条件下多次测量,即由一系列观测结果的统计分析评定的不确定度,简称 A 类不确定度,通常记为 u_A。

(2)B 类评定不确定度 u_B

B 类评定不确定度是指由非统计分析评定的不确定度,简称 B 类不确定度,通常记为 u_B。

(3)合成标准不确定度 σ

对于某一测量量,通常要把测量值的 A 类与 B 类不确定度按一定规则进行计算,求出测量结果的标准不确定度,得到标准合成不确定度,简称合成不确定度,通常用 σ 表示。

以下分别讨论如何进行不确定度的评定、合成、传递及表示。

2.3.3 标准不确定度的评定

1.A 类不确定度 u_A 的计算(贝塞尔法)

(1)采取统计的方法进行计算

在相同的条件下,对被测量 X 作 n 次独立测量,得到的 X 值为 $X_1,X_2,\cdots,X_i,\cdots,X_n$,测量的平均值为

$$\overline{X} = \frac{1}{n}\sum_{i=1}^{n} X_i \tag{2-3-1}$$

在有限次测量中,可用各次测量值与算术平均值之差,即偏差

$$\Delta X_i' = X_i - \overline{X} \tag{2-3-2}$$

来代替误差。用偏差代替误差 ΔX_i 来估算有限次测量中的标准误差,得到的结果就是单次测量的标准偏差,用 u_A 表示,它只是 σ 的一个估算值。由误差理论可以证明,测量值 X_i 的标准偏差的计算式为

$$S(X) = \sqrt{\frac{\sum_{i=1}^{n}(X_i - \overline{X})^2}{n-1}} = \sqrt{\frac{\sum_{i=1}^{n}\Delta X_i^2}{n-1}} \tag{2-3-3}$$

式(2-3-3)称为贝塞尔公式。

平均值也是一个随机变量,为测量结果的最佳值。平均值的标准偏差为

$$S(\overline{X}) = \sqrt{\frac{\sum_{i=1}^{n}(X_i - \overline{X})^2}{n(n-1)}} = \frac{S(X)}{\sqrt{n}} \tag{2-3-4}$$

可见,随着测量次数 n 增加,$S(\overline{X})$ 减小,意味着增加测量次数可以减小随机误差。当 $n>10$ 以后 $S(\overline{X})$ 变化极慢,因此,实际测量时的次数一般不需要很多。

(2)A 类不确定度的简化计算

实际测量时,一般只能进行有限次测量,测量误差不完全服从正态分布规律,而是服从称为 t 分布(又称学生分布)的分布规律。此时,对测量误差的估计,可在贝塞尔公式的基础上进行修正,即再乘上一个因子。在相同条件下对同一被测量进行 n 次测量,若只计算总不确定度 σ 的 A 类分量 u_A,则 u_A 为测量值的标准偏差 $S(X)$ 乘以因子 $\frac{t_P(n-1)}{\sqrt{n}}$,即

$$u_A = \frac{t_P(n-1)}{\sqrt{n}}S(X) \tag{2-3-5}$$

或

$$u_A = t_P(n-1)S(\overline{X}) \tag{2-3-6}$$

式中因子 $\frac{t_P(n-1)}{\sqrt{n}}$ 与测量次数 n 和"置信概率 P"有关。这里所谓的"置信概率",是指真值落在 $\overline{X}\pm S(X)$ 范围内的概率。"因子"的数值可根据测量次数和置信概率查表(略)得到。

教学实验中,一般测量次数 $n\leqslant10$。

有关计算表明，$P=0.683, n>6$ 时，t 分布与正态分布差别不大，$\dfrac{t_P(n-1)}{\sqrt{n}}\approx 1$，因此，可把 (2-3-5)式作为 u_A 的近似计算式，即取 $u_A=S(X)$ 已足以保证被测量的真值落在 $\overline{X}\pm S(X)$ 范围内。因此，可以直接把 S 的值当作测量结果的总不确定度中的 A 类分量 u_A，即 A 类不确定度为

$$u_A=S(X) \tag{2-3-7}$$

2. B 类不确定度 u_B

B 类不确定度不能用统计方法而只能用其他方法估算。

若对某物理量 X 进行单次测量，B 类不确定度由测量不确定度 $u_{B1}(X)$ 和仪器不确定度 $u_{B2}(X)$ 两部分组成，则

$$u_B=\sqrt{u_{B1}^2+u_{B2}^2} \tag{2-3-8}$$

对某物理量 X 进行多次重复测量时，B 类不确定度只考虑仪器不确定度 $u_{B2}(X)$ 即可，则 $u_B=u_{B2}(X)$。

(1)测量不确定度 $u_{B1}(X)$

测量不确定度 $u_{B1}(X)$ 是由估读引起的，通常取仪器分度值 d 的 $\dfrac{1}{10}$ 或 $\dfrac{1}{5}$，有时也取 $\dfrac{1}{2}$，视具体情况而定；在特殊情况下，可取 $u_{B1}(X)=d$，甚至更大。例如，用分度值为 1 mm 的米尺进行长度测量时，在不考虑视差的情况下，测量不确定度可取仪器分度值的 $\dfrac{1}{10}$，即 $u_{B1}(X)=\dfrac{1}{10}\times 1$ mm$=0.1$ mm。在示波器上读取电压值时，若荧光线条较宽，且可能有微小抖动，则测量不确定度可取仪器分度值的 $\dfrac{1}{2}$，设分度值为 0.2 V，则测量不确定度 $u_{B1}(X)=\dfrac{1}{2}\times 0.2$ V$=0.1$ V。

实验时，对于单次测量时，通常约定把 $u_{B1}(X)$ 取为仪器分度值的 $\dfrac{1}{10}$。

(2)仪器不确定度 $u_{B2}(X)$

仪器不确定度 $u_{B2}(X)$ 是由仪器本身的特性所决定的，规定为测量的极限误差 Δ 除以已知或假定的测量误差的统计分布规律所对应的分布因子 C，即

$$u_{B2}(X)=\dfrac{\Delta}{C} \tag{2-3-9}$$

其中，Δ 是仪器说明书上所标明的"最大误差"或"不确定度限值"，通常称之为仪器误差。Δ 的值随所使用的仪器不同而不同，一般会给定。C 是一个与仪器不确定度 $u_{B2}(X)$ 的概率分布特性有关的常数，称为"置信因子"。

可见，要确定 C 的值，应先知道测量的误差分布规律，然后确定测量所要求的置信水平。概率分布通常有正态分布、均匀分布、三角形分布、反正弦分布和直角分布等。

对于不同的实验和测量对象，C 的确定方法也不同。

①若某组测量的次数很多，而误差的数值相差不大，可将其分布视为正态分布，则当 $C=1$ 时，$P=0.683$；$C=2$ 时，$P=0.954$；$C=3$ 时，$P=0.997$。一般取 $C=2$ 或 $C=3$。

②若测量在一定范围内各处出现的几率相差不多，可近似为均匀分布。读数在一定区间为一个定值，其误差分布为均匀分布。只要取 $C=\sqrt{3}$，就可使 $P\approx 100\%$。

③对于不能确切掌握的误差分布(如测量次数不多时),可近似为均匀分布。如果取 $C=\sqrt{3}$,也可使置信水平达到较高程度。可见,均匀分布是物理实验中的一种重要分布。

一般情况下,对于正态分布、均匀分布、三角形分布、反正弦分布和直角分布,置信因子 C 分别取 3、$\sqrt{3}$、$\sqrt{6}$、$\sqrt{2}$ 和 $\dfrac{3}{\sqrt{2}}$。若仪器说明书上只给出不确定度限值(即最大误差),而没有关于不确定度概率分布的信息,则一般可用均匀分布处理,即取 $C=\sqrt{3}$。

教学中,为了简化计算,通常统一约定按均匀分布处理,即取

$$u_{B2}(X)=\frac{\Delta}{\sqrt{3}} \tag{2-3-10}$$

有的教材取 $C=1$,即把仪器误差简单化地直接当作用非统计方法估算的分量 Δ。

(3)仪器误差 Δ 的确定

测量是用仪器或量具进行的,任何仪器都存在误差。仪器误差一般是指误差限,即在正确使用仪器的条件下,测量结果与真值之间可能产生的最大误差,即实验中所涉及仪器引起的最大误差,用 Δ_0 表示,其具体计算通常是很复杂的。

许多计量仪器、量具的误差产生原因及具体误差分量的计算分析,大多超出了本课程的要求范围。对初学者而言,一般情况可按以下三种方法确定仪器误差 Δ_0,并在可得到的三者中取最大值。

①可直接取仪器出厂检定书或仪器说明书上给出的仪器误差,即

$$\Delta=\Delta_0 \tag{2-3-11}$$

对非连续可读数的仪器,按上式取最小分度。例如,数字秒表最小分度为 0.01 s,非人工计时可取 0.01 s;20 分度游标卡尺最小分度 0.05 mm,可取 0.05 mm。

②对量具类仪表,属于连续读数的情况,在一定测量范围内,可取仪器最小分度值或最小分度值的一半,即

$$\Delta=最小刻度/2 \tag{2-3-12}$$

如读数显微镜,最小分度为 0.01 mm,可取 0.005 mm。

③对电工测量类仪表,可由仪器(电表)的准确度级别 K 和量程确定

$$\Delta=量程\times K\% \tag{2-3-13}$$

有些仪器说明书没有直接给出仪器的误差限值,但给出了仪器的准确度等级 K,标在仪器上,K 的值有 0.1、0.2、0.5、1.0、1.5、2.0、2.5 等。这时,仪器误差限 Δ 值就需要经过计算才能得到。

例如,C31 型为多量程电流表,共有 12 个不同量程,均为 0.5 级。若选择的量程为 30 mA,则 $\Delta_0=30\times0.5\%=0.15$ mA(刻度标示 0,10,20,…,150 刻度,分为 150 格)。设指针位于 132～133 之间,即在 26.4～26.6 mA 范围,因为每格相当于 0.2 mA,若指针靠左,可读作 26.4 mA;靠右,读为 26.6 mA;若靠中间,则读为 26.5 mA。读数误差 0.1 mA 小于 Δ_0 值。

虽然电流表的量程越大,内阻越小,但对于同一等级的电表,应最大限度地使测量达到电表所规定的准确度,即选择合适的量程使指针偏转略大于 2/3 满刻度,以减少测量的相对误差,提高测量准确度。若选择的量程为 150 mA,则 $\Delta_0=150\times0.5\%=0.75\approx0.8$ mA,每格相当于 1 mA,也相应增大了。

例如,电阻箱的仪器误差限值等于示值乘以等级再加上零值电阻,由于电阻箱各挡的等级是不同的,在计算时应分别计算。设 ZX21 型电阻箱示值为 360.5 Ω,零值电阻为 0.02 Ω,则

其仪器误差限 $\Delta=(300\times0.1\%+60\times0.2\%+0\times0.5\%+0.5\times5\%+0.02)\Omega=0.47\ \Omega$。

3. 不确定度与误差的关系

不确定度是在误差基础上形成的理论。不确定度和误差都是由测量过程的不完善引起的,但是,两者是两个不同的概念,随机误差和系统误差并不简单地对应于 A 类和 B 类不确定度分量,它们处理的方法不同。在估算不确定度时,用到了描述误差分布的一些特征参量,因此,有时两者又是相联系的。

根据传统的误差定义,一般无法准确求得测量结果的误差,而判别 A、B 类不确定度比判别系统误差和偶然误差容易得多。但是,并不意味着不确定度的引入就不再需要误差。误差仍可用于定性描述的场合,不确定度反映了可能存在的误差分布范围,表征被测量真值所处的量值范围的评定,所以,不确定度更能准确地用于测量结果的表示。

2.3.4 标准不确定度的合成与传递

由正态分布、均匀分布和三角形分布所求得的标准不确定度可以按以下规则进行合成与传递。不同类分量按照方和根合成,同类独立分量也按照方和根合成。

1. 直接测量量不确定度的合成

(1)在相同条件下,对 X 进行多次独立的重复测量时,待测量 X 的标准不确定度 σ 由 A 类不确定度 $u_A(X)$ 和仪器不确定度 $u_{B2}(X)$ 合成而得,即

$$\sigma=\sqrt{u_A^2+u_B^2} \tag{2-3-14}$$

其中,$u_A=S(X)=\sqrt{\dfrac{\sum\limits_{i=1}^{n}(X_i-\overline{X})^2}{n-1}}=\sqrt{\dfrac{\sum\limits_{i=1}^{n}\Delta X_i^2}{n-1}}$;$u_B=u_{B2}(X)=\dfrac{\Delta}{\sqrt{3}}$,$\Delta$ 为仪器误差。

(2)对于待测量 X 进行单次测量时,没有 A 类不确定度,待测量 X 的标准不确定度 σ 只有 B 类不确定度,由测量不确定度 $u_{B1}(X)$ 和仪器不确定度 $u_{B2}(X)$ 合成而得,即

$$\sigma=u_B=\sqrt{u_{B1}^2+u_{B2}^2} \tag{2-3-15}$$

其中,$u_{B1}(X)$ 取 $\dfrac{d}{10}$,d 是分度值;$u_{B2}(X)=\dfrac{\Delta}{\sqrt{3}}$,$\Delta$ 为仪器误差。

2. 间接测量量不确定度的传递

在间接测量时,待测量(即复合量)是由直接测量量通过计算求得的。

对于间接测量 $N=f(x,y,z,\cdots)$,有 n 个直接测量量 $x,y,z,\cdots$,且各自相对独立。设各直接测量结果为 $x=\overline{x}\pm\sigma_x,y=\overline{y}\pm\sigma_y,z=\overline{z}\pm\sigma_z,\cdots$,则间接测量的结果 $\overline{N}=f(\overline{x},\overline{y},\overline{z},\cdots)$,不确定度 σ_N 可用标准误差传递公式进行估算,即

$$\sigma_N=\sqrt{\left(\frac{\partial N}{\partial x}\right)^2\sigma_x^2+\left(\frac{\partial N}{\partial y}\right)^2\sigma_y^2+\left(\frac{\partial N}{\partial z}\right)^2\sigma_z^2+\cdots} \tag{2-3-16}$$

若先对间接测量量的函数式 $N=f(x,y,z,\cdots)$ 两边取自然对数,再求全微分,可得到计算相对不确定度的公式,即

$$\frac{\sigma_N}{N}=\sqrt{\left(\frac{\partial\ln N}{\partial x}\right)^2\sigma_x^2+\left(\frac{\partial\ln N}{\partial y}\right)^2\sigma_y^2+\left(\frac{\partial\ln N}{\partial z}\right)^2\sigma_z^2+\cdots} \tag{2-3-17}$$

当间接测量所依据的数学公式较为复杂时,计算不确定度的过程也较为繁琐。如果函数形式主要以和差形式出现时,一般采用式(2-3-16);而函数形式主要以积、商或乘方、开方等形

式出现时,用式(2-3-17)会使计算过程较为简便。

设计实验方案时,各直接测量量的配套仪器选择一般优先考虑"误差均分"原则,即考虑 n 个直接测量量 $x,y,z,\cdots$ 的测量误差对间接测量量 N 的总误差的影响相同,根据式(2-3-16),有

$$\sigma_N = \sqrt{n}\left(\frac{\partial f}{\partial x}\right)\sigma_x = \sqrt{n}\left(\frac{\partial f}{\partial y}\right)\sigma_y = \sqrt{n}\left(\frac{\partial f}{\partial z}\right)\sigma_z = \cdots \qquad (2\text{-}3\text{-}18)$$

则 n 个直接测量量的不确定度分别为

$$\sigma_x = \sigma_N/\sqrt{n}\left(\frac{\partial f}{\partial x}\right),\sigma_y = \sigma_N/\sqrt{n}\left(\frac{\partial f}{\partial y}\right),\sigma_z = \sigma_N/\sqrt{n}\left(\frac{\partial f}{\partial z}\right),\cdots \qquad (2\text{-}3\text{-}19)$$

这里各 σ 量对应于式(2-3-8)的仪器不确定度 u_{B2},由这些数据即可确定各测量量的仪器误差 Δ,为仪器选择提供依据。

2.3.5 测量结果的表示

不确定度表示了待测量 N 的真值在一定的置信概率下可能存在的范围,计算出待测量 N 及其不确定度后,测量结果统一表示为如下形式

$$N = [\overline{N} \pm \sigma(N)](\text{单位}),P = 0.683 \qquad (2\text{-}3\text{-}20)$$

式中,P 称为置信概率或置信度,$\overline{N}$ 为不含系统误差的测量结果。测量值的最后一位与不确定度的最后一位对齐。

也可以表示为

$$N = [\overline{N} \pm 2\sigma(N)](\text{单位}),P = 0.954 \qquad (2\text{-}3\text{-}21)$$

或

$$N = [\overline{N} \pm 3\sigma(N)](\text{单位}),P = 0.997 \qquad (2\text{-}3\text{-}22)$$

式中,3σ 称为极限误差。

为了反映不确定度的相对大小,通常还用不确定度对于待测量的百分比 E 来补充说明测量的不确定度,即

$$E = \frac{\sigma}{N} \times 100\% \qquad (2\text{-}3\text{-}23)$$

注意:

(1)通常约定,不确定度最多用两位数字表示,且仅当首位为 1 或 2 时保留两位。当其首位 ≥ 3 时,也可以只取一位有效数字。尾数采用"只进不舍"的原则。

(2)最佳值 $\overline{N}$ 可保留两位不确定数字。多余尾数则应按规则修约,在运算过程中只需取两位数字计算即可。

(3)$\overline{N}$ 的末位要以 σ 的末位为准取齐,多余尾数按规则修约,不足则补 0。

(4)$P = 0.683$ 表示测量真值落在 $[\overline{N} - \sigma, \overline{N} + \sigma]$ 区间的概率为 68.3%。

(5)相对不确定度 E 值以百分数表示,最多保留 2 位有效数字。

(6)不确定度所代表的物理量,用括号说明,在不会引起误解的情况下也可省略。例如 $u_B(l)$ 代表的是观测量 l 的(标准)不确定度,可写成 u_B。

2.3.6 数据处理举例

【例1】 用毫米刻度的米尺,测量物体长度 l 次数 10 次,其测量值分别为 53.27、53.25、53.23、53.29、53.24、53.24、53.26、53.20、53.24 和 53.21(单位 cm)。试计算合成不确定度,

并写出测量结果。

【解】 测量为多次测量,测量数据的数值相差不大,可认为其分布为正态分布。

(1)计算 l 的平均值

$$\bar{l} = \frac{1}{n}\sum_{i=1}^{n}l_i = \frac{1}{10}(53.27+53.25+53.23+\cdots+53.21)=53.24 \text{ (cm)}$$

(2)计算 A 类不确定度

$$S = \sqrt{\frac{1}{n-1}\sum_{i=1}^{n}(l_i-\bar{l})^2}$$

$$= \sqrt{\frac{(53.27-53.24)^2+(53.25-53.24)^2+\cdots+(53.21-53.24)^2}{10-1}}$$

$$= 0.03\text{(cm)}$$

(3)计算 B 类不确定度

$$u_{B2}(l) = \frac{\Delta}{C} = \frac{最小刻度/2}{\sqrt{3}} = \frac{0.05}{\sqrt{3}} = 0.03\text{(cm)}$$

(4)合成不确定度

$$\sigma = \sqrt{u_A^2+u_B^2} = \sqrt{S^2+u_{B2}^2} = \sqrt{0.03^2+0.03^2} = 0.04\text{(cm)}$$

(5)测量结果的标准式为

$$l = (53.24\pm0.04) \text{ cm} \quad (P=0.683)$$

$$E_l = \frac{\sigma}{l}\times100\% = \frac{0.04}{53.24}\times100\% = 0.075\%\approx0.08\%$$

【例 2】 根据公式 $\rho = \dfrac{4M}{\pi D^2 H}$ 测量铜圆柱体的密度。已知 $M=(45.038\pm0.004)\text{g}, D = (1.2420\pm0.0004)\text{cm}, H=(4.183\pm0.003)\text{cm}$,试评定 ρ 的不确定度。

【解】 (1)计算测量值

$$\rho = \frac{4M}{\pi D^2 H} = 8.886 \text{ (g/cm}^3)$$

(2)计算相对不确定度

$$\frac{\sigma_\rho}{\rho} = \sqrt{\left(\frac{\sigma_M}{M}\right)^2+\left(2\frac{\sigma_D}{D}\right)^2+\left(\frac{\sigma_H}{H}\right)^2} = \sqrt{\left(\frac{0.004}{45.038}\right)^2+\left(2\times\frac{0.0004}{1.2420}\right)^2+\left(\frac{0.003}{4.183}\right)^2}$$

$$= 9.6\times10^{-4}$$

(3)求 ρ 的不确定度 σ_ρ

$$\sigma_\rho = 9.6\times10^{-4}\times\rho = 9.6\times10^{-4}\times8.886 = 0.008\,103 = 0.008 \text{ (g/cm}^3)$$

(4)测量结果表示为

$$\rho = (8.886\pm0.008) \text{ g/cm}^3$$

【例 3】 已测得矩形宽、长结果分别是 $a=(10.0\pm0.1)\text{cm}, b=(20.0\pm0.1)\text{cm}$,求周长 L。

【解】 $\quad\quad L = 2(a+b) = 2\times(10.0+20.0) = 60.0 \text{ (cm)}$

$$\sigma_L = \sqrt{\left(\frac{\partial L}{\partial a}\sigma_a\right)^2+\left(\frac{\partial L}{\partial b}\sigma_b\right)^2} = 2\sqrt{(\sigma_a)^2+(\sigma_b)^2} = 2\sqrt{0.1^2+0.1^2} = 0.326 = 0.3 \text{ (cm)}$$

$$L = (60.0\pm0.3) \text{ cm}, E_L = \frac{\sigma_L}{L} = \frac{0.3}{60.0} = 0.5\%$$

【例 4】 测边长 $a\approx10$ mm 的立方体体积 V,要求 $E_V\leqslant0.6\%$,问用下列哪种游标卡尺最

恰当？(1)10 分度；(2)20 分度；(3)50 分度。

【解】 $V=a^3$，$E_V=\dfrac{\partial \ln V}{\partial a}\sigma_a=\dfrac{\partial \ln(a^3)}{\partial a}\sigma_a=\dfrac{3\sigma_a}{a}$，由条件：$E_V=\dfrac{3\sigma_a}{a}\leqslant 0.6\%$，则 $\dfrac{3\sigma_a}{10}\leqslant 0.6\%$，得 $\sigma_a\leqslant 0.02$（mm）。

又 $\Delta_0=\sigma_a\sqrt{3}\leqslant 0.02\times\sqrt{3}=0.03$（mm），故合适的仪器为 50 分度的游标卡尺（$\Delta_0=0.02$ mm）。

【例5】 已知某圆柱体铜环的外径 $D=(2.995\pm0.006)$ cm，内径 $d=(0.997\pm0.003)$ cm，高度 $H=(0.9516\pm0.0005)$ cm，试求该铜环的体积及其不确定度，并写出测量结果表达式。

【解】 $V=\dfrac{\pi}{4}(D^2-d^2)H=\dfrac{3.1416}{4}(2.995^2-0.997^2)\times0.9516=5.961$（cm³）

$$\ln V=\ln\frac{\pi}{4}+\ln(D^2-d^2)+\ln H$$

$$\frac{\partial \ln V}{\partial D}=\frac{2D}{D^2-d^2},\quad \frac{\partial \ln V}{\partial d}=-\frac{2d}{D^2-d^2},\quad \frac{\partial \ln V}{\partial H}=\frac{1}{H}$$

$$\frac{\sigma_V}{V}=\sqrt{\left(\frac{2D}{D^2-d^2}\right)^2\sigma_D^2+\left(-\frac{2d}{D^2-d^2}\right)^2\sigma_d^2+\left(\frac{1}{H}\right)^2\sigma_H^2}$$

$$=\sqrt{\left(\frac{2\times2.995\times0.006}{2.995^2-0.997^2}\right)^2+\left(\frac{2\times0.997\times0.003}{2.995^2-0.997^2}\right)^2+\left(\frac{0.0005}{0.9516}\right)^2}=0.0046$$

$$\sigma_V=0.0046\times\overline{V}=0.0046\times5.961=0.027\text{（cm}^3)$$

则 $V=5.961\pm0.027$（cm³）。

在计算各分量合成结果时，若某个不确定度分量接近最大部分不确定度分量的 1/10，则可略去不计，以简化计算。

【例6】 某电压的测量结果为

$$V=(4.98\pm0.03)\text{V}$$

下列各种解释中哪种是正确的？
(1)被测电压的测量值是 4.95 V 或 5.01 V；
(2)被测电压的真值是 4.98 V；
(3)被测电压的真值是位于 4.95 V 到 5.01 V 之间的某一值；
(4)被测电压的真值位于区间[4.95 V,5.01 V]之外的可能性(概率)很小。
【答】(4)

2.4　实验数据处理的基本方法

前面的内容涉及了测量与误差的基本概念、有效数字、误差和不确定度的评定，这些概念和理论在测量过程中得到体现，而得到的数据还需要通过处理，才能对测量结果进行评定。数据处理就是从获得数据起，到得出实验结果为止的整个加工过程，利用简明而又严格的方法表征有关各物理量之间的关系，或找出事物的内在规律性，或验证某种理论的正确性，或为以后的实验准备提供依据。

数据处理包括数据的记录、整理、计算、分析与拟合等多种处理方法,是实验工作不可缺少的一部分。

常用的数据处理方法有:列表法、作图法、图解法、逐差法、最小二乘法和线性拟合法等,数据处理涉及的内容很多,这里只介绍其中最基本的 4 种方法。

2.4.1　列表法

在记录和处理测量数据时,通常将自变量、因变量及其数值一一对应,列成表格,并用符号标明各物理量及其单位,直观明了地表示了表格中各物理量之间的对应关系。

通过列表,便于随时检查测量结果是否正确合理,及时发现问题,有助于找出有关物理量之间的规律性,有利于计算和分析误差,得出定量的结论或经验公式等。

列表要求如下:

(1)栏目的顺序应充分体现数据之间的联系和计算顺序。对于具有函数关系的数据表格,应按自变量由小到大或由大到小的顺序排列,以便于记录、判断和处理。

(2)写出标题,标明表中各物理量名称(或符号)和单位。

(3)表格中所列数据要正确反映出有效数字及其有关规定。数据不应随便涂改,确实要修改数据时,应将原来数据画条杠以备随时核对。

(4)必要时,应对某些项目加以说明,并计算出平均值、标准误差和相对误差。

2.4.2　作图法

作图法是用图形描述各物理量之间的关系,将实验数据用几何图形表示出来,能形象、直观地显示物理量之间的对应关系,粗略揭示出物理量之间的函数关系。

通过作图法,可求出某些物理量或参数,建立关系式,进行修正与校准曲线,比较和研究实验结果等,是数据处理的基本方法之一。

当选定作图的参量后,为保证图线的准确度,应根据其函数关系选用合适的坐标纸(如直角坐标纸、单对数坐标纸、双对数坐标纸和极坐标纸等)作图,通常以直角坐标纸为主。

1. 作图的基本方法

下面以伏安法测电阻的数据为例,如表 1 所示,用作图法说明作图的步骤,作出的曲线如图 2-4-1 所示。

表 1　伏安法测量电阻

U/V	0.00	0.74	1.52	2.33	3.08	3.66	4.49	5.24	5.98	6.76	7.50
I/mA	0.00	2.00	4.01	6.22	8.20	9.75	12.00	13.99	15.92	18.00	20.01

(1)根据测量情况建立坐标系

根据测量数据有效数字的多少及结果的需要,选择合适的坐标分度值,以及原点、比例和单位。确定坐标纸的刻度大小的有效位数,一般以 1～2 mm 对应测量值的次末位数,使图的大小位置合理。

分度值选定后,由分度值与数据范围即可确定坐标范围(略大于数据范围)、坐标纸的大小(略大于坐标的范围),据此由实验数据定出电压轴 U,如 1 mm 对应 0.10 V,范围 0～11 V,电流轴 I 可选 1 mm 对应 0.20 mA,范围 0～22 mA;坐标纸大小约为 130 mm×130 mm。

必须指出,最小坐标值的起点不一定都从变量的"0"值开始,可根据需要适当变换,以便作出的图线对称美观地布满坐标纸。

（2）标明坐标轴

用粗实线画出坐标轴，用箭头标明坐标轴方向，标明坐标轴名称或符号、单位（前面加斜杠表示），再按顺序标出坐标轴整分格上的整数量值。标度的数值的位数应与实验有效数字位数一致。

（3）标注实验点

根据测量数据，用直尺和笔尖使实验点准确地落在相应的位置。若一张坐标纸需要画上几条实验曲线时，实验数据点可用"＋"、"⊙"、"△"、"×"等符号分别表示，以示区别。重要数据点的坐标要特别标出，例如，计算斜率时所选取两点的坐标。

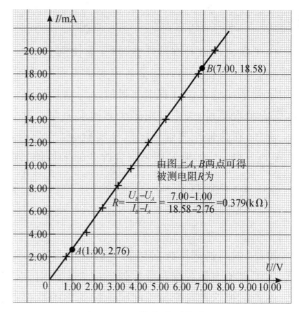

由图上 A、B 两点可得被测电阻 R 为

$$R = \frac{U_B - U_A}{I_B - I_A} = \frac{7.00 - 1.00}{18.58 - 2.76} = 0.379(\text{k}\Omega)$$

图 2-4-1 伏安法测量电阻

（4）连接图线

用直尺、曲线板等把数据点连成直线或光滑曲线。一般不强求直线或曲线通过每个实验点，而是要做到细而清晰、光滑和完整，使数据点在线的两侧合理分布，即图线两侧的实验点与图线最为接近且分布大体均匀，图线刚好穿过实验点时可以在该点处断开。

（5）标出图线特征

在图上空白位置标明实验条件或从图上得出的某些参数。有时需要通过计算，求某一参数，图上还应标出所选计算点的坐标及计算结果。如利用所绘直线可给出被测电阻 R 大小，即从所绘直线上读取两点 A、B 的坐标，求出 R 值。

（6）标出图名

作图完毕，应在图线下方或空白的明显位置处写出图的名称以及某些必要的说明，如实验者姓名和实验日期，尽可能全面地反映实验情况，并将图纸贴在实验报告的适当位置。有时还要附上简单的说明，如实验条件等，使之一目了然。

作图法具有直观、简便地反映数据之间的函数关系的优点，但由于图纸大小不同，作图时连线的主观任意性较大，可以说是一种粗略的数据处理方法。若需要精确地求出实验结果，应选用建立在严格统计基础上的数据处理方法。

2. 曲线改直与曲线方程的建立

许多物理量之间并不都具有线性的函数关系，由曲线图直接建立经验公式一般是比较困难的，需要通过适当的坐标变换把曲线图改为直线图，使之具有线性关系，再利用建立直线方程的办法来解决问题，称为曲线改直方法。

把非线性函数关系变换为直线，有利于作图以及求解其斜率和截距，而直线方程的两个参数所包含的物理内涵正是所要求解的结果。

例如，阻尼振动的振幅作指数衰减 $A = A_0 e^{-\beta \cdot t}$，式中 A_0、β 为常量，可变换成 $\ln A = -\beta t + \ln A_0$，$\ln A$ 为 t 的线性函数，截距为 $\ln A_0$，通过求斜率，即可求出阻尼系数 β。

2.4.3　逐差法

由于随机误差具有抵偿性,对于多次测量的结果,常用平均值来估计最佳值,以消除随机误差的影响。但是,当自变量与因变量成线性关系时,对于自变量等间距变化的多次测量,如果用求差平均的方法计算因变量的平均增量,就会使中间测量数据两两抵消,只剩始末两个读数,变成单次测量,失去利用多次测量求平均的意义。

例如,在拉伸法测量杨氏模量实验中,当荷重均匀增加时,标尺位置读数依次为 x_0, x_1, x_2,…, x_8 和 x_9,如果求相邻位置改变的平均值,则有

$$\overline{\Delta x} = \frac{1}{9}[(x_9 - x_8) + (x_8 - x_7) + (x_7 - x_6) + (x_6 - x_5) + \cdots + (x_1 - x_0)]$$

$$= \frac{1}{9}(x_9 - x_0)$$

可见,中间的测量数据对 $\overline{\Delta x}$ 的计算值没有意义。

为了避免中间数据在数据处理中失去作用,以保持多次测量的优越性,可用逐差法处理数据。逐差法把这种自变量等间隔连续变化的数据按自变量的大小顺序排列后,平分为高低前后两组,即 x_0, x_1, x_2, x_3, x_4 和 x_5, x_6, x_7, x_8, x_9,两组逐次求差,再求这个差的平均值,即

$$\overline{\Delta x} = \frac{1}{5} \times \frac{(x_5 - x_0) + (x_6 - x_1) + (x_7 - x_2) + (x_8 - x_3) + (x_9 - x_4)}{5}$$

可见,每个数据都用上了,相当于重复测量了 5 次,提高了实验数据的利用率,减小了随机误差的影响,还可减小 Δx 中仪器误差分量;不同的是,这里的 $\overline{\Delta x}$ 对应于间隔 5 个数据的平均值。逐差法计算简便,特别是在检查具有线性关系的数据时,可随时"逐差验证",及时发现数据规律或判断错误数据,是一种常用的数据处理方法。

2.4.4　最小二乘拟合法

由一组实验数据拟合出一条最佳直线,或通过直线拟合求最佳经验公式的一种数据处理,常用的方法是最小二乘法(又称作一元线性回归,least squares method,LSM)。

通过实验获得测量数据后,假设所测量的量之间存在一定的函数关系,确定假定函数关系中的各项系数,这一过程就是求取有关物理量之间关系的经验公式。从几何上看,就是要选择一条曲线,使之与所获得的实验数据更好地吻合。因此,求取此关系式的过程也就是曲线拟合的过程。

获得正确地与实验数据配合的最佳曲线常用的方法有两类:一是图估计法,二是最小二乘法。

图估计法是凭眼力估测直线的位置,使直线两侧的数据均匀分布,其优点是简单、直观,作图快;缺点是图线不唯一,准确性较差,有一定的主观随意性。图解法、逐差法和平均法都属于这一类,是曲线拟合的粗略方法。

最小二乘法是一种数学方法。在实验中获得自变量 x 与因变量 y 的若干个对应数据 (x_1, y_1), (x_2, y_2), …, (x_n, y_n) 时,要找出一个已知类型的函数 $y = f(x)$,使得偏差平方之和 $\sum_{i=1}^{n}[y_i - f(x_i)]^2$ 为最小。这种求 $f(x)$ 的方法称最小二乘法。求得的函数 $y = f(x)$ 称经验公式。

设物理量 y 和 x 之间满足线性关系,则函数形式为

$$y = a + bx \tag{2-4-1}$$

最小二乘法利用实验数据确定方程中的待定常数 a 和 b，即直线的截距和斜率。

最小二乘法以严格的统计理论为基础，是一种科学而可靠的曲线拟合方法，可克服用作图法求直线公式时图线的绘制引入的误差，结果更精确，在工程技术与科学实验中得到了广泛的应用。此外，它还是方差分析、变量筛选、数字滤波、回归分析的数学基础。

最小二乘法的原理和计算相对较复杂，通常大学物理实验仅介绍如何应用最小二乘法进行一元线性拟合。请参考实验 4"自由落体法测量重力加速度"中的相关内容。

必须指出，采用最小二乘法计算斜率 b 和截距 a 时，如果采用有效数字的运算法则计算中间过程，必将引入较大的计算误差，因此，可利用计算器运算。必要时，可通过计算斜率 b 和截距 a 的不确定度，进一步确定其有效数字位数，但是，运算量和难度也将相应地增加。

如果函数的相关性好，可采用粗略的处理方法，取截距 a 有效位数的最后一位与 y 的有效数字最后一位对齐，取斜率 b 的有效数字与 y_n-y_1 和 x_n-x_1 中有效数字位数较少的相同。

> 科学给青年以营养，给老人以慰藉；它让幸福的生活锦上添花，在你不幸的时刻保护着你。
>
> ——罗蒙诺索夫

练 习 题

1. 填空题

(1)测量就是以确定被测对象的(____)为目的的全部操作。

(2)直接测量是指无需测量与被测量有(____)关系的其他量,而能直接得到被测量(____)的测量。

(3)测量(____)与被测量(____)之差称为测量误差。

(4)相对误差是测量的(____)与测量的(____)之比,一般用(____)表示。

(5)测量误差按其出现的特点可分为(____)误差、(____)误差和粗大误差。

(6)系统误差是在对同一被测量的多次测量过程中,保持(____)或以(____)的方式变化的测量误差分量。

(7)一个被测量的测量结果一般应包括测量所得的(____)、(____)和单位三部分。

(8)把测量数据中几位(____)的数和最后一位有(____)的数或可疑的数统称为有效数字。

(9)用实验方法找出物理量的量值叫作测量。一个测量值应包括测量值的(____)和(____)。

(10)测量结果应包括(____)、(____)和(____),三者缺一不可。

(11)测量结果中(____)加上(____),称为有效数字。有效数字的位数取决于所用仪器的(____),它表示了测量所能达到的(____)。

(12)用游标卡尺测量一个圆柱形杯子的尺寸,其几何量有(____)、(____)和(____)。

(13)20 分游标卡尺的分度值是(____)mm,50 分游标卡尺的分度值是(____)mm。

(14)螺旋测微计的分度值是(____)mm,当螺旋测微计的量面密合时,微分筒上的零线和主尺的横线一般是不对齐的,显示的读数称为(____)读数,这个读数在测量时会造成(____)误差。

(15)物理天平是将被测物体和标准(____)进行比较来测量物体质量的仪器。

(16)物理天平的使用步骤主要有调(____),调(____)和(____)。

(17)电流表(电压表)的主要参数有(____)、(____)和(____)。

(18)电表的基本误差用其(____)和(____)之比来表示。

(19)电流表的内阻很小,以减小测量时电流表上的(____)。

(20)电表一般有 0.1、0.2、0.5、1.0、1.5、2.5、5.0 七个级别,级别越小,精密度越高。若测出电表的最大相对误差为 0.21%,则其级别为(____)级。

2. 指出下列测量值的有效数字位数。若取 3 位有效数字,表示为科学记数法形式。

(1)84.509 cm;　　　(2)7.545 s;　　　　(3)6.735 g;　　　　(4)0.005 069 kg;

(5)4 893×10^{-10} m;　(6)3.141 592 654;　(7)0.010 0。

3. 根据有效数字运算规则,计算下列各式。

(1)1 568+364.65−56.501;　　　　　　　(2)(15.80−15.145 0)×1.301;

(3)2.27+1.627×0.014 5÷2.035−0.014 9;　　(4)ln504。

4. 按照误差理论和有效数字运算规则,以及正确的表达方式,改正以下错误。

(1)$N=(11.800\ 0\pm0.2)$cm;　　　　(2)$R=(9.75\pm0.062\ 6)$cm;

(3)$L = (29\,000 \pm 8\,000)$mm;　　　　(4)$L = (1.283 \pm 0.000\,2)$cm;

(5)$h = 27.3 \times 10^4 \pm 2\,000$ km;　　(6)$d = 12.435 \pm 0.02$(cm);

(7)$t = 20 \pm 0.5$(℃);　　　　　　(8)$\theta = 60° \pm 2'$;

(9)$L = 8.5$ m $= 8\,500$ mm。

5. 指出下列数据表述中的错误,并加以改正。

(1)$(1.546\,3 \pm 0.03)$mm;　　　　(2)(6.73 ± 0.008)g;

(3)$84.50 \pm 0.143\,6$ s;　　　　　(4)$564\,000 \pm 3\,000$ Ω;

(5)$(59°53.4' \pm 3'27'')$;　　　　　(6)$1.453\,2 \times 10^{-2} \pm 3.8 \times 10^{-4}$ V。

6. 测得一铅圆柱体的直径为 $d = (2.04 \pm 0.10)$cm,高为 $h = (4.12 \pm 0.10)$cm,质量为 $m = (149.18 \pm 0.75)$g,求间接测量铅的密度的结果。

7. 某电阻的测量结果为

$$R = (49.78 \pm 0.05)\Omega$$

下列各种解释中哪种是正确的?

(1)电阻的测量值是 49.73 Ω 或 49.83 Ω;

(2)被测电阻的真值是位于 49.73 Ω 到 49.83 Ω 之间的某一值;

(3)被测电阻的真值位于区间$[49.73\ \Omega, 49.83\ \Omega]$之外的可能性(概率)很小。

8. 用精度为 0.02 mm 游标卡尺测量某物体长度,以下多次测量数据中,正确的有哪些?

43.5 mm, 43.50 mm, 43.48 mm, 43.49 mm, 43.51 mm, 43.52 mm, 44 mm

热爱实践而又不讲科学的人,就像一个水手走进了一只没有舵或罗盘的船,他从来不能肯定他在往哪里走。

——达・芬奇

第三章　设计性与研究性实验教学方法

3.1　设计性与研究性实验概述

3.1.1　什么是设计性与研究性实验

设计性与研究性实验是以学生为主体,根据实验室给定的实验条件与要求,学生选择合适的实验方法,独立自主地对实验装置进行组合或设计,对实验过程和结果进行分析和研究的新型实验。要求学生自主设计和拟定方案,独立安排实验内容并撰写报告,教师只辅助性指导。与传统的测量性、验证性实验相比,学生由被动学习转变为主动学习,有利于进一步培养学生的开拓精神和创新能力。

学生可以自选课题,或者根据给定的实验条件,设计一个实验项目,也可以探索一个实际的工程或教学问题,完成相关的实验。

3.1.2　开展设计性与研究性实验的目的

现代科学素质有三大要素:实验技能、理论思维和科学计算。

物理学是一门实验科学,无论是物理概念的产生,还是物理规律的发展,都是建立在严格的科学实验的基础之上的,而所建立的理论正确与否也必须通过实验来验证。物理实验定性地观察物理现象和变化过程,定量地测量物理量并确定物理量之间的关系,可以把上述"三大素质"有机地结合起来。

通过设计性与研究性实验,学生可以通过不同的途径和方法达到共同的目的,其独立思维、才智、个性得到充分尊重,完成从"三基"实验,到基本技能的逐步提高,建立初步的系统概念,形成初步的工程实践意识,实现质的飞跃,是一次再学习、再深化的过程。

通过设计性与研究性实验,可以锻炼学生的毅力,使之在验证理论、提高实验技能的同时,熟悉进行科学实验的基本程序,最大限度地发挥学习潜力,激发创新意识,培养和提高学生独立进行科学实验、独立解决实际问题的能力,培养撰写科技报告的能力,进一步活跃实验思想和思维能力,提高科学实验素质。

3.2　设计性与研究性实验基本方法

设计性与研究性实验,本质上也是一种初步的科研工作。学生可按选题分组,根据选定的目的和要求,学会查阅文献与资料,以理论为根据建立物理模型,依据实验原理、实验方法和测量步骤,选择最佳测量条件,选用最少配套仪器,同时也学习测量数据的处理方法。通过方案优化,制定可行性方案,体现原理的科学性、物理量的可测性、器材的可行性、结果的实用性等。

下面从实验教学的基本要求出发,结合初步的科研工作,简要介绍其基本方法。

3.2.1　选题

根据课题指南或教师下达的任务,确定选题。

对于科研项目,可以针对本单位的生产、工作、工程、技术上的各种难题,或是对原有生产流程、生产工艺进行改革和创新,或是设计新产品,研究新技术等均有大量的课题内容供自己选择。

对于设计性与研究性实验项目,可以对实验室进行必要的调研,视实验室条件,结合自己的学识和兴趣,选取难度适中的题目。

作为一个科研工作者,应从众多课题中选取通过自己最大努力能够完成的课题,或是自己参加到科研课题组去,而课题组能够完成的课题。

3.2.2　设计任务

指导教师下达的课题,一般都会在项目的任务书中提出相应的要求。对于自选的题目,则要自行拟定设计的要求,包括必须完成的技术指标。

课题的设计要求越高,完成后的成果越大。但并非所有的课题要求越高越好,因为它涉及研究者的科研水平、经费、进度和成效等问题。

3.2.3　查找资料

要完成一个课题,单靠自己所掌握的知识是不够的,必须借鉴他人的经验或教训,充分利用图书馆和网络资源,少走弯路,为我所用。凡与完成该课题有关的资料,先一次性查找,不管其是否有用,都可以全部收集;然后,对全部资料进行认真翻阅、筛选,整理出有用的资料供参考;最后,把所有资料按实验方法的不同分门别类整理出来,供随时选用。

必须指出,选用资料时,要注明出处,反对抄袭、照搬照套和剽窃他人成果。

3.2.4　实验方案比较

完成课题可能有很多方法,可以有多种方案,要分别对各种方案的优缺点进行分析和比较,做到简单、经济、容易实现,且实验室又能提供必要的条件。体现实验方案最优化,测量方法的误差最小的原则。

同时,要充分发挥团队的作用,定期开展讨论和交流,进一步优化方案,使完成的课题达到最优。

3.2.5　实验原理论述

用精辟简练的语言写清楚实验的方法及其原理,进行必要分析与理论计算,写出相关的计算公式等。

3.2.6　优化实验器材

根据实验原理和方法,以及要达到的设计要求,选择合适的实验仪器。这里所说的合适,主要考虑仪器的分辨率与精度,以及性价比。分辨率可认为是仪器能够测量的最小值,而精确度通常采用仪器说明书上所标明的"最大误差"或"不确定度限值",即仪器误差来表征。仪器误差的计算应体现"误差均分"原则,请参考"2.3　实验不确定度的评定"相关内容。

只要能达到实验要求,尽量选用实验室现成的、通用的常规仪器及容易购买的低值易耗材料,使整个实验系统具有较高的性价比。选择仪器时,只要能保证测量精度就行,并非所有实验的仪器精度越高越好。

所需的仪器与器材,应写明名称、规格、型号和数量;必要时,还要注明仪器的精度和量程等。若需要外购,应在充分调研的基础上,做到选型准确、经济实用,还要有参考单价、生产厂家等。到货后,及时验收、安装和调试。

3.2.7　拟定实验内容和步骤

为了顺利地进行实验,实验前,必须根据实验条件,拟定所有实验内容,设计每个内容的实验步骤和注意事项,使实验能井然有序地进行。特别是各种测量方法、各种测量仪器都有它的测量条件和要求,要一一列出,在实验中都要满足这些条件,以达到要求。在实验中,根据其可操作性,进一步简化。

3.2.8　进行实验

精心实验,科学操作,认真测量,如实记录实验数据。以误差分析的思想指导实验,贯穿于实验的始终。

通过实验观察、数据分析、结果处理,在实验中发现问题、分析问题、解决问题,进一步优化和完善实验内容,达到最佳的解决方案。

3.2.9　写出实验报告或科研论文

写出一份合格的实验设计方案,对实验过程进行必要的分析和比较。

对于设计性与研究性实验,总结报告的格式与传统的实验报告是完全不同的。实验报告是完成教师拟定的实验,通过实验后完成的作业。相对于科研报告,设计性与研究性实验报告较为简单和灵活,只要把设计与研究的问题的核心准确表达出来即可。完整的格式就是一篇科研论文、科研报告或总结,其写作方法可参考相关资料。

实验报告要求与参考格式:

设计性与研究性实验名称

【摘　要】(概括本实验的重点内容、重要结果或结论,200 字以内)

【关键词】(本实验 3～6 个重要和出现频率最高的词汇,用分号隔开)

引言(概要说明实验背景、主要用途、意义等)

1　实验原理(简明扼要,图文并茂;相关的资料)

2　实验任务(给定的条件与目的,技术参数与指标等)

3　实验内容设计(着重考虑以下内容)

　　3.1　实验方法的比较与选择(资料整理后的优化)

　　3.2　实验仪器的选择(结合实验室条件和误差均分原则)

　　3.3　测量条件与测量方法的选择(可行性,实用性,性价比等)

　　3.4　方案的可行性分析(原理科学性、物理量可测性、器材可行性、结果实用性)

　　3.5　实验注意事项

4　数据处理和误差分析

5　结束语

　　可分析测量的误差来源,实验方法或仪器的改进建议,以及收获或心得体会等。

参考文献(按格式列出)

3.3　设计性与研究性实验示例(节略)

趋肤效应演示仪的设计

交变电流通过导体时,由于感应作用引起导体截面上电流分布不均匀,越靠近导体表面,电流密度越大,这种现象称为趋肤效应,亦称为"集肤效应"。

由于交变电流产生变化磁场,变化磁场产生涡流,形成的趋肤效应使导线的有效截面积减小,从而使其等效电阻增大。

趋肤效应在传输电缆、测量校正、金属表面淬火等工程技术中广泛应用。

1. 实验原理

设电磁波入射到良导体表面,电磁场将部分穿透导体表层,其穿透深度(或趋肤厚度)δ 为

$$\delta = \sqrt{\frac{2}{\omega\mu\sigma}} = \frac{503}{\sqrt{f \cdot \mu_r \cdot \sigma}} \tag{1}$$

式中,f 为电磁波频率,μ 为磁导率,σ 为导体电导率,单位为 S/m(西/米)。

例如,对于铜导体,当 $f = 50$ Hz 时,$\delta \approx 0.9$ cm;当 $f = 100$ MHz 时,$\delta \approx 6.6$ μm。可见,电磁波以及与它相互作用的高频电流仅集中在导体很薄的表层上,即导体在高频下的电阻相当于厚度为 δ 的薄层的直流电阻。频率越高,趋肤效应越显著。

电磁波在导体以外的空间或介质中传播时,在导体的表面上,电磁波与导体中的自由电子相互作用,引起导体表层电流。此电流的存在使电磁波向空间反射,一部分能量透入导体内,形成导体表面薄层内的电磁波,最后通过传导电流把这部分能量耗散为焦耳热。

2. 实验设备与器材

自制的实验装置,小电珠 3 只,直流稳压电源或干电池。

自制的实验装置包括:两支在底部中央打有小孔的圆形铁筒;两根与筒高度相同、横截面较小的铁质圆杆,可固定在铁筒内底部;绝缘固定支架,用于固定铁筒及铁杆。

3. 实验演示方法

略。

4. 实验结果分析

(1)由于采用了磁导率很大的铁质材料制作实验装置,而圆形铁筒又相当于大截面导线,因此,即使输入电流频率相对较低时(如50 Hz的工频电流)也会产生趋肤效应现象,而不只在高频时才会发生。

(2)圆形铁筒内部中空,可切断涡流,说明用涡旋电流来解释趋肤效应是不确切的。

(3)由于铁筒内部中空,电流无法从导线的轴线逐渐向圆筒外表面集中,因而,可避免造成趋肤效应是交变电流从导线的轴线开始逐渐向外表面集中的假象。

(4)发生趋肤效应时电流外强内弱,而电流又无法从导线的轴线逐渐向圆筒外表面集中,说明电磁能传输过程只能是从圆筒外面通过电磁场向内部渗透,而不是靠电流在导体内部传输的。

5. 参考文献

[1]赵凯华,陈熙谋.电磁学[M].北京:高等教育出版社,1985

本示例节选自:姜洪喜,杜广环.趋肤效应演示仪器的设计[J].大学物理,2005(8):51-52

第四章　基础性与综合性实验

实验 1　基本长度的测量

长度的测量是最基本的测量之一，许多测量都与它的测量有关。不少定量的物理仪器，其标度均按一定的长度来划分。如水银温度计测量温度，就是通过准确观测水银柱在温度标尺上的位置来量度的。

测量长度的仪器和方法多种多样，最基本的测量工具有米尺、游标卡尺和螺旋测微计等。若待测物体无法通过直接接触测量或物体的线度很小，且测量要求准确度很高时，则可用精度高一级（如读数显微镜等）或更精密的仪器，以及其他更适合的测量方法。

长期以来，人们普遍认为，1631 年法国数学家维尼尔·皮尔（Pierre Vernier，1580—1637）发明了游标卡尺；1638 年英国科学家威廉·盖斯科因（William Gascoigne，1612—1644）在此基础上发明了螺旋测微计。其实，早在公元初年，滑动卡尺就已在我国出现。

【实验目的】

1. 了解游标卡尺和千分尺的构造与原理，掌握其正确使用方法。
2. 通过数据处理，掌握不确定度的概念，并能进行具体计算。

【实验原理】

1. 游标卡尺

如图 1 所示，游标的全部 m 个分格的长度＝主尺上（$m-1$）个分格的长度，即

$$mx = (m-1)y \tag{1}$$

x，y 分别为主尺、游标上一个分格长度，则主尺分度值与游标分度值之差，也是游标卡尺的精密度，即

$$\Delta = y - x = y/m \tag{2}$$

在 10 分度游标中，10 个分度的总长度与主尺上 9 个最小分度的总长度相等，每个单位分度为 0.9 mm，每个游标分度比主尺的最小分度短 0.1 mm。

当游标 0 线处在主尺上某一位置时，毫米以上的整数部分 y 可从主尺上直接读出，如图 2 中 $y=11$ mm；读取毫米以下的小数部分 Δx 时，应细心寻找游标与主尺上的刻线对齐最好的那一条线。图 2 游标上第 6 条线对齐最好，要读的 Δx 就是 6 个主尺分度与 6 个游标分度之差。主尺 6 个分度之长是 6 mm，游标 6 个分度之长为 6×0.9 mm，故 $\Delta x = 6 - 6×0.9 = 6×(1-0.9) = 0.6$ mm，总长 $L = y + \Delta x = 11 + 0.6 = 11.6$ mm。

为使读数更加精确，还可选用 20 分度和 50 分度等规格的游标卡尺，它们的原理和读数方法完全相同。另外，还有数显式游标卡尺，通常其最小分辨率为 0.01 mm。

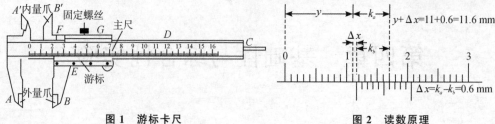

图 1　游标卡尺　　　　　　　　　图 2　读数原理

对于 50 分度的游标卡尺,游标刻度总长 49 mm,分度数 50 格,分度值为 0.02 mm,或示值误差为 0.02 mm,则测量的读数必然为偶数,最小可读到 0.02 mm,即:测量值＝主尺读数(整数)＋游标读数(小数)±零位读数,单位为 mm,如 12.56 mm,尾数必为 0 或偶数。

小数读数技巧:小数读数＝游标整数＋整数格后的格数×0.02 mm,如游标 5 后面第 3 小格与主尺的刻度线对齐,则读数为 0.56 mm;如认为与游标 5 对齐,则读为 0.50 mm。

在实际测量中,应学会直接从游标卡尺上读数。

2. 螺旋测微计(千分尺)

螺旋测微计是比游标卡尺更精密的测量仪器,其准确度至少可达到 0.01 mm,俗称"分厘卡"。

千分尺是由精密的测微螺杆和螺母套管(螺距0.5 mm)组成,如图 3 所示。测微螺杆的末端有一个 50 分度的微分筒,相对于螺母套管转过一周后,测微螺杆在螺母套管内沿轴线方向前进或后退 0.5 mm。同理,当微分筒转过一个分度时,测微螺杆就会

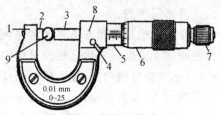

图 3　螺旋测微计

1—尺架　2—测砧　3—测微螺旋
4—锁紧装置　5—固定套筒　6—微分筒
7—棘轮　8—螺母套管　9—被测物

前进或后退 $\frac{1}{50}×0.5=0.01$ mm,可读到 0.001 mm,这就是机械放大原理。

测量值＝主尺读数(整数或读到 0.5 mm)＋微分筒读数(小数)±零位读数,单位为 mm,如 12.563 mm。

【实验器材】

游标卡尺(量程 125 mm,分度值 0.02 mm),螺旋测微计(千分尺)(量程 25 mm,分度值 0.01 mm),待测体(金属圆柱体、小钢球、钢丝线)等。

【实验内容与数据记录】

1. 用游标卡尺测量圆柱体的直径 D_1、高 H

仪器量程:_____,最小分度值 Δ_0:_____。

测量次数 i	1	2	3	4	5	6
零位读数 e_0/mm						
直径读数 $D_1{}'$/mm						
直径 $D_1(D_1=D_1{}'-e_0)$/mm						
高度读数 H'/mm						
高 $H(H=H'-e_0)$/mm						

选择圆柱体上、中、下不同位置进行测量,下同。

2. 用螺旋测微计测量钢球直径 D_2

仪器量程:＿＿＿＿＿＿＿,最小分度值 Δ_0:＿＿＿＿＿＿＿。

测量次数 i	1	2	3	4	5	6
零位读数 e_0/mm						
直径读数 $D_2{}'$/mm						
直径 D_2/mm						

3. 用螺旋测微计测量钢丝线直径 D_3

仪器量程:＿＿＿＿＿＿＿,最小分度值 Δ_0:＿＿＿＿＿＿＿。

测量次数 i	1	2	3	4	5	6
零位读数 e_0/mm						
直径读数 $D_3{}'$/mm						
直径 D_3/mm						

【注意事项】

1. 游标卡尺和千分尺均属精密量具,应轻拿轻放,测量完毕应使测量面之间留有空隙,以防止因热膨胀变形而影响测量精度,用毕后随手收好。

2. 当千分尺的测量面与物体间的距离较小时,应改用棘轮缓慢转动,使之轻缓接触,听到"嘎嘎"声后,即停止转动并进行读数,避免损伤测微螺杆,降低仪器准确度。

3. 若千分尺初始读数不为零,不得使劲拧动微分筒刻意消除,应记录零位读数,供数据处理用。

【数据处理参考】

仪器误差:游标卡尺 $\Delta_0=0.02$ mm,千分尺 $\Delta_0=0.005$ mm。

对应的 B 类不确定度,可按 $u_B=\dfrac{\Delta}{\sqrt{3}}$ 计算。

1. 用游标卡尺测量圆柱体的直径 D_1、高 H,并计算圆柱体的体积。

(1)计算各被测量的平均值 $\overline{D_1}$、$\overline{H}$;

(2)求各被测量的不确定度。

①求标准偏差 S_{D_1}、S_H;

②求 D_1、H 的 A 类不确定度($u_A=S$);

③根据仪器误差,求 B 类不确定度 u_B;

④直接测量的不确定度为 $\sigma=\sqrt{u_A^2+u_B^2}$,求各被测量的不确定度;

⑤写出各量的表达式,即 $x=\overline{x}\pm\sigma_x$(单位)的形式。

(3)求圆柱体的体积及其不确定度:由各量平均值求 $\overline{V}_1$,由传递公式求 σ_{V1}。

$$\frac{\sigma_{V1}}{\overline{V}_1}=\sqrt{\left(\frac{2\sigma_{D_1}}{\overline{D}_1}\right)^2+\left(\frac{\sigma_H}{\overline{H}}\right)^2},求 \sigma_{V1}。\ 其中,V_1=\frac{1}{4}\pi D_1^2 H。$$

(4)写出测量结果为 $V_1 = \overline{V_1} \pm \sigma_{V1}$。

2. 用螺旋测微计测量钢球直径 D_2，计算其体积 V_2。

方法同上。其中，$V_2 = \frac{1}{6}\pi D_2^3$，$\dfrac{\sigma_{V2}}{\overline{V_2}} = \dfrac{3\sigma_{D2}}{\overline{D_2}}$。

3. 用螺旋测微计测量钢丝直径 D_3。

数据处理方法同上。把结果表示为 $D_3 = \overline{D_3} \pm \sigma_{D3}$。

【思考与练习】

1. 若游标卡尺的测量准确度为 0.01 mm，其主尺的最小分度的长度为 0.5 mm，试问游标的分度数（格数）为多少？以 mm 作单位，游标的总长度可能取哪些值？

2. 试比较游标卡尺、螺旋测微计放大测量的原理及其读数方法的异同点。

【阅读材料】

英制中的长度单位简介

英制是用英尺为长度单位、磅为质量单位、秒为时间单位的单位制，是一种源于英国，使用于英国、其前殖民地和英联邦国家的非法定计量单位制。目前，不再被国际公认，但在欧美等国的日常生活和工业生产中仍被沿用。

1. 关于英制长度计量单位

英国政府已于 1995 年完成了绝大部分单位制到国际单位制的转换。我国于 1959 年和 1984 年先后命令废除和严格限制使用英制单位。有意思的是，美国官方仍使用（美式）英制计量单位制，但又与传统的英制单位略有差异。

美国使用基于英尺、磅之类的英式度量衡制实在是一种令人费解的现象，因为即使是英国，也与世界接轨了，因此，有人把这种古怪的单位制称之为美式单位制；美国度量标准协会执行理事 V. Antoine 指出，如果美国改用公制，给美国工业带来的好处就是生存，如果我们不觉醒，不开始按欧共体公制标准生产商品的话，将失去欧共体 3.2 亿人的市场。海外一些国家已经拒绝某些美国英制标准的商品报关单。

但是，我们生活在一个高度依赖于科学技术的社会，美国作为当代世界主要的科学中心之一，世界各国不得不面对其强大的科技与经济贸易市场，主动地去适应这种美式单位制。

在英制的长度名称中，有的为了与公制或中国汉字单位相区别，通常在其单位前加一"英"字，如英里、英尺、英寸。旧称采用冠以口字旁表示，分别对应于哩、呎、吋，为汉字中一个字读两个音的字。

2. 换算关系

1 英里(mile，哩)=1760 码(yard，yd)=5 280 英尺(ft，呎)。

1 码(yard，yd)=3 英尺，1 英尺=12 英寸(inch 或 in，吋，有时简写为")；还有中间单位链(chain，22 码)和浪(furlong，220 码)，用得较少。

1 英寸=2.54 厘米，据此进行与国际单位制换算。1 英里(mile，哩)=1 609.344 米(m)=1.609344 公里(km)。1 英尺=0.304 8 米。

此外，更小的单位有英分和毫英寸(毫寸，mil，俗称英丝)等。1 英寸=8 英分=1 000 毫英寸。1 英寸以下的长度用英寸的分数来表示，如 1/2、1/4、1/8、1/16、1/32、1/64 等。图 4 所示为公制与英制长度对比,图的上方为集成电路实物。

1 英里(mile,哩)＝5 280 英尺(ft,呎)＝63 360 英寸(inch 或 in,吋,有时简写″)＝1 760 码(yard,yd)＝1 609.344 米(m)＝1.609 344 公里(km)。

3. 应用

英制长度计量单位主要以美国为主。英国法律规定,商业零售必须使用公制。

国际上一些个别领域,仍沿用英制长度单位制。例如,飞行器飞行高度用英尺做单位。电子元器件的引脚间距,在印刷电路板(PCB)的电子电路设计时都

图 4　公制与英制长度比较

常用到 mil 单位;DIP(双列直插式)封装的集成电路引脚间距为 0.1 英寸(100 mil),两列引脚的间距有 0.3 英寸(300 mil)等。

生活中,人们有时习惯采用英制长度单位制,如电视机屏幕、计算机显示器和手机显示屏的大小、荧光灯灯管直径等,人们习惯以英寸为单位。此外,Microsoft Office Word 新建空白文档默认页边距也是按照英制长度单位换算的。

与长度单位直接关联的计量量,还有面积和体积(容积)等。

此外,mph 为时速的英制计量单位之一,表示英里/每小时,生活中俗称"迈"。1 mph＝1 mile/h＝1.609 344 km/h,其对应的国际单位是 km/h。

不要以感伤的眼光去看过去,因为过去再也不会回来了,最聪明的办法,就是好好对付你的现在——现在正握在你的手里,你要以堂堂正正的大丈夫气概去迎接如梦如幻的未来。

——郎费罗

实验 2　固体质量与密度的测量

　　测量物体质量的方法很多,但大多数依据杠杆原理,如物理天平、分析天平和精密天平等。目前,数字式电子天平已经相当普及。

　　在物理学中,通常把某种物质单位体积的质量称为该物质的密度。密度反映了物质的基本特性,仅与物质的种类有关,与其质量、体积等因素无关。固体密度的测量方法很多,常用的有称衡法、比重瓶法、阿基米德定律法或浮力法,以及密度计法等。

【实验目的】

　　1. 了解物理天平、电子天平的原理与构造,掌握其正确使用方法。
　　2. 掌握流体静力称衡法测量物体密度的原理与方法。
　　3. 通过数据处理,进一步掌握不确定度的计算方法。

【实验器材】

　　物理天平(TW-02B,200 g/20 mg),电子天平(YP1201N,1 200 g/100 mg),金属圆柱体,塑料杯,温度计,细线等。

【实验原理与仪器描述】

1. 物理天平

　　TW-02B 型物理天平结构如图 1 所示,其最大载荷为 200 g,分度值为 20 mg,示值变动性小于 1 分度,游标每个刻度为 20 mg。

　　(1)操作顺序

　　调整水平→调整零点→称衡(左物右码,轻启动,逐次逼近调节)→读数→复原。

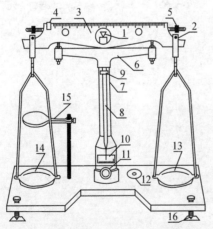

1—主刀口	2—边刀口
3—横梁	4—游码
5—平衡螺母	6—制动架
7—支柱	8—指针
9—重心调节螺丝	
10—标尺	11—制动旋钮
12—水准器	13—砝码托盘
14—载物托盘	15—托盘
16—底脚螺丝	

图 1　物理天平

　　(2)操作要领

　　基本要领:常止动,轻操作,用镊子,不超重,防腐蚀。

　　为避免刀口受冲击而损坏,在取放物体或砝码、调节游码或平衡螺母以及停止使用天平时,都必须将天平止动,只有在判断天平是否平衡时才将天平启动。天平启动和止动时动作要轻,止动时最好在天平指针接近刻度盘中间刻度时进行。

①在止动状态,方可调节天平、加减砝码、拨动游码和取放物体,以免损坏刀口。取放砝码(包括拨动游码)要用镊子操作,不得用手直接抓取。

②称量在水中物体的质量时,待测物用细线系牢,不与他物相触,物体要完全浸入水中,且不能有气泡。

③水的温度可用温度计测量。作为近似计算,可认为水温为室温,由室温计读取。

(3)流体静力称衡法原理

密度是物体的质量和其体积的比值,单位为 kg/m³。若物体的质量为 M,所占有的体积为 V,则该物质的密度 ρ 为

$$\rho = \frac{M}{V} \tag{1}$$

根据阿基米德原理,物体在液体中所受到的浮力等于物体排开液体的重量。例如,水的密度在 4 ℃时为 10^3 kg/m³,标准状况下干燥空气的平均密度为 1.293 kg/m³。

物体的密度与温度有关,其温度条件通常为 20 ℃;而气体的密度还与压力有关。

用天平称量待测固体,在空气中称得天平相应砝码质量为 M;当物体完全浸入但悬浮在液体中时,称得相应砝码质量为 M_1,由阿基米德原理得

$$Mg - M_1 g = \rho_0 V g \tag{2}$$

$$\rho = \frac{M}{M - M_1} \rho_0 \tag{3}$$

式中,ρ 的单位一般用 kg·m⁻³ 或 g·cm⁻³ 表示;液体(通常选择水)的密度 ρ_0 与温度有关,可通过查表得到;V 为物体体积,即排开的液体体积。

(4)天平的不确定度*

天平的称衡不确定度主要来自三个方面,一是砝码的不确定度,二是感量不确定度,三是不等臂不确定度。

2. 电子天平

电子天平是依据电磁力平衡原理进行称量的。电磁力与物质的重力相平衡,其直接检出值是物质重量 mg 而不是质量 m。使用天平时,要根据当地的纬度和海拔高度随时校准,方可获取准确的质量数。常量或半微量电子天平,其内部一般配有标准砝码和质量的校正装置,经随时校正后的电子天平可获取准确的质量读数。

图 2　电子天平

如图 2 所示是 YP1201N 型电子天平,最大称重 1 200 g,精度 100 mg,准确度Ⅲ级,去皮范围 0～1 200 g,重复性误差(标准偏差)0.1 g,稳定时间小于 5 s,开机预热时间 1 h。采用电阻应变片作为传感器进行称重,具有自动校准、去皮、零位跟踪、单位转换、数字计件、程序智能化测试、交直流两用以及通用数据串行通信接口等功能,实行多按键控制,各功能的转换预选只需按相应的按键。

(1)使用步骤与方法

①平放桌面,调节脚垫,使天平处于水平位置。

②接通电源,预热约 1 h。首先显示型号和称量模式;按单位切换,选择计量单位(单位有

三种:克 g,磅 lb,盎司 oz)。若初始显示不为 0,可按自动校准。

③若需要计件,可先按计件键。按校准,则样品个数设定值增加 10,按去皮,则减少 10。设定后,取下样品,天平显示 0 pcs,即可对同类物体进行计件(点数操作)。天平出厂时预置为 100,单位 pcs(pieces,个、件)。要求单件质量大于天平的 10 个分度值。断电后,按单位键可恢复计件功能。

④若需要去皮,可把容器置于秤盘上,按去皮键,显示全零状态,扣去容器质量值,即去皮重。若取下容器,显示的是容器质量的负值;若再按去皮键,则天平清零,显示全零,恢复原态。

(2)使用注意事项

①去皮功能主要用于称量液体、粉末状物体或者具有腐蚀性的物体质量。对于一般的固态物体,可放置在秤盘上直接称量。

②保持工作台稳定和整洁,减少气流干扰。若显示不稳定符号,应重新调整水平。

③被称量的物体的质量不得超过天平的最大载荷。

【实验内容与数据记录】

1. 用物理天平测量铜圆柱体的质量 M 和 M_1

仪器型号:_____,量程:_____,分度值:_____,水温:_____。

在空气中质量 M/g	在水中质量 M_1/g

2. 用电子天平测量铜圆柱体的质量,求其密度。

【数据处理参考】

1. 用物理天平测量物体的质量(天平游标的每个刻度为 20 mg)

(1)先求 M、M_1 的不确定度 σ_M、σ_{M_1} 及其结果表达式,然后对原式取对数后求微分,再改为不确定度符号求 σ_ρ。

$$\ln\rho = \ln\frac{M}{M-M_1} + \ln\rho_0, \quad \frac{\mathrm{d}\rho}{\rho} = \frac{\partial M}{M} - \frac{\partial M}{M-M_1} + \frac{\partial M_1}{M-M_1} + \frac{\partial\rho_0}{\partial\rho_0}$$

系数取绝对值,并改为不确定度符号,得到算术合成的计算式为

$$\frac{\sigma_\rho}{\rho} = \left|\frac{M_1}{M(M-M_1)}\right| \cdot \sigma_M + \left|\frac{1}{M-M_1}\right| \cdot \sigma_{M_1} + \left|\frac{1}{\rho_0}\right| \cdot \sigma_{\rho_0}$$

(2)若只要粗略计算,用上式即可。若用几何合成,标准差形式为

$$\frac{\sigma_\rho}{\rho} = \sqrt{\frac{M_1^2}{M^2(M-M_1)^2}\sigma_M^2 + \frac{1}{(M-M_1)^2}\sigma_{M_1}^2 + \frac{1}{\rho_0^2}\sigma_{\rho_0}^2}$$

可忽略 ρ_0 随水温的变化。

(3)已知 M、V,$\rho = M/V$,则 $V = \frac{1}{4}\pi D^2 H$,$\frac{\sigma_\rho}{\rho} = \sqrt{\left(\frac{\sigma_M}{M}\right)^2 + \left(2\frac{\sigma_D}{D}\right)^2 + \left(\frac{\sigma_H}{H}\right)^2}$。

2. 用电子天平(规格 1 200 g,$d = 0.1$ g)测量物体的质量 m

物体在空气中的质量 $m = $____$\pm$__ (g)。求物体的密度 ρ,结果表示为 $\rho = \bar{\rho} \pm \sigma_\rho$。

其中,$V = \frac{1}{4}\pi D^2 H$,$\rho = M/V$,则 $\bar{\rho} = \frac{M}{V}$,$\frac{\Delta_\rho}{\bar{\rho}} = \sqrt{\left(\frac{\Delta_M}{M}\right)^2 + \left(2\frac{\Delta_D}{D}\right)^2 + \left(\frac{\Delta_H}{H}\right)^2}$,求得 σ_ρ。

采用上述两种方法测量铜圆柱体的密度,比较其结果。

【思考与练习】

1. 若固体密度比液体小,如何测量固体的密度? 反之,若已知固体密度,如何求出液体密度?

2. 物理天平的"刀口"对测量有何影响? 如何正确使用,以保护刀口?

> 为了达到最伟大的科学成就,不仅需要出众的天赋,而且需要出众的毅力、耐心、勇敢、非凡的诚实,以及认清真正本质并全神贯注于本质问题的能力。
>
> ——弗兰克

实验 3　　单摆法测量重力加速度

单摆实验属于最经典的实验之一,有着悠久的历史。伽利略和惠更斯等物理学家都对单摆实验进行过细致的研究。伽利略曾用单摆测量重力加速度,从中发现"摆的等时性"原理,为后来惠更斯设计摆钟及其制造奠定了基础,使得计时精度提高了近 100 倍。

单摆法测量重力加速度存在着许多影响精密测量的因素,如周期的误差等,本实验采用的计时装置具有光电测控、数字显示、存储计时等特点,尽可能地减少了测时误差。

【实验目的】

1. 掌握用单摆测量重力加速度的方法。
2. 研究单摆周期与摆长、摆角之间的关系。
3. 学习用作图法处理测量数据。

【实验原理】

1. 单摆测量重力加速度 g 的原理

把一根轻质且不伸长的细长绳的一端固定,在其另一端悬系一个小金属球,并使之在重力作用下摆动。当线的质量比小球质量小得多,且球的直径比线长小得多时,则上述装置可视为单摆。

如图 1 所示,当摆幅很小时,单摆的周期 T 近似为

$$T = 2\pi\sqrt{\frac{L}{g}} \tag{1}$$

其中,g 为重力加速度;L 为摆长,即从摆线悬点到摆球中心距离。

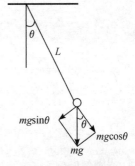

当摆动角度 θ 较大($\theta > 5°$)时,振动周期 T 和摆角 θ 关系为

$$T = 2\pi\sqrt{\frac{L}{g}} \cdot \left[1 + \left(\frac{1}{2}\right)^2 \sin^2\frac{\theta}{2} + \left(\frac{1}{2}\right)^2 \left(\frac{3}{4}\right)^2 \sin^4\frac{\theta}{2} + \cdots\right] \tag{2}$$

为减少测量周期的相对误差,通常连续测量摆动 n 个周期的时

图 1　单摆原理图

间 t,即 $T = t/n$,以提高测量精度,这是低精密度测量系统获得高精度测量结果的方法之一,则

$$g = 4\pi^2 \frac{n^2 L}{t^2} \tag{3}$$

只要测出 L 和 T,即可由(3)式求出 g,即 $g = 4\pi^2 \dfrac{L}{T^2}$。

2. 不确定度

重力加速度 g 的不确定度传递公式为

$$u(g) = g\sqrt{\left[\frac{u(L)}{L}\right]^2 + \left[2\frac{u(t)}{t}\right]^2} \tag{4}$$

可见,在 $u(L)$、$u(t)$ 大致一定的情况下,增大 L 和 t 对测量 g 有利。

改变摆长为 L_1 和 L_2，测出对应的 T_1 和 T_2，从式(1)可推得

$$T_1^2 - T_2^2 = \frac{4\pi^2(L_1 - L_2)}{g} \tag{5}$$

令 $\Delta L = L_1 - L_2$，得

$$g = \frac{4\pi^2 \Delta L}{T_1^2 - T_2^2} \tag{6}$$

其中，ΔL 为当 L 从 L_1 改变至 L_2 时的距离，可由立柱的标尺准确读取。

当摆球质心的位置不容易精确确定时，会对 L 的测量精度产生影响。上述方法将测量不易测准的 L，变换为容易测准的 ΔL，提高了测量精度，并简化了测量过程。用这种方案测量 g，还可以部分地消除某些系统误差。

3. 对各项系统误差的考虑

在许多测量中，仅从测量公式本身是看不出系统误差的。实验中往往会发生这样的情况，即使直接测量的量都排除了系统误差，计算结果仍有系统误差，这主要由理论和方法等方面的误差引起。系统误差需逐项分析各物理量，考察其影响，并找出修正值。

(1)复摆的修正

单摆公式(1)的摆球为质点，且不计摆线质量，单摆是理想模型。实际上，摆线质量 μ 和小球半径 r 并不为零，严格地说，应将测量系统视为绕定轴摆动的刚体运动，即复摆，此时，其周期为

$$T_1^2 = 4\pi^2 \frac{L}{g}\left(1 + \frac{2}{5} \cdot \frac{r^2}{L^2} - \frac{1}{6} \cdot \frac{\mu}{m}\right) \tag{7}$$

式中，第二、三项为修正项，一般在 10^{-4} 数量级。

(2)摆角的修正

单摆的动力学方程表述为

$$mL \frac{d^2\theta}{dt^2} = -mg \sin\theta \tag{8}$$

当幅角 θ_m 很小时，$\sin\theta \approx \theta$，则上式化为常见的简谐振动方程，周期与(1)式相同；当 θ_m 不太小时，不能视为简谐振动，应按(2)式考虑。

若 θ_m 不是很大，只需考虑到二级近似，此时，其振动周期表示为

$$T'^2 = 4\pi^2 \frac{L}{g}\left(1 + \frac{1}{4} \cdot \frac{\sin^2\theta}{2}\right) \approx 4\pi^2 \frac{L}{g}\left(1 + \frac{\theta_m^2}{8}\right) = T_0^2\left(1 + \frac{\theta_m^2}{8}\right) \tag{9}$$

(3)空气浮力与阻力的修正(略)

这些修正项数量级均在 10^{-4} 左右。测量精度主要受摆长 L 的限制，约为 10^{-3}，故可不考虑上述修正项。

【实验器材】

DB-1.2M 型单摆运动规律测试仪，MUJ-6B 型通用计时计数器，钢卷尺。

【实验仪器描述】

1. 单摆运动规律测试仪

单摆运动规律测试仪由带有标尺的立柱、可调节支脚的三角支架，及摆线夹、摆锤和光电门组成，有效高度 1.2 m。

（1）调节支脚螺栓，使摆线与刻度牌上的 0 线重合或与两个光电门中心线重合，摆动体为摆锤。刻度牌与线夹（悬点）的距离约为 250 mm，刻度牌的刻度用于估计摆角大小。

（2）摆长 L 为悬点至悬锤重心的距离。为减少测量误差，不直接测量重锤的高度，而是通过测量 l_1、l_2 求摆长 L，如图 2 所示。

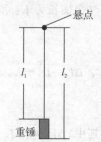

图 2　测量 l_1、l_2 求摆长 L

2. 通用计数器

（1）计时计数器具有 6 位 LED（发光二极管）数码显示、数据存储与预置、测量单位转换等功能，与自由落体实验、单摆实验和碰撞实验等配套，可完成相应的时间、周期、速度、加速度、频率等物理量的测量，是一种智能化的数字测量仪器，见图 3。

图 3　MUJ-6B 通用计数器面板图

（2）面板上有功能键、转换键、取数键和电磁铁键，及两个控制光电门的外接接口。光电门结构如图 4 所示，由红外 LED 和红外接收管组成。重锤摆动，间歇遮挡红外线，仪器进行计数与计时。

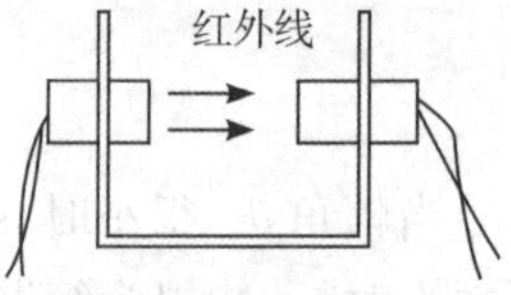

（3）按动功能键，可使计数器复位；按住功能键，可循环选择不同的测量功能。

（4）按动转换键，可进行测量单位转换；按住功能键，用于预置测量值，如周期数的设置。

图 4　光电门

（5）读取每次的测量数据，可按动取数键。电磁铁键用于控制电磁铁的吸合或断开。

【实验内容与步骤】

1. 把单摆运动规律测试仪的光电门插头与计数器插口相连接，打开电源开关。

2. 按动功能键，切换至"周期"测量功能。

3. 按住转换键，预置测量周期数，显示数增加，直到所需周期数时放开此键（本实验设定测量的周期数为 50）。

4. 用立柱的米尺估计、选取摆长约 800 mm，用钢卷尺测量摆长。

测量 L 以测量误差尽可能小，使用仪器尽可能少，且测量方法简单为原则，选择如图 2 所示方法测量摆长，单次测量 l_1、l_2，则 $L = \dfrac{1}{2}(l_1 + l_2)$ mm。

5. 将摆球拉离平衡位置（$\theta \approx 5°$），再自由释放，使之在同一平面内自由摆动，计数器测量摆动周期。单摆每完成一个周期，计数器自动减 1，并自动记录单摆往复摆动时间；当单摆摆动 50 个周期,计数器停止计数,显示累计时间值。

6. 改变摆长 3 次,每次改变的长度不小于 100 mm(如取摆长 L 约 800、900、1 000 mm,摆角 θ 约 5°),用光电计时装置分别测量 50 个周期的时间,各测量 6 次。

7. 在以上最大摆长状态下,将摆球拉离平衡位置 $\theta \approx 15°$,用光电计时装置测量 50 个周期的时间 3 次。

【注意事项】

1. 注意保持单摆架竖直地面,测量时不晃动,以避免摆球出现圆锥摆现象。由于计时计数器重量轻,可压住仪器,进行按键操作,以防止滑落。

2. 摆长 L 应是摆线长加上小球的半径。当摆球的振幅小于摆长的 1/12 时,才有 $\theta < 5°$。

【数据记录与处理】

钢卷尺最小刻度:1 mm,仪器误差:$\Delta_0 = 0.5$ mm。

对应的 B 类不确定度,按 $u_B = \dfrac{\Delta}{\sqrt{3}}$ 计算。

1. 用钢卷尺测量摆长,单次测量 l_1、l_2,$L = \dfrac{1}{2}(l_1 + l_2)$ mm。

2. 测量不同摆长对应的周期,50 个周期的时间 t_{50} 及其偏差 Δt_{50},$T = \dfrac{t_{50}}{50}$。

实测值 l_1/mm							
实测值 l_2/mm							
摆长 L/mm							
摆角 θ/°	5		5		5		15
时间 t/s 次数 n	t_{50}	Δt_{50}	t_{50}	Δt_{50}	t_{50}	Δt_{50}	t_{50}
1							
2							
3							
4							
5							
6							
平均值/ms $\bar{t}_{50}$、$\Delta \bar{t}_{50}$							
$\bar{T}$/s,$\Delta \bar{T}$/s							

其中:$(\Delta t_{50})_i = \bar{t}_{50} - (t_{50})_i$,$i$ 为次数,$i = 1,2,3,4,5,6$

3. 研究周期 T 与单摆长度 L 的关系

(1)选择一摆长 L,根据测量结果,计算重力加速度 g。

（2）用作图法求 g 值。

以 L_i 为横坐标，$\overline{T_i^2}$ 为纵坐标，在坐标纸上作 $\overline{T_i^2}$-L_i 图线，验证谐振动周期与摆长的关系，求出斜率和截距。

由斜率计算当地重力加速度 g，即 $g=4\pi^2\dfrac{L_2-L_1}{T_2^2-T_1^2}$，并与公认值比较，计算相对误差。

（3）计算 L/T^2，并估计其误差范围，考察 L 与 T 关系。

计算 $\dfrac{L_i}{T_i^2}$、$\Delta\left(\dfrac{L_i}{T_i^2}\right)$，其中 $\Delta\left(\dfrac{L_i}{T_i^2}\right)=\left(\dfrac{L_i}{T_i^2}\right)\times\left(\dfrac{\Delta L}{L}+2\,\dfrac{\Delta T}{T}\right)$。

ΔL 由两次估读得到，其最大误差为 $\Delta L=1\text{ mm}$，即 $\sigma_L=1\text{ mm}$。

通过计算，若 $\dfrac{L}{T^2}$ 的值在误差范围之内，即可认为是恒量，即周期 T 与摆长 L 的平方根成正比。

（4）应用最小二乘法，求重力加速度 g。*

4. 求重力加速度

对同一摆长多次测量周期，用误差传递公式计算误差，求重力加速度，并表示为 $g=\overline{g}\pm\sigma_g$ 形式。

根据 $g=4\pi^2\dfrac{L}{T^2}$，代入相应数据（如最大摆长和 $\theta=5°$ 等数据）进行计算。对 T 只计算标准偏差 σ_T。

由 $\dfrac{\sigma_g}{g}=\sqrt{\left(\dfrac{\sigma_L}{L}\right)^2+\left(2\cdot\dfrac{\sigma_T}{T}\right)^2}$，求得 σ_g。

本地区重力加速度为 $g=$＿＿＿ $\pm$ ＿＿＿ $(\text{mm}\cdot\text{s}^{-2})$ 或 $g=$ ＿＿＿ $\pm$ ＿＿＿ $(\text{cm}\cdot\text{s}^{-2})$。

5. 研究周期与摆动角度的关系

对于相同摆长（$L=$ ＿＿＿ mm）不同摆角，周期不同：$T_5=$ ＿＿＿，$T_{15}=$ ＿＿＿，可见，摆角大，周期也大。按照二级近似公式，代入数据计算。

理论计算 $T=2\pi\sqrt{\dfrac{L}{g}\left(1+\dfrac{1}{4}\sin^2\dfrac{\theta}{2}\right)}$，计算结果与实验结果 T_{15} 比较，两者较为接近。当摆角较大时，周期与摆长、重力加速度的关系必须采用（2）式和（7）式表示。

【思考与练习】

1. 单摆法测量重力加速度的精度主要受哪些量的测量精度限制？

2. 摆长是指哪两点间的距离？如何测量？怎样减少摆长的测量误差？

3. 试从误差角度来说明测量周期 T 时，必须从摆球通过平衡位置时开始计算，而且不直接测量往返一次摆动的周期，而是测量摆动多个周期的时间。

4. 根据间接测量误差传递公式，单摆法中哪个量的测量对 g 的影响最大？

5. 单摆在摆动中受到空气阻尼，振幅越来越小，请问其周期是否会变化？请根据实验的观察作出回答，并说出理论根据。

实验 4　自由落体法测量重力加速度

在重力作用下,物体由静止开始竖直下落的运动称为自由落体运动。由于受空气阻力的影响,自然界中的落体都不是严格意义上的自由落体。只有在高度抽真空的容器(如长直试管)内才可观察到真正的自由落体运动,一切自由落体几乎都有恒定的加速度。

重力加速度 g 是物理学中的一个重要参量。地球上各个地区的重力加速度 g 随地球纬度和海拔高度的变化而变化。一般说来,在赤道附近 g 的数值最小,纬度越高,越靠近南北两极,g 的数值越大。在地球表面附近,g 的最大值与最小值相差仅约 1/300。准确测定 g 以及研究 g 的分布情形,可应用于矿藏资源探测等。

【实验目的】

1. 学会用光电法进行时间测量。
2. 验证自由落体运动方程,掌握用自由落体法测量重力加速度的原理和方法。
3. 测定当地重力加速度。

【实验原理】

1. 自由落体运动公式

仅受重力作用、初速为零的"自由"落体,如果其运动的行程不是很大,则运动方程可表示为

$$S = \frac{1}{2}gt^2 \tag{1}$$

其中,S 是该自由落体运动的路程,t 是通过这段路程所用的时间。若 S 取一系列数值,只需分别测出对应的时间 t,即可验证上述方程。

实际上,很难准确地测定自由落体开始运动的时刻。

2. 利用双光电门计时方式测量 g

若自由落体从静止开始运动通过一段路程 S_0,而达到 A 点的时刻开始计,测出其继续自由下落通过一段路程 S 所用的时间 t,则式(1)改为

$$S = v_A t + \frac{1}{2}gt^2 \tag{2}$$

这就是初速不为零的自由落体运动方程,v_A 为落体通过 A 点时的速度。

令 $y = S/t$,改写为

$$y = \frac{S}{t} = v_A + \frac{1}{2}gt \tag{3}$$

若光电门 A 位置不变,移动光电门 B,选取 S 为一系列数值,分别测出对应 t 值,作 y-t 实验曲线,即可验证上述线性方程。

如图 1 所示,若测量两组数据,则可求出 g,表示为

$$g = \frac{2\left(\dfrac{S_2}{t_2} - \dfrac{S_1}{t_1}\right)}{t_2 - t_1} \tag{4}$$

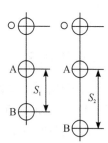

图 1　测量方法

【实验器材】

ZL-A 型自由落体实验仪,MUJ-6B 型通用计时计数器。

【实验仪器描述】

自由落体实验仪由自由落体装置和计时器两部分组成。自由落体装置由支柱、电磁铁、光电门和捕球器构成,如图 2 所示。

实验仪主体为带有标尺的立柱,底座的调节螺钉用于竖直调节。立柱上的电磁铁用于控制小钢球的自由下落。发光二极管 LED 指示其吸合或断开状态,不用时应断电。

立柱上的光电门 A 和 B,可沿立柱上下移动。光电门与计数器相连,由红外发光二极管和红外接收管组成。小球通过第一个光电门 A 时产生的光电脉冲信号触发计时器开始计时,通过第二个光电门 B 时计时终止。计时器显示值为落体自 A 到 B 通过两光电门的时间间隔。

有关通用计时计数器的使用,请参考"实验 3 单摆法测量重力加速度"中的介绍。

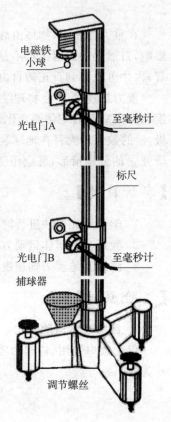

图 2　自由落体实验仪

【实验内容与步骤】

1. 立柱竖直调节。将重锤悬挂在电磁铁吸引小球的装置左面找正板挂钩上,将两组光电门拉开一定距离,调节底座螺丝,使垂线刚好处在水平与垂直两个方向正中间放置的光敏管处,保证小球下落过程中遮光位置的准确性,以及实验精度。

2. 接通计数器电源开关,按照计时器的操作方法,使计时器处于计时状态(单位 ms)。

3. 按下"电磁铁"按钮,上方 LED 亮,电磁铁控制电路通电工作。把小铁球放在电磁铁下使其吸住,再按下"电磁铁"按钮,电磁铁失电,LED 熄灭,小球自由下落,光电门接收小球的遮光信号而计时。按"取数"键,显示"Ex",表示将依次显示计时状态自动存入的实验数据,读数并记录数据。记录各次测量结果与有关数据后,可按"功能"键清零。

4. 保持光电门 A 位置不变,将光电门 B 位置下移 20 cm,按上述方法,记录两光电门距离 S 以及时间间隔 t,重复测量 3 次。

5. 重复以上步骤,依次测量和记录两个光电门间距为 40、60、80、100 cm 时对应的时间间隔 t。

6. 把光电门 A 下移 25 cm,重复测量步骤,按上述要求,共对 5 种行程进行观测。

【注意事项】

1. 利用铅垂线和立柱的调节螺丝使立柱处于铅直,直到铅垂线通过两光电门,保证小球下落时,两个光电门遮光的部位相同。

2. 测量时一定要保证支架稳定、不晃动,路程 S 的准确测量对实验结果影响很大。

【数据记录与处理】

1. 用作图法处理

两个光电门间距 S_i/cm	20	40	60	80	100
时间测量 t_i/ms	t_1	t_2	t_3	t_4	t_5
第 1 次					
第 2 次					
第 3 次					
平均值 $\bar{t}_i$/ms					
$y_i = \dfrac{S_i}{\bar{t}_i}$					

(1)在坐标纸上画出 y-t 曲线,检查数据点在测量误差范围内是否分布在直线附近。

(2)求直线斜率并确定 g 和 v_0 值。

(3)计算重力加速度及其相对误差,写出重力加速度的标准式。

2. 用最小二乘法处理*

上述实验测量 5 组数据,为了能得到对应的时间 t_i,处理得出 g 的最佳值,可应用最小二乘法处理。令 $b=g/2$,于是式(3)改写为

$$y=v_0+bt \tag{5}$$

采用最小二乘法就是要从实验的 5 组数据求出上式中 v_0 和 b 的最佳值。设 v_0 和 b 的最佳值已知,分别将各个测量值 t_i 代入式(5),即可得到对应的各个计算值 $y_i{}'$

$$y_i{}'=v_0+bt_i \ (i=1,2,\cdots,5) \tag{6}$$

t_i 对应的测量值 y_i 与相应的计算值 $y_i{}'$ 之间的差值用 v_i 表示,称之为残差,即

$$v_i=y_i-y_i{}' \ (i=1,2,\cdots,5) \tag{7}$$

最小二乘法原理指出,v_0 和 b 的最佳值应使得上述各残差的平方和为最小,即

$$\sum v_i = \sum (y_i-y_i{}')^2 = \sum [y_i-(v_0+bt_i)]^2 \tag{8}$$

为最小。据此可以推导出

$$b=\frac{\sum [(t_i-\bar{t})(y_i-\bar{y})]}{\sum (t_i-\bar{t})^2}=\frac{g}{2} \tag{9}$$

$$v_0=\bar{y}-b\cdot\bar{t} \tag{10}$$

其中,$\bar{t}=\dfrac{\sum \bar{t}_i}{n}$,$\bar{y}=\dfrac{\sum \bar{y}_i}{n}$。

设 $n=5$,从式(9)、(10)可求出 v_0 和 b 的最佳值。在此基础上作 y-t 曲线,则直线在 y 轴上的截距为 v_0,直线通过点 $(\bar{t},\bar{y})$,直线斜率为 $g/2$。

按下式计算相关系数 r

$$r=\frac{\sum (\Delta t_i \Delta y_i)}{\sqrt{\sum (\Delta t_i)^2}\cdot\sqrt{\sum (\Delta y_i)^2}} \tag{11}$$

其中,$\Delta t_i=t_i-\bar{t}$,$\Delta y_i=y_i-\bar{y}$。利用相关系数 r 检验实验数据是否满足线性关系。

3. 讨论 *

物体在流体中运动时所受的阻力有两种,即黏力和压差阻力。描述流体阻力时的一个关键参数是雷诺数 Re,$Re = \dfrac{\rho v d}{\eta}$,$\rho$ 和 η 分别为流体密度和动力黏度,v 与 d 分别是运动物体速度和线度。

一般地,当 $Re < 1$ 时,物体所受阻力主要是黏力,压差阻力可忽略不计,这时阻力 f 与 v 成正比;当 Re 较大时,主要是压差阻力,此时阻力 f 与 v 不再是线性关系。

$$f = c \cdot \frac{\pi d^2}{4} \cdot \frac{\rho v^2}{2} \tag{12}$$

其中,c 是与雷诺数 Re 有关的系数。

【思考与练习】

1. 若用体积相同而质量不同的小木球代替小铁球,测得的 g 值是否相同?如何通过实验来证实?

2. 试分析测定重力加速度 g 产生误差的主要原因,并讨论如何减小其误差。

3. 根据计算公式,从数据的有效数字及其运算规则考虑,如何用相隔 $n/2$ 项数据逐差法求重力加速度?

4. 考虑能否只用一个光电门完成实验,请写出设计方案。

> 多诈的人藐视学问,愚鲁的人美慕学问,聪明人运用学问,因为学问的本身并不教人如何用它们。这种运用之道乃是学问以外学问以上的一种智能,是由观察体会才能得到的。
>
> ——培根

实验 5　用复摆测量重力加速度

单摆是一种理想化模型,又称数学摆。复摆又称物理摆,是比单摆更接近实际的物理模型。通过对复摆转动惯量计算和小幅摆动的近似分析,加深对复摆物理原理的认识。

【实验目的】

1. 理解复摆的物理模型,掌握用复摆测量重力加速度的方法。
2. 测量物体的转动惯量以及验证平行轴定理。

【实验原理】

复摆是刚体在重力作用下绕固定轴线作小幅摆动的动力运动体系,用其测量重力加速度,可获得较为准确的测量结果。

1. 复摆

如图 1 所示,刚体在重力作用下,绕不通过重心(或质心)C,以固定点 O 为水平轴线在竖直平面内的小幅摆动称为复摆。

设复摆质量为 m,以 θ 角绕水平固定轴线的悬挂点 O 摆动,h 为刚体重心 C 与轴线之间的垂直距离,重力矩 M 与角位移方向相反,其大小关系为

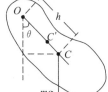

图 1　复摆原理图

$$M = -mgh\sin\theta \tag{1}$$

根据转动定律,有

$$M = J\beta = J\,\frac{\mathrm{d}^2\theta}{\mathrm{d}t^2} \tag{2}$$

式中,J 为该刚体对回转轴 O 的转动惯量,β 为角加速度。由(1)(2)式得

$$\frac{\mathrm{d}^2\theta}{\mathrm{d}t^2} + \omega^2\sin\theta = 0 \tag{3}$$

其中,$\omega^2 = \dfrac{mgh}{J}$。对于小角度摆动,如 $\theta < 5°$ 时,$\sin\theta \approx \theta$,则

$$\frac{\mathrm{d}^2\theta}{\mathrm{d}t^2} + \omega^2\theta = 0 \tag{4}$$

可见,复摆在小幅摆动时的运动规律为简谐振动,其振动周期为

$$T = 2\pi\sqrt{\frac{J}{mgh}} = 2\pi\sqrt{\frac{L'}{g}} \tag{5}$$

把 $L' = J/mh$ 称为等值摆长,把与转轴 O 点相距等值摆长的一点 C' 称为振动中心或打击中心。对于长度为 L 的均匀棒型复摆,等值摆长 $L' = 2L/3$;复摆的等值摆长就是与复摆具有相同周期的等效数学摆的悬线长度。

根据平行轴定理,对某一转轴的转动惯量可表示为

$$J = J_C + mh^2 \tag{6}$$

式中,J_C 为转轴过质心且与 O 轴平行时的转动惯量,代入上式,得

$$T = 2\pi\sqrt{\dfrac{J_C + mh^2}{mgh}} \tag{7}$$

根据(7)式,通过测量 J_C 和 T 等,即可测出重力加速度 g。

2. 用复摆测量重力加速度

对于形状不规则的刚体,确定 J_C 较为困难,如果通过改变质心到转轴的距离 h,可使测量重力加速度变得简单。改变 h 为 h_1 和 h_2,对应的摆动周期分别为

$$T_1 = 2\pi\sqrt{\dfrac{J_C + mh_1^2}{mgh_1}} \tag{8}$$

$$T_2 = 2\pi\sqrt{\dfrac{J_C + mh_2^2}{mgh_2}} \tag{9}$$

合并(8)(9)式,消去 J_C 和 m,得

$$g = 4\pi^2 \cdot \dfrac{h_2^2 - h_1^2}{h_2 T_2^2 - h_1 T_1^2} \tag{10}$$

实验时,为便于计算,若取 $h_2 = 2h_1$,则上式简化为

$$g = \dfrac{12\pi^2 h_1}{2T_2^2 - T_1^2} \tag{11}$$

可见,g 与 J_C 无关,用此式测量 g 更具有一般性,且可获得较为准确的测量结果。

3. 复摆周期 T 与距离 h 关系

由(7)式中,复摆周期 T 和刚体重心 C 与轴线之间的垂直距离 h 关系为

$$\dfrac{T^2}{4\pi} = \dfrac{J_C}{mgh} + \dfrac{h}{g} \tag{12}$$

T 与 h 关系曲线大致为双曲线,如图 2 所示。当 $h \to 0$,$T \to \infty$;当 $h \to \infty$,$T \to \infty$。可见,在某个位置 h 值,T 有极小值,则 $\mathrm{d}T/\mathrm{d}h = 0$,即

$$-\dfrac{J_C}{mgh^2} + \dfrac{1}{g} = 0$$

$$J_C = mh^2$$

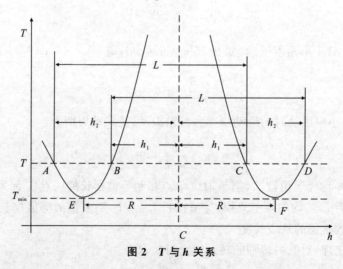

图 2　T 与 h 关系

上式说明,移动摆轴所增加的转动惯量刚好等于质心处的转动惯量。即 h 在 $0 \to \infty$ 之间

一定存在一个使复摆对该轴周期为最小的值位置,此时所对应 h 值叫作复摆的回转半径,用 R 表示。若取 $h=R$,则在 $h=R$ 处对应的周期必有极小值,即

$$T_{min}=2\pi\sqrt{\frac{2R}{g}}$$

为了研究 T 与 h 关系,以均匀棒型作为复摆,附加在棒上砝码也是对称的,则在摆的重心两侧的变化规律也一定是对称的。在 $h=R$ 两边必然存在无限对的回转轴,使得复摆绕每对回转轴的摆动周期相等。这样的一对回转轴具有共轭关系,为共轭轴。

实验时,把不同质量砝码分别固定摆杆上,如图 3 所示,测出复摆不同的摆动周期 T 以及质心到转轴的垂直距离 h,得到一组(T,h)值,从而直观地反映出复摆摆动周期与质心到转轴的垂直距离的关系,据此研究复摆运动规律。地球附近的物体由于受到万有引力(重力)作用而获得的加速度称为重力加速度。不同纬度和高度的物体具有不同的重力加速度。随着物体远离地面的高度增大,重力加速度显著减小。

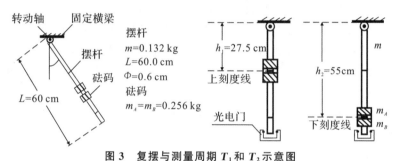

图 3　复摆与测量周期 T_1 和 T_2 示意图

【实验器材】

复摆实验仪,计时计数实验仪,钢卷尺等。

【实验仪器描述】

1. 复摆介绍

复摆实验仪与计时计数仪配套使用,如图 4 所示,用于测定重力加速度等。

如图 3 所示,圆柱形摆杆质量 $m=0.132$ kg,长度 $L=60.0$ cm,直径 $\Phi=0.6$ cm,杆上两条标记刻线 $h_1=27.5$ cm 和 $h_2=55.0$ cm;两个圆环柱体砝码 $m_A=m_B=0.256$ kg,外径 $\Phi_1=4.4$ cm,内径 $\Phi_2=0.6$ cm,高度 2.2 cm,根据实验需要可分别固定在杆上不同位置。

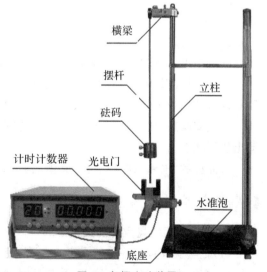

图 4　复摆实验装置

2. 计时计数实验仪

计时计数仪具有计时、计数、自动存储和查询等功能,两个光电门接入后面板的两个传感器输入接口,用于检测输入信号。两个 LED 数字显示屏分别用于显示周期数(次)和计时时间(秒)。图 5 为计时计数实验仪面板示意图。

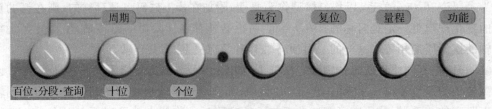

图 5　计时计数实验仪面板示意图

按"量程"可移动小数点位置,用于选择最大测量时间,最小时间分辨率为 1 μs。

按"功能"键可选择周期(计时)或计数工作方式。

(1)周期 1:可预设周期数为 1～999 次,用于测定设定周期数通过光电门总时间。

设置周期数,再按"执行",左窗口显示的周期数随计数进程逐次递减,当显示数到达 1 以后,停止计数,自动存储测量总时间,右窗口为测量时间;同时,自动返回到预设置的周期数,以便进行下一次测量。

再按"执行"键,进行下一次测量。按"复位"键可退出执行状态。

同时按"百位"与"量程"键,进入"查询"功能。查询结束后,再一次同时按"复位"与"个位"键,退出"查询"功能。

在测量周期时,为确保显示的周期数不出错,可按一下"周期"设置的任意键。

(2)周期 2:可预设周期数为 1～99 次,用于测定设定周期数通过光电门总时间。

先用"百位"键设置实验次数(0～9),相当于实际测量次数为(1～10),再用"个位"和"十位"键设定每次测定的周期数(1～99)。按"执行"后,同时显示光电门的挡光次数,当到达设置数时,显示测量总时间,并自动存储。

接着自动进入下一次测量,直到完成预置实验次数。

测量结束后,按"百位·分段·查询"键进行各次数据查询。

(3)计时:测量时间,用于测定先后通过两个光电门的时间间隔。按"执行",光电门 1 或 2控制计时开始或结束时间。再按"执行"开始进行下一次测量。

每次实验后,按"复位"键"显示数据清零",周期显示不变。在执行状态下,按"复位"键可退出执行状态。

后面板的"电磁铁电源"用于其他实验,如自由落体实验。

【实验内容与步骤】

1. 利用复摆测量重力加速度

(1)把实验仪置于平稳的水平桌面上,使实验仪底座上螺栓紧贴桌面。

(2)把光电门安装在立柱上,并与计时计数实验仪连接好;调节光电门的位置,使其能正确地用于实验测量。接通计时计数实验仪电源,设置"功能"为"周期 1",设置测量周期数为10 个。

(3)按图 3 将砝码在上刻线处锁紧固定,即满足 $h_1 = 27.5$ cm 条件,根据光电门位置,让摆杆末端偏离平衡位置约 5 cm,使复摆作小幅左右摆动,待摆动稳定时,按计时器"执行"进行计时,测量 $10t_1$,求出周期 T_1,重复测量 5 次。

同时按"百位"与"量程"键,进入"查询"功能。查询结束后,再一次同时按"复位"与"个位"键,退出"查询"功能。

(4)改变砝码位置,即满足 $h_2 = 2h_1 = 55.0$ cm 的条件,测量 $10t_2$,求出周期 T_2,重复测量 5 次。

2. 研究复摆周期 T 与 h(刚体重心 C 与轴线之间的垂直距离)之间的关系*

利用砝码改变刚体重心 C 位置,测量不同位置对应的周期。画出复摆周期 T 与 h 之间的关系图。

【数据记录与处理】

1. 测量复摆的振动周期

次数 i	t_{10}/s	T_1/s	t_{20}/s	T_2/s
1				
2				
3				
4				
5				
平均值				

计算重力加速度,把测量结果与本地区的公认值比较,求实验的相对误差。

2. 研究复摆周期 T 与 h(刚体重心 C 与轴线间的垂直距离)之间的关系*

画出复摆周期 T 与 h(刚体重心 C 与轴线之间的垂直距离)之间的关系曲线。

【注意事项】

1. 实验时应保持复摆处于平稳摆动状态,防止其晃动。

2. 砝码应对准摆杆上的螺纹锁紧,以保证其位置正确,同时避免掉落。

【思考与练习】

1. 说明单摆和复摆的区别。推导非小幅摆动时的摆动方程。

2. 若实验中以较大幅度(如 $\theta \approx 20°$)摆动复摆,记录 10 个周期,考察每个周期与角度的关系,会得到什么样的结果?

实验 6　用双线摆碰撞打靶研究平抛运动

　　碰撞是自然界物体间相互作用中一种普遍存在的现象,是短时间内两个或两个以上运动物体之间的相互作用,具有作用力强,但作用时间非常短暂等特点。对于碰撞问题的研究,只要考虑物体之间动量与能量的交换问题,无需对作用力进行精确的描述。

　　本实验利用双线摆研究两个球体的碰撞及碰撞前后的平抛运动,根据动力学定律探究碰撞过程中能量损失的来源,加深对动力学原理的理解,提高分析问题的能力。

【实验目的】

　　1. 理解碰撞问题的特点,研究两球碰撞以及碰撞后的平抛运动规律。
　　2. 讨论不同质量球体之间碰撞中的动量和能量的转换与守恒。

【实验原理】

1. 碰撞过程

　　两个物体相互碰撞时,其短暂的撞击产生强大作用力,碰撞过程中两物体之间通过动量和能量传递,使它们的运动速率和方向发生相应变化。

　　(1)根据能量传递是否守恒,把碰撞分为三种类型。

　　弹性碰撞。总机械能守恒和总动量守恒。如两个台球碰撞近似为弹性碰撞。

　　非弹性碰撞。碰撞过程中有机械能损失,总机械能不守恒,其中一部分能量转化为非机械能(如热能或塑性形变)。如网球落地反弹情况。

　　完全非弹性碰撞。碰撞后两物体黏结为一体以相同的速度运动。如两个泥巴球相碰后结合为一体,损失的动能用于泥巴球变形等。

　　(2)对非球形物体或多维数运动,由于碰撞方向不同,可分为正碰撞和斜碰撞。

　　正碰撞。两物体碰撞前后的质心均在其质心连线上运动,只要用一维运动即可描述质心的运动距离。

　　斜碰撞。碰撞物体的质心沿着不同方向运动,需要用矢量描述其运动过程。

　　(3)就刚体而言,还可根据是否有力矩作用进一步区分为中心碰撞和偏心碰撞。

　　中心碰撞。两物体碰撞前后均在质心连线上运动的碰撞。

　　偏心碰撞。碰撞时力的传递方向与碰撞面垂直,而不平行于质心连线(形成力臂),因而有力矩的作用,对于有限大小的物体就可能会发生转动。

2. 碰撞过程能量损失的问题

　　在重力场中,做平抛运动的物体初始时刻的动能最小,势能最大;由于重力作用,物体下落后动能不断增加,势能逐渐减小,其运动规律类似于自由落体运动,但多了一个水平方向的速度分量。

　　利用双线摆的摆球为撞击球,撞击静止的球体,被撞球做平抛运动,研究碰撞过程能量损失情况。与单摆不同的是,双线摆在摆球摆动中,摆球运动轨迹为平面内的圆弧曲线,如图 1 所示。

　　设撞击球质量为 M,被撞球质量为 m,两球体材质相同,双线摆向下运动过程中,忽略空气等阻力,机械能守恒

$$Mg(h-y) = \frac{1}{2}Mu_0^2 \qquad (1)$$

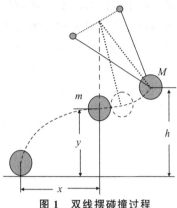

图 1 双线摆碰撞过程

式中，u_0 为撞击球碰撞前速度。设 u_1 为撞击球碰撞后速度，v 为被撞球获得的速度。两物体碰撞前后的总动量不变，动量守恒，即

$$Mu_0 = Mu_1 + mv \qquad (2)$$

根据能量守恒定律，有

$$\frac{1}{2}Mu_0^2 = \frac{1}{2}Mu_1^2 + \frac{1}{2}mv^2 \qquad (3)$$

两球碰撞后，被撞球以初速度 v 做平抛运动。设被撞球下落时间为 t，则

$$x = vt, \quad y - \frac{d}{2} = \frac{1}{2}gt^2 \qquad (4)$$

由上述(1)~(4)式消去三个速度量，得

$$h = \frac{(M+m)^2 x^2}{16M^2 \left(y - \dfrac{d}{2}\right)} + y \qquad (5)$$

上式反映了碰撞过程高度与射程之间关系。撞击球势能损失为 $\Delta E = Mg(h-y)$。

若 $M = m$，可近似看作弹性碰撞。上述关系改写为

$$h = \frac{1}{4} \cdot \frac{x^2}{y - \dfrac{d}{2}} + y \qquad (6)$$

3. 分析能量损失的各种来源

设计实验以测出各部分能量损失大小。能量损失分成三部分：一是碰撞前损失，由撞击球受到空气阻力，双线摆悬线摩擦力等引起；其次是碰撞时的损失，因为并非完全弹性碰撞；还有碰撞后的损失，由被撞球在支架上的摩擦力和空气阻力等造成。

(1)测量第一部分能量损失。不放被撞球时，让撞击球自行摆动，观测其返回的高度。例如，在电磁铁吸合点放置一定厚度薄片，观察撞击球返回时刚好触及，量出此材料厚度，计算撞击球摆动一个周期的能量损失。

(2)测量第二部分能量损失。把被撞球悬挂起来，测量其碰撞后达到的高度，据此求出非弹性碰撞所造成的能量损失。

(3)其他能量损失。总能量损失减去以上两部分能量损失为第三部分能量损失，包括碰撞不一定是中心碰撞。

【实验器材】

双线摆碰撞打靶实验仪，电磁铁控制电路，游标卡尺，电子天平，钢卷尺。

【实验仪器描述】

1. 双线摆碰撞打靶实验仪

如图 2 所示，通过调整立杆上绳栓部件可改变双线摆摆长。另一立杆上的电磁铁用于控制摆球(撞击球)收放。被撞球与撞击球材质相同，置于高度可调的支架上。竖尺及其立杆可

在底座上的滑槽内水平移动,用于测量撞击球 M 高度 h 和被撞球 m 高度 y,底座上的横尺用于测量靶心与被撞球的横向距离 x,靶用于记录被撞球 B 平抛的射程。电磁铁电源由计时计数实验仪提供,通过底座上开关控制。

实验时,双线摆的撞击球被电磁铁下吸住,一旦电磁铁失电,撞击球在重力作用下受到摆线牵制而向下摆动,与被撞球碰撞,使被撞球做平抛运动。借助靶记录纸可记录球的着地位置。

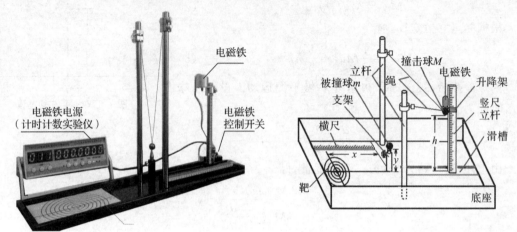

图2　双线摆碰撞打靶实验仪及其示意图

撞击球直径 $\Phi = 17.4$ mm,三种规格被撞球直径为 $\Phi = 17.4$ mm、14.0 mm、10.0 mm。

2. 电磁铁控制电路

电磁铁励磁电源由计时计数实验仪内部电路提供。电磁铁引线连接到底座上插座,再与计时计数实验仪对应插座相连。由底座上按钮控制电磁铁工作状态,以释放撞击球。

【实验内容与步骤】

1. 实验准备工作

把实验仪置于平稳的桌面上,调节仪器底座螺钉,使实验仪平稳并处于水平状态。测量撞击球质量与三个不同直径被撞球质量及直径。

调整两根立柱上绳栓部件高度,使两条有效摆长基本相等,且绳栓部件高度相同。

调整电磁铁高度,使之吸住撞击球时摆线刚好处于拉紧状态。

调整支架高度,使撞击球摆动至最低点时,与支架上被撞击球满足中心碰撞。

2. 观察打靶实验的碰撞过程

用电磁铁吸住撞击球,移动升降架或调整立杆在滑槽上位置,使摆长处于拉直状态。

释放电磁铁,让撞击球自由下落,观察撞击球在不碰撞时的运动状态;观察撞击球碰撞支架上的被撞击球在碰撞前后的运动状态,观察被撞击球平抛运动状态,观察碰撞过程的能量传递,分析碰撞前后各种能量损失的原因和大小。

3. 打靶实验研究平抛运动

放置好实验靶,释放电磁铁,让两球碰撞,根据靶心位置,测出被撞击球射程 x、对应的被撞球高度 y 和撞击球高度 h 值。

撞击球与三个材质相同、直径不同的被撞击球碰撞。记录对应的 x、y 和 h 值,进行2次撞击求平均值,确定以上实际位置。

4. 击中靶心的打靶实验

根据靶心位置,由理论公式计算两球高度差。

为了使被撞击球尽可能击中靶心 x_0,在某个高度 h 进行打靶实验,根据被撞击球的落点调整 h 值,重复若干次试验,以确定能击中靶心的相应 h 值。

根据最接近靶心的一组数据,计算碰撞过程前后机械能的总损失。

确定靶的位置 x_0(如 15.0~20.0 cm 之间某一个整数)以及球的高度 y(如 11.0~13.0 cm 之间某一整数),若无能量损失时计算撞击球的初始高度理想值 h 值。

【数据记录与处理】

1. 测量球的质量及其直径

撞击球		被撞击球	
M/kg	Φ/mm	m_i/kg	Φ_i/mm
		$m_1=$	$\Phi_1=$
		$m_2=$	$\Phi_2=$
		$m_3=$	$\Phi_3=$

2. 改变撞击球高度 h 或摆长时的打靶实验

	被撞击球 1 情况		被撞击球 2 情况		被撞击球 3 情况	
撞击球高度 h/mm						
被撞击球高度 y/mm						
被撞击球射程 x/mm						

撞击球与三个材质相同、直径不同的被撞击球碰撞,根据实验结果,分析能量损失大小及主要来源。

3. 撞击球与被撞击球材质、直径、质量均不同,通过击中靶心的打靶实验,分析能量损失大小及主要来源。* 表格自拟。

【注意事项】

1. 碰撞实验时,要注意避免撞击球或被撞击球对人体的伤害。同时,还要注意避免被撞击球平抛击靶时弹出底盘。

2. 双线摆两条摆长应不打结,且撞击球被电磁铁吸引时摆线应处于拉直状态。

【思考与练习】

1. 现实生活中有哪些碰撞为弹性碰撞或非弹性碰撞?有何利弊?请举例说明。

2. 材质和质量相同的两球碰撞后,它们的运动状态与理论分析是否一致?这种现象说明了什么?

3. 此实验中,双线摆摆线的张力对小球是否做功?为什么?

实验 7　拉伸法测量金属丝杨氏弹性模量

弹性理论主要研究外力(一般为静力)对固体物体形状的影响。物体在所受外力消失后,恢复为原有形状的可逆形变,称为弹性形变,弹性形变是外力作用下几何形状的变化。

杨氏模量(弹性模量)是描述在弹性限度内材料抵抗弹性形变(抗拉或抗压)能力的特征参数,与材料的结构、化学成分及制造方法有关,是工程技术中常用的力学参数,其大小标志了材料的刚性。

杨氏模量是沿纵向的弹性模量,以纪念 1807 年英国物理学家托马斯·杨(Thomas Young,1773—1829)第一个提出此概念而命名。

测量材料弹性模量的方法有多种,静态拉伸法和动力学法是典型的两种常用方法。

本实验采用的静态拉伸法为传统的实验方法,其特点是使用最基本的仪器设备,实验原理简单、直观,易于理解,但测量精度较低。

动力学法是国家标准(GB/T 2105-91)推荐的测量杨氏模量的方法,将棒状样品用细线悬挂起来,用声学的方法测出其作弯曲振动时的共振频率,从而可得到其杨氏模量,其特点是灵敏度高,数据重复性好,实验精度较高。

【实验目的】

1. 学习用静态拉伸法测定金属丝杨氏弹性模量。
2. 学习用光杠杆法测微小长度变化的原理和方法。
3. 学习正确地调整测量系统,及用逐差法处理数据的能力。

【实验原理】

设在弹性形变范围内,长为 L、截面积为 S 的固体柱状体受外力 F 作用时的形变量为 ΔL。根据胡克定律,法向应力 σ 与应变 ε 成正比,即

$$\sigma = E \cdot \varepsilon \tag{1}$$

应力指物体内部的一种力,其大小等于作用力与受力面积之商;应变是由于外加拉力(压力)的作用,物体沿外力方向的相对伸长(缩短)量,则

$$\frac{F}{S} = E \cdot \frac{\Delta L}{L} \tag{2}$$

比例系数 E 称为杨氏模量,单位为 $N \cdot m^{-2}$,是表征材料抗应变能力的一个特征参数,由材料材质决定,与温度也有关系,与几何形状无关,典型值在 $10^{10} \sim 10^{11}$ $N \cdot m^{-2}$ 范围。工程上,因 E 的量值很大,通常以 MPa 或 GPa 为单位。

由于伸长量 ΔL 是一个微小的变化量,用一般量具难以准确测量。测量 ΔL 成为实验的关键,为了能准确测量微小的伸长量,应采用特殊的测量方法。

关于微小位移变化的测量,以前用得最多的是机械千分表,机械千分表在"实验 14　金属线膨胀系数的测量"实验中介绍。此外,光杠杆法也是常用的方法之一,本实验采用此方法测量微小伸长量 ΔL,光杠杆通过光路将其放大后,间接测量该长度。

光杠杆的工作原理如图 1 所示。设金属丝原长为 L,直径为 d,截面积 S,当拉力改变 ΔF 时,伸长 ΔL,光杠杆镜架子后尖脚随金属丝也下落 ΔL;光杠杆带动镜面 M,由 M_1 转过一角度 θ

至 M_2,镜面的法线转过相应的角度。

若反射镜面 M 到标尺的距离为 D,其后尖脚到前两脚间连线的垂直距离为 b,根据光的反射定律,有

$$\tan\theta = \Delta L/b \qquad (3)$$

或

$$\tan 2\theta = \Delta n/D \qquad (4)$$

因 θ 很小,有 $\tan 2\theta \approx 2\theta$,则

$$\Delta L = \frac{1}{2D}b \cdot \Delta n \qquad (5)$$

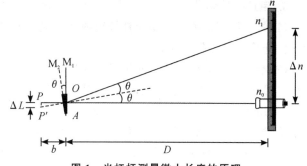

图 1　光杠杆测量微小长度的原理

代入式(2),得

$$E = \frac{4L}{\pi d^2} \cdot \frac{\Delta F}{\Delta L} = \frac{8LD}{\pi d^2 b} \cdot \frac{\Delta F}{\Delta n} \qquad (6)$$

根据实验,应正确选择长度测量仪器,L、D 和 b 用钢卷尺,d 用千分尺。通过增减标准砝码或调节拉力的大小,测出 ΔF 值,借助望远镜从标尺上读取 Δn 的值,即可求出 E。

【实验器材】

YMC-2 型杨氏弹性模量测量仪,千分尺,钢卷尺等。

【实验仪器描述】

杨氏弹性模量测量仪由测量架部件和尺读望远镜等部件组成,如图 2 所示。测量架部件的 A、G 为上下托板,L 为金属丝,M 为光杠杆镜(见图 3),P、K 为砝码与挂钩或弹簧拉力器,Q 为带水平调节的底座。尺读望远镜部件由立架 E、望远镜 R(放大倍数为 30)、激光瞄准器 F 和标尺 N 组成。

砝码使金属丝产生形变,光杠杆带动镜面把金属丝的伸长量反映在标尺上,通过望远镜即可观测金属丝的相对伸长量。

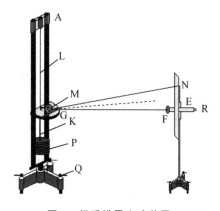

图 2　杨氏模量实验装置

【实验内容与步骤】

1. 准备工作

利用弹簧拉力器预置 20 N 力(或预加砝码 2 kg),使金属丝拉直;调节底座 3 个底脚螺丝,同时观察托板 G 上的水准仪,使之处于水平状态,即立柱与地平面垂直。

2. 调节光杠杆镜位置

将光杠杆镜放在平台上,两前脚放在平台横槽内,后脚放在固定金属丝下端圆柱形套管上(放在金属套管的边上,不能放在缺口处,更不要碰到金属丝),并使光杠杆镜的镜面与平台基本垂直或稍有俯角。

图 3　光杠杆镜

3. 望远镜的调节

(1)将标尺望远镜置于距光杠杆镜约 2 m 处,松开望远镜固定螺钉,上下移动使得望远镜和光杠杆镜的镜面基本等高。

(2)沿望远镜镜筒轴线方向用眼睛直接观察光杠杆上的平面镜镜面,同时适当调整平面镜仰角或移动望远镜固定架位置,使平面镜中可观察到标尺的像。

(3)用望远镜观察标尺,并进一步调整。调节目镜,使望远镜内十字叉丝清晰,缓缓旋转调焦手轮,调节物距(物镜会在镜筒内伸缩),使望远镜内观察到的叉丝与标尺刻度间无视差。注意,望远镜有一定的调焦范围,不能过分用力拧动调焦旋钮。

4. 伸长变化量 n_i 的观察与测量

通过调节拉力器(或添加砝码),采用正反向测量取平均办法,以消除弹性形变的滞后效应产生附加的系统误差。以金属丝拉伸 20 N(或 2 kg)时的读数作为开始拉伸的基数 n_0,然后每增加 10 N(或者 1 kg)读取一次数据,则可依次得到 $n_0, n_1, n_2, n_3, n_4, n_5, n_6, n_7$,为金属丝拉伸过程中的读数变化。

随后,每次减少 10 N(或 1 kg 砝码),再读取一遍数据,依次得到 $n_7', n_6', n_5', n_4', n_3', n_2', n_1', n_0'$,为金属丝收缩过程中的读数变化。

5. 测量光杠杆镜前后脚对应距离 b

光杠杆后尖脚至反光镜下两个尖脚连线的垂直距离为 b,把光杠杆镜的三只脚在平放的白纸上压出凹痕,用直尺画出两前脚的连线,再用钢卷尺测量后脚到该连线的垂直距离。

6. 测量金属丝直径 d

用螺旋千分尺在金属丝的不同部位测量 3~5 次,取其平均值。测量时应及时记录数据,以及螺旋千分尺的零位误差。

7. 测量光杠杆镜面到望远镜所附的标尺的距离 D

用钢卷尺测量光杠杆镜面到望远镜所附标尺的距离,作单次测量,并估计误差(镜面取放置的横槽位置)。

8. 用米尺测量金属丝的原长 L

金属丝原长 L 为金属丝两紧夹件之间的距离,作单次测量。

【注意事项】

1. 瞄准装置发射激光,用于辅助调节。请小心操作,切勿直接观看、直射或反射到眼睛里。

2. 金属丝两端务必夹紧,以减小系统误差,避免拉力增大后拉脱而损坏实验装置。在测量过程中,要防止立架晃动,整个系统一经调好,不可再变动。调节拉力器(或增减法码)时,应小心操作,避免光杠杆镜发生非拉伸情况的移动以及整体较大幅度振动。

3. 金属丝有一个伸缩的微振动过程,必须等平稳后再读数,以免把金属丝拉直的过程误测为伸长量,导致测量结果谬误。由于胁变与胁强成正比,因此,每次增加(减少)相同的拉力时所引起的伸缩量(即相邻两个读数之差)应大致相同,据此可判断数据的正误。

4. 实验完毕后,即卸下砝码使金属丝松弛(或放松拉力器,使管形测力计回零)。

【数据记录与处理】

根据实验,必须正确选择测量仪器。L、D 和 b 用钢卷尺测量,d 用千分尺测量。ΔF 为金

属丝相对伸长 Δn 时的拉力差，Δn 通过尺读望远镜的标尺测量。

1. 增减拉力时测量金属丝的伸缩量

序号 i	拉力 F/N	光标标尺读数 S_i/cm			光标偏移量 $\Delta n = \bar{n}_{i+4} - \bar{n}_i$ /cm	绝对偏差 $\delta(\Delta n)$ /cm
		拉伸力 增加时	拉伸力 减小时	平均值 $\bar{n}_i = \dfrac{n_i + n_i'}{2}$		
0	20	$n_0 =$	$n_0' =$	$\bar{n}_0 =$	$\Delta n_1 = \bar{n}_4 - \bar{n}_0 =$	$\delta(\Delta n)_1 =$
1	30	$n_1 =$	$n_1' =$	$\bar{n}_1 =$	$\Delta n_2 = \bar{n}_5 - \bar{n}_1 =$	$\delta(\Delta n)_2 =$
2	40	$n_2 =$	$n_2' =$	$\bar{n}_2 =$	$\Delta n_3 = \bar{n}_6 - \bar{n}_2 =$	$\delta(\Delta n)_3 =$
3	50	$n_3 =$	$n_3' =$	$\bar{n}_3 =$	$\Delta n_4 = \bar{n}_7 - \bar{n}_3 =$	$\delta(\Delta n)_4 =$
4	60	$n_4 =$	$n_4' =$	$\bar{n}_4 =$		
5	70	$n_5 =$	$n_5' =$	$\bar{n}_5 =$	$\overline{\Delta n} =$	$\overline{\delta(\Delta n)} =$
6	80	$n_6 =$	$n_6' =$	$\bar{n}_6 =$		
7	90	$n_7 =$	$n_7' =$	$\bar{n}_7 =$		

若使用砝码拉伸，则拉力 F 为砝码实际质量，单位为 kg，计算时换算为牛顿。

标尺中间刻度为零，在逐次增加拉伸力时，若望远镜中标尺读数由零的一侧变化到另一侧时，则测量读数应加上负号。

为充分利用实验数据，减小偶然误差，可采用逐差法处理数据。设计表格时，应考虑数据处理的便利，作等间隔测量。

2. 其他长度量的测量

（1）用螺旋测微计测量金属丝的直径 d

零位读数_____mm，分度值_____mm。

测量次数	1		2		3		平均值
测量部位	上部		中部		下部		
测量方向	纵向	横向	纵向	横向	纵向	横向	
直径 d/mm							

金属丝直径可能不均匀，测量要求较高时，应在上、中、下各部位进行测量，在每个位置大致相互垂直的方向上各测一次。

（2）用钢卷尺测量金属丝长度 L（L 是指金属丝上夹头的下平面到下夹头的上平面的距离）。

（3）用钢卷尺测量标尺到镜面距离 D。

（4）用钢卷尺测量光杠杆后足与前足连线间的垂直距离 b 值（在平整的纸上印出痕迹，连接前足连线后作中垂线，再测量）。

【数据处理参考】

杨氏模量为间接测量，根据(6)式进行计算。式中，力 F 的单位为 N，长度的单位为 m。

1. 计算金属丝微小伸长量的放大量

A 类不确定度：$S_n = \sqrt{\dfrac{\sum\limits_{i=1}^{4}(\Delta n_i - \overline{\Delta n})^2}{n-1}} = \sqrt{\dfrac{\sum\limits_{i=1}^{4}\delta(\Delta n_i)^2}{n-1}}$ $(n=4)$。

B 类不确定度：标尺 $\Delta_0 = 0.5$ mm，则 $u_{Bn} = \dfrac{\Delta_0}{\sqrt{3}} = \dfrac{0.5}{\sqrt{3}} = 0.29$ mm $= 2.9 \times 10^{-4}$ m。

总不确定度为 $\sigma_{\Delta n} = \sqrt{S_n^2 + u_n^2}$，结果表示为 $\Delta n = \overline{\Delta n} \pm \sigma_{\Delta n}$。

2. 测量金属丝直径 d

A 类不确定度：$S_d = \sqrt{\dfrac{\sum\limits_{i=1}^{6}(d_i - \overline{d})^2}{n-1}}$。

B 类不确定度：千分尺 $\Delta_0 = 0.005$ mm，按 $u_B = \dfrac{\Delta_0}{\sqrt{3}}$ 计算。

合成不确定度：$\sigma_d = \sqrt{S_d^2 + u_d^2}$，结果表示为 $d = \overline{d} \pm \sigma_d$。

3. 用卷尺测量长度 L、D、b

拉伸力 F 和以上三个量均为单次测量，其不确定度中只有 B 类分量而无 A 类分量。

(1)拉伸力 F 的不确定度估算为 0.05 N(砝码为 0.01 kg)，即 $F = (40.00 \pm 0.05)$ N。

(2)光杠杆后足与前足连线间的垂直距离 b

不确定度近似为 $\sigma_b = u_B = 0.5$ mm，则 $b = $ ＿＿＿＿ $\pm$ ＿＿＿＿ m。

(3)金属丝长度 L

由于金属丝上下两端都装有紧固夹头，米尺难以对准，取误差限 σ_L 为 3 mm。

结果表示为 $L = $ ＿＿＿＿ $\pm$ ＿＿＿＿ m。

(4)标尺到镜面距离 D

测量镜尺间距离 D 时，难以保证米尺水平、不弯曲、两端对齐，可将误差限适当放大，取误差限 σ_D 为 5 mm。

结果表示为 $D = $ ＿＿＿＿ $\pm$ ＿＿＿＿ m。

4. 结果的计算与表示

由(6)式计算 $\overline{E}$，用相对误差求出 E 的不确定度 σ_E，即

$$\dfrac{\sigma_E}{E} = \sqrt{\left(\dfrac{\sigma_L}{L}\right)^2 + \left(\dfrac{\sigma_D}{D}\right)^2 + \left(\dfrac{2\sigma_d}{d}\right)^2 + \left(\dfrac{\sigma_b}{b}\right)^2 + \left(\dfrac{\sigma_F}{F}\right)^2 + \left(\dfrac{\sigma_{\Delta n}}{\Delta n}\right)^2}$$

结果表示为 $E = \overline{E} \pm \sigma_E = $ ＿＿＿＿ $\pm$ ＿＿＿＿ N·m^{-2}。

【思考与练习】

1. 实验中应用的光杠杆放大法与力学中杠杆原理有哪些异同点？

2. 实验中使用了哪些长度测量仪器？选择的依据是什么？其仪器误差各为多少？

3. 实验中，如何尽量减小系统误差？采用逐差法处理数据有何优点？

4. 测量时，为什么望远镜中标尺读数应尽可能选在望远镜所在处标尺位置附近？

实验 8　扭摆法测定金属材料的切变模量

杨氏模量、切变模量等是各种材料的基本力学参数,很多传动部件都是在扭转条件下工作的,切变模量是计算构件扭转变形的基本参数。材料力学性能参数的测定,对有关零部件设计或选材具有实际意义。

测量切变模量有扭角仪、反光镜转角仪和应变电测法等方法。扭摆利用动力学方法测量钢丝的切变模量,具有结构简单、操作简便等特点,常用于教学实验中。

【实验目的】

1. 了解材料弹性形变中有关弹性模量的基本概念。
2. 掌握用扭摆法测量铜丝材料切变模量的原理与方法。

【实验原理】

材料由于外因(受力或温度变化)或内在缺陷而变形,其内部任一截面单位面积上的相互作用力为应力。与截面相垂直的称为正应力或法向应力,与截面相切的称为剪应力或切应力。应变描述了材料的局部变形,反映了物体变形程度的参数,为变形量与变形前尺寸的比值。

材料在弹性限度内应力与应变的比值,称为弹性模量(杨氏模量)。弹性模量反映了材料抵抗变形的能力,是受力时变形大小的重要参量。正应力与线应变的比值称为杨氏模量或拉压弹性模量;剪应力与剪应变的比值称为剪切弹性模量,简称剪切模量,又称切变模量。

1. 弹性形变中的切变模量

取弹性固体的一个长方形体积元,其顶面(底面)面积为 A,顶面固定,如图 1 所示。设有一均匀分布的外力 F 作用在立方体底面上,且与底面平行,使上下两个侧面产生一定扭转角 γ,称这样的弹性形变为切变。当切变角 φ 较小时,作用在单位面积上的切应力 τ 与切变角 φ 成正比。即

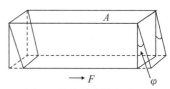

图 1　弹性形变的切变

$$\tau = \frac{F}{A} = G\varphi \tag{1}$$

式中,比例常量 G 为切变模量,表示每单位切变所需要的切变力,单位为 N·m⁻² 或 Pa。切变模量 G 与弹性模量 E 通过横向应变系数 ν($\nu=0\sim0.5$,典型值为 $0.3\sim0.4$)相联系,$E=2(1+\nu)G$,即大多数材料的切变模量约为杨氏模量的 $1/3\sim1/2$。ν 为纵向应变与横向应变之比,是泊松比 μ 的倒数。由于各向异性材料在不同方向的性能各不相同,因此在空间各个不同方向模量将有不同的数值。

如果几个切应力的作用方向各不相同,从而形成转矩,这时物体将发生扭转。本实验采用扭摆测定材料的切变模量,如图 2 所示。将一钢丝上端固定在一个夹具上,下端悬挂一带夹具的刚性金属圆盘,构成扭摆。当在下端面给钢丝施加一扭转力矩,带动圆盘产生一个扭转角 θ,悬线因扭转而产生弹性恢复力矩 M,外力矩撤去后,在弹性恢复力矩的作用下刚性金属圆盘反复扭动。

根据胡克定律,恢复力矩 M 与所转过的角度 θ 成正比,结合转动定律,有

$$M = -K\theta = J_0\beta \tag{2}$$

式中，K 为钢丝的扭转系数，J_0 为金属圆盘绕其转轴的转动惯量，β 为角加速度。

令 $\omega^2 = K/J_0$，忽略转轴的摩擦阻力矩，上式改写为

$$\beta = \frac{d^2\theta}{dt^2} = -\omega^2\theta \tag{3}$$

可见，在弹性扭转力矩 M 作用下扭摆作简谐振动。扭动周期 T_0 为

$$T_0 = 2\pi\sqrt{\frac{J_0}{K}} \tag{4}$$

若测出 T_0，即可求出金属圆盘的转动惯量 J_0，即

$$J_0 = \frac{T_0^2 K}{4\pi^2} \tag{5}$$

根据连续介质力学理论，对截面是半径为 R 的圆，扭转系数 K 与钢丝有效长度 L、钢丝半径 R 以及钢丝材料的切变模量 G 的关系为

$$G = \frac{2L}{\pi R^4} \times K \tag{6}$$

若已知弹簧的扭转系数 K，只要测量悬线有效长度 L 及其半径 R，以及物体扭摆的周期 T_0，即可确定物体的转动惯量 J_0。

2. 用扭摆测量钢丝材料的切变模量

若将一质量为 m，内径为 b，外径为 c，一定厚度的金属圆柱体(圆环)水平放在圆盘上，且其质心位于扭摆悬线上，则圆环水平放置绕轴(钢丝)的转动惯量为

$$J_1 = \frac{1}{2}m(b^2 + c^2) \tag{7}$$

则圆盘与圆环复合体绕轴(钢丝)的转动惯量为 $J_2 = J_0 + J_1$。

若圆盘做水平摆动的周期为 T_0，复合体做水平摆动的周期为 T_2，参考(4)式，有

$$T_2 = 4\pi^2\frac{J_0 + J_1}{K} \tag{8}$$

由(7)式和(4)式，圆环的转动惯量为

$$J_1 = \frac{T_2^2 K}{4\pi^2} - \frac{T_0^2 K}{4\pi^2} = \frac{(T_2^2 - T_0^2)K}{4\pi^2} \tag{9}$$

变换上式并把(7)式代入，扭转系数 K 为

$$K = \frac{4\pi^2 J_1}{T_1^2 - T_0^2} = \frac{\pi^2 m(b^2 + c^2)}{2(T_1^2 - T_0^2)} \tag{10}$$

由(6)式和(10)式，钢丝的切变模量 G 为

$$G = \frac{2KL}{\pi R^4} = \frac{\pi m(b^2 + c^2)L}{R^4(T_1^2 - T_0^2)} \tag{11}$$

可见，只要测定圆环尺寸以及相应的摆动周期，即可测定钢丝材料的切变模量。若已知钢丝材料的切变模量，利用扭摆可测量不同形状的刚体绕定轴的转动惯量。

【实验器材】

扭摆实验仪，计时计数实验仪，钢卷尺，游标卡尺，千分尺，电子天平。

【实验仪器描述】

1. 扭摆实验仪

扭摆实验仪与计时计数仪配套使用,如图 2 所示,用于测定金属材料的切变模量。横梁上的夹头与圆盘上的夹头用于固定钢丝弦。

2. 计时计数实验仪

参看实验 5 相关介绍。

【实验内容与步骤】

(1)测量圆环几何参数和质量。用游标卡尺测量圆环内外径及厚度,用电子天平测量圆环质量。

(2)安装扭摆。调节底座螺丝,使底座平稳;把圆环套在横梁上,把钢丝一端用横梁上的夹头锁紧,另一端用金属圆盘上的夹头锁紧,构成扭摆。此时,还要调节立柱上光电门的相对位置,使扭摆摆动时,光电门能对其正确地计时。

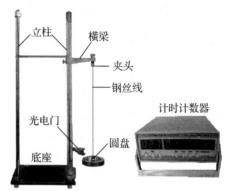

图 2　扭摆实验示意图

(3)测量钢丝几何参数。用钢卷尺测量钢丝有效长度,用千分尺测量钢丝直径。

(4)把光电门传感器连接到计时计数仪后面板的"传感器 1"。按"功能"键选择周期 1,设置计数次数为 10 次,对 10 个周期进行测量。

(5)起摆与测量。旋转圆盘转动一定角度后松开,使之平稳地自由摆动,即圆盘绕钢丝作周期性摆动。测量重复摆动 10 次的周期 $10T_0$。

(6)把圆环水平置于圆盘上并定位好,构成水平同轴复合体,按上述相同方法测量复合体重复摆动 10 次的周期 $10T_2$。

【数据记录与处理】

1. 测量钢丝与圆环几何参数或质量

次数	1	2	3	4	5	平均值
钢丝有效长度 L/m						
钢丝直径 $2R/mm$						
圆环内径 b/mm						
圆环外径 c/mm						
圆环厚度 h/mm						
圆环质量 m/kg						

2. 用扭摆测量圆盘和复合体(圆盘加圆环)水平放置绕钢丝摆动的周期

次数	1	2	3	4	5	平均值/s
圆盘 $10T_0/s$						$\overline{T_0}=$
圆盘加圆环 $10T_2/s$						$\overline{T_2}=$

计算钢丝切变模量 G,并与理论值($G=7.80\times10^{10}$ N·m^{-2})比较,求相对误差。

或用切变模量的理论值求相应物体的转动惯量。

【注意事项】

1. 安装扭摆时,用手托起圆盘,并把钢丝插入夹头,适当用力把夹头螺丝锁紧。

2. 实验时,钢丝应处于铅直状态,若钢丝弯折将增大实验误差。

【思考与练习】

1. 材料的切变模量主要误差是由哪些物理量的测量引起的? 计算钢丝切变模量的不确定度。(量具的不确定度:米尺 $\Delta_0 = 0.5$ mm,游标卡尺 $\Delta_0 = 0.02$ mm,千分尺 $\Delta_0 = 0.005$ mm,电子天平 $\Delta_0 = 0.1$ g。)

2. 钢丝的切变模量和扭摆的扭转角度有何关系? 在测量钢丝切变模量时,如何判断钢丝扭转角是否满足 $\varphi < 1°$(或 $\theta < 1°$)?

> 科学的探讨与研究,其本身就含有至美,其本身给人的愉快就是报酬。所以,我在我的工作里面寻得了快乐。
>
> ——玛丽·居里

实验9　三线摆法测定物体转动惯量

对形状简单、质量分布均匀刚体,可直接计算出其绕特定轴的转动惯量。对形状复杂,且质量分布不均匀刚体,理论计算极为复杂,通常采用实验方法测定。

测量刚体转动惯量的常见方法有动力法(落体法、复摆法)和振动法(三线摆法、扭摆法)等。三线摆法具有物理图像清楚、操作简便易行等特点,可用于各种形状零部件(如机械零件、电机转子、弹丸和电风扇风叶等)转动惯量的测量。

【实验目的】

1. 学会用三线摆测定物体的转动惯量的原理与方法。
2. 学会用累积放大法测量周期运动的周期。
3. 验证转动惯量的平行轴定理。

【实验原理】

转动惯量表示当物体受到力矩作用,物体将得到怎样的角加速度,其大小除与物体质量有关外,还与物体质量相当于转动轴的分布有关,是物体转动惯性大小的量度。

1. 三线摆与测量转动惯量基本原理

如图1所示,三条对称分布的等长悬线将上下两个处于水平状态的圆盘相连,上圆盘固定并悬挂在横梁上,下圆盘(以下称圆盘)可绕中心竖直轴 OO' 作自由摆动,且悬线长度 L 远大于下圆盘扭转时质心沿轴线上升的高度 h,这样的系统就组成了三线摆。

将三线摆绕 OO' 轴扭转一个小角度 θ(满足 $L \gg h$),在悬线张力作用下,圆盘在一确定的平衡位置内作往复扭动,其振动周期与系统转动惯量有关。通过测量振动周期及圆盘有关量,

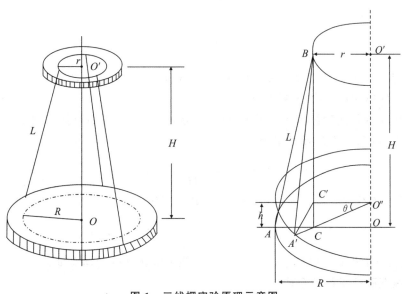

图1　三线摆实验原理示意图

可计算圆盘或圆盘上有关物体的转动惯量。当圆盘扭转角度 θ 很小,且略去空气阻力时,起摆后,O 点沿轴线升高到 O'' 处,悬线点 A 升高并移到 A' 处,即圆盘升高 h,三线摆的运动可近似看作简谐运动。其运动方程或角位移 θ 与时间 t 关系(设初相为 0)为

$$\theta = \theta_0 \sin \frac{2\pi}{T_0} t \tag{1}$$

式中,θ_0 为圆盘最大角位移(振幅),T_0 为圆盘作简谐运动的周期。角速度为

$$\omega = \frac{d\theta}{dt} = \frac{2\pi\theta_0}{T_0} \cdot \cos \frac{2\pi}{T_0} t = \omega_m \cos \omega_0 t \tag{2}$$

其中,$\omega_m = \omega_0 \theta_0 = 2\pi\theta_0 / T_0$。

当扭转角度为 θ 时,圆盘轴心升高了 h,应用余弦定理,起摆前后几何关系为

$$L^2 = H^2 + (R-r)^2 = (H-h)^2 + R^2 + r^2 - 2Rr\cos\theta_0 \tag{3}$$

式中,L 为悬线有效长度,H 为上下圆盘之间的垂直距离,r、R 分别为上下圆盘悬挂点到转轴的垂直距离。

考虑到悬线较长,θ 较小,应用泰勒级数展开,并略去 $h^2/2$ 和高次项,整理得

$$h = \frac{Rr\theta^2}{2H} \tag{4}$$

根据机械能守恒定律,当圆盘离开平衡位置至振幅处时,其质心升高 h,有

$$\frac{1}{2} J_0 \omega_m^2 = m_0 g h \tag{5}$$

式中,m_0 为圆盘质量。代入(4)式和(2)式 $\omega_m = 2\pi\theta_0 / T_0$ 关系,整理得

$$J_0 = \frac{2m_0 g}{\omega_m^2} \cdot \frac{Rr\theta_0^2}{2H} = \frac{m_0 g Rr}{\omega_m^2 H} \cdot \frac{\omega_m^2}{4\pi^2} \cdot T_0^2 = \frac{m_0 g Rr}{4\pi^2 H} \cdot T_0^2 \tag{6}$$

圆盘上三个悬挂点构成等边三角形,设 a、b 为上下圆盘等边三角形边长,则有

$$r = \frac{1}{\sqrt{3}} a, R = \frac{1}{\sqrt{3}} b \tag{7}$$

代入(6)式,转动惯量改写为

$$J_0 = \frac{m_0 g ab}{12\pi^2 H} T_0^2 \tag{8}$$

可见,只要测出周期和圆盘有关参数,即可求出物体绕 OO' 轴的转动惯量。

2. 利用三线摆测量物体的转动惯量

将质量为 m 的待测物体置于圆盘上,且与圆盘同一转轴;若系统摆动周期为 T_1,则待测物体和圆盘对 OO' 轴的总转动惯量为

$$J_1 = \frac{(m_0 + m) g ab}{12\pi^2 H} \cdot T_1^2 \tag{9}$$

若忽略重量变化对悬线长度影响,H 不变,则待测物体绕 OO' 轴转动惯量为

$$J = J_1 - J_0 = \frac{g Rr}{4\pi^2 H} \cdot [(m+m_0) T_1^2 - m_0 T_0^2] \tag{10}$$

通过长度、质量和时间的测量,可求出某物体绕定轴转动的转动惯量。

3. 用三线摆验证平行轴定理

采用三线摆测定圆环对通过其质心且垂直于环面轴的转动惯量,验证平行轴定理。

若质量为 m 的物体绕通过其质心轴的转动惯量为 J_C,当转轴平行移动距离 x 时,如图 2

所示,则此物体对新轴 OO' 的转动惯量为 $J_{OO'}=J_C+mx^2$,这一结论称为转动惯量的平行轴定理。

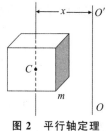

图 2 平行轴定理

实验时,将质量为 m',形状和质量分布完全相同的两个圆柱体对称地放置在下圆盘上(盘上有对称的两列小孔)。按同样方法,测出两圆柱体和下圆盘绕中心轴 OO' 的转动周期 T_x,可求出每个圆柱体对中心转轴 OO' 的转动惯量

$$J_x=\frac{1}{2}\times\left[\frac{(m_0+2m')\cdot g\cdot R\cdot r}{4\pi^2\cdot H}\cdot T_x^2-J_0\right] \tag{11}$$

如果测出圆柱体中心与下圆盘中心之间的距离 x,以及圆柱体半径 R_x,由平行轴定理,可得

$$J_x'=m'\cdot x^2+\frac{1}{2}m'\cdot R_x^2 \tag{12}$$

比较 J_x 与 J_x' 的大小,可验证平行轴定理。

【实验器材】

三线摆实验仪,计时计数实验仪,钢卷尺,游标卡尺,YP1201N 型电子天平等。

【实验仪器描述】

1. 三线摆实验仪

三线摆实验仪与计时计数仪配套使用,如图 3 所示,用于测量物体的转动惯量。上圆盘有三个调节螺钉,用于细调摆长,使三条摆长长度一致。同时,通过两个圆盘上的水准泡调整圆盘的水平状态。上圆盘边缘上的细杆用于起摆。下圆盘边缘上的细杆用于光电门的挡光,以便进行摆动计数和摆动周期的测量。

下圆盘的直径线上刻有四个标尺和两排定位孔,用于放置圆柱体或圆环物体。

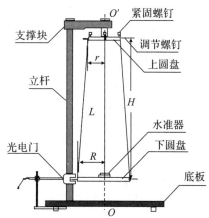

图 3 三线摆实验仪及其示意图

2. 计时计数实验仪

参看实验 5 中相关介绍。

【实验内容与步骤】

1. 安装和调整三线摆实验装置

(1)把实验仪平稳放置,借助圆盘上的水准泡判断和调整摆的水平状态,并通过上圆盘螺钉,调整使三悬线等长且两圆盘均处于水平状态。上下圆盘间距 H 约为 50 cm。

(2)安装和调整立杆上光电传感器,使圆盘边缘上的挡光细杆能自由往返地通过光电门的光路,可用于测量摆的周期。

(3)把光电门与计时计数仪后面板"传感器 1"连接,再打开电源开关。

2. 通过测量摆动周期 T_0,求三线摆转动惯量

(1)计数计时器"功能"设为"周期 1",预置"周期"为 20 次。

(2)尽量使下圆盘处于静止状态,将上圆盘边缘的细杆拨动,使之转过一个小角度(约为 5°)后松开,带动下圆盘绕中心轴 OO' 作微小扭摆运动。待三线摆摆动若干次且做稳定的自由摆动后,按计数计时器"执行"键开始周期测量。

测量周期时,每计量一个周期,显示的预置周期数自动逐 1 递减,当显示数为 1 后停止计数,自动存储测量数据,并返回到预置的周期数,以便进行下一次测量。

按"量程",小数点位置不同,测量量程也不同。

同时按"百位"与"量程"键,进入"查询"功能。查询结束后,再一次同时按"复位"与"个位"键,退出"查询"功能。

3. 通过测量摆动周期 T_1,求圆环物体转动惯量

将圆环置于圆盘上,且其圆心与摆的轴线一致,按上述方法测定摆动周期 T_1。

4. 通过测量摆动周期 T_x,验证平行轴定理

将两个圆柱体对称置于圆盘上半径等于 x 的位置(插入小孔),用同样方法测定摆动周期 T_x。同时改变圆柱体位置 4 次,测量不同 x 值对应的摆动周期,各测量 4 次。

5. 测量三线摆实验有关参数

(1)测量上下圆盘上各自悬点之间的距离 a 和 b。

(2)测量其他物理量:用米尺测出两圆盘之间的垂直距离 H 和放置两圆柱体小孔间距 $2x$;用游标卡尺测出待测圆环内径 $2R_1$、外径 $2R_2$ 和圆柱体直径 $2R_x$,记录各物体质量。

【数据记录与处理】

圆盘质量 $m_0 = $ _____ g,下圆盘实际半径 $R_0' = 9.50$ cm。

圆环质量 $m = $ _____ g,圆环外径 $2R_1 = $ _____ cm,内径 $2R_2 = $ _____ cm。

圆柱体质量 $m' = $ _____ g,圆柱体直径 $2R_x = $ _____ cm。

1. 累积法测量周期

次数 i 项目	摆动 20 次所需时间 t_{20}/s					平均值 $\bar{t_{20}}$/s	周期/s
	1	2	3	4	5		
圆盘							$T_0 = $
圆盘+圆环							$T_1 = $

2. 测量或记录摆的相关数据

次数 i	上圆盘悬点间距 a/cm	下圆盘悬点间距 b/cm	两圆盘间距 H/cm	$r=\dfrac{1}{\sqrt{3}}a$/cm	$R=\dfrac{1}{\sqrt{3}}b$/cm
1					
2					
3					
平均					

（1）测量圆盘绕 OO' 轴转动惯量

用(8)式计算实验值 J_0，与理论值 $J_{0T}=\dfrac{1}{2}m_0R_0'^2$ 比较，求相对误差。

（2）测量圆环绕 OO' 轴转动惯量

用(10)式计算实验值 J_1，与理论值 $J_{1T}=\dfrac{1}{2}m(R_1^2+R_2^2)$ 比较，求相对误差。

3. 验证平行轴定理

次数 i	小孔间距 x/m	摆动 20 次所需时间 t_{20}/s				平均值 $\bar{t}_{20}$/s	周期 T_x/s
		1	2	3	4		
1	5.5						
2	6.5						
3	7.5						
4	8.5						

计算转动轴平移 x 的圆柱体转动惯量：用(11)式计算不同 x 值对应的实验值，用(12)式计算不同 x 值对应的理论值，分别求相对误差，验证平行轴定理。

【注意事项】

1. 实验时，应使摆做小幅摆动（$\theta \leqslant 5°$）。起摆后，观察一段时间，待平稳摆动后才开始测量。

2. 保持实验仪处于平稳状态，上下圆盘处于水平状态，实验时不应有晃动现象。

【思考与练习】

1. 计算转动惯量的(8)式是根据什么物理原理导出的？其条件是什么？实验中如何满足这些条件？哪些量是已知的？哪些量是待测的？哪个量对 J_0 的精度影响最大？

2. 测周期时，为什么要测几十个周期的总时间？

3. 当待测物体转动惯量与下盘转动惯量相比小得多时，用三线摆法测量是否适合？

实验 10　弦振动特性实验

在工程技术中,电力传输线、大跨度的桥梁等,以及弦乐器性能的研究与改进,都涉及对弦振动的研究。研究弦的振动机制,可对其有效地加以控制与利用。弦振动的研究在声学、光学、无线电工程与检测技术等领域有着广泛的应用。

本实验研究波在弦上的传播与驻波的形成,以及改变相关条件对波传播的影响。

【实验目的】

1. 了解波在弦上的传播以及驻波形成的条件。
2. 观察张紧弦线上形成的驻波现象,测量不同弦长的共振频率与驻波波长。

【实验原理】

若将一均匀、柔软的线或细丝(长度远大于直径)两端张紧,就能成为诸如乐器上的弦。弦可激发横波,在其两端有反射产生,当波长合适时,两列传播方向相反的波叠加,将产生驻波,这种现象称为弦的固有振动。

驻波是一种局限在某一区域而不向外传播的波动现象,其波幅与波节位置不随时间改变,振动能量只是在波幅与波节之间来回转移,而不随时间传播。

1. 弦线上形成的驻波与共振条件

正弦波沿着一拉紧的弦传播,(原波)波动方程表示为

$$Y_1 = Y_m \sin 2\pi (\frac{x}{\lambda} - \frac{t}{n}) \tag{1}$$

当波传到固定端时被反射回来,反射波的波动方程表示为

$$Y_2 = Y_m \sin 2\pi (\frac{x}{\lambda} + \frac{t}{n}) \tag{2}$$

在其允许的最大振幅范围内,原波与反射波叠加后的波动方程为

$$Y = Y_1 + Y_2 = Y_m \sin 2\pi (\frac{x}{\lambda} - \frac{t}{n}) + Y_m \sin 2\pi (\frac{x}{\lambda} + \frac{t}{n})$$

$$Y = 2Y_m \cos (\frac{2\pi \cdot t}{n}) \sin (\frac{2\pi \cdot x}{\lambda}) \tag{4}$$

对于一个已知时间 $t = t_0$,弦的形状是振幅为 $2Y_m \cos (\frac{2\pi \cdot t_0}{n})$ 的简谐波。

对于某个固定位置 $x = x_0$,弦表现为简谐振动,最大波幅为 $2Y_m \sin (\frac{2\pi \cdot x_0}{\lambda})$。当 $x_0 = \frac{\lambda}{4}, \frac{3\lambda}{4}, \frac{5\lambda}{4}, \cdots$,波幅为最大;当 $x_0 = 0, \frac{\lambda}{2}, \lambda, \frac{3\lambda}{2}, \cdots$,波幅为零。其形状为驻波。

在形成驻波时的固有振动状态,驻波的波长 λ 与弦长 L 满足

$$\lambda = \frac{2L}{n} \quad (n = 1, 2, 3, 4 \cdots) \tag{5}$$

$n = 1$ 时为基本振动,对应的频率 f_1 称为基频,其他频率($n > 1$)依次称为 2 次谐频、3 次谐

频等,统称为 n 次谐波。

顺便指出,对声驻波而言,频率最低的振动发出的音称为基音,其余为泛音,基音决定音高,泛音决定音色。乐器上用弹拨发音的细丝也称为弦,其音调就是基音的频率(基频),随弦的直径增加而降低。

各种允许频率所对应的驻波(简谐振动方式)为简正模式。一个系统的简正模式所对应的简正频率反映了系统的固有频率特性。如果外界驱使系统振动,当驱动力频率接近系统的某一固有频率,且所有反射波有相同相位时,系统将被激发而产生振幅最大的驻波,当波长满足(1)式时,也是一种共振现象。与谐振子共振不同的是,其共振频率不止一个。弦的这种振动特性可通过实验展示,并据此特性对一些物理量进行测量。

2. 横波的波速

设弦具有较好的柔性,根据波动理论,弦上任何扰动的传播速度(v)取决于弦两端的张力(拉紧度)T 及其线密度(单位长度的质量)μ,根据横波波动方程可导出

$$v = \sqrt{\frac{T}{\mu}} \qquad (6)$$

其中,弦线的线密度 μ 表示单位长度弦线的质量,单位为 $kg \cdot m^{-1}$;T 为弦两端的张力,单位为 N 或 $kg \cdot m \cdot s^{-2}$。

3. 形成驻波时 λ 与 T、μ 关系

根据 $v = \lambda \cdot f$,若 μ 值已知,则可求得频率

$$f_n = \frac{n}{2L}\sqrt{\frac{T}{\mu}} \equiv nf_1 \qquad (7)$$

式中,$n=1$ 对应基频 f_1,则 f_n 就是第 $(n-1)$ 次倍频或第 n 次谐频。可见,弦线在振动时因拉伸而使线密度 μ 值变小,即 μ 值为动态值。若已知 f_1,则线密度 μ 为

$$\mu = \frac{T}{4L^2 \cdot f_1^2} \qquad (8)$$

由(7)和(8)式,有

$$\lambda^2 = \frac{1}{f_1^2 \cdot \mu} \cdot T \qquad (9)$$

可见,当 f_1、μ 一定时,λ^2 与 T 成正比,即 $\lambda^2 \cdot T$ 为一条直线,其斜率为 $\dfrac{1}{f_1^2 \mu}$。

利用弦线中形成驻波的方法,通过测定基频 f_1,可验证 λ 与 T、μ 关系。

【实验器材】

弦振动实验仪,弦振动实验信号源,DS2072 型数字示波器。

【实验仪器描述】

弦振动实验系统由弦振动实验仪与弦振动实验信号源组成。

1. 弦振动实验仪

弦振动实验仪及其实验系统如图 1 所示。利用激振器驱动弦振动,拾振器把弦振动转换为电信号,便于示波器观测。数字示波器使用方法可参阅其他实验。

激振器和拾振器是以软铁芯或永磁体为铁芯、铜丝漆包线缠绕的线圈,分别作为驱动线圈

及用作探测弦线的振动状态。

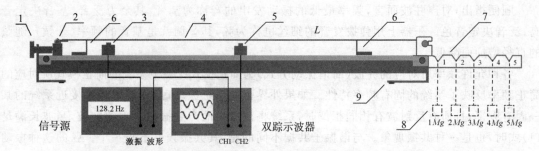

1—螺杆；2—圆柱螺钉；3—激振器；4—弦；5—拾振器；6—支撑板；7—拉力杆；8—砝码；9—支架

图 1　弦振动实验仪及其实验系统

2. 弦振动实验信号源(功率型)

功率型信号源可输出一定功率的正弦信号，负载能力较一般信号源大，如图 2 所示。

输出频率分为 Ⅰ、Ⅱ 两挡(15～100 Hz，100～800 Hz)，连续可调，数字显示。"激振"输出低频正弦波信号，输出电流不小于 0.5 A，用于驱动激振器；"波形"输出用示波器观察，方便连接。输出幅度的峰峰值范围 V_{P-P} 为 0～5 V，连续可调。

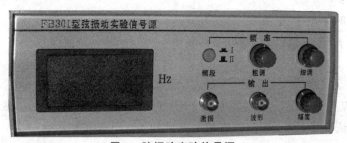

图 2　弦振动实验信号源

【实验内容与步骤】

1. 安装系统与连接线路

(1)把直径 $\Phi=0.3$ mm 弦两端固定在圆柱螺钉与拉力杆上。为使弦长 L 约为 60 cm，可将左侧支撑板置于 10 cm 处，右侧支撑板置于 70 cm 处，如图 1 所示。

(2)把 1 kg 砝码悬挂在拉力杆第 2 个挂钩槽处，使弦线压紧两个支撑板；若不满足要求，需用手轻托砝码，再调节螺杆。不得在砝码自由悬挂状态调节螺杆(为什么?)。

设砝码 M 悬挂在拉力杆第 1 个挂钩槽，弦的拉紧度(张力)记为 $1Mg$，则悬挂在从左到右的第 2、3、4、5 个挂钩槽对应的拉紧度(张力)依次为 $2Mg$、$3Mg$、$4Mg$ 和 $5Mg$，g 为重力加速度。该比例由杠杆的尺寸决定，并由仪器制造商保证其精度。

(3)激振器置于距左侧支撑板 5～10 cm 处，拾振器置于弦中央，按图 1 连接，两者不要搞错。为减少激振器与拾振器相互干扰，其间距应大于 10 cm。

(4)打开信号源和示波器电源，使其预热 10 min；调节信号源，使其频率约为 20 Hz，幅度为 2～4 V，利用预热时间熟悉相关按键功能。

2. 测量拉紧弦的共振频率与驻波波长

(1)激励信号频率从 20 Hz 开始，先通过粗调缓慢增大，当示波器上拾振信号幅度有明显增大趋势时,细调激励信号频率,使之达到最大状态,此时弦处于共振状态。记录此时信号源读数,测量示波器显示的激励信号频率与幅值,以及共振状态的频率。

弦线形成驻波需要一定的能量积累时间,频率调节过程应缓慢有序地进行。

按一下示波器 AUTO,点亮 CH1、CH2 键,即可进行测量。可按键、点亮通道 CH2 或 CH1→屏幕顶角菜单 Menu→菜单测量选项,读取屏幕上显示的参数(通道标识与显示参数颜色相对应)。

(2)张紧的弦通常有多个频率能激发形成驻波。继续增大激励信号频率,按照同样方法,连续找到 3～5 个共振频率。

若共振时弦形成多个波腹,其振幅较小,肉眼可能不易观察到。当波腹数较少,共振的幅度可能较大,以至于弦线拍打到拾振器,此时应适当减少激励信号幅度。若弦线只有一个波腹,其共振频率就是基频,弦线的两个固定端为波节。

(3)移动支撑板,改变弦长分别为 55 cm 和 50 cm,按以上步骤进行测量。

当弦长较短或拉紧度较大时,需要较大的驱动信号幅度。

3. 测量不同拉紧度的共振频率

(1)固定弦长 L 为 60 cm,通过砝码悬挂的位置改变弦的拉紧度,测量不同拉紧度下,弦线只出现一个驻波波腹时的共振频率(基频)。

(2)更换不同规格(静态线密度不同)的弦,观察共振频率是否与弦的线密度有关,共振波的波形是否与弦的线密度有关。*

【注意事项】

1. 保持实验系统平稳,避免空气或各种晃动对弦振动的影响。
2. 在砝码自由悬挂状态下不得调节弦的拉紧度。实验完毕,应取下砝码,使弦松弛。

【数据记录与处理】

1. 测量拉紧弦的共振频率与驻波波长

金属弦长度 $L=60$ cm,直径 $\Phi=0.3$ mm,拉紧度 $T=2\,Mg$,室温 $\theta=$ _____ ℃。

信号源频率 f_0/Hz						
激振信号频率 f_0/Hz						
激振幅值 $V_{0P\text{-}P}$/V						
拾振信号频率 f_n/Hz						
拾振信号幅值 $V_{P\text{-}P}$/mV						
波腹数/个						
驻波波长 λ/cm						

确定基频 f_1 值,由(5)式求驻波波长。其他弦长的表格自拟。

2. 测量不同拉紧度的共振频率

金属弦长度 $L = 60$ cm，直径 $\Phi =$ _____ mm，室温 $\theta =$ _____ ℃。

砝码位置	弦拉紧度 T	激振信号频率 f_0/Hz	拾振信号共振基频 f_1/Hz
1	$1\ Mg$		
2	$2\ Mg$		
3	$3\ Mg$		
4	$4\ Mg$		
5	$5\ Mg$		

用(7)式验证弦拉紧度与挂槽位置杠杆尺寸的比例关系，即是否满足 $\dfrac{f_{1i}}{f_{1j}} = \sqrt{\dfrac{T_i}{T_j}}$。

【思考与练习】

1. 弦线的共振频率或波速与哪些条件有关？

2. 通过拾振器在示波器上观察的强迫振动的波形是否都是对称的正弦波？实验结果与理论预期存在哪些差别？分析其原因。

> 哲学的推广必须以科学成果为基础，可是哲学一经建立并广泛地被人们接受以后，它又常常促使科学思想的进一步发展，指示科学如何从许多可能的道路中选择一条路。
>
> ——爱因斯坦

实验 11　旋转液体实验的研究

早在经典力学理论创建之初,牛顿为论证绝对空间的存在设计了"水桶实验"。其实,这一思想实验是个失败案例,100 多年后马赫(E. Mach,1838—1916)指出其理论谬误。后来,马赫的观点对爱因斯坦创立广义相对论产生了极大的启发,马赫原理也随着广义相对论的逐渐证实而得到了广泛认可。

旋转液体实验展现了传统实验与现代技术相结合,借鉴了 2001 年第 32 届国际物理奥林匹克竞赛力学与光学综合实验题的设计思想,综合了流体力学和基础光学等方面知识,内容丰富。

装有液体的圆柱体容器绕其对称轴匀速旋转时的液面呈抛物面形状,利用其特征可测量重力加速度与液体折射率,研究凹面镜焦距变化,进一步研究牛顿流体力学,分析层流之间的运动,测量液体黏度等。

【实验目的】

1. 学习利用旋转液体液面测量重力加速度方法。
2. 研究旋转液面作为光学系统的成像特点。

【实验原理】

1. 圆柱体容器中液体旋转时的液面形状

当装有液体的圆柱体容器绕其对称轴以角速度 ω 匀速旋转时,液体各处角速度相同,角动量守恒。选取容器底部圆心为原点,旋转轴为纵坐标,根据对称性建立直角坐标系 xOy,如图 1 所示。考察液面上质元为 m 的点 $P(x,y)$,平衡时有

$$m\omega^2 x\cos\theta = mg\sin\theta$$

$$\tan\theta = \frac{\mathrm{d}y}{\mathrm{d}x} = \frac{\omega^2 \cdot x}{g}$$

设 y_0 为 $x=0$ 时高度,即液面最低高度,解得

$$y = \frac{\omega^2}{2g} \cdot x^2 + y_0 \tag{1}$$

为抛物线方程,说明旋转液体表面呈抛物面形状。

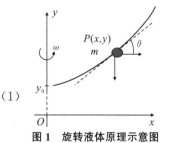

图 1　旋转液体原理示意图

2. 用旋转液体测量重力加速度方法

设圆柱体容器半径为 R,液体旋转前液面高度为 h,其体积为

$$V = \pi R^2 h$$

液体旋转前后的体积保持不变。旋转后的液体体积可表示为

$$V = \int_0^R y \cdot (2\pi \cdot x)\mathrm{d}x = 2\pi \int_0^R (\frac{\omega^2 \cdot x^2}{2g} + y_0)x\,\mathrm{d}x$$

解得

$$y_0 = h - \frac{\omega^2 \cdot R^2}{4g} \tag{2}$$

把(2)式代入(1)式,当 $x=x_0=R/\sqrt{2}$ 时,有 $y(x_0)=h$,即圆柱体容器液面在 x_0 处的高度 h 为定值,与液体旋转的角速度 ω 无关。角速度 ω 单位为 rad·s^{-1},与转速 n(转/分,rev·min^{-1},rpm)关系为 $\omega=2\pi n/60$。

(1)用液位差测量重力加速度 g

设旋转液面最高与最低处高度差(液位差)为 Δh,最高点 $(R,y_0+\Delta h)$ 在(1)式的抛物线上,有

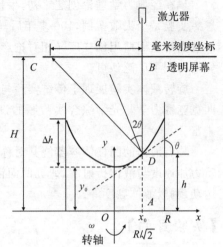

$$y_0+\Delta h=\frac{\omega^2 \cdot R^2}{2g}+y_0$$

即得

$$g=\frac{\omega^2 \cdot R^2}{2\Delta h} \tag{3}$$

可见,只要测出旋转液体的液位高度差 Δh,即可测出重力加速度 g。

(2)用斜率法测量重力加速度 g

如图 2 所示,设 BC 为带毫米刻度坐标的透明水平屏幕,且与转轴垂直,激光器光束平行于转轴,且于 $x_0=R/\sqrt{2}$ 处入射到液面,通过 D 到达 A 点,在 D 点有部分能量反射到 C 点;若 D 点切线与水平方向夹角为 θ,有 $\angle BDC=2\theta$,则

图 2　测量重力加速度原理图

$$\tan 2\theta=\frac{d}{H-h} \tag{4}$$

只要测出透明水平屏幕 BC 至液体底部的距离 H、静止液面高度 h,以及两光斑点在 BC 上的间距 d,即可求出 θ 值。

因为 $\tan\theta=\dfrac{\mathrm{d}y}{\mathrm{d}x}=\dfrac{\omega^2 \cdot x}{g}$,在 $x_0=R/\sqrt{2}$ 处时,则有

$$\tan\theta=\left(\frac{2\pi n}{60}\right)^2 \cdot \frac{R}{\sqrt{2}\times g}=\frac{4\pi^2 R \cdot n^2}{3600\sqrt{2}\times g}$$

$$g=\frac{\pi^2 n^2 R}{900\sqrt{2}\times\tan\theta} \tag{5}$$

若作 $\tan\theta$-n^2 曲线,即可求出斜率 $k=\dfrac{\pi^2 R}{900\sqrt{2}\times g}$,据此可求出 g,即

$$g=\frac{\pi^2 R}{900\sqrt{2}\times k} \tag{6}$$

3. 抛物面焦距与转速的关系

若把旋转液体表面形成的抛物面看作一个凹面镜,当光线平行于曲面对称轴从上而下入射时,反射光符合光学系统成像规律,将全部会聚并通过抛物面的焦点。

根据(1)式的抛物线方程,抛物面的焦距为

$$f=\frac{g}{2\omega^2} \tag{7}$$

若测出抛物面的焦距 f 和角速度 ω,即可求出重力加速度 g。

4. 测量液体黏度 *

略。

【实验器材】

旋转液体综合实验仪,液体(水)等。

【实验仪器描述】

旋转液体综合实验仪由转动机构、转速调节、转速测量与显示、半导体激光器,以及测量部件等组成,如图 3 所示。转动机构置于箱体内,用霍耳传感器检测转速,箱体上两根带有刻度的立柱安置了测量所需的可调节部件。容器下方有刻度线。实验仪还配有测量液体黏度的其他部件,图中没有全部标示和安装。

旋转液体实验是一种集力、电、光为一体的综合性项目,可进一步研究其应用。

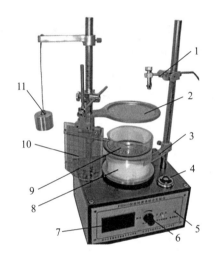

1—半导体激光器
2—毫米刻度水平透明屏
3—水平标线
4—水平仪
5—激光器电源插孔
6—转速调节
7—转速显示
8—圆柱体容器
9—水平量角器
10—毫米刻度垂直屏幕
11—张丝悬挂的圆柱体(用于测量黏度)
12—容器内径刻线

图 3　旋转液体综合实验仪

【实验内容与步骤】

1. 仪器调整与准备工作

(1)调节实验仪底部螺丝,使实验仪处于平稳与水平状态,且圆柱体容器中心与转动结构的转轴同轴。

(2)容器中液体液面离容器口约 5 cm 为宜,以免旋转时溢出。利用水平标尺测量液体静止时液面高度 h。为减少视差影响,测量 h 时应使水平标尺的两条分划线与液面共面。

(3)调节激光器位置,使其光束对准容器底部 x_0 处(当 $R=5.0$ cm 时,$x_0 \approx 3.5$ cm)。利用自准直法调整激光光束,即当光束垂直入射到静止水面后,尽量使发射的光斑返回到出光处,再用螺丝锁紧固定。

2. 用液位差测量重力加速度 g

转速从 $110\sim135$ rev·min^{-1} 等间隔改变 6 次,观察液面变化,利用水平标尺分别测量液面最高与最低处位置,求出高度差(液位差),计算重力加速度 g。

3. 用斜率法测量重力加速度

将透明毫米刻度水平屏幕安装在容器与激光器之间,并与静态的水面平行,也与激光束垂直,即透明屏幕上入射光斑与经过静止水面反射后的光斑在水面时重合,测量水平透明屏幕至容器底部的间距 H,参看图 2 与图 3 示意。

转速从 40~90 rev·min^{-1}等间隔改变 6 次,在透明屏幕上读出入射光斑与反射光斑的间距 d,计算 $\tan\theta$ 值;测量水平透明屏幕到容器底面的距离 H,计算重力加速度 g。

4. 验证抛物面焦距与转速关系*

将毫米刻度垂直屏幕平行于转轴放入容器中央,以不影响液体的旋转为准。当激光束平行转轴入射至液面时,经液面发射后,将聚焦在该屏幕上。改变激光器入射位置,观察聚焦情况。改变转速 6 次,记录焦点位置。

5. 研究旋转液体表面成像规律*

把箭头状光阑的帽盖装在激光器出光处,使其光束略有发散且在屏幕上成箭头状。光束平行光轴在偏离光轴处射向旋转液体,经液面反射后,在水平屏幕上也留下了箭头。固定某一转速,上下移动屏幕的位置,观察箭头像的方向及其大小变化。也可固定屏幕,改变转速,观察相应的变化现象。也可借助半透明纸进行观察。

实验发现,屏幕在较低处时,入射光和反射光留下的箭头方向相同,随着屏幕逐渐上移,反射光留下的箭头越来越小直至成一光点,随后箭头反向且逐渐变大。

6. 测量液体黏度*

利用张丝悬挂的圆柱体,测量液体的黏度。自行查找资料确定实验内容。

【注意事项】

1. 调节转速时,应使转速缓慢变化;保持桌面平稳,尽量减少振动对测量的影响。
2. 请不要用眼睛直视激光束,还要防止反射后的激光射到眼睛。
3. 安装激光器帽盖时,应注意旋紧的方向;请小心操作,以免帽盖掉入容器内。

【数据记录与处理】

1. 用液位差测量重力加速度 g

圆柱体容器半径 $R=\underline{\quad 5.0 \quad}$ cm,取实验室 $g=9.7894$ m·s^{-2}。

次数 i	1	2	3	4	5	6
n /(rev·min^{-1})	110	115	120	125	130	135
ω^2/(rad^2·s^{-2})						
底部位置 h_1/cm						
最高位置 h_2/cm						
高度差 Δh/cm						
g /(m·s^{-2})						

计算 g 平均值及其相对误差。

2. 用斜率法测量重力加速度 g

屏幕高度 $H=$ _____ cm，静止液面高度 $h=$ _____ cm。

次数 i	1	2	3	4	5	6
$n/(\text{rev}\cdot\text{min}^{-1})$	40	50	60	70	80	90
间距 d/mm						
$\tan2\theta$						
θ						
$\tan\theta$						
$g/(\text{m}\cdot\text{s}^{-2})$						

拟合 $\tan\theta$-n^2 曲线，求出斜率 k，计算 g 的平均值及其相对误差。

3. 验证抛物面焦距与转速的关系*

次数 i	1	2	3	4	5	6
$n/(\text{rev}\cdot\text{min}^{-1})$	60	70	80	90	100	110
焦距 f/mm						

在同一坐标纸上分别画出转速与焦距的理论曲线和实验曲线。

【思考与练习】

1. 请分析本实验产生误差的主要原因。
2. 你对本实验有何改进的想法？

> 人，在二十岁，意志支配一切；三十岁，机智支配一切；四十岁，判断支配一切。
>
> ——富兰克林

实验 12　拉脱法测定液体表面张力系数

液体表面张力能说明许多现象,如毛细管现象和泡沫的形成、液体传输过程、动植物体内液体的运动与平衡等。在研究液体与气体的交界面(自由面)或液体与固体的接触面问题时,通常需要考虑表面张力的影响。

液体表面张力的测定分为静力学法和动力学法。动力学法较为复杂,测试精度较低,静力学法简便,应用较多。拉脱法是一种采用硅压阻式力敏传感器直接测定的静力学方法,与传统的焦利秤、扭秤等相比,灵敏度高,稳定性好,测量简便。

肥皂泡或空中的小液滴呈圆球状,雨伞不透雨,汽车前窗"憎水"玻璃,水黾在水面上自由穿梭等都是反映水表面张力特性的应用实例。

【实验目的】

1. 了解液体表面张力形成的基本原理。
2. 掌握用砝码对测量仪器定标的方法,学会用拉脱法测定液体表面张力系数。

【实验原理】

同种物质分子之间相互作用力为内聚力,不同物质分子之间相互作用力为附着力。当内聚力小于附着力时,就会产生浸润现象,如液体沿固体表面扩张,形成薄膜依附在固体上;反之,为不浸润现象。

液面上的分子受液体内部分子吸引而使液面趋于收缩,是分子力的一种表现;体现在液体表面相邻任何两部分之间具有相互吸引力(张力),称为表面张力。表面层厚度相当于分子作用半径,约为 10^{-10} m。表面张力方向与液面相切,并与两部分的分界线垂直,大小为液面相邻两部分间单位长度的牵引力,可用表面张力系数 γ 描述。

本实验用拉脱法测量 γ。拉脱法是利用一个已知周长金属圆环或金属片,测量其从待测液体表面脱离时所需的拉力,从而求得该液体表面张力系数的方法。拉力与液体表面张力、圆环的内外径,以及液体性质、纯度等因素有关。

若将一洁净圆筒形吊环浸入液体中,再缓慢地提起,吊环将带起一层液膜。表面张力 f 沿液面的切线方向使液面收缩,角度 φ 称为湿润角(或接触角),如图 1 所示。

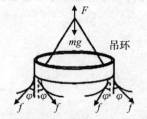

图 1　拉脱过程吊环受力分析

设吊环拉起液膜破裂时的拉力为 F,有

$$F = (m + m_0)g + f\cos\varphi \qquad (1)$$

式中,m 为黏附在吊环上的液体质量,m_0 为吊环与细线总质量。

当吊环逐步脱离液面时,φ 随之变小;拉脱时,φ 为 0,拉出的液膜表面张力 f 垂直向下。由于表面张力大小与接触面周边界长度 L 成正比,则有

$$f = \gamma \cdot L = f_1 + f_2 = \gamma \cdot \pi(D_1 + D_2) \tag{2}$$

式中,γ 为表面张力系数,单位 $N \cdot m^{-1}$;D_1、D_2 分别为吊环内径与外径。

$$\gamma = \frac{F - (m + m_0) \cdot g}{\pi(D_1 + D_2)} \tag{3}$$

由于被拉起的液膜很薄,m 很小,可忽略不计,上式简化为

$$\gamma = \frac{F - m_0 g}{\pi(D_1 + D_2)} \tag{4}$$

只要准确地测定圆筒形吊环受到向下的表面张力 $(F - m_0 g)$,即可求出 γ。

采用力传感器测量张力,其大小用电压表示,转换系数为 K,K 单位为 $N \cdot mV^{-1}$。设吊环拉脱时对应的最大电压为 V_1,吊环重量对应电压为 V_2,则

$$\gamma = \frac{K(V_1 - V_2)}{\pi(D_1 + D_2)} = \frac{K \cdot V}{L} \tag{5}$$

上述测定 γ 方法称为吊环法,也可采用吊片法或片状吊环相结合进行测量。

液体表面张力 γ 是表征液体性质的重要参数之一。影响 γ 主要因素有:(1)液体成分。密度小、容易蒸发的液体,γ 较小。(2)温度。温度升高,γ 减小,γ 与温度近似成线性关系。(3)相邻物质的化学性质。与液面大小无关。(4)杂质含量。加入杂质能显著改变 γ,能使 γ 增大的称为表面活性物质,如肥皂等。在冶金工业上,液态金属加入表面活性物质后,可加快结晶速度。例如,钢液结晶时,常常加入少量的硼,硼浓度在 0.1% 以下时,可使钢表面张力系数大大减小。

【实验器材】

FB326 型液体表面张力系数测定仪,游标卡尺,待测液体(自来水)。

【实验仪器描述】

液体表面张力系数测定仪包括力敏传感器、数字毫伏表和有机玻璃容器(带活塞的连通器),以及砝码盘、砝码、吊环等,如图 2 所示。

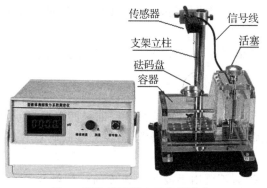

图 2　液体表面张力系数测定仪

调节活塞旋钮可平稳地改变容器液位的高低。力敏传感器固定在可升降支架上,与数字毫伏表组成精密微拉力秤,采用砝码定标后,可用于测量微小压力变化量,显示的电压对应于力敏传感器所受拉力大小。有峰值测量和一般测量两个功能。

压阻式力敏传感器是利用单晶硅的压阻效应制成的应变器件。当其受压时,应变元件的电阻值发生变化,调理电路将力转换为电压信号输出,转换系数(灵敏度)K 约为 $3.00\ \mathrm{V \cdot N^{-1}}$,受力范围为 $0 \sim 0.098\ \mathrm{N}$,非线性误差不大于 0.2%,具有灵敏度、频率响应和精度高等特点。

圆筒形吊环为铝合金材料,其尺寸参考值为外径 $D_1 = 34.96\ \mathrm{mm}$,内径 $D_2 = 33.10\ \mathrm{mm}$,高 $H = 8.50\ \mathrm{mm}$。砝码盘与 7 只各 500 mg 标准砝码精度为 $\pm 0.025\ \mathrm{mg}$,该砝码符合国家标准,相对误差为 0.005%。

【实验内容与步骤】

1. 搭建测量系统

调整底座螺丝,使容器水平。将力敏传感器固定在支架上,且力的敏感梁(弹簧片)水平,保证拉力方向与梁的平面垂直。连接信号线,打开数字毫伏表电源预热约 15 min。

利用预热时间测量圆筒形吊环的内径 D_1 与外径 D_2。将待测液体注入容器约 2/3 液位,并使活塞底部位于水面上。把砝码盘挂在力的敏感梁吊钩上,调节支架螺丝,使砝码盘高度适中。

2. 力敏传感器的定标

数字毫伏表置测量功能挡,未加砝码前,毫伏表初始值对应于砝码盘质量。

轻缓地扶住砝码盘,用镊子将砝码放入,每增加一个砝码,待砝码盘平稳后,记录盘上砝码对应的电压值 V_i';然后,每减少一个砝码,记录对应的电压值 V_i''。

3. 液体表面张力系数的测定

(1)把砝码盘更换为圆筒形吊环,并使吊环底部平面水平。

(2)调整支架螺丝改变力敏传感器高度,配合调节活塞旋钮以升高液位,使圆筒形吊环约 1/3 浸入水中,且充分湿润,即浸润,但不得把悬线弄湿。

(3)数字毫伏表置峰值测量。调节活塞旋钮以降低液位,直至吊环脱离液体,此时毫伏表自动记录了对应于液体表面张力的峰值电压 V_1。

在测定液体表面张力系数过程中,若把毫伏表置测量,可观察到液体产生的浮力对张力的影响。测量液体表面张力时,毫伏表应切换为峰值测量。

(4)湿润后的吊环离开液面且平稳后,毫伏表置测量,测量吊环对应的电压值 V_2。重复以上过程测量 5 次。

(5)把吊环更换为门形金属片,按照以上方法重复测量 5 次。

【注意事项】

1. 实验时应尽量保持实验台平稳,保持吊环底部平面水平,且不受振动或风的影响。

2. 调节活塞改变液面高度时,节奏要缓慢,不要弄湿砝码盘和细线,以免因晃动或附加质量引入测量误差。

3. 力敏传感器量程很小,不要用手或其他无关的物体触及挂钩,避免因超量程损坏传感器。整个实验过程均要保持力敏传感器吊钩垂直向下,使之受力方向正确。

4. 保持砝码盘、砝码以及吊环等清洁。实验前,应清洗吊环,实验后用清洁纸擦净,晾干或烘干后,放入专用的元件盒内。

【数据记录与处理】

1. 测量吊环内径与外径

测量次数 i	1	2	3	4	5	平均值
内径 D_1/mm						
外径 D_2/mm						

求吊环周长平均值 $\overline{L}=\pi(\overline{D_1}+\overline{D_2})$。

2. 力敏传感器的定标

力敏传感器上的砝码盘按等质量增加(减少)砝码,测量对应电压值。

序 i	砝码质量 m_0/mg	增重读数 V_i'/mV	减重读数 V_i''/mV	$V_i=\dfrac{V_i'+V_i''}{2}/\mathrm{mV}$	等间距逐差值 $\delta V_i=V_{i+4}-V_i/\mathrm{mV}$
0	0.00				
1	500.00				$\delta V_1=V_4-V_0=$
2	1 000.00				
3	1 500.00				$\delta V_2=V_5-V_1=$
4	2 000.00				
5	2 500.00				$\delta V_3=V_6-V_2=$
6	3 000.00				
7	3 500.00				$\delta V_4=V_7-V_3=$

用逐差法求力敏传感器转换系数 $K(\mathrm{N \cdot mV^{-1}})$(实验室重力加速度取 $9.789\ 4\ \mathrm{m \cdot s^{-2}}$)。

$\overline{\Delta V}=\dfrac{1}{4} \cdot \dfrac{1}{4}(\delta V_1+\delta V_2+\delta V_3+\delta V_4)$,$\overline{\Delta V}$ 为每 $500.00\ \mathrm{mg}$ 对应电压值,则

$$K=\frac{\Delta M \cdot g}{\overline{\Delta V}}=\underline{\hspace{2cm}}\ \mathrm{N \cdot mV^{-1}}$$

也可用图解法或最小二乘法拟合,求转换系数 K。

3. 用拉脱法测量表面张力的等效电压值

实验室室温(水温)$t=\underline{\hspace{1.5cm}}$ ℃。

测量次数 $i/$次	拉脱时最大读数 V_1/mV	吊环对应读数 V_2/mV	表面张力对应读数 $V=V_1-V_2/\mathrm{mV}$
1			
⋮			
5			
平均值			

分别采用吊环与门形金属片进行测量,比较测量结果。表格自拟。

4. 计算 γ 及其不确定度

$$\overline{\gamma} = \frac{\overline{K} \cdot \overline{V}}{\overline{L}}, \left(\frac{\overline{\Delta\gamma}}{\overline{\gamma}}\right)^2 = \left(\frac{\overline{\Delta K}}{\overline{K}}\right)^2 + \left(\frac{\overline{\Delta V}}{\overline{V}}\right)^2 + \left(\frac{\overline{\Delta L}}{\overline{L}}\right)^2, \gamma = \overline{\gamma} \pm \overline{\Delta\gamma}$$

根据附录 1.7 提供的纯净水表面张力系数 γ 理论值,求相对误差,分析实验结果。

【思考与练习】

1. 液体表面张力系数 γ 与哪些因素有关? 查询资料,写出定义 γ 的不同表述。
2. 举例说明液体表面张力在生活中的应用。
3. 如何安放力敏传感器和进行定标,方可保证拉力测量的准确性?

> 　　知识的问题是一个科学问题,来不得半点虚伪和骄傲,决定的需要的倒是其反面——诚实和谦逊的态度。
>
> 　　学习的敌人是自己的满足,要认真学习一点东西,必须从不自满开始。对自己,学而不厌,对人家,诲人不倦,我们应取这种态度。
>
> 　　　　　　　　　　　　　　　　　　　　——毛泽东

实验 13　压强与沸点关系实验

　　压力、温度和体积是热力学系统的三个基本状态参量。液体沸点与饱和蒸气压的关系是热学中的一个重要物理现象。沸点是物质的重要常数之一，沸点的确定可研究三相之间转化，有助于对物质的确证。

　　本实验为热力学基础实验之一，有助于了解热学发展史及热学基本应用。

【实验目的】

　　1. 验证沸点随外界压强改变的规律，研究水的饱和蒸气压与沸点变化规律。

　　2. 理解实验系统工作原理，了解真空泵作用。

【实验原理】

1. 液体的沸腾与沸点

　　在一定压强下，当液体加热到某一温度，液体内部的饱和蒸气压与液体表面压强相等时，液体内部特别在容器吸热器壁处气泡变大并逸出液面，液体表面和内部同时发生剧烈汽化现象，称为沸腾。在此过程中，液态物质因吸热而转化为气态（汽化）并形成蒸气，增加了气液两相的分界面。

　　在封闭容器中，在同一时间内从液体逸出和进入液体的分子数目相同时，则液体与其蒸气处于平衡状态。这时液态与气态平衡共存的蒸气为"饱和蒸气"（湿蒸气），此时的温度、压强分别称为"饱和温度"和"饱和蒸气压"。

　　沸点是液体沸腾时的温度，即液体的饱和蒸气压等于外界压强时的温度。在一定压强下，沸腾只能在某一特定温度（沸点）发生。在相同压强下，不同液体有不同沸点；外界压强不同，同一液体的沸点也不同，并随压强增加（减小）而升高（降低）。在 101.325 kPa 下，水的沸点为 100 ℃，在 202.650 kPa 下为 120 ℃。在青藏高原地区，水的沸点仅为 80 ℃左右。而在 20 ℃时的饱和水蒸气压为 2.34 kPa。沸点随压强变化的关系可由克劳修斯-克拉珀龙（Clausius-Clapeyron equation）方程得到。

　　液体沸腾过程中，不断吸收热量，但温度保持不变。饱和蒸气压的值与温度成指数关系，与沸点之间一一对应。如图 1 所示，蒸气压曲线反映了二相系统的饱和蒸气压对温度的依赖关系。

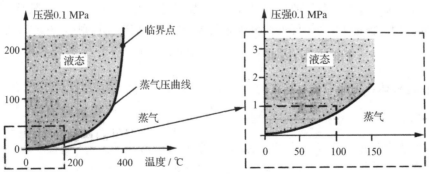

图 1　蒸气压曲线

生活中,采用高压锅煮饭菜就是利用水的沸点与压强关系的原理。锅内压强越大,沸点升高,水沸腾时锅内温度高于普通开口锅内的温度,温度越高,饭菜就越快熟。

2. 实验装置工作原理

图 2 为实验原理示意图。水在真空蒸气发生器(玻璃容器)被加热至沸腾,通过温度传感器检测液体温度并显示即时温度值,真空表显示待测管道中的压强。

真空泵(抽气机)用于抽除密封玻璃容器中的气体以获得真空。通过动态平衡法测量蒸气压强。当真空泵工作时,通过"压强调节阀"和内部电磁阀(抽气、充气开关)等调节控制通气阀门的空气流量,共同调节真空蒸气发生器的气压。当进气速率和抽气速率平衡时,压强大小保持不变。等待水完全沸腾后,可读取真空蒸气发生器内水的沸点(温度),由真空表读出蒸气压强,据此验证水的压强与沸点的变化规律。

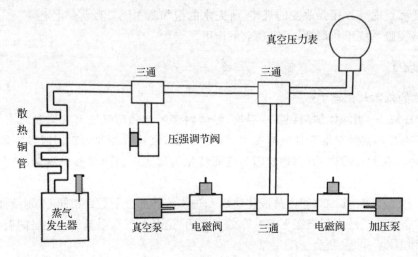

图 2　实验装置原理示意图

3. 液态水的汽化热

当温度不变时,某种液相物质在汽化过程中所吸收的热量称为汽化热 Q,全称汽化潜热,单位 J。1 摩尔的某种物质在汽化过程中所吸收的热量 Q_m 称为摩尔汽化热。

当单组分系统在相平衡时,克劳修斯-克拉珀龙方程描述了蒸气压 p 随温度 T 的变化率(熵和每粒子体积 V 都是 T 和 p 的函数)。

$$\mathrm{d}p = \frac{Q_m}{\Delta V} \cdot \frac{\mathrm{d}T}{T} = \frac{Q_m}{(V_{Gas} - V_{Liq})} \cdot \frac{\mathrm{d}T}{T} \tag{1}$$

式中,Q_m 为摩尔汽化热,ΔV 为物质从液态体积 V_{Liq} 转化为气态体积 V_{Gas} 时的体积变化量(不是全部体积)。对于有气相参加的相变过程,大多数情况下有 $V_{Gas} \gg V_{Liq}$。在较低压力和忽略气体分子间作用力前提下,气体可近似为理想气体,有 $V_{Gas} = RT/p$,则(1)式改写为

$$\mathrm{d}p \approx \frac{Q_m}{V_{Gas}} \cdot \frac{\mathrm{d}T}{T} \approx \frac{pQ_m}{R} \cdot \frac{\mathrm{d}T}{T^2}$$

汽化热随液体种类和汽化时温度的不同而异。若 Q_m 随温度变化不大时,则有

$$\ln p = -\frac{Q_m}{R} \cdot \frac{1}{T} \tag{2}$$

此时,可认为 $\ln p_n$ 与 $1/T$ 成线性关系,由斜率 k 可求出其汽化热 Q,即

$$Q = \frac{Q_m}{m} - \frac{k \cdot R}{18} \tag{3}$$

式中,m 为液体的相对分子质量(化学式中各原子的相对原子质量的总和)。

水在 100 ℃时的汽化热约为 2 257 J・g^{-1}(kJ・kg^{-1}),在 50 ℃时约为 2 378 J・g^{-1}。

4. 差压式真空表

实验所用的真空表是差压式,用于指示被测气体压力与当地大气压的差值,其标值为相对真空度,即其所接容器内外压强之差。真空表上示值与所处地区气压有关。

真空蒸气发生器内的液体所处压强为

$$p_n = p_{out} + p_n' \tag{4}$$

其中,p_n 为"真空蒸气发生器"内液体所处的压强;p_{out} 为实验室环境大气压;p_n' 为真空表读数。

在 SI 中,压强单位为 Pa(帕),1 Pa＝1 N・m^{-2}。与其他非法定计量单位的换算关系为 1 mmHg＝133.322 4 Pa 或 1 kPa≈7.5 mmHg,或 1 atm(标准大气压,简称大气压)＝760 mmHg ＝760 Torr(乇)＝1.013 25 bar(巴)＝1.013 25×10^5 Pa。

【实验器材】

LB-DPB 型压强与沸点关系实验仪(含洗耳球、橡胶软管)。

【实验仪器描述】

1. 实验系统

采用一套设备在一个密闭系统中获得正负压条件,可测量从负压到正压状态下液体的沸点与饱和蒸气压之间关系曲线。如图 3 所示为实验系统面板示意图,为内置真空泵一体化箱式结构,从液位观察窗可观察液体汽化现象。

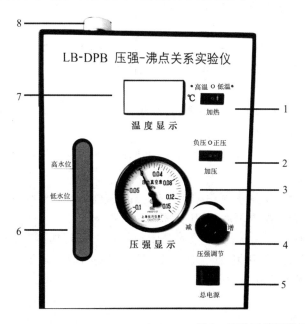

1—加热,高温(大功率加热)-停止-低温(小功率加热)控制开关

2—加压,负压-停止-正压控制开关

3—压力真空表,压强显示

4—压强调节阀,控制通气阀门流量

5—总电源开关

6—液位与沸腾观察窗,观察液体汽化现象

7—温度显示,显示沸腾时温度

8—注水口,注水或出水口

图 3　实验系统面板示意图

采用真空泵抽气,可使真空蒸气发生器内压强在－0.07 MPa～＋0.07 MPa 范围变化;差压式真空压力表显示范围为－0.1 MPa～＋0.15 MPa,测量误差 2%;加热范围为70～115 ℃,实

时数字显示,测量误差 1‰。

2. 真空泵(抽气机)

本实验所用的真空泵结构较为简单,属于水流(或水蒸气)喷射作用的"水抽水机"(或喷射抽水机),获得的真空度不高,一般用于普通实验或蒸汽动力装置中。

【实验内容与步骤】

1. 准备工作

检查真空蒸气发生器内水位是否处于低水位与高水位之间,靠近最高水位。若水位不合适,可用洗耳球向注水口注水或排水(用洗耳球和橡胶软管利用虹吸原理)。

2. 负压实验

(1)通过"压强调节阀"控制真空泵抽气或充气的速率以改变压强的大小,"压强调节阀"顺时针旋转而关闭。打开"总电源",把"加热"置高温,"加压"置关(中间○处),待真空蒸气发生器内的水温达到约 60 ℃时,再把"加压"置负压,"加热"置低温(小功率加热),并把"压强调节阀"逆时针旋转减少,使真空表显示的负压稳定在负压 0.07 MPa,即大气压强值为 0.3×10^5 Pa。

随着加热温度升高,从水位窗观察真空蒸气发生器内的水是否沸腾。水完全沸腾时,大量气泡产生,体积逐渐增大直至破裂。此时,"温度显示"示值保持稳定,为沸腾时的温度。在沸腾状态时,不可将"加热"置高温,以免水剧烈沸腾,至过沸腾状态,影响真空泵的使用寿命。

(2)缓慢调节"压强调节阀"以控制空气流量,使真空表显示的压强值增加 0.01 MPa,并稳定在该值,待水沸腾后,测量当前压强下温度值。若真空表指针波动,可多次微调"压强调节阀"使其稳定。

(3)重复上一步骤,依次逐步增加真空蒸气发生器内的负压值,直至达到 0 MPa,即大气压强值为 1.0×10^5 Pa,依次测量对应压强下温度值后,负压实验结束。

3. 正压实验

(1)把"加热"置低温,"加压"置正压,"压强调节阀"逆时针旋转减少,调节"压强调节阀"使真空表显示的压强值为 0 MPa,再把"压强调节阀"顺时针旋转增大,使真空表显示的正压达到 0.01 MPa,即大气压强值 1.1×10^5 Pa。

随着加热温度升高,观察真空蒸气发生器内的水是否沸腾,若水已沸腾,"温度显示"示值保持稳定时,即为沸腾时的温度,记录这一温度值。

(2)缓慢调节"压强调节阀",使真空表显示的压强值增加 0.01 MPa,并稳定在该数值,等待水沸腾,测得当前压强下稳定的沸腾温度值。

(3)重复上一步骤,依次逐步增加真空蒸气发生器内的正压值,直至达到 0.07 MPa,即大气压强为 1.7×10^5 Pa,依次测量对应压强下温度值后,正压实验结束。

实验完毕,为了避免产生回流现象而损坏仪器设备,应先关闭加热开关,即"加热"置于○处,待温度显示值低于 100 ℃时,再关闭"加压"开关,即"加压"置○处,最后关闭"总电源"。待真空蒸气发生器冷却后,必要时应将仪器内的液体排出。

【数据记录与处理】

1. 利用水银气压计测量当地大气压和室温(参考实验 16 中阅读材料"福丁气压表")

大气压强 p_{out} = ＿＿＿＿＿＿ mmHg = ＿＿＿＿＿＿ Pa,室温 t_0 = ＿＿＿＿ ℃。

(例如,参考值:厦门地区海拔 63.2 m,大气压 99.91 kPa)

2. 负压下压强与沸点关系测量实验

真空表读数 p_n'/MPa	−0.07	−0.06	−0.05	−0.04	−0.03	−0.02	−0.01	0.00
计算压强 p_n/($\times 10^5$ Pa)								
沸点温度 t/℃								
计算值 $\ln p_n$/kPa								
计算值 T^{-1}/(10^{-3}K^{-3})								

3. 正压下压强与沸点关系测量实验

真空表读数 p_n'/MPa	0.00	0.01	0.02	0.03	0.04	0.05	0.06	0.07
计算压强 p_n/($\times 10^5$ Pa)								
沸点温度 t/℃								
计算值 $\ln p_n$/kPa								
计算值 T^{-1}/(10^{-3}K^{-3})								

(1)计算真空蒸气发生器内水所处的压强 p_n，作水的蒸气压 p_n 与沸点 t 关系曲线。

(2)把测试值与"附录 1.15 水的沸点随压强变化参考值"比较，分析误差原因。

(3)作 $\ln p_n$ 与 $1/T$ 关系曲线，求液体汽化热 Q（其中 $m_{H_2O}=18$）。

【注意事项】

1. 仪器有关部件温度较高，要小心操作，以防烫伤。

2. 实验完毕，若不再重复使用或室温可能低于 0 ℃时，可用洗耳球和橡胶软管将真空蒸气发生器内的水排出和吸尽，以防水结冰或氧化，损坏仪器。

【思考与练习】

1. 举例说明大气压对生活的影响，如生活器具、液体沸点等相关内容。

2. 在密闭条件下，加热能否出现沸腾现象？为什么？怎样才能使密闭容器中液体出现沸腾现象？

【阅读材料】

大气层与航行高度基本知识

地球被大气所包围，把包围地球的气体层称为大气圈。主要成分为氮（78.1%）、氧（20.9%）、氩（0.93%），以及少量二氧化碳、稀有气体（氦、氖、氩、氪、氙）、臭气和水汽等气体，由地球引力所维持。

人们习惯把大气圈称为大气层。实际上，大气层是指大气圈中任一层。了解大气层的气象特征，对人类活动，特别是工农业生产具有实际意义。

1. 大气层密度

大气层的空气密度随高度而减小，越高空气越稀薄，逐渐向星际空间过渡。

密度是物体质量与其体积的比值。标准状况下干燥空气的平均密度为 1.293 kg · m^{-3}。

2. 大气层

大气温度随高度不同表现出不同的特征,据此通常把大气分为对流层、平流层、中间层、热层和外大气层,再往上就是星际空间。如图 4 所示。

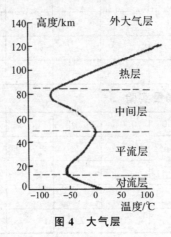

图 4　大气层

大气层的厚度大约在 1 000 km 以上,但没有明显的界限。

(1)对流层

对流层指大气圈底部对流运动显著的气层。这一层受地表影响很大,空气密度最大,压力最高,人类活动主要在这一层。随着高度的升高,气压逐渐减少,大气温度也显著降低,平均垂直的温度减少率为 6.0 ℃/km。

地球的旋转和各处受热不均衡,使空气四处流动,从而形成了风。大气圈中的水汽主要集中在对流层,地面空气受热后变成热气流上升,上层的冷空气则下降,因此,对流层的天气变化明显,常产生云,以及水蒸气在高空中遇冷产生降水等各种气象变化。

对流层的厚度因纬度而不同,在赤道地区为 17~18 km,中纬度地区约为 12 km,极地约为 8 km,并且夏季厚于冬季。对流层的平均高度为 11 km,早期的航空器只能在这一层大气中飞行。

对流层顶厚度几百米到 1~2 km,平均气温在低纬度地区约为 -83 ℃,在高纬度地区约为 -53 ℃,对垂直气流有很大的阻挡作用。对流层内上升的水汽和尘粒等多聚集在对流层顶,使对流层顶的能见度较坏。

(2)平流层

平流层是对流层以上到约 50 km 高空的大气层。此层的空气没有了上升的动力,对流现象减弱,气流主要表现为水平运动方向,故名。在中纬度地区,平流层位于离地表 10~50 km 的高度;在南北极地,平流层始于离地表 8 km 左右。

平流层是地球大气层里上热下冷的一层,层内温度随高度增高而升高,到离地面约 50 km 达到最大值。但底部温度随高度变化不大。平流层又称同温层。

平流层水汽和尘埃含量稀少,空气较为稳定,通常晴朗无云,除了风以外,很少发生天气变化,即没有云、雨、雷、电等天气现象,适于飞机航行。在高纬度地带,有时还会出现珠母云。这是一种在平流层中方可见到的具有珍珠色彩的云。离地面高度 20~30 km,厚度 2~3 km。珠母云,旧称贝母云,云体透光如卷云,在阳光下,鲜艳夺目,甚是好看。

在 20~30 km 高处,氧分子在紫外线作用下,形成臭氧层。平流层内的臭氧具有吸收紫外线和太阳辐射的功能,像一道屏障保护着地球上的生物免受太阳紫外线及高能粒子的侵袭。

（3）中间层

平流层顶以上到离地面约 85 km 的大气层。

温度一般随高度增高而降低,中间层顶年平均温度约−83 ℃;虽然中间层空气极为稀薄,但有一定的垂直运动,故又称"上对流层"。顶部偶有夜光云出现。

3. 民航飞机航行高度

民航飞机的飞行高度指飞机在空中位置与所选定的基准面之间的高度差值,通常指标准气压高度,即飞机进入航线后,飞机到标准气压平面之间的高度。

民航飞机选择在什么高度飞行,和航线长度有关系。飞行距离较长时通常在对流层顶航行,不进入平流层。

由于飞机使用了喷气式发动机和增压座舱,因此可以在平流层内飞行。平流层的空气稀薄,能见度高,没有天气变化,飞机飞行阻力小,又快又安全。

民航飞机一般在对流层顶部或平流层底部飞行。短程航线的飞机一般在 6 000 m～9 600 m 高空飞行,而长程洲际航线的飞机一般在 8 000 m～12 600 m 高空飞行。一些公务机的飞行高度可以达到 15 000 m。波音 737 客机巡航高度为 10 670 km,最高可达 12 497 km。

民航飞机通常是根据事先的飞行计划,以及航管的指示,逐步爬升到巡航高度。巡航高度可能因为航程的长短,以及机型设计的飞行高度不同,而有相当的差距。

中型以上的民航飞机都在高空飞行,此处的高空指海拔 7～12 km 的空间。在这个空间以 1 km 为 1 个高度层,分为 7 km、8 km、9 km、10 km、11 km 和 12 km 共 6 个高度层。高空飞行的飞机只允许在给定高空航行,天高并不任"铁鸟"飞。

另外,民航飞机在飞行时,以正南正北方向为零度界限,凡航向偏右（偏东）的飞机飞双数高度层,凡航向偏左（偏西）的飞机飞单数高度层。相向飞行的飞机不在同一空高,避免出现事故。

有关 RVSM（飞行高度最小垂直间隔）标准在客机最适航的 8 400 m～12 500 m 高度范围内,垂直间隔标准由原来的 2 000 ft（609.6 m）缩小为 1 000 ft（304.8 m）。相应地,原 7 个高度层也将增至 13 个,空域资源多出一倍。其中 8 400 m～8 900 m 的 500 m 飞行高度层作为缓冲。

> 我们任何一个人的生活似乎都不容易,但是那有什么关系? 我们应该有恒心,尤其要有自信! 我们必须相信,我们既然有做某种事情的天赋,那么无论如何都必须把这件事做成。
>
> ——居里夫人

实验 14　金属线膨胀系数的测量

　　绝大多数物质在一定的温度范围内都具有"热胀冷缩"的宏观特性。在一维情况下,固体受热引起的长度改变称为线膨胀。在相同条件下,不同材料的固体,其线膨胀的程度各不相同,分为线膨胀系数和体膨胀系数两种。由于固体(非晶体或多晶体)在温度升高时形状一般不变,可以用固体在一个方向上的线膨胀规律来表现其体膨胀特性。

　　线膨胀系数的测量方法主要有机械记录法、光学记录法、干涉仪法和 X 射线法等。线膨胀通常表现为一种微小位移的变化。测量微小位移,以前用得最多的是机械千分表,现在还有数字千分表,如容栅式数字千分表、膨胀仪等。

【实验目的】

　　1. 了解热膨胀现象,学习测量微小位移的方法。

　　2. 学会在一定温度范围内测量金属的线膨胀系数。

　　3. 熟悉机械式千分表的使用方法。

【实验原理】

　　热膨胀现象是物体势能曲线的非对称特性的必然结果。固体的任何线度(长度、宽度、厚度、直径等)随温度的变化,都可认为是线膨胀。线膨胀引起的长度变化与总长度相比是很小的,大多数物体在不大的温度范围内都可以近似当作常数。对于各向同性的固体,沿不同方向的线膨胀系数相同;对于各向异性的固体,沿不同的晶轴方向,其线膨胀系数各不相同。

　　设温度为 t_0 时固体长度为 L_0,温度为 t_1 时固体长度为 L_1,实验表明,当温度变化范围不大时,固体的伸长量 $\Delta L = L_1 - L_0$ 与温度变化量 $\Delta t = t_1 - t_0$、长度 L_0 成正比,即

$$\Delta L = \alpha L_0 (t_1 - t_0) = \alpha L_0 \Delta t \tag{1}$$

　　比例系数 α 称为固体的线膨胀系数,用偏导数表示,即

$$\alpha = \frac{1}{L_0} \cdot \frac{\partial L}{\partial t} \bigg|_{p = p_0} \tag{2}$$

　　上式表示,在一定压强 p_0 下线膨胀系数 α 为当温度升高 1℃时,固体受热所增加的长度与原长度之比。长度的变化量取决于温度变化的大小、材料的种类及固体原有长度。多数金属的线膨胀系数 α 在 $(8 \sim 25) \times 10^{-6}$ ℃$^{-1}$ 范围。

　　设温度为 0 ℃时,固体长度为 L_0;当温度升高为 t ℃时,其长度为 L_t,则有

$$L_t = L_0 (1 + \alpha \cdot t) \tag{3}$$

　　若温度 t_1 和 t_2 对应的固体长度分别为 L_1、L_2,则

$$L_1 = L_0 (1 + \alpha \cdot t_1) \tag{4}$$

$$L_2 = L_0 (1 + \alpha \cdot t_2) \tag{5}$$

　　消去(4)式和(5)式的 L_0,得

$$\alpha = \frac{L_2 - L_1}{L_1 \left(t_2 - \frac{L_2}{L_1} t_1 \right)} = \frac{\Delta L}{L_1 \left(t_2 - \frac{L_2}{L_1} t_1 \right)} \tag{6}$$

在温度相差不大时,认为 L_1 与 L_2 相差无几,则改写为

$$\alpha = \frac{\Delta L}{L_1(t_2 - t_1)} \tag{7}$$

可见,只要测出长度 L_1 及其相对伸长量 ΔL、对应的温度 t_1 和 t_2,即可求出 α 值。由于 α 数值较小,在 Δt 不大的情况下,ΔL 也很小,因此,准确地测量微小伸长量 ΔL 及温度 t 是测量的关键。

【实验器材】

EH-3 型数字化热学实验仪,待测金属棒(铜、铁),千分表,游标卡尺等。

【实验仪器描述】

1. 数字化热学实验仪

整个实验系统如图 1 所示。系统由温度控制仪和加热控制盘、支架等部分组成,与安装在支架上的千分表组成测量与控制系统。

温度控制仪面板上方由"热源温度选择"按键开关和温度显示窗口组成。十个按键开关用于设定加热盘最终稳定温度的大致值(即设定温度),"显示 1"窗口用于温度显示。通过按压"显示切换 1","显示 1"即可显示"设定温度"或正在加热时的"热源温度",显示的对象由指示灯表示。开关所设定的温度仅作为预置温度的参考值。

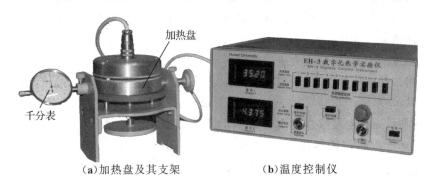

(a)加热盘及其支架　　　　　　　(b)温度控制仪

图 1　数字化热学测量仪

面板下方由两个端口和一个显示窗口组成。"测温探头"为输入接口,外接 PN 结温度传感器用于温度测量(可测量室温)。"6 V 输出"为直流稳压输出,电压值由"电压微调"改变,可作为其他测量电路电源。通过按压"显示 2 切换"和"显示 2"即可显示温度传感器所测量的温度,或显示输出电压值。

温控装置包括加热盘、支架等。加热盘中的连通孔用于安装待测金属棒,盘内有加热和温度检测电路,与温度控制仪间通过输入输出接口电缆连接,实现控制与显示。

2. 机械式千分表

机械式千分表是一种长度测量的精密量具,通过精密的齿条-齿轮或杠杆齿轮传动结构,将线位移转变成指针偏转的角位移量。其表盘最小刻度为 0.001 mm,广泛用于测量工件几何形状误差及相互位置误差。

千分表有多种型号和规格,图 2 千分表的测量范围为 0~1 mm,

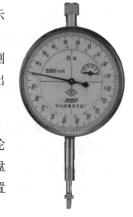

图 2　千分表

分度值为 0.001 mm。大表针转动 1 圈,小表针相应转动 1 格,代表线位移 0.2 mm(若大盘刻度为 0～100,则为 0.1 mm);表盘最小刻度为 0.001 mm,测量数据可估读到 0.000 5 mm(0.5 μm,即读数最后一位为 5 或 0)。

【实验步骤】

1. 连接装置。根据电缆线与加热控制装置编号,连接加热盘至控制仪后面板上的端口。

2. 安装被测件(金属棒)与千分表。调节支架底部的转盘,使支架座的高度适中。在加热盘的样品孔中插入被测金属棒,再放置在支架的胶木板上。支架上有两个螺丝,分别用于固定千分表和调节螺丝。

将千分表装在支架上,拧紧螺丝,使千分表固定;将金属棒的一个端面与千分表顶尖靠拢,另一端面与可调节螺丝的尖端对齐,使千分表、被测件与可调节螺丝处于同一直线。

缓慢旋动可调节的螺丝,直到千分表的大表针旋转,约转动 0.2～0.3 mm(大表一圈多),使两者可靠接触,再固定可调节螺丝,为加热测量做好准备。此时,可把千分表的读数作为测量的起始位置。必要时可一手握住千分表底盘,另一手转动外表壳,使之读数近似为零。本次实验的数据采用逐差法处理,不涉及零点修正问题,可不必调零。

3. 打开电源,按下相应的温度设定键,如 3 键,选择加热的参考温度,即设置加热的最终稳恒温度的大致值。热学实验仪内部电路首先用内部设定的最大电压对加热装置进行加热。加热盘的指示灯亮时,表示正在加热。此时可通过按压"显示 1 切换",由"显示 1"观察到设定的温度或者加热的温度变化。

随着加热温度的上升,千分表大表针缓慢转动。当加热温度即将达到设定的参考温度时,控制电路自动将加热电压降下来,使温度保持在一个稳定值,表针也停止转动,读取热源温度值和千分表读数。

注意,按键所设定的温度仅作为加热的参考值,与数据处理无关。

4. 每间隔一个温度段(通常选定 1～8 或者 3～10),共 8 个温度点,进行加热和测量。每当温度稳定时,记录一组数据。可通过"显示 1 切换",观测设定温度和加热温度。

5. 当"测温探头"连接温度传感器时,传感器所测量的温度由"显示 2"直接显示出来。如果放置空气中,则显示的就是环境温度(室温)。

数字仪表的误差与模拟仪表的误差不同,不同组别的仪器读数可能略有差异。

【实验内容】

1. 测量铜棒的线膨胀系数

按键开关设定温度从 1～8(或 3～10)挡,连续测量 8 个点的数据。

当按下某一挡温度设定键后,可观察到加热过程温度的变化;待每挡加热的温度恒定后,读取一个千分表读数和稳定温度的值,将数据填入数据表格。

2. 测量铁棒的线膨胀系数

关闭电源,或者停止加热,其方法是轻按 1 键或其他键使所有键复位(即跳起);

松开加热支架上相关的螺丝,取出加热盘,放置在金属盘上冷却。

待加热盘冷却后,把铜棒换成铁棒,用同样方法测量铁棒的线膨胀系数。

【注意事项】

1. 安装千分表时,千分表测量端头要与被测物体保持在同一直线。千分表还要适当固定(以表头无转动为准),且与被测物体要有良好的接触(表针转动约 0.04 mm 较为适宜,再转动表壳校零,选定一个参考位置作为零点,但不一定要调零),读数估读到 0.5 μm。

2. 千分表属于精密量具,不得按压测量端口,以免表针损坏和超过仪器的量程。实验过程中,应避免任何振动。

3. 不要触摸加热或导热部分,以免烫伤。实验装置涉及线性校准,加热控制装置及其连接线只能配对使用,不得与其他组的仪器互换。

4. 热学实验仪使用完毕,轻按 1 键或其他键使所有键复位(弹起状态)。

【数据记录与处理】

1. 测量铜棒的线膨胀系数

铜棒长度 $L_{t_0} = $＿＿＿ mm,千分表零位读数＿＿＿ mm,室温 $t_0 = $＿＿＿ ℃。

按键位置 k								
设定温度 $t_k'/℃$								
热源温度 $t_k/℃$								
千分表读数 L'/mm								
$\Delta t = t_{n+4} - t_n/℃$								
$\Delta L = L'_{n+4} - L'_n/mm$								
线膨胀系数 $\alpha_i/10^{-6}\ ℃^{-1}$								
平均值 $\bar{\alpha}/10^{-6}\ ℃^{-1}$								

2. 测量铁棒的线膨胀系数

铁棒长度 $L_{t_0} = $＿＿＿mm,千分表零位读数＿＿＿mm,室温 $t_0 = $＿＿＿℃。

按键位置 k	3	4	5	6	7	8	9	10
设定温度 $t_k'/℃$								
热源温度 $t_k/℃$								
千分表读数 L'/mm								
$\Delta t = t_{n+4} - t_n/℃$								
$\Delta L = L'_{n+4} - L'_n/mm$								
线膨胀系数 $\alpha/10^{-6}\ ℃^{-1}$								
平均值 $\bar{\alpha}/10^{-6}\ ℃^{-1}$								

3. 用逐差法处理数据,计算线膨胀系数,与理论值比较,分析误差的原因。

【思考与练习】

1. 已做过的实验中,有哪种方法可用来测量微小长度的变化量?

2. 测量线膨胀系数关系式(6)中哪些量容易测量,哪些量不易测量?测量的关键是什么?

实验 15　热电偶的定标与温度测量

温度会使物质的某些物理特性发生改变,利用温度传感器可制成温度计。根据物质的物理性质随温度的改变而发生单调的、显著的变化的特点,即可对温度计进行定标。

热电偶可直接把温度转换为电动势,非常适合于温度测量和控温系统。构成温差电技术基础的三个基本效应为塞贝克效应、珀耳帖效应和汤姆孙效应,分别由塞贝克(Seebeck,1770—1831)、珀耳帖(Peltier,1785—1845)和汤姆孙(W.Thomson,1824—1907)于 1821 年、1834 年和 1845 年发现。其中,珀耳帖效应为塞贝克效应的逆效应。这三种热电效应可以在两种金属组成的回路中同时出现。

热电偶为基于温差电效应的热电式传感元件,其优良的性能使之在工业上得到广泛的应用。例如,热电偶被辐射时将产生电压,测量此电压即可计算出辐射能,特别是红外辐射。热辐射可以用这种方法测量。

温差电动势信号微弱,负载能力极小,不宜采用内阻不高的一般仪表(如普通电压表或万用表)直接测量。若用传统的电位差计,还需配置相应规格的检流计(或平衡指示仪)。本实验采用数字电位差计,直接读数,直观准确,符合要求。

【实验目的】

1. 掌握数字电位差计的使用方法,学会测定未知电压。
2. 确定热电偶的温差电动势与温度关系,绘制热电偶定标曲线。

【实验原理】

1. 温差电效应与热电偶

将两种不同导体 A 和 B 组成两个接点,形成闭合回路,如图 1 所示。当两个接点温度不同时,则回路中就会出现一个通常不为零的直流电动势,该电动势的方向与大小取决于两个导体及其接点的温度差,与两导体的粗细、长短无关,这种现象称为温差电效应。金属中这种效应较小,做成热电偶,用于温度测量。

图 1　热电偶原理

温差电效应又称为塞贝克效应,对应的电动势称为温差电动势,两导体所组成的回路称为温差电偶或热电偶。热电偶温度高的一端称为热端(hot,测温端),温度低的一端称为冷端(cold,补偿端)。

若将回路断开,如图 2 所示,则在断开处产生电位差 ε_t 的经验公式为

$$\varepsilon = a + b(t - t_0) + c(t - t_0)^2 + d(t - t_0)^3 + \cdots \tag{1}$$

若选取 $t = t_0$,$\varepsilon = 0$,则 $a = 0$,上式改写为

$$\varepsilon = b(t - t_0) + c(t - t_0)^2 + d(t - t_0)^3 + \cdots \tag{2}$$

式中,b、c、d 等是与组成热电偶材料等因素有关的系数,称为温差系数或热电偶常数,t_0、t 分别为冷端和热端的温度。

实验表明,$b \gg c \gg d$,当温差 $\Delta t = t - t_0$ 改变范围不大,且热端温度 t 不高的情况下,只需保留 b,上式改写为

$$\varepsilon_t = b\Delta t = b(t - t_0) \tag{3}$$

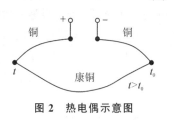

图 2　热电偶示意图

可见,只要用实验方法确定出(3)式函数关系或系数 b,即可根据温差电动势 ε_t 求出待测温度 t。

若导体材料中所含的杂质和加工工艺过程不同,将会对温差电动势产生一定的影响,即使是同样的两种材料组成的热电偶,温差电动势与温度的关系也并不完全相同。因此,对于每一支热电偶,都应先进行定标,即测定出温差电动势与温度间的函数关系,才能用其进行温度测量。

2. 热电偶的分度

所谓定标,就是对新制成的温度计进行校准或分度。

实验室一般采用固定点法对热电偶定标,即利用已知的几个固定点温度作为已知温度,测出温差电偶在这些温度下的电动势,据此求出有关系数。

(1)将热电偶的冷端放置在冰水混合物中,工作端的温度就是 $t_0 = 0$ ℃(如将冷端置入室温下的某种液体内,则可用水银温度计测出其温度 t_0)。

(2)将热电偶的工作端置入油中或其他温度较高又可调节的环境中,用温度计测出一系列高低不同的温度点 t_i,同时,用电位差计分别测出相应的温差电动势 ε_i。

(3)绘制出 ε-t 曲线,即完成热电偶的分度。若热电偶的工作端温度需要分度到几百摄氏度以上,则通常将其工作端置入各种正在熔化或正在凝固过程中的某种纯金属液体中,这时,工作端温度 t 就是该金属导体的熔点或凝固点,可视为已知温度。

本实验采用铜(100%)、康铜合金(45% Ni,55% Cu)组成铜-康铜热电偶,测温范围为 $-200 \sim +200$ ℃,100 ℃时的热电势为 4.26 mV,属于低温热电偶,低温的线性较好,定标时,可作近似处理。

3. 热电偶分度近似处理

目前,热电偶统一规定 $t_0 = 0$ ℃条件下,给出热端温度(测量温度)与热电势的数值对照表(称为分度表)。当使用热电偶测温时,若将冷端温度保持在 0 ℃,则测出的电动势可以通过查对应的分度表,得到待测的温度。实际上,要求冷端保持 0 ℃是不方便的,而是希望在室温下进行测定,这就需要进行冷端补偿。

由于本实验涉及的温度范围 Δt 变化不大,并且认为环境温度近似不变,而铜-康铜热电偶在低温时具有较好的稳定性,因此,把冷端直接置于空气中,可不做冷端补偿,即认为系数 b 为常数,只与材料性质有关。

在不同的温差下,测出与之对应的热电偶的温差电动势,并绘成 ε_t-Δt 曲线,即分度(定标)曲线。有了定标曲线,根据 ε_t 值,即可查出相应的温差值。若将 t_0 固定(如水的三相点),则 ε_t 只与 t 有关,热电偶就成了"温差电偶温度计"。

【实验器材】

EH-3 型数字化热学实验仪,UJ33D-1 型数字式电位差计,铜-康铜热电偶,温度计等。

【实验仪器描述】

1. UJ33D-1 型数字电位差计

UJ33D-1 型数字电位差计是传统直流电位差计的换代产品,具有输出和测量功能。输出

功能可用于校验仪表等，测量功能用于测量电动势，对热
电偶和传感器、变送器等一次仪表输出的毫伏信号进行精
密检测，可作为标准毫伏信号源直接校验各种变送器和数
字式、动圈式仪表，还可用于间接地测量电阻、电流和一些
非电量，是一种便携式的数显直读仪器，其面板如图 3
所示。

图 3　UJ33D-1 型电位差计

数字电位差计具有以下特点：数字直读方式；输出的
标准电压信号可带负载（额定负载 2 mA），直接校验各种
低阻抗仪表；四端钮输出方式，消除小信号输出时测量导
线产生的压降误差；内附精密基准源，无需外接标准电池；带 RS232 串行通信接口。直流信号
的输入输出量程为 1 999.9 mV，分为 2 V、200 mV、20 mV、50 mV（附加）4 挡，工作电源为干
电池 12 V 或外接 9 V 直流电源。当工作电源采用外接方式时，电源开关无效。

选择"输出"时，根据被校的仪表的阻抗选择采用两端接法（C$_+$-P$_+$，P$_-$-COM）或四端组接
法（C$_+$、P$_+$ 和 P$_-$、COM）。选择合适量程，遵循"先粗后细"原则，调节粗调和细调电位器，即可
获得所需量程的稳定电压。

选择"测量"时，被测电压连接到 Vx 与 COM 端，P$_-$ 与 COM 短接。选择合适量程，显示
的读数即为外部输入的被测信号的电压值。

若选择的量程为 20 mV 或 50 mV 挡，则使用仪器测量前需预热 5～10 min，再调零。即
功能选择置"调零"，调节"调零"电位器使显示值为零。若选择 200 mV、2 V 挡，则无需预热和
调零，开机便可满足精度要求。当量程过载时，显示以全"0"方式闪烁，此时应选择较大的量程
挡，也可适当调节输出（输出功能）或输入信号（测量功能）直到正常显示。

采用内置电池供电时，功能选择置"电池检查"，量程置 2 V，若显示的读数低于 1.3 时，则
应考虑更换电池。

2.EH-3 型数字化热学实验仪

热学实验仪在前面实验中已作了简单的介绍，热电偶已安装在加热盘中，用于温度测量。

另外，热学实验仪设计了一路可调的稳定电压输出接口（电压范围 1.2～10 V），可作为
UJ33D-1 型电位差计的工作电源 E_0（调节为适合其工作的电压 9 V），如图 4 所示。

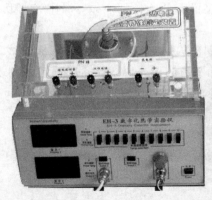

图 4　测量装置

【实验内容与步骤】

1. 热学实验仪的调节与连接

(1)接通实验仪电源,按"显示 1 切换"使"显示 1"读数窗口显示当前热源温度或设定温度,设定温度可由"热源温度选择"的 10 个按钮从低到高分别选定。

(2)按"显示 2 切换",使显示的是提供给电位差计的直流电源电压,调节"电压调节"旋钮使输出电压约为 9 V,再连接到电位差计的电源输入端。按"显示 2 切换",可使"显示 2"窗口读数为输入接口所连接的传感器所测量的室温。

2. 电位差计的调节与连接

(1)选择合适的灵敏度挡位,如 20 mV。根据所选择的量程,决定是否需要预热(20 mV 挡需要预热)。

(2)根据所选择的量程,决定是否需要调零。电位差计的功能选择置"调零"处,"调零"使之示零,此后不可再调节电位差计的"调零"旋钮(20 mV 挡需调零)。

(3)连接热电偶的输出到电位差计的 Vx 和 P₋、COM,电位差计的功能选择置"测量",按下温度设定键,加热盘开始加热,即可开始实验,测量温差电势。

3. 测量热电偶温差电动势

(1)本实验涉及的温度变化 Δt 范围不大,认为环境温度变化不大,为简化实验,可不作低温补偿。以实验仪的温度传感器测得的温度(显示 2)作为环境温度 t_0。

(2)电位差计的功能选择置"测量",当加热盘中温度升高至设定温度附近且稳定时,记录温度 t("显示 1"所显示的热源温度)和电位差计显示的温差电动势,即完成了一个温度点的温差电动势测量。

(3)将"热源温度选择"的按键选择下一挡,待热源温度上升且稳定后,重复上述步骤,得到另一个温度点 t 及其所对应温差电动势 ε_t。

(4)依次选择下一挡温度,共测量 10 个温度点。

(5)依次降低温度,重复进行测量,共测量 10 个温度点。

先让热端(工作端)按设定的温度点依次升高温度,待温度达到稳定值时进行测量;再依次降低温度,重复进行测量,结果取平均值。

【注意事项】

1. 要定标的热电偶并非由工业上的铜(100%)-康铜合金(45% Ni,55%Cu)材料制成,因此,实验测量的结果与理论值有偏差,附录中工业上热电偶分度表仅供参考。

2. 由于环境温度变化,可采取逐点读取室温(配套的传感器直接测量显示)取平均值的办法,以尽量减少测量误差。

3. 热源温度较高,不要触摸加热部分,以免烫伤。需要降温时,可借助铝块冷却。

【数据记录与处理】

1. 测量热电偶温差电动势

热电偶材料：＿＿＿＿＿＿＿，冷端初始温度 $t_0 =$ ＿＿＿＿＿＿＿ ℃（室温）。

	温度设定选择 k	1	2	3	4	5	6	7	8	9	10
温度升高	热源温度 $t/℃$										
	室温 $t_0/℃$										
	温差 $\Delta t = t - t_0/℃$										
	电动势 ε_t/mV										
温度降低	热源温度 $t/℃$										
	室温 $t_0/℃$										
	温差 $\Delta t = t - t_0/℃$										
	电动势 ε_t/mV										
平均	温差 $\Delta \bar{t}/℃$										
	电动势 $\bar{\varepsilon}_t/mV$										

2. 绘制热电偶定标曲线

根据测量数据,用直角坐标纸绘制 ε_t-Δt 关系曲线,计算曲线斜率 b。

在室温情况下,认为 ε_t-Δt 函数关系近似为线性,即 $\varepsilon_t = b(t - t_0)$,因此,在定标曲线上可画出线性化后的平均直线,在直线上取两点(不要取测量的数据点,并且两点间尽可能相距远一些),求斜率 b。

也可用最小二乘法(直线拟合)的方法确定电动势 ε_t 与温差 Δt 的关系。

若测得该热电偶的 ε_t 值,就可从图中查出 $\Delta t = t - t_0$ 值(t_0 取平均值),从而得出 t 值,据此进行温度测量(作为热电偶温度计)。

【思考与练习】

1. 电位差计除了用于测量电压外,举例说明其他应用,简述测量步骤。

2. 温差电偶是如何测量温度的?

3. 若实验中热电偶"冷端"不放在冰水混合物中,而直接处于室温或空气中,对实验结果有什么影响?

实验 16　空气比热容比的测定

许多情况下,系统与外界之间的热传递会引起系统本身温度的变化,这一温度的变化与热传递的关系通常用热容来表示。气体在不同的状态过程中,温度变化相同,所吸收(放出)的热量是不同的。

当温度增加 1 ℃时,1 mol 的物质所吸收的热量,称为热容 C,单位为 $J \cdot K^{-1}$。热容的值与系统的质量有关,也与过程的性质有关,通常把单位质量的热容称为比热容 c,简称比热。比热可区分为等容比热和等压比热。对固体和液体,两者差别很小,不再加以区分。表 1 列出了与比热相关的物理量。

表 1　与比热相关的物理量

关系式	符　号	单　位	意　义
$c = \dfrac{C}{m}$	c	$J \cdot kg^{-1} \cdot K^{-1}$	比热
	C	$J \cdot K^{-1}$	热容
$c = \dfrac{C}{n \cdot M}$	C_m	$J \cdot mol^{-1} \cdot K^{-1}$	摩尔热容
	n	mol	物质的量
$c = \dfrac{C_m}{M}$	M	$kg \cdot mol^{-1}$	摩尔质量
	M	kg	总质量
$\gamma = \dfrac{C_p}{C_V}$	γ	1	比热容比

测量比热容比 γ 的方法有多种,本实验用绝热膨胀法,利用贮气瓶空气的充放气,模拟准静态过程。当将空气视为理想气体时,$\gamma = 1.402$。

【实验目的】

1. 学习用绝热膨胀法测定空气的比热容比(绝热指数)。
2. 通过观测热力学状态的变化,加深对绝热、等容、等温等热力学过程的理解。
3. 了解压力传感器和集成温度传感器的基本测量原理及其应用。

【实验原理】

在等压过程中,1 mol 气体温度升高(降低)1 K 时,所吸收(放出)的热量称为定压摩尔热容,用 C_p 或 $C_{p,m}$ 表示;在等容过程中,1 mol 气体温度升高(降低)1 K 时所吸收(放出)的热量称为定容摩尔热容,用 C_V 或 $C_{V,m}$ 表示。C_p 及 C_V 一般为温度的函数,当实际过程所涉及的温度范围不大时,两者均近似地视为常数,且 $C_p > C_V$。

气体比热容比 γ 定义为理想气体的定压比热容 C_p 和定容比热容 C_V 之比,即 $\gamma = C_p / C_V$,又称绝热指数,可用于研究物质结构,确定相变,鉴定物质纯度等。气体的突然膨胀或压缩以及声音在气体中的传播都与该比值有关。

以贮气瓶内空气的热力学系统作为研究对象,如图 1 所示,实验过程状态变化如下:

1. 绝热压缩过程

初态为环境大气压 p_0 和室温 T_0,玻璃瓶状态为 $0(p_0, T_0)$。关闭放气阀后,打开充气阀,用气囊迅速而有节奏地将空气打入瓶内,则瓶内压强增大,温度升高。当打气速度较快时,此

过程近似为绝热压缩过程。关闭充气阀后,气体稳定后的
状态为Ⅰ(p_1,T_1)。

2. 等容放热过程

随后,瓶中气体通过容器壁向外界放热,温度降低至室
温 T_0 的状态为Ⅱ(p_2,T_0)。

3. 绝热膨胀过程

迅速打开放气阀,瓶内空气与外界大气相通,瓶内气体
快速排出瓶外,并伴有"扑哧"音,待声音一停,立刻关闭排
气阀。此过程进行非常快,可近似认为是绝热膨胀过程,则
瓶内压强减少,温度降低,此时状态为Ⅲ(p_0,T_2)。由于数
字电压表测量压强值存在显示滞后,所以用听声关闭阀门比观察电压表更可靠。

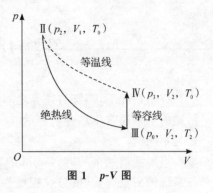

图1　*p-V* 图

4. 等容吸热过程

关闭放气阀后,瓶内空气通过容器壁和外界进行热交换,温度慢慢回升至室温 T_0,压强也
慢慢增大,稳定后,此时的状态为Ⅳ(p_3,T_0)。这是一个等容吸热过程。

整个过程可表示表示为

$$0(p_0,T_0)\xrightarrow[1]{绝热压缩}Ⅰ(p_1,T_1)\xrightarrow[2]{等容放热}Ⅱ(p_2,T_0)\xrightarrow[3]{绝热膨胀}Ⅲ(p_0,T_2)\xrightarrow[4]{等容吸热}Ⅳ(p_3,T_0)$$

实验过程中,可观察到气体在绝热压缩过程和等容放热过程中的状态变化。其中,过程
1、2 获取压缩空气,对测量 γ 没有直接影响;对测量结果有直接影响的是 3、4 两个过程。

过程 3 是一个绝热膨胀过程,满足理想气体绝热方程

$$p_0^{\gamma-1}T_2^{-\gamma}=p_2^{\gamma-1}T_0^{-\gamma} \tag{1}$$

过程 4 是一个等容吸热过程,满足理想气体状态方程

$$\frac{p_0}{T_2}=\frac{p_3}{T_0} \tag{2}$$

将式(2)代入式(1)得

$$\left(\frac{p_2}{p_0}\right)^{\gamma-1}=\left(\frac{p_3}{p_0}\right)^{\gamma} \tag{3}$$

两边取对数,整理得

$$\gamma=\frac{\lg p_2-\lg p_0}{\lg p_2-\lg p_3}=\frac{\lg(p_2/p_0)}{\lg(p_2/p_3)} \tag{4}$$

只要测量 p_0、p_2 和 p_3 值,即可求得空气的比热容比 γ 值。

从状态Ⅱ到状态Ⅳ是等温膨胀过程,也可以根据状态Ⅱ、Ⅲ和Ⅳ的关系,采用 p、V 的关系
推导出上述关系式。

【实验器材】

FD-NCD-2 型空气比热容比测定仪(含压力、温度传感器),福丁气压表等。

【实验仪器描述】

1. 空气比热容比测定仪

利用扩散硅压力传感器测量空气压强,用电流型集成温度传感器测量空气温度,采用绝热
膨胀法测量空气的比热容比 γ(绝热指数),如图 2 所示。

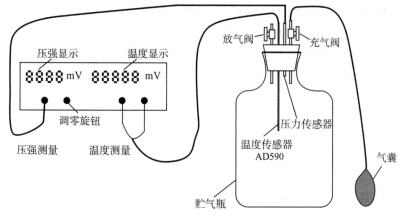

图 2　实验装置

贮气瓶包括玻璃瓶、进气阀、放气阀和皮塞等。

扩散硅压力传感器和电流型集成温度传感器通过皮塞分别从瓶内引出。

三位半数字毫伏表作为硅压力传感器的二次仪表，观测瓶内空气压强的等效值；四位半数字毫伏表作集成温度传感器二次仪表，观测瓶内空气温度的等效值。

电流型集成温度传感器 AD590 灵敏度高，线性好，测温范围为 $-50\sim+150$ ℃，串接直流电源和电阻组成测量电路，灵敏度为 $1~\mu\mathrm{A}\cdot$℃$^{-1}$。若串联电阻为 $5~\mathrm{k\Omega}$，可从电阻两端输出 $5~\mathrm{mV}\cdot$℃$^{-1}$ 信号，用四位半数字毫伏表（量程 $1~999.9~\mathrm{mV}$，精度 $0.1~\mathrm{mV}$）检测，显示值表示等效的温度值。

扩散硅压力传感器 PT14 基于半导体压阻效应的原理，具有应变电阻效应高，传递应变灵敏度高等特点，采样速率约 3 次/秒，输出信号与仪器内置放大器以及三位半数字毫伏表（量程 $199.9~\mathrm{mV}$，精度 $0.1~\mathrm{mV}$）连接，用于测量瓶内空气压强与外界压强的差值，其测量范围大于环境气压 $0\sim10~\mathrm{kPa}$，灵敏度为 $20~\mathrm{mV}\cdot\mathrm{kPa}^{-1}$（或 $0.05~\mathrm{kPa}\cdot\mathrm{mV}^{-1}$）。

当待测气体压强为大气压 p_0 时，调零旋钮使数字毫伏表显示为 $0.0~\mathrm{mV}$。

当待测气体压强为 $p_0+10.00~\mathrm{kPa}$，数字毫伏表显示为 $200~\mathrm{mV}$，则 $200~\mathrm{mV}$ 相当于 $10~\mathrm{kPa}$，即仪器测量气体压强的灵敏度为 $0.05~\mathrm{kPa}\cdot\mathrm{mV}^{-1}$（或 $20~\mathrm{mV}\cdot\mathrm{kPa}^{-1}$），或测量精度为 $5~\mathrm{Pa}$（相当于 $0.1~\mathrm{mV}$），则贮气瓶内空气压强相对于 p_0 的差值 Δp 为

$$\Delta p=灵敏度~0.05(\mathrm{kPa}\cdot\mathrm{mV}^{-1})\times读数~\Delta V(\mathrm{mV})=\frac{\Delta V}{2~000}\cdot10^5~\mathrm{Pa} \tag{5}$$

贮气瓶内压强 p 为

$$p=p_0+\Delta p=\frac{\Delta V}{2~000}\cdot10^5~\mathrm{Pa} \tag{6}$$

2. 福丁气压表

福丁气压表（Fortin barometer）是一种常用的水银气压表，用于测量环境大气压强，读数单位为 mmHg，其工作结构与使用方法，参看阅读材料。

【实验步骤与内容】

1. 按图 2 连接好仪器的电路，AD590 的测量方式置"内接"，注意其正、负极性。

用福丁式气压表测定环境温度 t_0 和大气压强 p_0。

开启电源,电子仪器部分预热 10 min。打开放气阀门,使容器与大气相通。预热后,调节电位器调零旋钮,使压强的示值为 0 mV,此时 0 mV 相当于大气压强 p_0。

2. 关闭放气阀,确认已打开进气阀,有节奏地按压气囊,把空气稳定地注入贮气瓶内,观察数字毫伏表读数的变化(压强变化)。

3. 当压强达到一定值(120~160 mV)时,停止充气并关闭充气阀。

记录瓶内气压均匀稳定时的压强 p_2 变化的示值 Δp_2 和室温 t_1'(温度变化很小)。

符号加"′"表示对应的 mV 值,以区别实际值,下同。

4. 迅速打开放气阀,密切注意放气声(也可观察压强的读数),"扑哧"的放气声一结束,即当压强的输出示值为零(环境大气压强 p_0)时,马上关闭放气阀。由于数字电压表显示存在转换时间,显示滞后,所以,用听声判断比观察电压表更可靠。

5. 待瓶内空气的温度上升至室温 t' 时,记录贮气瓶内气体压强 p_3 变化的示值 Δp_3,并记录此时的温度变化的示值 t_2'。

6. 重复 2~5 步骤 4 次,根据(4)式计算 γ 及其平均值。

用绝热膨胀法测定空气的比热容比 4 次,求空气的比热容比 γ。

【数据记录与处理】

1. 测量数据记录

实验室环境温度 $t_0 = $ _____ ℃,压强 $p_0 = $ _____ mmHg = _____ ($\times 10^5$ Pa)。

i	被测量的等效值				$p_2/10^5$ Pa	$p_3/10^5$ Pa	γ
	$\Delta p_2/$mV	$t_1'/$mV	$\Delta p_3/$mV	$t_2'/$mV			
1							
2							
3							
4							

表中压强 10 kPa 相当于 200 mV,换算关系为 1 mV 相当于 50 Pa。

设 $p_0 = 1.024\ 8 \times 10^5$ Pa,则

$p_i = p_0 + \Delta p_i = 1.024\ 8 \times 10^5 + \Delta p_i \times 50 = (1.0248 + \Delta p_i \times 5 \times 10^{-4}) \times 10^5$ Pa

2. 以 γ_i 为原始数据,求 γ 平均值,计算其百分误差。

【注意事项】

1. 连接温度传感器时,要注意极性与颜色一一对应,其工作电路分内接和外接两种方式,由仪器后面板开关切换选择,本实验采用内接方式。

2. 硅压力传感器的灵敏度各不相同,仪器配套使用,请勿与其他组互换。

3. 压入气体时要平稳,以免超过测量量程。容器与阀门均为玻璃制品,旋转阀门时,动作不可过猛,以防折断。实验完毕,将放气阀门打开,使容器与大气相通。

4. 实验过程中采用放气声的变化来确定瓶内空气是否达到环境气压,应及时关闭阀门,以尽量保证实验过程是绝热过程。提前或推迟关闭放气阀门,都将影响实验结果,引入误差。

5. 注意掌握实验进程,避免实验周期过长,环境温度发生较大变化对实验结果造成影响。

测量时只要做到"瓶内气体在放气前降低至某一温度,放气后又能回升到同一温度"即可,这一温度不一定等于充气前的室温 t_0。

【思考与练习】

1. 实验操作每一步,系统分别经历了何种热力学过程? 请在 p-V、p-T 图上定性地画出反映瓶内空气状态变化的每一过程的图线,注意曲线的走向、斜率的变化以及各参量数值的比例。

2. 分析本实验产生误差的主要原因。

3. 为什么瓶内温度恢复不到先前记录的"室温"?

4. 若实验测量值远大于 1.40 或远小于 1.40,请分析其原因。

【阅读材料】

福丁气压表

福丁气压表是一种利用托里拆利管原理,以汞柱平衡大气压力来测定大气压强的装置。气象上将需要直接读取气压值的仪器称为气压表,将能自动记录气压连续变化的仪器称为气压计。其他学科将两者统称为气压计。

气压表有水银气压表和空盒气压表两类。动槽式单管真空水银气压表又称福丁气压表(Fortin barometer),其结构与读数方法如图 3 所示。水银气压表测量精度较高,性能稳定,常作为标准测压仪器。

1. 结构与基本原理

水银槽上部为玻璃圆筒 A,下部为水银囊 R,长约 80 cm 玻璃管 G 一端封闭并抽成真空置于黄铜筒 B 内,并倒插在水银槽中,整体必须垂直放置。螺旋 S 可调节水银槽中水银面高低,水银槽的盖上有一向下的象牙尖 I,通过调节象牙尖和水银面刚好接触,确定零点与测定大气气压。

在 B 上部窗口露出一部分玻璃管,用以观测水银面位置。当水银柱压强与大气压强相平衡时,水银槽平面到水银柱顶的高度 H 就是大气压强的读数(示值)。

2. 调节与读数方法

转动 P 可使游标 VV' 上下移动,当 VV' 的下沿连线和水银柱顶端相切时,从游标读出的标尺读数为水银面上水银柱的高度,即大气压强。T 为温度计,用于测量室温。

(1)调节旋钮 S,使水银面位置刚好触到象牙尖 I,可利用水银面反映的象牙尖倒影判断。若下降调节时出现水银柱凸面不显著,可用手指在保护管上端靠近水银面处轻轻地弹一下,使之受到震动而恢复正常。

(2)调节游标旋钮 P,使游标 V 慢慢下移,直到游标的下表面刚好与水银柱凸面的顶端相切。

(3)从游标读出水银柱高度值 H,单位为 mmHg,如 $H=743.8$ mmHg。这是未经修正气压值 p_0。读数方法与游标卡尺相同。

(4)转动螺旋 S,使水银液面与象牙针脱离,记录气压表上附属温度计的温度 t_0 与气压表本身的仪器误差,以便进行读数订正。

3. 读数的修正

水银柱的高度 H 是以温度为 0 ℃水银密度与黄铜标尺长度,以及纬度45°海平面的重力加速度 9.806 65 m·s^{-2} 为准标定的,若需要精确测量,还必须对由此引起的偏差加以修正,气象观测称为本站气压订正。

(1)温度修正。水银体膨胀系数 $\alpha = 1.82\times10^{-4}$ ℃$^{-1}$,黄铜线膨胀系数 $\beta = 1.9\times10^{-5}$ ℃$^{-1}$,在室温下使用的修正量为

$$\delta H_t = -(18.2-1.9)\times10^{-5}\times t_0\times H$$

其中,H 为气压表示值,单位为 mmHg;由温度计读取环境温度 t_0,单位为℃,计算出的修正量 δH_t 约为 -3.0。近似计算时,可用此值代替。

(2)重力加速度修正。包括纬度与高度修正。修正值为

$$\delta H_g = -(2.65\times10^{-3}\cos2\varphi + 3.15\times10^{-7}\cdot h)\times H$$

其中,φ 为纬度,h 为海拔高度,单位均为 m。

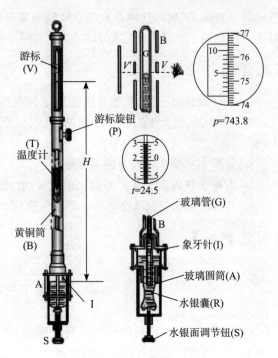

$p=743.8$

$t=24.5$

图 3　福丁气压表结构图

(3)仪器误差修正。由水银的表面张力与毛细管的作用等产生的影响,修正值 δH_i 通常由生产厂家证明书给出。

经过各项修正后,实际大气压强为

$$P_c = H + \delta H_t + \delta H_g + \delta H_i$$

一般情况下,只需考虑对温度的修正。例如,$H=743.8$ mmHg,$t=24.5$ ℃,$\delta H_t=-3.0$,则 $P_c=743.8-3.0=740.8$ mmHg。

4. 压强及其单位

压强指垂直作用在物体单位面积上的力。在力学和多数工程学科中,压强也称压力。

在国际单位制(SI)中,压强单位为 Pa(帕),1 Pa=1 N·m^{-2},气象部门通常用百帕(hPa)表示。新旧单位换算关系为1 atm=760 mmHg=760 Torr(乇)=1.01 325 bar(巴)=101 325 Pa,或 1 mmHg=133.322 Pa。

实验 17　落球法测量液体的黏度

在液体、气体以及等离子体等流体内部,不同流速层接触面上存在的内摩擦力(黏力、切应力)有阻碍其相对运动的趋势,这种特性称为液体的黏性。黏度反映流体黏性的大小。

1845 年,英国数学家、物理学家斯托克斯(G. G. Stokes,1819—1903)和法国的纳维(C.L. M.H. Navier,1785—1836)等人分别推导出黏性流体力学中最基本的方程组,即纳维-斯托克斯方程,奠定了传统流体力学的基础。

1851 年,斯托克斯推导出固态球体在黏性介质中作缓慢运动时所受阻力的计算公式,得出在给定力(重力)作用下,黏力与流速、黏度成比例,即关于阻力的斯托克斯公式。

【实验目的】

1. 学习利用斯托克斯公式测定液体黏度的原理。

2. 掌握落球法测定不同温度下液体黏度的方法。了解 PID(比例-积分-微分)进行温度控制的原理。

3. 练习用停表计时,进一步熟悉螺旋测微计的使用。

【实验原理】

1. 牛顿黏滞定律与黏度

平行于流动方向将流体分为不同流速的各层,在相邻流层之间的接触面上存在与面平行而与相对流动方向相反的阻力,称为黏力或内摩擦力。

牛顿黏滞定律指出,对于有些流体,相邻流层单位接触面上的黏力 τ(切应力)与速度梯度(相邻流层的速度差 dv 与流层间距 dx 之比,切变力)成正比,即

$$\tau = \eta \frac{dv}{dx} \tag{1}$$

比例系数 η 称为动力黏度,简称黏度或黏滞系数,也称内摩擦系数,单位为 Pa・s。

黏度是材料的重要参数之一,随温度和压力的变化而变化。气体的黏度比液体小很多。溶液及混合液体的黏度强烈依赖于其浓度。如水在 0 ℃时黏度为 1.793×10^{-3} Pa・s,20 ℃时为 1.006×10^{-3} Pa・s,空气 20 ℃时黏度为 1.81×10^{-5} Pa・s。

以前的 CGS(厘米・克・秒)单位制中,动力黏度的单位依泊肃叶的名字命名为泊(poise),即 P 或 cP(厘泊)。1969 年国际计量委员会建议,动力黏度单位用国际单位制(SI)表示为帕・秒(Pa・s)。两者换算关系为 1 Pa・s=1 N・s・m^{-2}= 10 P =1 000 cP。

2. 液体黏度的测量原理

黏度测定有许多方法,如转桶法、落球法、阻尼振动法、杯式黏度计法、毛细管法等。一般由斯托克斯公式和泊肃叶公式导出有关表达式,求得黏度。

本实验介绍动力黏度的落球测量法,也称斯托克斯法。落球法可选择黏度较大的半透明液体,如蓖麻油、甘油等。

设一质量为 m、半径为 r、密度为 ρ、体积为 V 的小球,在密度为 ρ_0 的静止液体中,由静止开始下落,则作用在小球上的力有重力 mg、液体的浮力 ρVg 以及液体的黏力 f 等,如图 1

所示。

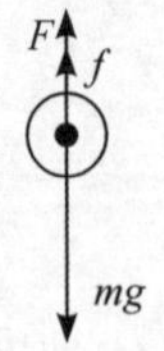

　　若小球速度 v 较小,运动速度相对缓慢,则对小球而言,液体可近似看成在各方向上都是无限广阔的。根据流体力学理论,可推导出层环流作用于流体中的球体的力。斯托克斯摩擦力与球体的半径(而不是截面积)及流动速度成正比,斯托克斯摩擦力定律(公式)表示为

图1　原理图

$$f = 6\pi\eta rv \tag{2}$$

　　小球起始速度较小,为加速运动,黏滞阻力也逐渐加大。当速度达到一定值时,小球运动的加速度为零,以一定的速度匀速下落,此时的速度称为收尾速度。有

$$mg = \rho_0 Vg + 6\pi\eta rv \tag{3}$$

$$(\rho - \rho_0)Vg = 6\pi\eta rv \tag{4}$$

　　收尾速度为匀速状态,即 $v = v_0 = \dfrac{l}{t}$,又 $V = \dfrac{1}{6}\pi \cdot d^3$($d$ 为小球直径),上式改写为

$$\eta = \frac{(\rho - \rho_0)gd^2 t}{18l} \tag{5}$$

测出有关物理量,即可由上式求得液体的动力黏度。

3. 斯托克斯公式的修正

　　黏力 f 符合斯托克斯公式的条件是小球半径 r 和运动速度 v 都较小,认为液体是均匀且无限深广的,且假设在无涡流的理想状态下。实验中,液体的容器为玻璃量筒(见图4),液面为有限的大小,因此,必须对上式进行多项修正。

　　玻璃量筒内径 D(半径 R)和液面深度 h 大小有限,不满足无限深广的条件,实际测得的速度 v 和理想条件下的速度 v_0 之间存在如下修正关系

$$v = v_0\left(1 + 2.4\frac{r}{R}\right)\left(1 + 3.3\frac{r}{h}\right) \tag{6}$$

式中,R 为液体量筒的内半径,h 为量筒中液体的深度。

　　当 $D \gg d$,$h \gg d$ 时,上述条件的差异是微小的。因此,对斯托克斯公式进行修正,即可描述实际小球所受的黏力。其黏度表示为

$$\eta = \frac{(\rho - \rho_0)gd^2}{18v_0\left(1 + 2.4\dfrac{d}{D}\right)\left(1 + 1.65\dfrac{d}{h}\right)} \tag{7}$$

　　若只考虑筒壁对圆球运动的影响,修正后上式改写成

$$\eta = \frac{(\rho - \rho_0)gd^2}{18v_0\left(1 + 2.4\dfrac{d}{D}\right)} = \frac{(\rho - \rho_0)gd^2 t}{18l\left(1 + 2.4\dfrac{d}{D}\right)} \tag{8}$$

　　若已知 ρ、ρ_0,只要测出 D、d、l 和 t,即可用上式求出液体黏度 η。

　　流体的运动分为层流和湍流。雷诺数 Re 是量纲1的量,当模型具有与真实流体相同雷诺数时,则认为两者是流体力学相似的,可应用于风洞实验。Re 临界值是划分层流和湍流的界限。湍流的黏力大于层流。当液体黏度和小球密度一定时,雷诺数 $Re \propto d^3$。本实验的待测液体为蓖麻油,所用的小钢球直径仅 $1 \sim 2$ mm,可不考虑雷诺修正或只考虑1级雷诺修正。近似计算时,用(8)式作为测量的依据。

【实验器材】

　　ZKY-NZ 型变温黏度测量仪,ZKY-PID 型温控实验仪,螺旋测微计,停表,蓖麻油等。

【实验仪器描述】

1. PID 调节基本原理

准确地控制温度稳定变化是测定黏度的关键。PID 温控实验仪是基于 PID（比例 P-积分 I-微分 D）调节原理，实现对温度精确控制的测量仪器。PID 调节是自动控制系统中，应用最为广泛的一种调节规律。

自动控制系统原理可用图 2 方框图说明。设被控量与设定值之间有偏差，偏差 $e(t)$ = 设定值－被控量，调节器根据 $e(t)$ 及一定的调节规律输出调节信号 $u(t)$，执行单元按调节信号 $u(t)$ 输出操作量，送至被控对象，使被控量逼近直至最后等于设定值。

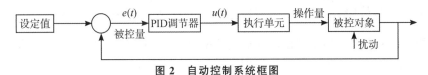

图 2　自动控制系统框图

PID 调节器由比例单元（proportional）、积分单元（integral）和微分单元（differential）组成，调节规律可表示为偏差输入量 $e(t)$ 与输出 $u(t)$ 的关系，其传递函数为

$$u(t) = K_P e(t) + \frac{1}{T_I} \int_0^t e(t)\mathrm{d}t + T_D \frac{\mathrm{d}e(t)}{\mathrm{d}t} \tag{9}$$

式中，第一项为比例调节，K_P 为比例系数。第二项为积分调节，T_I 为积分时间常数。第三项为微分调节，T_D 为微分时间常数。

图 3 描述了调节系统过渡过程。比例-微分调节用来加速过渡过程，但微分过快会使系统趋向不稳定，将积分与微分作用恰当配合，可获得尽可能快而又稳定的较为理想的调节过程，同时保持了较高的准确性。

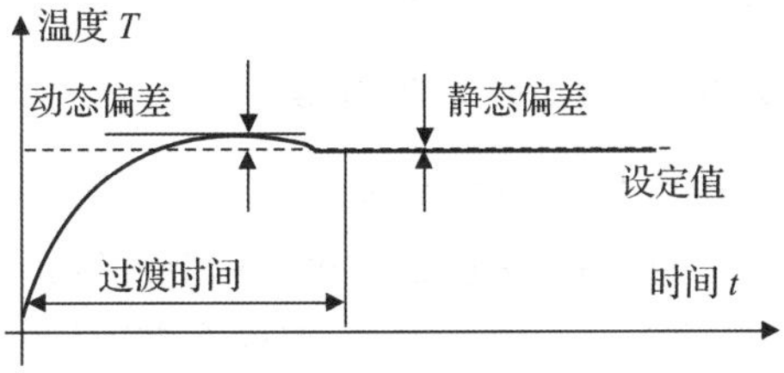

图 3　PID 调节系统过渡过程

2. 落球法变温黏度测量仪

（1）变温黏度仪

变温黏度仪实际上就是两个大小不一、相互隔离、套在一起的玻璃筒，如图 4 所示。

内筒为细长的量筒，装待测液体；外筒装水，两端的引出口由软管连通到温控仪内置的水泵，形成加热恒温循环水系统。通过循环水加热内筒中的液体，使其温度较快地与水温达到平衡。内筒的管壁上有刻度线，用于测量小球下落的距离。底座上有调节螺钉，用于调节铅直。

（2）开放式 PID 温控实验仪

温控实验仪由水箱、水泵、加热器、恒温控制调节系统以及显示电路等组成。仪器面板如图 5 所示。开机后，水泵运转。根据显示屏菜单，选择工作方式，输入序号与室温，设定温度与 PID 参数。使用左右键◄或▐选择项目，上下键▲或▼设置参数，按确认键进入下一屏，按返回键返回上一屏。

进入测量界面后，屏幕上方的数据栏由左至右，依次显示序号、设定温度、初始温度、当前温度、当前功率、调节时间等参数。图形区以横坐标代表时间，纵坐标代表温度（以及功率），并可用▲和▼键改变温度坐标值。

屏幕上显示温控过程的温度变化曲线、功率变化曲线以及温度和功率的实时值，并能将温度及功率变化曲线存储下来，随时查看。

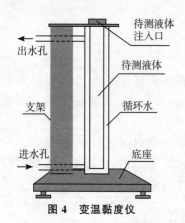

图 4　变温黏度仪

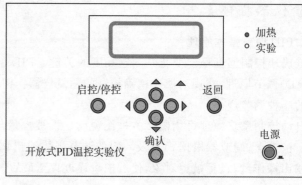

图 5　开放式 PID 温控实验仪

仪器每隔 15 s 自动采集 1 次温度与加热功率值,并显示这些实时数据。当温度达到设定值并保持 2 min,且温度波动小于 0.1 ℃时,仪器自动判定为达到平衡,并在图形区右边显示过渡时间 t_S、动态偏差 σ 和静态偏差 e 等;退出时,仪器自动将实验数据按设定的序号存储(可存储 10 组)下来,以供必要时查看、分析和比较。

3. 停表

PC396 型电子停表具有多种功能。按 Mode(功能转换键),待显示屏上方出现符号"-------",且第 1 和第 6、7 短横线闪烁时,即进入停表功能。此时,按 Start/Stop(开始/停止键)可开始或停止记时,多次按此键可以累计记时。一次测量完成后,按 Pause/Reset(暂停/回零键)可使数字回零,为下一次测量做好准备。

【实验内容与步骤】

1. 实验基本操作

(1)调节黏度仪底座的调节螺钉,并观察水准仪,使玻璃筒轴线为铅直状态。

(2)通过漏斗加水,或检查黏度仪的水位,使水箱中的水位处于合适位置。若是初次加水,应先排出水泵中的空气,避免水泵空转(无循环水流出)或发出轰鸣声。

(3)打开电源,设定温控仪的有关参数,观察显示屏上温度参数的变化过程。利用加热升温的时间,试着练习秒表的使用方法或测定小钢球的直径。

(4)当水温到达设定的温度,并处于稳定状态时,即可开始实验。

(5)用镊子夹起小钢球并擦光滑,再从液面中心处放下,通过试验并选取小球匀速运动的标线位置,练习测量小钢球经历两标线间距 l 及其所需时间 t(如何取出小球)。

2. 设定 PID 参数

若把温控仪仅作为温度控制,则保持仪器设定的初始值,也能达到较好的控制效果。

若对 PID 调节原理及方法感兴趣,可在不同的升温区段有意改变 PID 参数组合,观察参数改变对调节过程的影响,探索最佳控制参数。

3. 测定小钢球直径

用螺旋测微计,测量小钢球直径 d,取平均值。

4.测定小球在液体中下落速度并计算黏度

(1)温控仪温度达到设定值后,还需约 10 min 的稳定时间,使待测液体的温度与加热水温完全一致,才能开始测量液体黏度。

(2)用停表测量小钢球下落一段距离 l 的时间 t，并计算小球速度 v_0。

(3)测量不同温度下蓖麻油的黏度，求出液体黏度 η，写出测量结果表达式。

【数据记录与处理】

1. 用螺旋测微计测量小钢球直径 d，零位读数 $d_0=$＿＿＿＿＿ mm。

次数 i	1	2	3	4	5	6	7	8	平均值
直径 d/mm									

2. 测定蓖麻油的黏度

温度 $T/℃$ ＼ 次数 i	时间 t/s						速度 $v/(m\cdot s^{-1})$	黏度 $\eta/(Pa\cdot s)$
	1	2	3	4	5	平均		
25								
⋮								
40								

已知钢球密度 $\rho\approx7.8\times10^3$ kg・m^{-3}，蓖麻油 20 ℃时密度 $\rho_0\approx9.50\times10^2$ kg・m^{-3}，量筒内径 $D=2.0$ cm。

用(4)式或(7)式计算黏度 η，画出黏度与温度的关系曲线。

根据附录 1.10 数据，计算相对误差，或分析引起不确定度的原因。

【注意事项】

1. 根据气候条件设定合适温度，并控制在 50 ℃以下进行测量。温度间隔以 2 ℃或 3 ℃为宜。实验时，应尽量减少外界对测量的影响，避免温度升高后降温重做的麻烦。

2. 圆筒内的液体应无气泡，小钢球表面应光滑，无污物。

【思考与练习】

1. 如何快速判断小球下落的匀速区？测定其速度时，测量的时间间隔是长好还是短好？

2. 实验时，若投入的小球偏离中心轴线，或小球表面粗糙，或有油脂、污物等时，将对结果产生什么影响？

3. 从哪个表达式考虑间接测量值 η 的不确定度？写出计算 η 不确定度的传递公式。

4. 在特定的液体中，若用半径更大的小球，其下落的收尾速度如何变化？当小球密度增大时，又如何变化？选用不同密度和不同半径小球做实验时，对结果的影响如何？

实验 18　多普勒效应

多普勒效应是由奥地利物理学家多普勒(C. J. Doppler,1803—1853)于 1842 年首先发现的。不仅声波中存在多普勒效应现象,由于做相对运动的波源和观察者所在参考系中时间快慢不同(狭义相对论),各种波长电磁波产生都存在多普勒效应。

多普勒效应的应用十分广泛,利用多普勒频移效应实现对运动物体速度的测量;天文学上,利用天体发出的光谱中谱线的移动(即频率变更),可准确测定天体的视向速度;还有多普勒雷达和多普勒导航等。

【实验目的】

1. 了解声波多普勒效应基本原理,了解超声换能器基本特性。
2. 利用多普勒效应研究超声接收器运动速度与接收频率的关系。
3. 掌握用时差法测量空气中声波的传播速度。

【实验原理】

声波是由于发生体的振动,在弹性介质中传播的一种机械波。在气体和液体中传播的声波为纵波。在固体介质传播的声波可以是纵波、横波或两者的复合。

声波的多普勒效应可以由波源或观察者相对于传播声音的介质(空气或其他介质)的相对运动来解释。

1. 声波的多普勒效应

当波源与探测器(或观察者)做相对运动时,探测器(或观察者)接收到的波的频率与波源发出的频率不同的现象,称为多普勒效应。两者相互接近时,接收到的频率升高,相互离开时,则降低。

设波源、探测器的运动方向与波的传播方向均在 x 轴方向上(共线),且波源发射频率为 f_0,介质(媒质)保持不动。考虑平面简谐波,在 x 方向传播的表达式为

$$p(x,t)=p_0\cos\omega\left(t-\frac{x}{u}\right) \tag{1}$$

式中,p_0 为振幅,ω 为波源振动角频率,u 为波速,p 为 x 处 t 时刻位移。

(1)探测器静止,波源以速度 V_s 运动情况

在时刻 t,波源移动距离为 $V_s(t-x/u)$,实际移动距离为 $x=x_0-V_s(t-x/u)$,即

$$x=\frac{x_0-V_s t}{1-\dfrac{V_s}{u}}=\frac{x_0-V_s t}{1-M} \tag{2}$$

式中,$M=V_s/u$ 为波源运动的马赫数;波源向探测器运动时,V_s(或 M)为正,反之为负。将(2)式代入(1)式,得

$$p=p_0\cos\left[\frac{\omega}{1-M}\left(t-\frac{x_0}{u}\right)\right] \tag{3}$$

可见,探测器接收到的频率 f_d 变为原来的 $\dfrac{1}{1-M}$,即

$$f_d = \frac{1}{1-M}f_0 \tag{4}$$

（2）波源静止，探测器以速度 V_d 运动情况

波源相当于探测器的传播速度为 $u+V_d$，探测器接收到的频率 f_d 为

$$f_d = \frac{u+V_d}{\lambda} = (1+M_d)f_0 = \left(1+\frac{V_d}{u}\right)f_0 \tag{5}$$

其中，f_d 为探测器接收到的频率，$M_d = V_d/u$ 为探测器运动的马赫数；探测器向着波源运动时，V_d（或 M_d）为正，反之为负。

（3）波源以速度 V_s 运动，探测器以速度 V_d 运动情况

波源与探测器同时运动，有效波速与有效波长均发生变化，探测器接收到的频率为

$$f_d = \frac{1+V_d}{1-V_s}f_0 = \frac{1+M_d}{1-M_s}f_0 \tag{6}$$

（4）连续分布介质以速度 V_m 运动情况

机械波（声波）在一定的介质中传播，波源速度与探测器速度都是针对介质而言的。若连续分布介质以速度 V_m 运动，则有 $x = x_0 - V_m \cdot t$，根据（1）式，得

$$p = p_0 \cos\omega\left[(1+M_m)t - \frac{x_0}{u}\right] = p_0 \cos\left[(1+M_m)\omega t - \frac{\omega}{u}x_0\right] \tag{7}$$

其中，$M_m = V_m/u$ 为介质运动的马赫数。介质向着探测器运动时 V_m（或 M_m）为正，反之为负。可见，若波源和探测器不动，则探测器接收到的频率 f_d 为

$$f_d = (1+M_m)f_0 \tag{8}$$

（5）波源与探测器有相对运动情况

当波源与探测器有相对运动，且波源速度、探测器速度与波的传播方向不共线时，可通过对速度分解推出一般公式。如图 1 所示，探测器接收到的频率 f 为

$$f = \frac{u+V_d\cos\varphi}{u-V_s\cos\theta} \times f_0 \tag{9}$$

式中，φ 为探测器速度 V_d 方向与探测器 D 与波源 S 连线之间夹角，θ 为波源速度 V_s 方向与探测器 D 与波源 S 连线之间夹角，V_s 为波源运动速率。当 $\varphi=\theta=0$ 时，即为探测器 D 与波源 S 共线情况。

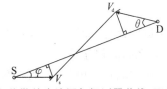

图 1　多普勒效应波源与探测器共线、不共线情况

对于三维运动情况，情况较为复杂，可采用类似方法推导，这里不作介绍。

多普勒效应不仅仅适用于声波，也适用于所有类型的波，包括电磁波。

1848 年法国物理学家斐索（A. Fizeau，1819—1896）发现了电磁波的多普勒效应，解释了来自恒星的波长偏移，提出了利用这种效应测量恒星相对速度的办法。光波的多普勒效应又称为多普勒-斐索效应，包括纵向、横向和普通多普勒效应。

在经典物理学理论中，多普勒效应公式只有纵向多普勒效应，没有横向多普勒效应；而在相对论理论中，两者均存在。

2. 验证多普勒效应与声速测量实验方法

为了简单起见,实验只考虑第(2)种情况,即把接收器与运动小车做在一起。

根据(5)式,改变小车运动速度 V_d,多普勒效应频移 Δf 为

$$\Delta f = f_d - f_0 = \frac{V_d}{u} \cdot f_0 \tag{10}$$

若保持 f_0 不变,用光电门测量物体(小车与探测器)运动速度 V_d,并由仪器测量多普勒效应频移 Δf,作 Δf-V_d 关系图,其斜率 $k = f_0/u$,声速 $u = f_0/k$,以验证多普勒效应。

若多普勒效应频移为 Δf_0,则声速 u 为

$$u = \frac{f_0}{\Delta f} \cdot V_d \tag{11}$$

若已知声速 u 及波源频率 f_0,把超声换能器用作速度传感器,还可利用多普勒效应研究不同运动状态物体的运动规律。

3. 时差法(脉冲波)测量声速的原理

测量声速常见方法有驻波法、相位法和时差法(脉冲波)等。驻波法、相位法通过测量波长求声速,存在读数误差;采用时差法可获得较为准确结果。

通常采用超声换能器作为波源和探测器进行测量。声速理论值为

$$u_0 \approx 331.45 + 0.61t (\mathrm{m \cdot s^{-1}}) \tag{12}$$

式中,t 为室温,单位为 ℃。相关内容参见"实验 31　声速的测量"。

经脉冲调制的连续电信号通过发射换能器发射至待测介质中,声波在介质中经过时间 Δt 传播后,到达距离 L 处的接收换能器。图 2 为时差法测量声速原理,只要测量发射换能器与接收换能器之间端面的距离 ΔL 和时间 Δt,则声波在介质中传播速度为

$$v = \Delta L / \Delta t \tag{13}$$

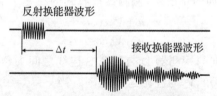

图 2　时差法测量声速原理图

4. 发射换能器与接收换能器

换能器是一种采用换能材料制造的器件,如压电晶体具有压电效应,铁电晶体具有电致伸缩性质,因而可实现机械能与电磁能之间的相互转换。

压电效应(正压电效应)是电介质(如石英、电气石、酒石酸钾钠等晶体)在压力作用下发生极化而在两端表面间出现电位差的现象。其逆效应称为电致伸缩或逆压电效应,是电介质在电场中发生弹性形变的现象。

据此原理制成的超声换能器是一种将超声能与其他形式的能量相互转换的装置。

【实验器件】

FB718A 型智能多普勒效应实验仪(含导轨、测试架组件等)。

【实验仪器描述】

1. 智能多普勒效应实验系统

实验系统由多普勒效应实验仪、测试架组件及其导轨等组成,如图 3 所示。

测试架组件由步进电机及电机控制模块、超声波接收与发射换能器、测速光电门、左限位与右限位光电门、小车,以及支架、标尺等组成。

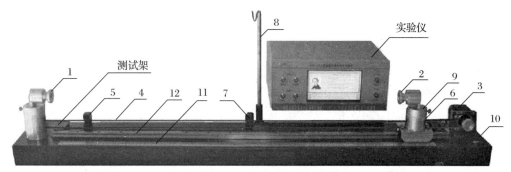

1—发射换能器;2—接收换能器;3—步进电机;4—同步带;5—左限位光电门;
6—右限位光电门;7—测速光电门;8—接收线支架;9—小车;10—底座;11—标尺;12—导轨

图 2　多普勒效应实验系统

发射换能器 1 固定在导轨一端,接收换能器 2 与小车 9 为一体化结构,由步进电机 3 及其控制模块控制在导轨上作水平运动,并利用光电门 5 和光电门 6 由同步带控制小车在一定范围内。底座上的导轨有标尺,小车往返运动,由光电门 7 测速。

支架 8 用于悬挂接收换能器 2 的连接线,以免影响小车运动。

2. 多普勒效应实验仪

实验仪除了提供一定功率的超声波信号($f = 27 \sim 45$ kHz)外,还包括电机控制(小车运动)、光电门限位电路,以及存储与显示电路等,与测试架组件、导轨等配合,可验证多普勒效应、测量声速以及研究信号频率与超声波特性关系等。

面板上的“波形接口”为发射超声波与接收信号接口,发射强度可调;“换能器接口”包括发射与接收。显示屏为触屏控制,点击菜单可选择实验项目,可保存和查询 48 组声波频率与频移数据,或 192 组单纯声波频率数据。

【实验内容与步骤】

1. 准备工作

把发射换能器、小车上接收换能器分别与实验仪“换能器接口”发射、接收连接,把电机、光电门控制线分别与实验仪后面板的对应插口连接。把影响小车运动的连接线悬挂在支架上。(若用“驻波法”和“相位法”测量声速,还要把实验仪“发射波形”、“接收波形”与双踪示波器连接。)

打开实验仪电源,预热 5 min;主菜单显示测量选项,用笔触方式点击选择“多普勒效应实验”,点击“参数设定”把环境温度调整为室温。

调节实验仪“发射强度”和“接收强度”,使菜单显示的“接收强度”具有一定电压值,此时发射与接收换能器处于最佳匹配状态。测量一组数据时,只能在同一个强度下测量,接收强度由电压值大小体现。若换能器发射强度太大,可能出现数据乱码;若太小,可能出现 null(无数据)。

2. 验证多普勒效应与声速测量

按下测试架上电源按钮,指示灯点亮。多普勒效应实验有 4 个选项:1. 通过光电门的平均速度;2. 动态运动测量;3. 单探头测量物体距离;4. 单探头测量运动物体未知速度。

(1)点击选择"1. 通过光电门的平均速度",小车复位,按默认的速度匀速运动到起始端。点击"执行/<=="或"停止/==>"可选择小车运动方向,使小车做匀速运动,屏幕显示一次实验结果"$V=0.\times\times$ m/s,$f=\times\times\times$ Hz,$\Delta f=\times\times\times\times$ Hz",V 是小车通过中间光电门的平均速度,f 为接收到的频率,Δf 为多普勒频移;若 Δf 为负值,表示接收换能器远离发射信号的运动。

(2)点击"速度/步长",可预置小车运动速度。通过多次改变速度预置值,在不同速度条件下重复进行多次测量。完成 10 次不同速度下的测量。

每进行一次实验,点击"数据保存",记录"平均速度 V"和"多普勒频移 Δf"。点击"数据查看"读取各组数据。

完成后,按"退出"键,返回上层菜单。数据采集点数、采集时间间隔值由仪器出厂时预置,不可改变。关闭电源后,实验数据将丢失。

3. 用时差法测量声速

选择"声速测量—时差法测量声速",小车复位,运动至起点处。

观察菜单上显示的参数,初始默认步长为 25 mm;点击"停止/==>",小车以步进运动后退,一个步长对应一个时间,记录 10 组数据。

点击"速度/步长",改变步长为 50 mm,若点击"执行/<==",小车以步进运动前进,由标尺读取小车位置,记录 4 组数据。

4. 用超声波测量距离(单探头测量物体距离)

点击菜单选择"多普勒效应实验—单探头测量物体距离"。利用单探头超声波换能器发射超声波,测量反射物表面至探头距离。

关闭测试架上电源。拧松小车上螺丝,取下接收器探头,换为反射板,并使其平面正对发射探头。调节"发射强度"为最大,"接收强度"为适中,使参数显示正常。

手工移动小车大约在标尺 35 cm 处(较短距离为测量盲区),观察显示屏上显示反射板至发射探头距离。读取"距离"并记录反射板在标尺上对应位置。测量 4 组数据。

【数据记录与处理】

1. 验证多普勒效应与声速测量

室温 $t=$ _____ ℃,换能器匹配频率 $f_0=$ _____ Hz。

次数 i	1	2	3	4	5	6	7	8	9	10
小车速度 $V_d/(\text{m}\cdot\text{s}^{-1})$										
多普勒频移 $\Delta f/\text{Hz}$										

作 Δf-V_d 关系图(或线性回归法),若测量点连线为直线,符合(10)式描述的规律,直观验证了多普勒效应。由斜率 $k=f_0/u$,求出声速为 $u=f_0/k$,并与声速理论值比较。

2. 用时差法测量声速

(1)默认步长为 25 mm,由屏幕读取小车相对位置。室温 $t =$ _____ ℃。

次数 n	小车位置 x_i/cm	时差读数 t_i/μs	距离 $\Delta L = x_{i+5} - x_i$/cm	时差 $\Delta t = t_{i+5} - t_i$/μs	空气中声速 u_i/(m·s^{-1})
1					
2					
3					
4					
5					
6					
7					
8					
9					
10					

(2)设置步长为 50 mm,由标尺读取小车相对位置

次数 n	小车位置 x_i/cm	时差读数 t_i/μs	距离 $\Delta L = x_{i+2} - x_i$/cm	时差 $\Delta t = t_{i+2} - t_i$/μs	空气中声速 u_i/(m·s^{-1})
1					
2					
3					
4					

用逐差法处理数据($x_{i+1} = x_i +$步长),计算声速平均值和理论值,求相对误差。

3. 超声波测距(单探头测量物体距离)

次数 i 待测量	物体与探头距离 x/cm				
	1	2	3	4	5
标尺读数 x_i/cm					
屏幕读数 x_i/cm					
时间 t/μs					

比较两组数据,说明用单探头测距引起误差的原因。

【注意事项】

1. 实验时,应保持实验台平稳,以免对小车运动造成干扰而产生测量误差。

2. 在小车运动过程中,小车与信号发射换能器之间不得有物体遮挡。

【思考与练习】

1. 请举例说明多普勒效应的其他应用实例。
2. 为什么声波比光波更容易观察到多普勒效应？

【阅读材料】

马赫与马赫数

1. 科学家恩斯特·马赫

恩斯特·马赫(Ernst Mach,1838—1916)是奥地利物理学家、哲学家,经验批判主义的创始人之一。在物理学方面的主要著作有《力学及其发展的历史批判概念》、《热力学原理》和《物理光学原理》等,对牛顿经典力学的绝对时空观、运动观、物质观作了深刻的批判,其思想对爱因斯坦创立广义相对论起了积极的作用。马赫数为其研究成果,并以其命名。

2. 马赫数及其分类

马赫数(Mach Number,Ma 或 M)指流场中某点的速度与该点的当地声速之比值,为音速之倍数,用 Ma 或 M 表示,是一个无量纲数。以纪念马赫对超声速飞行的开拓性贡献而得名。1 马赫即 1 倍音速,大于 1 表示比声速快,小于 1 是比声速慢。

马赫数是高速流的一个相似参数。当可压缩性流体相对于几何形状相似的两种物体流动时,只要 Ma 相同,流动情况相似。Ma 值越大,空气(或其他气体)的压缩性影响越显著。

根据马赫数的不同,把流体分为以下几种流况:

(1)马赫数小丁 1 的流体(或飞行)称为亚声速(或飞行)。其中,$Ma<0.3$ 为不可压缩流,$0.3 \leqslant Ma \leqslant 0.8$ 为可压缩流。

(2)近乎等于 1 的流体(或飞行)称为跨声速(或飞行)。一般在 $0.8 \leqslant Ma \leqslant 1.2$ 范围。称物体表面最大流速处的当地马赫数为 1 时的来流马赫数为临界马赫数。

(3)大于 1 的流体(或飞行)称为超声速流体(或飞行)。一般在 $1.2 \leqslant Ma \leqslant 5$ 范围。

(4)对于 $Ma \geqslant 5$ 的流体(或飞行)可称为高超声速流体(或飞行)。

此外,还可细分为多种马赫数,如飞行器速度的飞行马赫数、气流速度的气流马赫数、复杂流场中某点流速的局部马赫数等。

3. 应用

马赫数在空气动力学中得到广泛应用,一般用于飞机、火箭等航空航天飞行器。

马赫数是速度与音速的比值,音速(即声音的传播速度)在不同高度、温度与大气密度等状态下具有不同数值,只是一个相对值,每"一马赫"的具体速度并不固定。

如果要把马赫数作为速度单位来使用,则必须同时给出高度和大气条件(一般缺省为国际标准大气条件)。如 Ma 1.6 表示飞行速度为当地声速 1.6 倍。

相对而言,在高空比在低空更容易达到较高的马赫数。例如,平流层空气稀薄,且只有水平方向气流,没有天气变化,空气阻力小,能见度高。在 0 ℃的海平面上,音速约为 331.45 m/s≈1 193 km/h;10 000 m 高空的音速约为 1 062 km/h。因此,无法将 Ma 值换算为固定的 km/h 或 mph(英里/小时,俗称"迈")等单位,马赫数不能作为速度单位使用。

飞行器的"飞行马赫数"指飞行器相对于静止大气的速度(空速)与当地声速之比,其中的静止大气具有一定的高度、温度与大气密度。例如,美国 SR-71"黑鸟"战略侦察机最大速度

Ma 3.2~Ma 3.5,为进气引擎最高速记录,D-21 高空高速无人机最大飞行速度 Ma 3.3~Ma 3.5,均未达到高超音速。高超音速一般是指流动或飞行的速度达到或超过 5 倍声速,即 $Ma \geqslant 5$。目前,国际上实现高超音速飞行的飞行器很少,洲际弹道导弹是其中之一,其弹头的再入速度远大于声速。值得一提的是,美国无人机 X-43A 突破 Ma 7,无人太空飞机 X-37B 在太空中达 Ma 25。

"1 小时打遍全球"是美国空军的梦想,现有技术已经赋予这种梦想走进现实的可能。例如,速度为 Ma 6 的高超音速飞行器,能在 6 小时内环绕地球一周,在 2 小时内打击地球表面任何一个目标。

据 2015 年 9 月 21 日媒体报道,我国某新型高超音速验证机试飞成功,意味着开始了高超音速飞机技术研究,但起步时间远远晚于美国。中国无人飞行器飞行速度达 Ma 3,飞行高度可达 30 km,作为战略侦察机,应对周边安全已经够用。

> 真正的科学是富于哲理性的,尤其是物理学,它不仅是走向技术的第一步,而且是通向人类思想的最深层的途径。
>
> ——玻恩

实验 19　用传感器特性测定人体血压与心率

　　人体心率、血压是人体的重要生理参数,心跳节奏、脉搏波形和血压高低可作为判断身体健康的重要依据。本实验既是医学物理实验,也是科普实验,可供课外阅读。

【实验目的】

　　1. 理解气体压力传感器的工作原理,测量其特性。

　　2. 理解人体血压测量原理,学会采用不同血压计测量血压方法。

　　3. 理解人体心率测量原理,学会用示波器观测脉搏波形。

【实验原理】

1. 压力与压力传感器

　　压力是一种非电量的物理量,在力学和工程上,压强也称压力,指垂直作用在物体单位面积上的力,单位为 Pa(帕),$1\ \text{Pa} = 1\ \text{N} \cdot \text{m}^{-2}$。有时也采用其他不同表示方法和计量单位,换算关系为 $1\ \text{mmHg} = 133.3224\ \text{Pa}(1\ \text{kPa} \approx 7.5\ \text{mmHg})$,或 $1\ \text{atm} = 760\ \text{mmHg} = 760\ \text{Torr}(乇)$ $= 1.013\ 25\ \text{bar}(巴) = 101\ 325\ \text{Pa}$。

　　测量压力方法很多,有液压式、机械弹性式、活塞式和电测式等。集成压力传感器是一种把感受压力的硅应变膜、应变电阻和采集应变信号的桥式电路、放大输出电路等集成在一起的半导体敏感器件,可制成电测式的数字压力计,直接显示被测压力。

　　压力传感器 MPS3100 系列具有良好线性度,工作电压为 $+5\ \text{V}$,气体压强范围为 $0 \sim 40$ kPa,随着气体压强变化输出 $0 \sim 75\ \text{mV}$ 电压,1、5 脚外接小电阻用于零压调整。其内部结构、引脚和电原理图如图 1 所示。

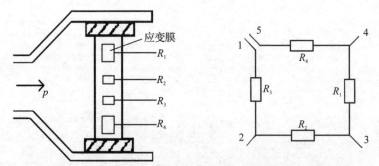

1—GND,地;2—＋Vcc,电源正极;3—OUT,信号输出;4——Vcc,电源负极;5—GND,地

图 1　气体压力传感器结构与电原理图

2. 血压及其测量方法[*]

(1)有关血压常识

　　血液在心脏节律性搏动下,循着心血管系统在全身周而复始地运行,形成血液循环。

　　血压就是血液循环时血管内流动的血液对单位面积血管壁的侧压力,即压强,来源于心脏射血。此压强直接作用于血液,通过血液再作用于血管壁上。因液体的流动性,血压不仅为血管内流动的血液对侧向血管壁的压强,还包括血液内部各个方向的压强。

血压分为动脉血压、静脉血压、毛细管血压和心脏内血压等。

在血液循环中,因存在血流阻力,压强能逐渐被消耗,血压也由高到低逐渐变化,腔静脉和右心房内血压已接近零,故通常所说的血压指动脉血压,且一般指主动脉血压。又因血压在大动脉中降落很小,故常以测量肱动脉血压为准。

由于心脏射血呈间断性,心缩期心脏射血,故动脉血压较高,最高值称"收缩压",中国健康成人安静时为 13.33～16.00 kPa(100～120 mmHg);心舒期心脏不射血,故动脉血压较低,最低值称"舒张压",正常值为 8.00～10.66 kPa(60～80 mmHg)。收缩压与舒张压之差值,称为脉搏压或脉压,正常为 4.00～5.33 kPa(30～40 mmHg),在一定程度上反映了心脏收缩能力。

测量血压记录数值一般以收缩压/舒张压表示。例如,测得某人收缩压为 16.0 kPa(120 mmHg),舒张压为 11.3 kPa(85 mmHg),可表示为 16.0/11.3 kPa(120/85 mmHg)。测量的血压值与被测者的情绪以及测量时间有关。血压的正常值为收缩压 90～140 mmHg,舒张压 60～90 mmHg,脉压为 30～40 mmHg。理想的血压值为收缩压＜120 mmHg,舒张压＜80 mmHg。

不同年龄段的收缩压范围不同,若舒张压超过 12.0 kPa(90 mmHg)可认为是高血压;而收缩压长期低于此值的,认为是低血压。40 岁以上成人每增加 10 岁,收缩压增加 10 mmHg。若血压过高,则心室射血量必然要对抗较大的血管阻力,使心脏负荷增大,心脏易于疲劳;若血压过低,则心室射出的血流量不能满足组织的正常代谢需要。

医生常把血压(Blood Pressure)简写为 BP,收缩压和舒张压各简写为 SP 和 DP。

(2)柯氏音法测量血压的原理

临床上,血压测量可分为直接法和间接法两种。柯氏音法是一种无创的间接测量人体动脉血压的方法,由俄国军医柯罗特可夫于 1905 年提出,因测量简便,在临床中得到广泛应用。柯式音法血压测量计由血压计、臂带和听诊器组成。

测量人体动脉血压的血压计主要有水银柱式、弹簧表式和电子式三种。水银柱式血压计通常包括有刻度盛水银的玻璃管以及橡皮管、橡皮囊臂带、乳胶球等。正常情况下,血液在血管内流动时是没有声音的;当血管受压变窄而形成血液涡流时,就有声音(血管音)产生。测量操作时,血压计的臂带系于上臂肱动脉处,如图 2 所示,把旋转阀按顺时针拧紧,用乳胶球打入空气以升高水银柱,同时用听诊器监听肱动脉搏动状况;当臂带内压力超过收缩压时,臂带压

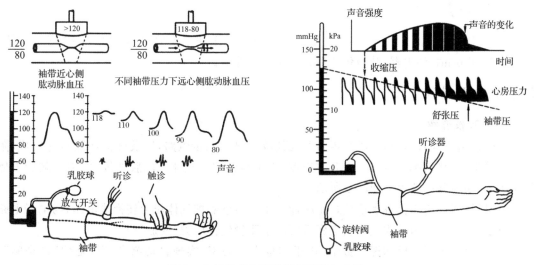

图 2　水银柱式血压计测量原理与方法

迫动脉使血流暂停,血管搏动消失,此时听不到血管音也触及不到桡动脉脉搏;然后松开旋转阀逐渐放气,降低臂带内压力。当臂带内压力略低于收缩压时,血流断续通过受压变窄的肱动脉,形成涡流而发出声音。因此,当血流通过动脉使跳动声音出现时,刚能听到声音时臂带内压力相当于收缩压,水银柱上的读数即为收缩压。

紧接着继续放气降压,随着臂带内压力降低,通过肱动脉血流量越多,血流持续时间越长,血管音越来越强而清晰,当臂带内压力等于或稍低于舒张压时,血管内血流由断续变为连续,失去了形成涡流因素而使血管音突然降低或消失。因此,血管音突变时臂带内的压力相当于舒张压,动脉跳动声音消失时,水银柱上的读数即为舒张压。

采用水银柱式血压计对操作者技术要求较高,有 5～15 mmHg 的差异是正常的。一般应重复测量 2～3 次,取读数平均值作为血压值。

此外,血压间接测量法还有示波法,用于血压监护仪和自动电子血压计,其测量方法与柯氏音法是一致的。

3. 心率及其测量方法

(1)心率与心律

心率是每分钟心脏搏动的次数,单位为次/分(次/min)。因年龄、性别和不同生理状态而异。正常成人安静状态下为 60～100 次/分,平均 75 次/分;新生儿可超过 140 ,后随着年龄增长而逐渐减慢,至青春期接近成人。女性略快于男性。经常锻炼或从事体力劳动者心率较慢,安静或睡眠时心率较慢,运动或情绪激动及妇女怀孕时则心率较快。

心律是心脏跳动的节律。正常人是很有规则的"窦性心律"。正常儿童和青年呼吸时心律可不规则,吸气时略快,呼气时减慢,称"窦性心律不齐"。心脏病或心脏神经调节功能异常时出现的心律不规则,称"心律失常"。

(2)心率与脉搏波测量

心脏在周期性波动中挤压血管,引起动脉管壁的弹性形变,在血管处测量此应力变化,即可获得心率和脉搏波。

利用压电传感器检测脉搏信号,通过电子电路显示心率值,同时通过示波器观测脉搏波形,分析心脏健康情况。

【实验器件】

FD-HRBH-A 型压力传感器特性及人体心律与血压测量实验仪(含 MDF727 型听诊器、臂带组件、100 mL 注射器、脉搏传感器),数字示波器等。

【实验仪器描述】

1. 实验仪介绍

实验仪由指针式压力表、压力传感器及其数字显示测量电路,以及脉搏计数器等组成,附件包括臂带(气袋)、听诊器、100 mL 注射器(用于缓慢注入气体)、乳胶球等,可用于测量人体的血压、心率与脉搏波等。如图 3 所示。

(1)指针式气压表代替水银柱式血压计。压力传感器把气体压力转换成电压,与电子电路组成数字血压计,用指针式气压表定标后可用于测量气体压力(或血压)。

(2)压电传感器组成脉搏计数器,用于测量人体心率,实现自动测量,有"复位"、"查阅"、"计次/存储"功能,还可输出脉搏波由示波器观测。

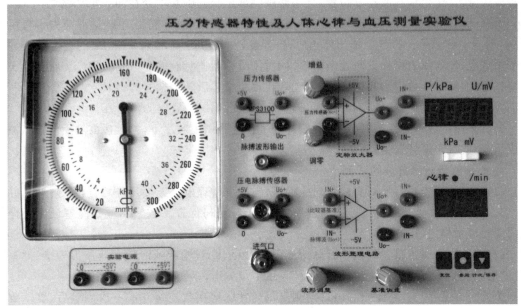

图 3 实验仪面板图

2. 压力表与听诊器简介

(1)指针式压力表是一种膜片气体压力表。当膜片内表面外加压力时,膜片随压力差而产生弹性变形(位移),经连杆和扇形传动机构传给小齿轮并予放大,使固定于齿轮上的指针回转,将被测值在度盘上指示出来。度盘上有 kPa 和 mmHg 两种刻度。

压力表为精密微压力表,测量量程宜在满刻度 4/5 范围,即 32 kPa;其中 0～4 kPa 为精度不确定范围,故实际测量范围为 4～32 kPa,最小分度值为 0.5 kPa。

(2)听诊器由振动膜、耳塞和传声管等组成。从体表听取体内声音的医疗诊断器具,简称听筒。主要用于胸部和腹部的听诊、测量血压等。

【实验内容与步骤】

1. 测量气体压力传感器 MPS3100 特性

气体压力传感器与定标放大器连接后,输出到数字电压表,并接入＋5 V 电源。开机预热 5 min,待电路稳定后才开始实验。数字下方两个琴键开关用于改变显示量程。

注射器与实验仪上"进气口"连通,缓慢推进注入气体以改变管内气体压强 p,测量对应输出电压 U,在 4～32 kPa 之间测量 8 个点。注意,加压不得超过 36 kPa。

2. 数字式压力计定标与血压测量*

(1)调零。当压力传感器为 0 kPa 时,若输出不为零,则可通过"调零"使之为 0。

(2)定标。臂带的两个气管分别与乳胶球、"进气口"相连。按压乳胶球可改变管路内气体压强 p,乳胶球上旋转阀顺时针拧紧用于充气,松开可放气;当指针式微压表上气体压强分别为 4 kPa 和 32 kPa 时,交替调整放大器"增益",使放大器电压输出对应为 40 mV 和 320 mV,则定标完成。按下琴键开关置 kPa 处,则数字表显示 10 mV 相当于气体压强 1 kPa,即可用实验仪上数字显示值表示人体血压或气体压强测量值。

(3)柯氏音法测量人体血压。将臂带中部对着上臂肱动脉,臂带下沿达肘窝 2～3 cm,按指示标识正向缠绕,缠绕松紧度一般应能使两个手指插到臂带与手臂之间为宜,再把听诊器听诊头插入臂带,定位放在肱动脉位置,且手臂被测部位与心脏基本处在同一水平线上。

听到脉搏音后,再按压乳胶球缓慢打气加压,同时注意监听,待肱动脉搏动消失再将压力升高 2.5~4 kPa,停止打气。加压停止后,松开旋转阀以每秒 0.3~0.6 kPa 的速率缓慢放出臂带中空气,使血压表指针读数逐渐下降,同时用听诊器监听脉搏音(柯氏音)。当听到第一次脉搏音时,血压计读数即为收缩压;当搏动音在逐步增强后转为杂音时,随即音调突然变闷,逐渐消失,当监听不到声音时即为舒张压,即最后一次听到脉搏音时为舒张压。

若舒张压读数不太肯定时,用乳胶球补气至舒张压读数之上,再缓慢放气后读数。测量完成后,先放气再解开臂带。

3. 心率测量与脉搏波的观测

(1)压电脉搏传感器接到实验仪对应插座,与波形整理电路连接,输出到数字显示表,并加入 +5 V 电源。脉搏波形输出接数字示波器,用于观测与保存。数字示波器时基设置为慢扫描的滚动显示模式(ROLL)。

(2)将压电脉搏传感器放在手臂脉搏最强处,以示波器能看到清晰脉搏波形为准。"基准调整"用于改变直流分量,调节"波形调整"显示适中波形,以便于观测。

按"计次/保存"键,在 1 min 内自动测出每分钟脉搏次数。每完成 1 次测量后,显示数字停止变化,再按"计次/保存",则保持上一次数据,开始下一次测量。按"查阅",可依次检阅存储的数据。按"复位"为清空数据。

【数据记录与处理】

实验室温度 $t =$ _____ ℃。

1. 测量 MPS3100 气体压力传感器输出特性

气体压强 p/kPa	4.0	8.0	12.0	16.00	20.0	24.0	28.0	32.0
输出电压 U/mV								

用 Excel 软件处理数据,画出 $U = f(p)$ 曲线,拟合出线性表达式,得出气体压力传感器灵敏度(斜率 k,mV/kPa)与相关系数 r(R 平方值)。

2. 测量血压

项目	第 1 次	第 2 次	平均值/ kPa
收缩压 SP/kPa			
舒张压 DP/kPa			

3. 测量心率与观测脉搏波形

时间节点	安静	运动后即时	2 min	4 min	6 min
心率 ν/(次/min)					

根据示波器波形,计算心率($\nu = 60/t = 60n/\Delta T$)。

【注意事项】

1. 请保持实验室和环境安静,以利于通过听诊器判断血管内血液流动声音。
2. 若血压超出正常范围,受试者应休息 10 min 后再测量;休息时,可解下臂带。

【思考与练习】

1. 为什么不能在短时间内反复多次测量同一人体血压?
2. 测定血压时,需要注意哪些事项?

> 发现的最大困难,在于摆脱一些传统的观念。
>
> ——贝尔纳

实验 20　电学基本实验

电学基本实验涉及实验操作规程及常用电工仪表与电学仪器的正确使用等内容,是后续相关实验的基础。

【实验目的】

1. 熟悉几种常用电学仪器设备的规格、性能及使用方法。
2. 理解分压电路和限流电路的控制方法。
3. 学习测量非线性电阻元件伏安特性的方法。

【实验原理】

请参考后面的阅读材料。

【实验器材】

直流稳压电源,多量程直流电流表,直流电压表,万用表,ZX21 型电阻箱,滑线变阻器(2 kΩ,600 Ω),小白炽灯(12 V/0.3 A)。

【实验内容与步骤】

1. 认识仪器与器件
了解其规格、结构与使用方法。正确使用有关仪表及掌握其读数方法。

2. 研究限流与分压电路

(1)限流电路

如图 1 所示,开关 K 位置 1、2 接多量程毫安表的两个不同量程接线柱,电源电压 $E=3$ V,变阻器 $R_0=1\,000$ Ω,负载电阻(电阻箱代替)$R=200$ Ω。

①计算 I_{max} 及 I_{min},选择电流表量程。

②计算电阻箱额定电流,判断电阻箱和变阻器的使用是否安全。

③把变阻器的阻值置于最大。

④接好线路,把开关 K 打到 1 的位置,改变滑线变阻器阻值,读出电流表和电压表的读数,记录到表 1 中(应根据电表误差记录有效数字)。

⑤把开关打到 2 的位置,读出电流表和电压表的读数。

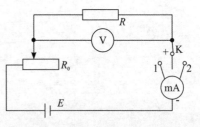

图 1　限流电路

(2)分压电路

在图 2 电路中,取 $E=3$ V,直流电压表用 3 V 挡,变阻器 $R_0=200$ Ω。

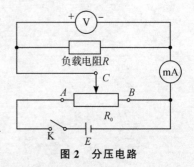

图 2　分压电路

①负载电阻(电阻箱代替)R 取 100 Ω,计算通过 R 支路的 I_{max},判断电阻箱和变阻器是否安全。

②负载电阻(电阻箱代替)R 取 500 Ω,计算通过 R 支路的 I_{max},判断电阻箱和变阻器是否安全。

③接好线路,并把变阻器的阻值置于最小,电阻箱阻值置于约 100 Ω 处,闭合开关,改变滑线变阻器,读出电压表和电流表的读数。

④断开开关,再把变阻器的阻值置于最小,电阻箱置于 500 Ω 处,闭合开关,改变滑线变阻器,读出电压表和电流表的读数。

3. 测量非线性电阻元件的伏安特性

(1)钨丝灯特性描述

实验用的小灯泡规格为 12 V/0.3 A,为低压小功率钨丝白炽灯。

当灯泡两端外加电压后,电流通过钨丝产生功耗,使灯丝温度急剧上升,电阻增加。未加电压时的灯丝电阻称为冷态电阻,外加额定电压时测得的电阻称为热态电阻。金属钨的电阻温度系数约为 $4.8 \times 10^{-3}/℃$,为正温度系数,其冷态电阻小于热态电阻。在一定的电流范围内,电压和电流的关系为

$$U = KI^n \tag{1}$$

式中,U 为灯泡二端电压,I 为灯泡流过的电流,K、n 为与灯泡有关的常数。

通过两次测量 U 和 I,可求得常数 K 和 n 的值。

$$n = \lg \frac{U_1}{U_2} / \lg \frac{I_1}{I_2} \tag{2}$$

$$K = U_1 I_1^{-n} \tag{3}$$

(2)测量小白炽灯电阻的伏安特性

灯丝电阻在额定电压 12 V 范围内,约为几欧到一百多欧,电压表在 20 V 挡内阻为 1 MΩ,远大于灯泡电阻,而电流表在 200 mA 挡时内阻为 10 Ω 或 1 Ω(因准确度等级不同而不同),和灯丝电阻相比相差不多,宜采用电流表外接法测量,如图 3 所示电路。

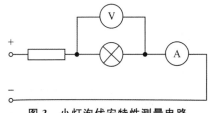

图 3　小灯泡伏安特性测量电路

钨丝点亮时的温度很高,其端电压不得超过额定电压 12 V,否则,灯丝会烧断。通电前,必须确认直流稳压电源的输出电压不超过 12 V 或处于关闭状态。

【数据记录与处理】

1. 万用表测量电阻、电流、电压

利用万用表测量图 1 电路的电流和电压,自行实践。

2. 限流电路

$E=$ _____ ; $R=$ _____ , $R_0=$ _____ ; 限流范围 $I_{max}=$ _____ , $I_{min}=$ _____ ;

电流表量程(选两种)= _____ ; 电阻箱额定电流= _____ 。

变阻器/div	0	10	20	30	40	50	60	70	80	90	100
量程 1 电流/mA											
电压/V											
量程 2 电流/mA											
电压/V											

观察仪表的铭牌,根据电路形式,判断电阻箱和变阻器是否工作在安全的范围。

计算电流表的两种量程的误差,比较两组测量数据,讨论用哪个量程测量电流更准确。应如何选择量程?

3. 分压电路

$E=$ _____ ; $R=$ _____ , $R_0=$ _____ ; $I_{max}=$ _____ 。

变阻器/div	0	10	20	30	40	50	60	70	80	90	100
电压/V											
电流/mA											

观察仪表的铭牌,根据电路形式,判断电阻箱和变阻器是否工作在安全的范围。

$E=$ _____ ; $R=$ _____ , $R_0=$ _____ ; $I_{max}=$ _____ 。

变阻器/div	0	10	20	30	40	50	60	70	80	90	100
电压/V											
电流/mA											

在同一坐标纸上作出以上两条曲线(变阻器格数为横坐标,电压值为纵坐标),结合两条曲线讨论分压电路中变阻器的选择。

比较限流电路和分压电路中电压变化情况和电流变化情况。

4. 测量小白炽灯电阻的伏安特性

通过改变电源的输出电压,逐步增加灯泡的端电压,每间隔 0.5 V 进行测量,记下相应的数据。

电压表读数/V	电流表读数/mA	电压表读数/V	电流表读数/mA
...	...	...	...

在坐标纸上画出灯泡伏安特性曲线。

选择其中两组数据,计算 K 和 n 的值,并建立(1)式,进行多点验证。

【思考与练习】

1. 设负载电阻 $R=500$ Ω,要求控制电流范围为 $1.4\sim8.0$ mA,请设计一个限流电路。

2. 若直流电压表的量程为 3 V,准确度等级为 1.0 级,则当读数为 2.624 V 时,其误差等于多少? 如果是一次测量,应如何表达?

3. 准确度等级为 0.1 级,额定功率为 0.25 W 的电阻箱,若电源为 6 V,电阻箱取值 43.7 Ω 和 12.5 Ω,是否安全?

4. 说明实验室某一型号电流表(或电压表)标度盘上符号的含义。

5. 指示仪表与较量仪器有何区别?

6. 说明白炽灯的伏安特性的特点。

【阅读材料】

电磁学实验操作规则与常用仪器简介

为了更好地完成电磁学实验,必须熟悉一般的操作规则,熟悉常用实验仪器与器件的结构及使用方法。

1. 电磁学实验操作规则

(1)按照"走线合理,实验安全,便于操作,易于观察"的原则安排仪器布局。在理解电路原理、仪器性能和使用方法的基础上,把经常要操作的仪器放在近处,要读数的仪器放在眼前,做到布局合理。

(2)按照"先接线路,后接电源;先断电源,后拆线路"的操作规程,预置旋钮安全位置,设置合适参数和量程等。例如,各变阻器要调至安全位置,限流器的阻值调到最大,分压器要调到输出电压最小的位置;不知电压或电流大致数值时,应使电表处于最大量程;检流计的保护电阻应调至最大阻值;各仪表的正负端要连接正确,以防接通电源时,电路中电流或电压过大损坏仪表或元件。

(3)按照"主次分明,边接边查"的方法,选择回路接线和查线。接线时,先连接主回路,再连接其他部分,从电源正极出发,接完主回路,回到电源负极,依次再接下一个回路。电源先不要接入,开关也要断开。查线也用同样方法。

(4)按照"跃接法(即时通或断)操作"的方法接通电源。接通电源做瞬态实验,观察线路有无异常,同时,观察各仪表是否正常。排除出现的故障后,方可进行正式实验。

(5)测得实验数据后,应依据理论知识来判断数据是否合理,有无遗漏,是否达到了预期的目的,复核后,才能拆除线路,避免"返工"。实验完毕,将仪表调回安全位置,整理现场。

2. 常用电学仪器简介

(1)直流稳压电源

LPS-305 型直流稳压电源是一款采用数字按键操作,直观显示工作状态,数控式、可设定电压和输出电流的直流稳压电源,其面板如图 1 所示。采用稳压数控调节及定电流输出,按键式键盘直接设定输出,2×16 点矩阵背光液晶显示器,同时显示两组电源的电流、电压及其输出状态。输出具有过载和短路自动保护等功能。三组输出,一组固定,两组可调,通过组合,范围可达＋32 V/－32 V,其组合方式可参考图 2。

各按键大部分具有双重功能。首先作为模式设置,根据显示的提示,仅在需要输入数值时,才作为数字按键使用。

下面仅介绍部分功能键的使用方法,功能类似的按键不再重复。

＋VSET:正电压输出控制键,用以显示或改变电压设定。

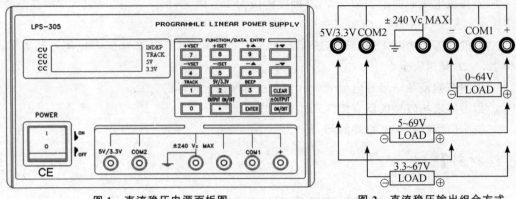

图1　直流稳压电源面板图　　　　　图2　直流稳压输出组合方式

＋ISET:正电流输出控制键,用以显示或改变电流设定。

＋▲:正输出控制键。在电压输出模式,用于步进增加(细调)电压值;在恒电流输出模式,用于步进增加电流值。步进电压值为10 mV,步进电流值为1 mA。若按住此键不放,将以步进值一直增加,直到放手或设定的最大值为止。

TRACK:选择正电源与负电源的输出状态为同步或独立,同步状态表示负电源与正电源输出等值,但极性相反;独立状态表示正、负电源设定为不同的输出值。

5 V/3.3 V:选择固定电压5 V或3.3 V,使之处于输出状态或预备状态。

ENTER:输入所有设定的数值后,用于数值的确认。

CLEAR:清除已设定的数字,使之回到原先的状态。

±OUTPUT(ON/OFF):按动ENTER确认数值后,正负电压是否输出或处于预备状态,可通过此键进行控制,即选择正与负电源输出是同时在输出状态或预备状态。按动时,液晶显示器回到无输出模式(ALL OUTPUT OFF)或输出模式(ALL OUTPUT ON)。

显示屏两边有方形指示点,如图3所示。左边用于表示电源处于定电压(CV)模式或定电流(CC)模式。右边表示负电源与正电源处于独立(INDEP)或跟踪(TRACK)模式。方形点闪亮表示电源工作在对应的设定模式下。

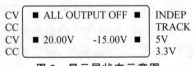

图3　显示屏状态示意图

若要输出7.5 V,操作方法为:按＋VSET,按7、. 和5(可按CLEAR退格清除),按ENTER确认,最后按±OUTPUT输出电压(再按一次转为预备状态)。按＋ISET等操作,可把输出电流限制在设置值的范围内。按键时,应注意观察显示屏的变化。

(2)电阻箱

电阻箱是由若干个阻值准确的固定电阻按一定的方式组合在一起,通过转换开关连接或改变阻值的仪器,其内部线路如图4所示。

电阻箱的阻值可由面板读出,各旋钮的读数乘以相应倍率之和,即为阻值。

图中总电阻$R=9\times(0.1+1+10+100+1\,000+10\,000)=99\,999.9\,\Omega$。根据需要,选用"0"(D)以及其他接线柱(A、B或C),以减少旋钮接触电阻和接线电阻对读数的影响。例如,当需用小电阻时,可使用电阻箱的C、D(总电阻$R=9\times0.1\,\Omega=0.9\,\Omega$)或B、D[总电阻$R=9\times$

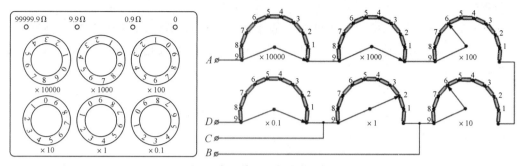

图 4 电阻箱外形与内部结构图

$(0.1+1)\ \Omega=9.9\ \Omega]$两端。

使用时,要注意电阻箱各挡容许通过的电流大小是不同的。一般电阻箱都标出额定功率,未标出额定功率时,视其额定功率为 0.25 W。

步进电阻 R_S/Ω	0.1	1	10	100	1 000	10 000
额定电流 I/A	1	0.5	0.15	0.05	0.015	0.005

有些电阻箱上只标明了额定功率 P,其额定电流可由 $P=I^2R$ 求得。

标准电阻箱的准确度可分为多个等级,例如,ZX21 型电阻箱的准确度等级为 0.1 级。实验室约定,在通常的教学条件下,0.1 级电阻箱的阻值不确定度 Δ_R 简化为

$$\Delta_R=R\times0.1\%+0.005(N+1)\ \Omega$$

其中,R 为实际取用的电阻,N 为实际使用的十进电阻盘个数,如用 A、B 两端、B、C 两端或 B、D 两端时,N 分别为 4、1、2。

(3)滑线变阻器

滑线变阻器是将电阻丝均匀绕在绝缘瓷管上制成的,有两个固定的接线端 A、B,一个接在 C 上的滑动端可沿电阻圈滑动,用于改变 AC、BC 间的阻值。

滑线变阻器的主要规格有全电阻(AB 间的电阻)和额定电流(允许通过的最大电流)。

滑线变阻器在电路中有两种不同接法,分别称为限流器和分压器,如图 5 和图 6 所示。

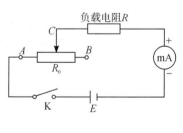

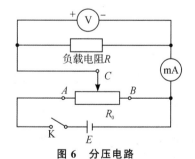

图 5 限流电路   图 6 分压电路

①限流器

限流器又称制流或限流电路,通过改变可变电阻器的阻值来改变回路总阻值,从而达到控制电流的目的。为保证安全,在接通电路前应把 C 点滑至 B 端,使电流最小,待接通电源后,再慢慢把 C 点由 B 点滑至所需位置。

②分压器

分压器又称分压电路,输出电压可随 C 点滑动不同位置而改变,可取得 AB 之间的任一电压值,连续可调。为保证安全,在接通电路前,应滑动 C 使可变电阻 BC 为 0;接通电路后,再根据需要滑动 C 至合适的位置。

③限流与分压电路的选择

在限流电路中,由于电流有一个变化范围,R 上的电压也有一个变化范围。

当 $I=I_{\min}$ 时,电压最小,即 $V_R=\dfrac{E}{R_0+R}\cdot R$;

当 $I=I_{\max}$ 时,电压最大,即 $V_R=\dfrac{E}{R}\cdot R=E$。

实际上,限流电路不仅能调节 R 上的电流,还能控制 R 上的电压。与分压电路比较,限流电路调节电压的范围较小,但比分压电路少了一条支路。若使用同一个电阻,限流电路消耗的能量就小些,所以,在消耗功率较大的电路中,通常采用限流电路来调节电压较为适当。

当用电部分等效为负载电阻,数值较小,且要求电流或电压变化比较小时,一般采用限流电路。当负载电阻比较大,要求电压从 0 开始,变化范围比较大时,宜采用分压电路。若负载电阻较小,要求电流及电压变化范围又较大时,也可考虑分压与限流电路混用,如图 7 所示。

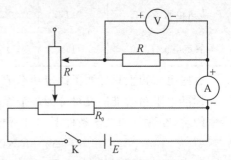

图 7　限流与分压电路的选择

④限流电路和分压电路选择举例

【例 1】　负载电阻为 40 Ω,要求电压变化范围为 0.8～3 V,电源电压取 3 V,电源控制部分应采用限流电路还是分压电路?

根据要求,可求出电流的变化范围为 20～75 mA,电流比较大,电压变化比较小(即电压不要求从 0 开始),一般选择限流电路,可求出变阻器 R_0 为 110 Ω,选择阻值为 200 Ω。

若采用分压电路,根据分压电路的变阻器选择原则 $R_0\leqslant R/2$,可求出 $R_0\leqslant 20$ Ω,小阻值的变阻器规格较少,且功率消耗较大,因此,选择分压电路不合适,故取 220 Ω 的阻值。

【例 2】　负载电阻为 600 Ω,电压变化范围为 0.8～3 V,电源电压为 3 V,电源控制电路应采用什么电路?

根据要求,可求出电流的变化范围为 1.33～5 mA,电流较小。若用限流电路,其变阻器的阻值较大,即大于 1 650 Ω,调节比较困难,且此规格的变阻器也比较难找。若采用分压电路,根据分压电路变阻器的选择原则,变阻器阻值小于等于 300 Ω,可选用 200 Ω 的变阻器,即可符合题目要求。

(4)机电式仪表

电工测量通常分为直读法和比较法两种。根据其结构和用途不同,对应的测量工具也有指示仪表和较量仪表之分。

①指示仪表

指示仪表是应用最为广泛的一类电工仪表。通常指各种交、直流电压表和电流表,以及指针式万用表等。指示仪表是一种直读式仪表,通常由测量机构和测量电路两部分组成,其特点是将被测电量转换为驱动仪表可动部分偏转的转动力矩,指针偏转角大小反映了被测电学量的大小,直接从标尺上读出测量值。

依测量机构工作原理的不同,指示仪表包括磁电式、电磁式、电动式、整流式、热偶式、兆欧表、静电式和感应式等,前三种最常用。

实验室常用磁电式电表,一般用于直流测量,图 8 所示为磁电式表头的基本结构。当电流通过线圈时,线圈受磁力矩作用而使指针发生偏转,同时也受到螺旋式游丝的反力矩,两者平衡时,固定在线圈上的指针稳定地指向面板的某一刻度。指针的偏转角度与流过线圈的电流成正比,因而刻度是线性的。表头内阻 R_g 通常指表头线圈、限流可变电阻与引线电阻之和。表头允许通过的电流一般很微小,通过改装与扩大量程,即可组成各种指针式直流电表。对于交直流两用的仪表,内部还有整流装置。

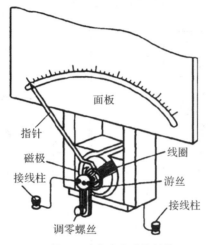

图 8　磁电式表头的结构

这种利用永久磁铁来使通电线圈偏转的仪表就是磁电式仪表,具有较高的灵敏度和准确度,功耗小,线性标尺长,读数方便,灵敏度范围宽等特性,一般用于直流测量。

按准确度等级分类,指示仪表分为七级,如表 1 所示。准确度等级反映仪表的基本误差范围。一般 0.1 和 0.2 级用于校准,0.5～1.5 级用于实验室测量,1.5～5.0 级用于工程测量。电表表盘上用标识来反映电表的技术性能及规格。

表 1　指示仪表的准确度等级分类

仪表的准确度等级	0.1	0.2	0.5	1.0	1.5	2.5	5.0
基本误差%	±0.1	±0.2	±0.5	±1.0	±1.5	±2.5	±5.0

按测量对象的不同,有电压表、电流表、功率表和频率表等。

按工作电流种类不同,有直流、交流以及交直流两用之分。这里主要介绍直流电压表(直流电流表)。表 2 列出了电气仪表表盘上常用标识及其意义。

②较量仪表

较量仪表是利用直接比较方式进行测量的指示仪表,如各类交、直流电桥、电位差计等。较量仪表一般用于高精度测量或校准指示仪表。

此外,还有数字式仪表、记录式仪表以及一些用于扩大仪表量程的装置,如分流器、测量用的互感器等。

习惯上,把指示仪表简称为仪表,较量仪表简称为仪器,而用于电工测量的仪表和仪器统称为电工仪表。

表 2　电气仪表表盘上常用标识及其意义

类别	名称	符号	意义	类别	名称	符号	意义
电表类型	磁电系	(符号)	表示电表的基本结构	准确度等级	0.1 级	0.1	一般标准用表
	整流系	(符号)			0.2 级	0.2	
	电动系	(符号)			0.5 级	0.5	一般测量或指示数值用,以标度尺量限百分数表示
	电磁系	(符号)			1.0 级	1.0	
	热电系	(符号)			1.5 级	1.5	
	静电系	(符号)			2.5 级	2.5	
	感应系	(符号)			5.0 级	5.0	
方位	电表竖立放置	⊥	表示电表表面放置的方向	电表种类	直流	—	表示电表可测的电学量类型
	电表水平放置	⌐			交流(单相)	∼	
	电表与水平成 60°	∠60°			交直流两用	≃	
防外磁场	不进行绝缘试验	·	磁电式		交流(三相)	≋	
	一级防外磁场	(符号)		其他	高压警示	⚡	
	二级防外磁场	Ⅱ			耐压 2 kV	2 kV	
	三级防外磁场	Ⅲ			内阻表示法	Ω/V	
	四级防外磁场	Ⅳ			绝缘试验电压 500 V	☆	经受交流电压 50 Hz/2 kV 历时 1 分钟试验

(5)电流表(安培表、毫安表、微安表)

常用于测量电流的有磁电系、电磁系和电动系三种类型。以磁电系电流表的灵敏度和准确度最高,应用最为广泛。而测量交流电流时,只能选用电磁系或电动系的电流表。

电流表用于测量流过电路的电流大小,量程和内阻是表征其规格最重要的指标。

量程,即指针偏转满度时的电流值。一般电流表的内阻大都在 $0.1\ \Omega$ 以下。

实验室常用的直流电流表如 C31-A 型,等级为 0.5 级,内阻较小,在 $10^{-3}\ \Omega$ 至几欧范围内变化,量程可变化的范围很大,共有 12 个不同量程,由 $0\sim7.5\ \text{mA}$ 到 $0\sim30\ \text{A}$,利用插塞转换量程。电表量程越大,内阻越小。

（6）电压表（伏特表、毫伏表）

磁电系、电磁系和电动系测量机构都可以用于制作电压表。而磁电系电压表只能测量直流电压，电磁系和电动系电压表可以交、直流两用。

电压表用于测量电路中两点间电压的大小，量程和内阻是表征其规格最重要的指标。

量程表示指针满偏时的电压值，即指针偏转满度时的最大电压值。例如，量程为 0-3 V-6 V 的电压表，表示有 3 V 和 6 V 两个量程，当加上 3 V 或 6 V 电压时，指针偏转满度。

内阻指电表两端之间的电阻。同一电压表的不同量程，其内阻不同。例如，量程为 0-3 V-6 V 的电压表，两个量程的内阻分别为 3 000 Ω 和 6 000 Ω。由于各量程的每伏欧姆数都是 1 000 Ω/V，因而电压表的内阻一般用 Ω/V 统一表示。量程的内阻的计算式为：内阻＝量程 × 每伏欧姆数。

C31-V 型是实验室常用的直流电压表，等级为 0.5 级，内阻较高，量程可变化的范围很大，可由 0～45 mV 到 0～600 V，利用插塞进行量程转换。量程越大，内阻越高。

对于同一量程和等级的电表，测量值越大，即指针偏转越大，测量的相对误差越小，准确度也就越高，最大限度地达到电表所规定的准确度。

在正确选择所需量程后，只要将插塞插入该量程孔，即可使用。若要改变量程，应先切断电源，再拔出插塞，插入相应量程孔中，再接通电源。

（7）直流电流表（直流电压表）的使用

①选择电表

根据待测电流（或电压）的大小，选择合适量程的电流表（或电压表）。量程需大于待测值。如果选择的量程小于电路中的电流（或电压）值，会使电表损坏；如果选择的量程太大，指针偏转角度太小，读数就不准确，测量精确度降低。使用时，应事先粗略估计待测量的大小，选择稍大的量程试测一下，再根据试测值选用合适的量程，读数以略大于满度值的 2/3 为佳。等级的数字越小（级别越高），仪表准确度越好。

②电流方向

直流电表指针的偏转方向与所通过的电流方向有关，接线时应注意电表上接线柱的"＋"、"－"标记。电流应从标有"＋"号的接线柱流入，从标有"－"号的接线柱流出。切不可把极性接错，以免损坏指针。

③电表的连接

电流表必须串联在电路中。电压表必须与待测电压的两端并联。

④视差问题

读数时，必须使视线垂直于刻度表面，以尽量减少由于读数而引起的附加误差。级别较高的精密电表的表面刻度尺下方装有平面反射镜，读数时，应使指针及其在平面镜中的像相重合，眼睛、指针及指针的像三者成一直线，指针所对准的刻度才是电表的准确读数。

（8）万用表

万用表有模拟式和数字式之分，是一种多功能、多量程的便携式仪表，可用于交、直流电压和电流以及电阻等电学量的测量，用途极为广泛。

使用万用表时，应根据测量对象，学会正确选择测量功能及其量程，以保证测量的准确性。

数字万用表能够把测量结果直接用数字显示，具有准确度高，灵敏度高，测量速度快等特点。除了基本功能外，还有电路短接和二极管导通电压等测量功能，有的还可以测量三极管的直流放大倍数以及电容、温度等。普通的有 $3\frac{1}{2}$、$4\frac{1}{2}$ 位等多种规格。可测量的位数越多，精度就越高,价格也相应提高,但因转换速率的关系使测量显示变慢,因此,应根据实际需要,合理选择。通常选用 $3\frac{1}{2}$ 位即可,其中 $\frac{1}{2}$ 表示显示的首位仅能是 0、1 或符号。使用时,应熟悉电源开关、量程开关、插孔以及特殊插口,尤其是电流插口。

(9)开关

电子电路中,通常用开关接通和切断总电源或变压器电源。

开关的种类繁多,通常以它的刀数(即接通或断开电路的金属杆数目)及每把刀的掷数(每把刀可以形成的通路数)来区分开关。实验中,常用的开关有单刀单向、单刀双向、双刀双向、双刀换向等类型,如图 9 所示。类似的还有拨动开关、微动开关、波段开关、继电器等。

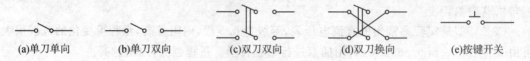

(a)单刀单向   (b)单刀双向   (c)双刀双向   (d)双刀换向   (e)按键开关

图9　常用开关电路符号

> 与其夸大而胡说,不如宣布那个聪明的、智巧的、谦逊的警句:"我不知道。"
>
> ——伽利略

实验 21　静电场的模拟与描绘

带电体(有时也称为电极)在空间形成静电场,场的分布是由电荷的分布、带电体的几何形状及周围介质所决定的。由于带电体的形状复杂,除极简单的情况外,大都不能求出电场分布的解析解,一般需借助实验方法来测定,即电场的分布只能靠数值解法求出或用实验方法测定。实际上,用数学模型解决非规则场的分布,也是不易做到的。

实验中,通常采用模拟法。即仿造另一个电场(称为模拟场),使它与原静电场基本一致,当用探针去探测模拟场时,对场不产生干扰,因而可间接地绘制被模拟的静电场。

模拟法可用于电子管、示波管、电子显微镜等多种电子束管内部电极形状的研制工作。

【实验目的】

1. 了解用模拟法测量物理量的原理和方法,熟悉不同电极静电场的分布。
2. 学会用模拟法研究静电场,理解模拟的实验条件与做法。
3. 加深对电场强度和等势面概念的理解。

【实验原理】

采用直接测量电势的方法来描述静电场的分布仍然很困难。首先,对于观察者而言,静电场是静止的电场,电场区域不能有电荷运动,不能采用磁电式仪表(如伏特计)测量电压的方法直接测量电场中的电势。其次,当测试探针放入待测的静电场时,探针上产生的感应电荷或束缚电荷而形成的电场将叠加在原电场上,使被测电场产生显著的畸变,测量区域已不再是原电场,使测量失去意义。

为了解决上述问题,实验室通常采用间接测量的模拟法来实现。

1. 稳恒电流场与静电场的物理相似性条件

模拟法就是利用空间几何形状和物理规律等条件在形式上相似的原理,采用稳恒电流场模拟静电场,通过间接测量,描绘静电场分布,把不便于直接测量的物理量,在相似的条件下间接地实现的方法,是科学实验常用方法之一。

为了使稳恒电流模拟的静电场结果具有实际意义,模拟用的电流场必须具备物理的相似性,即满足以下三个条件:

(1)电流场与静电场存在着一一对应的物理量。

(2)对应的物理量所遵循的数学规律具有相同的形式。

(3)边值条件具有相同的形式。

理论与实验表明,稳恒电流场和静电场都是保守力场,均可引入电势,也都遵守高斯定理和拉普拉斯方程。只要两者边界条件(包括几何条件)相同,电流场的电势分布与静电场的电势分布为一一对应关系。

采用模拟法测量稳恒电流场中的电势比测量静电场中的电势简单,且易于实现,虽测量精度较低,但对一般工程设计已能满足要求。以下以同轴电缆为例,介绍其工作原理。

2. 同轴电缆在横截面上的静电场分布

如图 1 所示为一圆柱形同轴电缆,设内圆筒半径为 R_1,外圆筒半径为 R_2,电荷线密度为

±λ。根据高斯定理,圆柱形同轴电缆电场的电场强度为

$$E = \frac{\lambda}{2\pi\varepsilon r} \qquad (1)$$

式中,r 为场中任意一点到轴的垂直距离。

两极之间的电位差为

$$U_1 - U_2 = \int_{R_1}^{R_2} \frac{\lambda}{2\pi\varepsilon r} \mathrm{d}r = \frac{\lambda}{2\pi\varepsilon} \ln \frac{R_2}{R_1} \qquad (2)$$

设外极板电势 $U_2 = 0$,内、外电极板间产生的电位差为 U_0,由对称性可知,电力线沿半径呈辐射状,等势面是不同半径的柱面,则

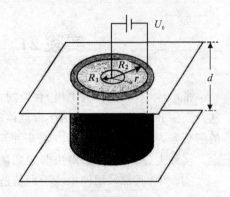

图 1　同轴电缆模型

$$U_0 = U_1 = \frac{\lambda}{2\pi\varepsilon} \ln \frac{R_2}{R_1} \qquad (3)$$

任一半径 r 处的电位为

$$U_r = \int_r^{R_2} \frac{\lambda}{2\pi\varepsilon r} \mathrm{d}r = \frac{\lambda}{2\pi\varepsilon} \ln \frac{R_2}{r} \qquad (4)$$

消去 λ,得

$$U_r = U_0 \frac{\ln(R_2/r)}{\ln(R_2/R_1)} \qquad (5)$$

为了用一个稳恒电流场来模拟上述电场,两者电势分布的数学形式必须相同,要求电极与圆柱形带电体相似,尺寸与实际场有一定比例,保证边界条件相同。同时,导电介质采用阻率比电极大得多的材料(本实验采用导电微晶材料),且各向同性均匀分布。

设有与同轴电缆的横截面形状完全相同的电极,其间充满电阻率为 ρ 的导电介质。选取外柱面为零电势,内柱面的电极上加一直流电压 U_0,则在两极间形成一稳恒电流场,如图 2 所示。

选取半径为 r 到半径 $(r + \mathrm{d}r)$ 的圆周之间薄层,厚度为 d,其电阻为

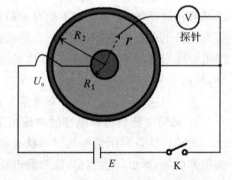

图 2　稳恒电场模型

$$\mathrm{d}R = \rho \frac{\mathrm{d}r}{S} = \frac{\rho}{2\pi d} \frac{\mathrm{d}r}{r} \qquad (6)$$

从内柱面到外柱面之间薄层电阻为

$$R_{1,2} = \frac{\rho}{2\pi d} \ln \frac{R_2}{R_1} \qquad (7)$$

从半径为 r 的圆周到外柱面间薄层的电阻为

$$R_{r,2} = \frac{\rho}{2\pi d} \ln \frac{R_2}{r} \qquad (8)$$

从内柱面到外柱面的总电流为

$$I_{1,2} = \frac{U_0}{R_{1,2}} = \frac{2\pi d}{\rho \ln(R_2/R_1)} \cdot U_0 \qquad (9)$$

半径为 r 的圆周相对外柱面之间电势为

$$U_r = U_0 \left(\frac{R_{r,2}}{R_{1,2}} \right) = U_0 \frac{\ln(R_2/r)}{\ln(R_2/R_1)} \tag{10}$$

由式(5)和(10)可见,模拟电流场与静电场的电势分布具有完全相同的形式。

也可以根据欧姆定律的微分形式 $j = \sigma E$ 推导,得到稳恒电场 E 的大小与 r 成反比,与式(1)具有相同的形式,则其两极间的电压形式也必然相同。

由(10)式,得

$$r = R_2 \left(\frac{R_1}{R_2} \right)^{-\frac{U_r}{U_0}} \tag{11}$$

已知 R_1、R_2 和 U_0,由上式即可求出 U_r-r 关系。

3. 模拟静电场的测绘方法

在实际测量中,只要测量等势线,根据电力线和等势线的正交关系,描绘出电力线分布,就可以形象地反映出电场分布的情况。为了提高测量精度,要求测量电势的仪表(电压表)基本无电流流过,因此,实验中采用高输入阻抗的数字式电压表。用同步探针测量场中不同点,电压表显示不同数值,找出电势相同点,即可画出等势线。

【实验器材】

模拟静电场测绘仪(同步探针,各种形状电极,直流稳压电源),直尺等。

【实验仪器描述】

静电场测绘仪由双层固定支架、同步探针和数显式直流稳压电源组成。双层固定支架提供同心圆、平行电线、聚焦和劈尖等四种不同类型的电极,上层放记录纸,下层为模拟电场的电极,电极直接制作在导电微晶上,并将其连线引出至接线柱,以方便连接和测量,如图3所示。磁条用于压住记录纸,便于测量。

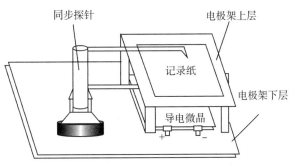

图3 模拟静电场及其测量支架

把电源的"输出"连接到模拟场的两个电极,"探针测量"接同步探针(共用负极)。

打开电源开关,"校正-测量"置校正,此时显示的是电源的直流输出电压,通过"电压调节"可改变其输出电压。"校正-测量"置测量,此时显示的是探针两极的电压。切换"校正-测量",移动探针,读取电压值。

【实验内容与步骤】

用稳恒电流场分别模拟同轴电缆、聚焦电极、平行导线电极的静电场分布。

1. 连接电路和准备工作

连接好电路,调节电源的输出电压,使模拟电极的电压 U_0 为 10.0 V,先"校正"后"测量"。把自备的记录纸平放在模拟装置的上层支架上,并用磁条压平。

2. 测绘同轴圆柱形电极间等电势线和电力线的分布

在双层支架上,同步移动探针,并使探针在下层的导电微晶上缓慢移动,找到等势点时用上层的探针按压记录纸,记录纸上点的位置对应于电压表的示值,相同的电压值即为等势点。先确定内外电极的位置和形状,便于画图,然后选择恰当的测点间距,分别测量 10.0 V、6.0 V、4.0 V、3.0 V、2.0 V、1.0 V 和 0.0 V 各电势点的等势线,每条等势线的测量点不得少于 9 个,如图 4 所示。

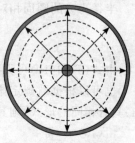

图 4　同轴电缆电力线

3. 测绘电子枪聚焦电场的分布

阴极射线示波管的聚焦电场由第一聚焦电极 A_1 和第二加速电极 A_2 组成,A_2 的电位比 A_1 的电位高。电子经过此电场时,由于受到电场力的作用,使电子聚焦和加速。通过此实验可了解静电透镜的聚焦作用,加深对阴极射线示波管的理解。

把模拟电极换成电子枪聚焦电极,如图 5 所示。先确定电极的位置与形状,再分别测量 10.0 V、9.0 V、8.0 V、7.0 V、6.0 V、5.0 V、4.0 V、3.0 V、2.0 V、1.0 V、0.0 V 各电势点的等势线。一般先用铅笔确定四个电极的位置和 5.0 V 的等位点,因为这是电极的对称轴,以便于画等势面图。

由对称性,只要画出一边即可得出完整曲线。

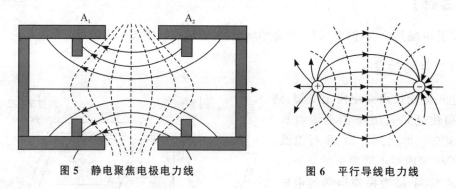

图 5　静电聚焦电极电力线　　　　　　图 6　平行导线电力线

4. 平行导线电极静电场的测量

把模拟电极换为平行导线电极,描绘出静电场的分布图,如图 6 所示。

【数据记录与处理】

本实验为描点作图,不必进行不确定度计算,但要求在测绘等势线(面)的记录纸上用虚线描绘出电力线图和等势面。记录的点数越多,画出的图形就越直观。

1. 测绘同轴圆柱形电极的等势线和电力线

用直尺测量圆柱体电极半径 R_1(mm)和内侧半径 $R_{2,in}$(mm),取两极间电位差 $U_0 = 10.0$ V。各测量值的符号对应图 7 情况。

测量点电压 V_m/V	1.00	2.00	3.00	4.00	6.00
等势面半径 r_m/cm					
理论值 V_L/V					
$E_r = \lvert V_L - V_m \rvert / V_L$					

其中，V_m 为探测点与外电极间电位差的实验测量值；r_m 为探测点与环中心的平均距离，据此计算公式中的理论值 V_L。

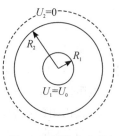

图 7　同轴体电力线

（1）描绘同轴电缆电场分布和等势面：根据一组等势点找出圆心，依次绘出各电势的等势线和电力线（等势线 5 条、电力线 8 条，注意确定电力线的起止位置）。

（2）用直尺量出不同电压所对应等势点的半径 r_m，并求其平均值；由(10)式计算电压的理论值 V_L，求等势面电压的相对误差，并进行分析。

（3）在直角坐标纸上，以 V_m 为纵坐标，画出 $V_m\text{-}\ln\bar{r}_m$ 关系曲线。

2. 测绘静电聚焦场的等势线和电力线分布

静电聚焦场实验装置由四块同样的金属块电极对称分布而成，电源电压调节到 10.0 V，分别测绘出与负电极之间的电位差为 5.0 V、4.0 V、3.0 V、2.0 V、1.0 V 的等势线。根据对称性，可以画出另一侧等势线和电力线，电力线要注明方向，如图 5 所示。

【注意事项】

1. 上下两探针移动时应基本保持在同一铅垂线上。探针对坐标纸压孔时，用力适中，不要压得太紧，以免孔太大，造成模拟场分布误差，影响其直观效果。

2. 按压探针确定电势点前，应先确定电极的位置与形状，再用铅笔画出电极的边线。

3. 电力线与等势面垂直，且方向由电势高的等势面指向低的等势面。电力线的疏密，可以根据等势面的疏密确定，由绘制的等势线或电力线判断电势的强弱。

【思考与练习】

1. 用模拟法测量的电位分布是否与静电场的电位分布一样？为什么？

2. 若实验时电源电压不稳定，是否会改变电力线和等位线的分布？为什么？

3. 根据绘出的等位线和电力线分布图，分析电场强度强弱变化情况。

4. 试从长直同轴圆柱面电极间导电介质的电阻分布规律和从欧姆定律出发，证明它的电位分布具有与(10)式相同的形式。

> 我们都是来自五湖四海，为了一个共同的革命目标走到一起来了。我们的干部要关心每一个战士，一切革命队伍的人都要互相关心，互相爱护，互相帮助。
>
> ——毛泽东

实验 22　电桥法测量电阻

电阻是消耗电能的基本元件,反映了其阻碍电流通过的能力;有低阻值电阻(<1 Ω)、中阻值电阻(1 Ω~0.1 MΩ)和高阻值电阻(>0.1 MΩ)之分,有时并不严格划分界限。

电阻的阻值不同,其测量方法及其所采用的仪器也不同。伏安法测量电阻时,受到电表准确度及其内阻的影响,不可避免地带来误差。在此基础上改进为电桥法,可较好地克服这些缺点,达到较高的准确度。

根据用途不同,电桥有多种类型和形式,其性能与结构各异,但基本原理大致相同。

根据电路供电电压的不同,电桥分为直流电桥和交流电桥两大类。直流电桥有不同结构形式,分为单臂电桥(惠斯通电桥)、双臂电桥(开尔文双臂电桥)和单双臂两用电桥;交流电桥有电容电桥、电感电桥、变压器电桥和多功能的万能电桥等。至于平衡电桥和非平衡电桥,则是针对其不同工作状态和结构而言的。

低阻值电阻可用开尔文电桥(也称双臂电桥)或低电阻测量仪测量;中阻值电阻用惠斯通电桥(也称单臂电桥)测量,也可用电位差计测量;高阻值电阻可用绝缘电阻表(兆欧表,工程上称摇表)或高阻计等高内阻仪器测量。

英国人克里斯蒂(S.H.Christie)1833 年发明桥式测量电路,惠斯通(Charles Wheatstone,1802—1875)1847 年首次用它测量电阻,并加以完善。

【实验目的】

1. 掌握直流电桥的工作原理及其使用方法。
2. 理解测量低值电阻四端接法的工作原理。

【实验原理】

电桥是一种利用比较法测量电路参数(如电阻、电容和电感等)的仪表,因灵敏度和准确度高而得到广泛应用。电桥电路还可以用于测量其他一些参量(如电频率、介质损耗等)或作自动调节、自动控制的部件。

1. 惠斯通电桥(直流单臂电桥)原理

惠斯通电桥是电桥中最简单的一种,测量范围约为 $1\sim10^6$ Ω,由四个桥臂(R_1、R_2、R_0、R_x)、桥支路、工作电源 E 和开关 K 等组成,如图 1 所示。其中,桥支路由连接在对角线 bd 上的平衡指示器(一般为检流计)、按钮电路(开关 G 和电阻)等组成,R_x 为待测电阻。

选择适当的 R_1、R_2,调节标准电阻 R_0,使 b、d 两点的电位相等,则检流计指零,即 $I_G=0$,电桥达到"平衡"。

电桥平衡时,可认为 b、d 点短接与断开等效,则

$$\begin{cases} I_1=I_2,I_2R_2=I_xR_x \\ I_x=I_0,I_1R_1=I_0R_0 \end{cases} \tag{1}$$

整理上式,电桥平衡条件为

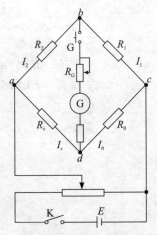

图 1　惠斯通电桥

$$R_x = \frac{R_2}{R_1}R_0 = C \cdot R_0 \tag{2}$$

在电桥平衡时,把待测电阻 R_x 按已知的比例关系 R_2/R_1,直接与标准电阻 R_0 进行比较,由上式即可求出 R_x,故电桥法又称为平衡比较法。其实质是基于比较法测量电学量的基本原理。

2. 开尔文电桥(直流双臂电桥)的原理

单臂电桥被测臂的引线和待测电阻的接入引线等都存在一定的附加电阻(引线电阻和接触电阻),其数量级约为 $10^{-2} \sim 10^{-4}$ Ω,若待测电阻是低值电阻,必将对测量结果造成很大的影响。开尔文电桥增加了两个支路,可减小接线和接触电阻引入的误差,适合于测量低值电阻(<0.1 Ω),其基本电路原理如图 2 所示。

(1)待测电阻和测量盘电阻均采用四端接线法,如图 3 所示。C_1、C_2 是电阻原来的电流接入端,通常接电源回路,从而把这两端引入的附加电阻折合到电源回路的其他串联电阻中;在电阻两端引出 P_1、P_2,作为电压端,通常接测量用的高电阻回路或电流为零的补偿回路,从而使这两端的附加电阻对测量的影响相对地减小。

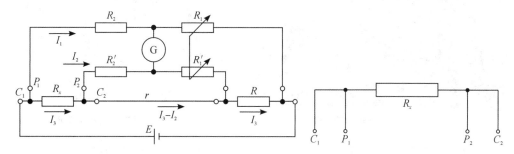

图 2　直流双臂电桥电路原理图　　　　　　图 3　测量低值电阻的四端接法

(2)增加了阻值较高的两个臂。当流过检流计 G 的电流为零时,电桥平衡;在 R_1、R_2、R_1' 和 R_2' 阻值相对较大的条件下,得到以下方程组

$$\begin{cases} I_3 R_x + I_2 R_2' = I_1 R_2 \\ I_3 R + I_2 R_1' = I_1 R_1 \\ I_2(R_2' + R_1') = (I_3 - I_2)r \end{cases} \tag{3}$$

$$R_x = \frac{R_2}{R_1}R + \frac{R_1'r}{R_1' + R_2' + r}\left(\frac{R_2}{R_1} - \frac{R_2'}{R_1'}\right) \tag{4}$$

在设计其结构时,尽量满足 $R_2/R_1 = R_2'/R_1'$ 关系,且使电阻 r 尽量小,则

$$R_x = \frac{R_2}{R_1}R = C \cdot R \tag{5}$$

上式称为双臂电桥的平衡条件,与(2)式具有相似的形式。

电阻 R 和 R_x 电压端的附加电阻,因与高阻值臂串联,其影响减小了;两个外侧电流端的附加电阻串联在电源回路中,其影响也可忽略不计;两个内侧电流端的附加电阻和具有较小阻值的附件 r 相串联,相当于增大了式(4)中的 r,其影响通常也可忽略。因此,只要被测低值电阻按四端接法接入,即可类似单臂电桥测量方法,求出 R_x 值。

【实验器材】

QJ23a 型直流单臂电桥,QJ44 型直流双臂电桥,数字万用表,待测电阻(51 Ω,270 Ω,2.4 kΩ,22 kΩ,1 Ω,6.8 Ω 等碳膜色环电阻)等。

【实验仪器描述】

1. QJ23型箱式惠斯通电桥

惠斯通电桥的面板图和原理图分别如图 4 和 5 所示。工作电压选择分 3 V、6 V、15 V 和外接(电源选择旋钮"断"),内置检流计。比率臂由 8 个精密电阻组成,倍率分为 $\times 10^{-3}$, $\times 10^{-2}$,…,$\times 10^3$ 七挡。测量臂(比较臂)由 4 个十进制电阻($\times 1$、$\times 10$、$\times 100$、$\times 1\,000\ \Omega$)组成,端钮 R_x 接至待测电阻。测量范围 1～9 999 000 Ω,基本限量 10～9 999 Ω。

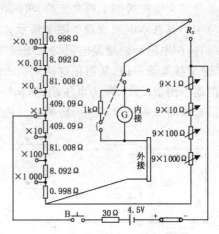

图 4　QJ23a 型电桥面板图　　　　图 5　QJ23 型箱式电桥原理图

(1)用万用表粗测待测电阻,将 R_x 接到"R_x"接线柱上,调节检流表使指针示零。

(2)依待测电阻的数量级,按比率 $C=(R_x$ 的数量级$)\times 10^{-3}$ 预先选择比率,并预置测量臂电阻,尽量用上第 1 个测量盘($\times 1\,000$),即第 1 个测量盘不能置于 0,以保证测量的准确度。如粗测值为 512 Ω 电阻,则比率选择 10^{-1},测量盘分别置于 5、1、2、0 处。

(3)选择 3 V 挡工作电压,打开电源,并调节灵敏度于适中位置(灵敏度旋钮逆时针旋到底为迟钝位置,顺时针旋到头为灵敏位置)。

(4)采用逐次逼近法进行测量。先按下 B 按钮接通电源,再按下 G 按钮接通桥路,以判断检流计偏转情况。若检流计指针不接近零,应即刻松开 G,适当改变测量盘数值后,再按 G 进一步判断。此操作方法称为跃接法,以避免检流计损坏。

(5)逐步提高灵敏度,再次检查检流计零位,重复上一过程,直到灵敏度最大,且使检流计指针尽量接近零值,此时,可认为电桥平衡效果最好,得到测量盘 R 和比率 C(倍率)读数,则待测电阻为 R_x=测量臂读数×倍率读数,单位 Ω。

(6)若基本平衡时,可顺时针把 B 或 G 转动适当角度暂时锁住,方便操作。为避免检流计损坏,在判断平衡过程中,B 和 G 按钮一般应间歇使用,即采用跃接法(跃按)。使用完毕,依次松开 G 和 B,再断开电源。

(7)测量感性电阻(如电机、变压器等)时,应先按 B 按钮,再按 G,断开时先放 G 再放 B。否则,可能因自感引起的电动势对检流计产生冲击作用,导致检流计损坏。

(8)对于测量 10 kΩ 以上的电阻,可外接高灵敏度检流计,并相应提高电源电压,以提高测量准确度。此时,可把检流计通过专用插头,插入电桥箱侧面的"G 外"孔中。

2. QJ44型便携式直流双臂电桥

QJ44 型直流双臂电桥的准确度等级为 0.2 级,测量范围为 0.000 1～11 Ω,基本量限为

$0.01\sim11\ \Omega$。其面板结构和实用电路分别如图 6 和图 7 所示。

图 7 电路上面的 6 个电阻组合,相当于 R_2 和 R_1,其比率 $C=R_2/R_1$ 分为 0.01、0.1、1、10、100 五挡,对应面板上的比率调节盘数值。

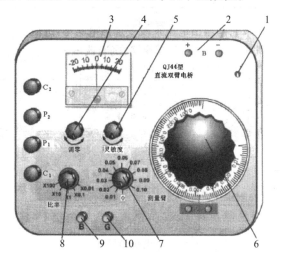

1—电源开关

2—外接电池端钮

3—检流计

4—检流计调零旋钮

5—灵敏度调节旋钮

6—测量臂细调盘

7—测量臂粗调盘

8—比率调节盘

9—电源按钮开关

10—检流计按钮开关

端钮 C_1、C_2、P_1、P_2—被测电阻的接入端

图 6 QJ44 型直流双臂电桥的面板结构

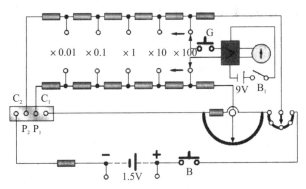

图 7 直流双臂电桥的实用电路图

下面的 6 个电阻相当于 R_2' 和 R_1',由同一比率调节盘将其与 R_2、R_1 一起联动切换,且保证 $R_2/R_1=R_2'/R_1'$。灵敏度一旦改变,则必须通过调零旋钮调整零点。

测量盘由粗调盘和细调盘组成。粗调盘分为 $0.01\sim0.1$ 十挡,细调盘范围为 $0.000\sim0.001$,连续可调且可再估读一位。

"＋ B －"用于外接 1.5 V 电池。外接时,内置的 1.5 V 电池应取出。

测量低阻值电阻时,应采用四线接法,对应连接到 C_1、P_1 和 C_2、P_2 上。

测未知电阻时,按钮开关 B、G 和测量臂旋钮的作用及其调节方法与单臂电桥相似,必须遵循有关操作规程。

(1)被测电阻应采取四端接线法。测量前,应根据其大约阻值,预置比率。

(2)灵敏度旋钮沿反时针方向旋到底为迟钝位置,校正检流计零位。测量时,应先从低灵敏度开始,调节测量臂粗调盘与细调盘,使电桥达到平衡;逐步增大灵敏度,再次检查检流计零位,并随即调节电桥平衡;灵敏度最大时,得到测量盘 R 和比率 C 的读数。

【实验内容与测量数据】

1. 用惠斯通电桥测量未知电阻

电阻标称值/Ω	万用表粗测值/Ω	直流单臂电桥测量电阻		
		比较臂读数 R/Ω（测量挡组合值）	倍率读数 C（比率挡值）	测量值 R_x/Ω
51				
270				
2.4 k				
22 k				

2. 用双臂电桥测量低值电阻

电阻标称值/Ω	万用表粗测值/Ω	直流双臂电桥测量电阻		
		比较臂读数 R/Ω（测量挡与盘组合值）	倍率读数 C（比率挡值）	测量值 R_x/Ω
1				
6.8				

【注意事项】

1. 按下开关 B、G 的时间不能太长。接通电路时,先按 B,后按 G;断开电路时,先放 G,后放 B。

2. 为保证单臂电桥测量的准确度,使比较臂的四个旋钮都用上,应先估计待测电阻的数值,再选择适当的比率系数。若四个旋钮都旋到了最大,电桥仍不平衡,则应增大比率系数;若只用了三个旋钮就达到了平衡,则应减小比率系数,再进行调节。

【思考与练习】

1. 电桥由哪几个组成? 等臂的含义是什么? 为什么等臂电桥测电阻较为精确?

2. 观察电桥上各旋钮和端钮,把它们与原理图一一对应。

3. 为什么操作按钮 B、G 时,应采用跃接法? 若长时间锁住,可能会出现什么情况?

【阅读材料】

电阻器简介

电阻器简称电阻,是电子线路中起限制电流(限流)或将电能转变为热能的实体元件。一般分为固定电阻器、可变电阻器(电位器)和敏感电阻器三大类。通常讲电阻,指的是固定电阻器,下面作简要介绍。

1. 电阻的类型

电阻的制造工艺或材料不同,其电阻率也不同,外形与型号、特性及其用途也各有不同。以下列出常见的类型:

(1)薄膜类电阻。有金属膜电阻(RJ 型)、金属氧化膜电阻(RY 型)、碳膜电阻(RT 型)等。以碳膜电阻最为普及,应用广泛,价格低廉。

(2)合金类电阻。有精密线绕电阻(RX 型)、功率型线绕电阻(RX 型)、精密合金箔电阻等。合金类线绕电阻的特点是精度高,但分布参数大,不适宜在高频电路使用。

(3)合成类电阻。种类较多,主要有实心电阻(S 型)、高压合成膜电阻(RHY 型)、金属玻璃釉电阻(RI 型)等。其特点是可靠性高,但电性能较差,价格较高。

2. 标称阻值和允许误差

为便于大批量的标准化生产,国家标准规定了一系列数值作为电子元器件的标准值,作为标称值,即采用不同数系的公比表示其阻值。表 1 列出了部分标称值系列。

表 1　标称值系列

系列	允许误差	电阻器(电位器、电容器)标称值
E24	±5%(Ⅰ级)	1.0,1.1,1.2,1.3,1.5,1.6,1.8,2.0,2.2,2.4,2.7,3.0,3.3,3.6,3.9,4.3, 4.7,5.1,5.6,6.2,6.8,7.5,8.2,9.1
E12	±10%(Ⅱ级)	1.0,1.2,1.5,1.8,2.2,2.7,3.3,3.9,4.7,5.6,6.8,8.2
E6	±20%(Ⅲ级)	1.0,1.5,2.2,3.3,4.7,6.8

电阻等元件的标称值采用 E 数系,分为 E6(±20%)、E12(±10%)、E24(±5%)、E48(±2%)、E96(±1%)、E192(±0.5%)六大系列,括号内的百分比为对应的允许误差(容许偏差,精度)。在电子产品设计中,应根据不同需要选用不同精度的电阻。其中,以 E24 系列最为常用,其标称值公比表示为 $x = \sqrt[24]{10} = 1.1007 \approx 1.1$,E48、E96、E192 系列为精密电阻数系,其价格较 E24 高得多,普通电器设备用得较少。

同一数系中相邻两个数值按对应数系的公比进行分选,即相邻两值中较小数值的正偏差与较大数值的负偏差彼此衔接或重叠,在允许误差范围内覆盖了 1~10 范围。表中的数值再乘以 10^n(n 为整数),即组成了该数系电阻的一系列标称值。

电路设计选取不同阻值的电阻时,可根据精度要求,在对应系列中找到所需的阻值。例如,计算结果为 $R = 4.823$ kΩ,若对精度没有非常特别要求,可选用 E24 系列的 4.7 kΩ 电阻。

3. 电阻的阻值表示法

电阻参数的标志方法通常有文字符号直标法和色码法(色标法)两种。

(1)文字符号直标法

用阿拉伯数字和文字符号组合表示标称阻值,用文字符号表示允许偏差,如 B(±0.1%)、

C(±0.25%)、D(±0.5%)、F(±1%)、G(±2%)、Ⅰ 或 J(±5%)、Ⅱ 或 K(±10%)、Ⅲ 或 M(±20%)、N(±30%)等。

若遇有小数点,常以 Ω,k,M 取代,如 0.1 Ω 标示为 Ω1,5.1 Ω 标示为 5Ω1,5.1 kΩ 标示为 5k1 等。

通常 2 W 以下的电阻不标功率,通过外形尺寸即可判断。功率 2 W 以上的电阻,可在上面直接以数字标出。

有时用三位阿拉伯数字表示,也称为数码法,即前两位数字表示阻值的有效数,第三位数字表示表示倍率或有效数后面 0 的个数。当阻值小于 10 Ω 时,用 R 替代小数点,单位为欧姆。如 0.1 Ω 表示为 R1,8.2 Ω 表示为 8R2;223Ⅰ表示阻值 22 k,允许偏差为±5%。

(2)色码法

小功率电阻较多使用色码法表示其阻值及允许误差。不同类型的电阻有不同的额定功率。色码法在 0.5 W 以下的碳膜电阻和金属膜电阻的使用更为普遍。对于 1/8～1/2 W 之间的小功率电阻,通常只标注阻值和允许误差,其材料及功率通常由外形尺寸与实体的本色判断。

色码法一般有四个色环和五个色环两种,如图 1 所示。

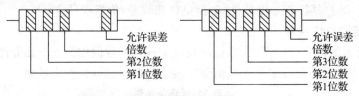

图 1　电阻的色环意义

依次从从左到右,左边紧挨的多个色环表示阻值,但其最后的色环为 10 的幂次方,而靠近右侧,且间隔较远、色环较宽的单独一个色环表示允许误差(精度)。

表 2 中不同颜色对应不同的读数,在不同位置具有不同的意义。

表 2　色标的基本色码及其意义

色环	黑	棕	红	橙	黄	绿	蓝	紫	灰	白	金	银	无色
有效数字	0	1	2	3	4	5	6	7	8	9			
倍率(乘数)	10^0	10^1	10^2	10^3	10^4	10^5	10^6	10^7	10^8	10^9	10^{-1}	10^{-2}	
允许误差/%		±1	±2			±0.5	±0.25	±0.1			±5	±10	±20

四环色码电阻:普通电阻大多用四个色环表示其阻值和允许偏差,第 1、2 环组合表示 2 个有效数字,第 3 环表示倍率(10 的幂次方)或该有效数字后面 0 的个数,与前三环距离较大的第 4 环表示精度。

例如,前三环色码依次读数与阻值的关系为:棕黑黑＝$10×10^0$＝10 Ω,绿棕红＝$51×10^2$＝5 100＝5.1 kΩ,黄紫黄＝$47×10^4$＝470 000＝470 kΩ。若与前三环距离较大的第 4 环为金色,则允许误差为±5%。

五环色码电阻:精密电阻一般采用五个色环表示其阻值和允许偏差,第 1、2、3 环组合表示 3 个有效数字,第 4 环表示倍率(10 的幂次方)或该有效数字后面 0 的个数,与前四环距离较大的第 5 环表示精度。

例如,五环的色标颜色依次为绿棕黑红红,与阻值的关系为:绿棕黑红＝$510×10^2$＝5 100

=5.10 kΩ,若与前四环距离较大的第 5 环为红色,则允许误差为±2%。

为了避免混淆,第五色环的宽度是其他色环的 1.5～2 倍。而小于 1 Ω 的电阻,四环中省去 1 环。

附表 QJ-23 型箱式电桥的准确度

比率(倍率)	测量范围(量程)	不确定度				电源电压
		分辨力	检流计	准确度 $a\%$	固定不确定度项系数 b	
×0.001	1～9.999 Ω	0.001 Ω	内附	2%	0.3	4.5 V
×0.01	10～99.99 Ω	0.01 Ω		0.2%		
×0.1	10^2～999.9 Ω	0.1 Ω				
×1	10^3～9 999 Ω	1 Ω				
×10	10^4～99 990 Ω	10 Ω	外接	0.5%		6 V
×100	10^5～999 900 Ω	100 Ω				15 V
×1 000	$(4.999～9.999)\times10^5$ Ω	1 000 Ω				
	10^6～9.999×10^6 Ω	1 000 Ω		2%		
说明	内附检流计的灵敏度$>1/(a\%R)$					
测量的不确定度	$\Delta R_x=\pm K_r\%(a\%+b\Delta R)$,式中 ΔR 为最小分度值,a 为电桥的准确度,b 为固定不确定度项系数。a、b 值见表,K_r 为比率系数(即 C 值),$\Delta R=1.0$ Ω。					

思考可以构成一座桥,让我们通向新知识。

物理规律的性质和内容,都不可能单纯依靠思维来获得;唯一可能的途径就是致力于对自然的观察,尽可能搜集最大量的各种经验事实,并把这些事实加以比较,然后以最简单最全面的命题总结出来。

——普朗克

实验 23　电位差计测量干电池电动势和内阻

电位差计是一种基于补偿原理和比较法的平衡式测量仪器,也称为补偿器。其特点是被测电压和已知标准电压相互补偿(即平衡,用检流计指示),即不从测量对象中支取电流,因而不改变被测对象原来的状态或负载特性,克服了通常电表的分流或分压作用对被测电路的影响,测量结果准确可靠。其准确度取决于标准电池、标准电阻和检流计等。

学生型电位差计接线较为麻烦,虽精度不高,但结构清楚,有利于掌握电位差计的基本原理,加强基本技能的训练。

电位差计与电桥一样,分交流、直流两种,是精密测量中常用的仪器之一。交流电位差计还可用于磁性测量。

【实验目的】

1. 熟悉学生型电位差计的基本原理、基本结构及使用方法。交流电位差计还可用于磁性测量。
2. 掌握测量电动势和内阻的方法。

【实验原理】

1. 电压补偿法原理

用伏特计测量电源的电动势时,由于伏特计存在内阻,电源内部有电流通过,内阻产生压降,则测出的是电源的端电压。

为了使待测电源内部没有电流通过而又能测出其电动势,可采用补偿法。

如图 1 所示,工作电源 E、开关 K_1、限流电阻 R 和阻值线性可调的 ab 段电阻组成辅助回路。检流计 G、开关 K_2、标准电池 E_S、待测电池 E_x 和 cd 段电阻组成补偿回路。在辅助回路中,调节电阻 R,使 ab 段电阻通过一个恒定的工作电流 I_0,则其电位差也恒定。

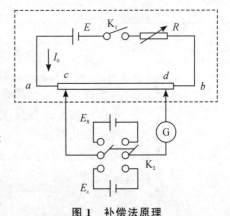

图 1　补偿法原理

当开关 K_2 拨向 E_S 时,改变 cd 位置,使通过 G 的电流为零,指针无偏转,则电路达到平衡,E_S 被 cd 段电位差补偿。此段电阻对应的电位差等于标准电池 E_S 的值。

$$E_S = U_S = I_0 \times R_{cd} \tag{1}$$

对已知的 E_S,调节 R,即可由 R_{cd} 反映出工作电流 I_0 的大小。

当开关 K_2 拨向 E_x 时,同样地,改变 cd 位置,使通过 G 的电流为零,则电路达到平衡,E_x 被此 cd 段电位差补偿。此段电阻对应的电位差等于标准电池 E_x 的值。

$$E_x = U_x = I_0 \times R'_{cd} \tag{2}$$

可见,只要确定 cd 在 ab 段的阻值变化规律,即可测出待测电池的电动势 E_x,即

$$E_x = \frac{R'_{cd}}{R_{cd}} \times E_S \tag{3}$$

为了准确地确定待测的电动势,需要一个精确和稳定的标准参考电动势,且测量电路可

调,可进行补偿调节,方便而准确地读出补偿电压大小。

2. 学生式电位差计的工作原理

图 2 所示为学生式电位差计的电路原理图,对应于图 3 的面板结构。面板有 3 个读数盘,待测电动势的读数用 3 个步进读数盘分别标出电位差 I_0R_A、I_0R_B 和 I_0R_C,反映电阻 cd 段的变化,据此电压补偿原理构成的用于测量电动势的仪器称为电位差计,也称补偿器。

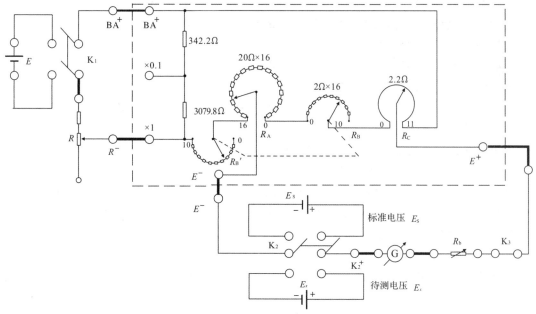

图 2　学生式电位差计原理图

使用电位差计时,先接通辅助回路,并对检流计调零,利用标准电池校准工作电流,再进行待测电动势或电位差的测量。测量结束时,应先断开待测回路,再断开工作电流调节回路。同时,必须采用类似判断电桥平衡的方法,即跃接法操作转换开关 K_2。

【实验器材】

87-1 型学生式电位差计,BX7-11 型变阻器,高精度电压基准电源,ZX21a 型电阻箱,干电池,开关,连接线等。

【实验仪器描述】

1.87-1 型学生式电位差计

87-1 型学生式电位差计按串联置换式电位差计的电路设计,其线路简明、原理清晰的特点,适合于作为教学实验,可用于直接测量电动势。若配合使用标准电阻箱,还可以用来测量直流电流和电阻,如校准电表等。其面板和接线图如图 3 所示。E_s 为外接标准电压,E_x 为外接待测电压。

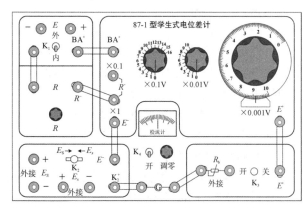

图 3　面板与接线图

测量范围为 0～1.710 V 及 0～171.0 mV,对应于"×1"和"×0.1"两挡倍率;"×1"挡的测量上限为 1.710 V,最小分度为 0.000 1 V;"×0.1"挡的测量上限为 171.0 mV,最小分度为 0.01 mV;基本误差为±0.2%(以满度值计算)。

为了便于测量和直接读数,滑线读数盘和步进读数盘上分别标出的是电位差 I_0R_A、I_0R_B 和 I_0R_C 的值,其中的 I_0 为通过滑线读数盘和步进读数盘的工作电流。根据步进读数盘的分格数,把对应的电阻转换为电压值。三个读数盘之和即为相应的电压。

根据被测电势大小,面板中有"×1"挡和"×0.1"挡两个量程。测量 0～1.710 V 的电位差时,接线选择"×1"挡测量;而测量 0～171.0 mV 电位差时,应先在"×1"挡进行工作电流标准化后,再选择"×0.1"挡测量。

2. 标准电势(标准电池)

标准电势具有电压稳定性高,温度稳定性能好等特点,用来提供电动势的准确数值,常作为电位差计实现测量的校准电压。

饱和式标准电池通常为化学电池,其电动势随温度而变化。在温度 t 时的电动势为

$$E_{st} = E_{t_1} + [a(t - t_1) + b(t - t_1)^2 + c(t - t_1)^3] \tag{4}$$

式中,t_1 为检定温度,通常为 20 ℃、25 ℃ 或 28 ℃;E_{t_1} 为温度在 t_1 时标准电池的电动势,若 t_1 为 20 ℃,E_{t_1} 的检定值约在 1.018 54～1.018 73 V 范围内;a、b 和 c 为特性常数,依据国家标准 GB/T 3929-83 由制造厂给定。例如,BC9 型的 $a = -4.06 \times 10^{-5}$,$b = -9.5 \times 10^{-7}$,$c = 1 \times 10^{-8}$,$t_1 = 20$ ℃,E_{t_1} 约为 1.018 63 V。

标准电池应避免摇晃、倒置、倾斜和日照。使用时,要严防正负极短路或错接等误操作。工作电流不能超过额定电流(约 1 μA),故不得用电压表等测量其电动势。若有过多的电量通过,易造成严重的极化现象,破坏其电化学可逆状态。

考虑到维护和使用等因素,目前的教学实验大多采用高稳定度的直流电压基准电源代替标准电池,其稳定度可达到 10^{-5}/h,温度漂移(或温度系数)可达 10 ppm/℃。

【实验内容与步骤】

1. 测量电动势

(1)连接电路

确认开关 K_2、K_3、K_4 为断开状态,按图 3 所示连接电路,外接标准电源和待测电压应准确无误,且变阻器置阻值最大处。开关 K_1 置于"内",由实验箱内的直流稳压电源供电。

根据标准电势值,调节三个测量度盘旋钮,使其总和为标准电压值。

(2)校准工作电流

打开电源,接通 K_3 和 K_4,利用内置的检流计"调零"电路,对检流计调零。

把 K_2 短时间拨向 E_S(标准电压一侧),即采用跃接法,对电位差计工作电流进行校准。调整电阻 R,使检流计无偏转(指零)。

为了提高检流计的灵敏度,可逐步减少变阻器 R_b 阻值,如此反复操作 K_2,直至确认检流计中无电流流过时,则工作电流已达到规定值。

(3)测量未知电动势

根据待测电势估计值,粗调三个读数度盘的位置,使其总和为该值。

将滑动变阻器 R_b 调至最大,固定 R,即保持工作电流不变。将 K_2 拨向 E_x(待测电压一侧),调整读数度盘,使检流计 G 的指针无偏转。然后,将变阻器 R_b 调到最小,微调读数度盘,

使检流计指针无偏转。此时三个读数度盘的读数之和即为待测电池的电动势。

若选择"×0.1"挡,则度盘读数之和还要乘以此倍率。

在测量过程中,环境等工作条件会发生变化,因此,每重复测量一次,应该重新进行以上"校准"与"测量"两个步骤。

2. 测量干电池的内阻

(1)将电阻箱、开关 K 串联后与 E_x 并联,取 $R'=100\ \Omega$。

(2)依上述测量步骤,分别测量闭合开关 K 前干电池的电动势 E_x,以及闭合开关 K 后电阻箱 R' 的端电压 E'。

由 $E'=E_x-Ir=IR'$,可得干电池的内阻 r 为

$$r=(\frac{E_x}{E'}-1)R' \tag{5}$$

(3)测量完毕,同时断开 K,以防干电池放电过多,消耗无用的电能。

【数据记录与处理】

1. 测量干电池的电动势,表格自拟。

2. 测量干电池的内阻,表格自拟。

3. E_x 和 r 测量不确定度的评定[*]

测量结果的准确度主要由仪器误差引起,取决于标准电池、标准电阻和检流计等。学生式电位差计的精度为满度值的 $\pm 0.2\%$。对"×1"挡,单次测量时的标准不确定度为

$$u(E_x)=\frac{1.710}{\sqrt{3}}\times 0.2\%=2.0\times 10^{-3}\ \text{V}$$

若十进式电阻箱的准确度等级为 $C(\%)$,则 R' 的标准不确定度为

$$u(R')=\frac{R'}{\sqrt{3}}\times C\%$$

E' 的标准不确定度与 E_x 相同,内阻 r 的合成标准不确定度为

$$u_c(r)=\sqrt{\left(\frac{R'}{E'}\right)^2 u^2(E_x)+\left(\frac{E_x R'}{E'^2}\right)^2 u^2(E')+\left(\frac{E_x}{E'}-1\right)^2 u^2(R')}$$

$$=\frac{R'}{E'}\times 10^{-2}\sqrt{4\times 10^{-2}\times\left[1+\left(\frac{E_x}{E'}\right)^2\right]+(E_x-E')^2\times\frac{1}{3}C^2}$$

【注意事项】

1. 测量时,使用 K_2 应采用跃接法,即操作时间尽量短($<1\ \text{s}$)。

2. 测量完毕,随手断开相应开关,以减少电阻发热对辅助回路的影响。

【思考与练习】

1. 校准电位差计时,不论如何调节步进读数盘和滑线读数盘,检流计指针总是向一边偏转,其可能的原因有哪些?

2. 标准电池(电动势)与一般的直流电源有何不同? 使用时要注意哪些问题?

实验 24　热敏电阻的温度特性测量

热敏电阻、热电偶和金属热电阻等均属于接触型热电式传感器,利用其产生的热电动势或电阻随温度变化的特性,广泛应用于温度测量与控制。

热敏电阻一般采用金属氧化物陶瓷半导体材料,经成形、烧结等工艺制成,为非线性电阻,表现在电阻与温度的指数关系,以及电压与电流不遵循欧姆定律。

热敏电阻具有体积小、灵敏度高和热容量小等特点,常用于测量微小物体的温度或检测物体微小温度的变化,在电子线路中也用作温度补偿。

【实验目的】

1. 了解热敏电阻的基本特性及其应用。
2. 学习用直流电桥测量热敏电阻温度特性的方法。
3. 了解磁力搅拌器工作原理。

【实验原理】

1. 半导体热敏电阻

(1)热敏电阻是一种基于半导体电阻值随温度变化而变化的热敏元件。根据其不同的物理特性,可分为负温度系数(NTC)热敏电阻、正温度系数(PTC)热敏电阻和临界温度系数(CTR)热敏电阻三种类型。典型的 NTC、PTC 热敏电阻的电阻-温度特性曲线如图 1 所示。

NTC 型的温度范围较宽,为 $-50\sim300$ ℃,灵敏度高,广泛应用于温度测量、温度补偿及抑制浪涌电流等,但不适合于高精度测温与控制。

PTC 突变(阶跃)型热敏电阻的温度范围较窄,为 $-50\sim150$ ℃,响应速度快,主要用于恒温加热、过热保护以及自动温度调节控制等。PTC 缓变(线性)型热敏电阻在一些温度范围的线性较好,可用于温度补偿、温度测量与控制、晶体管过流保护、马达过载保护等。

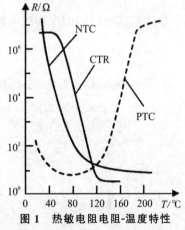

图 1　热敏电阻电阻-温度特性

CTR 型热敏电阻是一种具有开关特性、负温度系数的半玻璃状半导体,也称为玻璃态热敏电阻。在某些温度范围电阻值变化很大,适用于某些较窄温度范围内的特殊应用。

与金属导体热电阻相比,半导体热敏电阻阻值($10^2\sim10^5$ Ω)较大,适用于远距离的温度控制;灵敏度高,电阻温度系数较大,体积小(热容量小),适用于点温或表面温度测量以及温度快速变化等场合,且价格低,寿命长。但非线性大,稳定性差,一致性差,且有老化现象。

(2)NTC 热敏电阻的阻值 R_T 与温度 T 关系可用经验公式表示

$$R_T = R_0 e^{B(\frac{1}{T}-\frac{1}{T_0})} \tag{1}$$

式中,R_0 为温度 T_0(K)时的阻值;B 为材料常量,与热敏电阻的材料和结构有关,可通过实验确定,一般为 2 000～6 000 K。

将(1)式两边取对数,得

$$\ln R_T = \ln R_0 + B \cdot (\frac{1}{T} - \frac{1}{T_0}) \tag{2}$$

从(2)式可见,$\ln R_T$ 与 $1/T$ 成线性关系,其斜率为 B。

定义热敏电阻的温度系数 α_T 为

$$\alpha_T = \frac{1}{R_T} \cdot \frac{dR_T}{dT} = -\frac{B}{T^2} \tag{3}$$

上式说明,热敏电阻具有很高的灵敏度。α_T 随温度降低而迅速增大,决定热敏电阻在全部工作范围内的温度灵敏度。

NTC 热敏电阻器在室温下的变化范围为 $10^2 \sim 10^6$ Ω,温度系数为 $-2\% \sim -6.5\%$。

PTC 热敏电阻的阻值 R_T 与温度 T 关系为

$$R_T = R_0 e^{B(T-T_0)} \tag{4}$$

PTC 热敏电阻在达到一个特定的温度之前,电阻值随温度变化非常缓慢;当超过此温度时,电阻值急剧增加。通常把发生阻值急剧变化的温度称为居里点温度。

作为温度敏感元件,热敏电阻流过的电流越小越好,一般应小于 300 μA,以减少因自身发热对测量产生的影响。即要求其电阻值只随控制温度而变化,与通过的电流无关。

2. 热敏电阻基本特性与参数

(1)额定零功率电阻值 R_{25}

额定零功率电阻值 R_{25} 是热敏电阻在基准温度 25 ℃时测得的零功率电阻值,即热敏电阻的标称电阻值。

(2)热敏电阻温度特性

热敏电阻温度特性指热敏电阻零功率电阻值随温度变化的特性。

(3)热敏指数 B

NTC 热敏指数(材料常量)B 值是电阻在两个温度下,零功率电阻值的自然对数之差与这两个温度倒数之差的比值。定义为

$$B = \frac{\ln R_{T_2} - \ln R_{T_1}}{\frac{1}{T_2} - \frac{1}{T_1}} = \frac{T_1 \cdot T_2}{T_1 - T_2} \cdot \ln \frac{R_{T_2}}{R_{T_1}} \tag{5}$$

两个被指定的温度一般取 298.15 K 和 323.15 K,即 25 ℃和 50 ℃。

PTC 热敏指数参考(3)式计算。

(4)耗散系数 δ

耗散系数 δ 指在规定的环境温度下,其消耗的耗散功率与电阻体相应的温度变化之比,单位为 mW/℃。

(5)零功率电阻温度系数 α_T

电阻的温度系数 α_T 表示在规定的环境温度下,温度每变化 1 ℃,其零功率电阻值变化程度的系数(即变化率)。

3. 热敏电阻的温度特性测量

热敏电阻测量电路如图 2 所示,电桥平衡条件为

$$\frac{R_x}{R_1} = \frac{R_S}{R_2} \tag{6}$$

设 R_1、R_2 和 R_S 为恒定电阻，R_x 为热敏电阻 R_T、R_g 为电流表内阻，则温度变化时，热敏电阻的阻值相应发生变化，电路为非平衡电桥，电流表两端 BD 为非平衡电桥的输出电压。

若 R_S 为可变电阻或电阻箱，且对应于此温度下电桥平衡，则热敏电阻阻值 R_T 为

$$R_T = R_x = \frac{R_1}{R_2} \cdot R_S \tag{7}$$

可见，热敏电阻 R_T 的准确度仅由 R_1、R_2 和 R_S 的准确度决定。若选用准确度较高的电阻，利用灵敏度较高的检流计判定电桥的平衡，则测量结果比用伏安法精确得多。对热敏电阻，因要求不高，用普通毫安表作检流计即可。

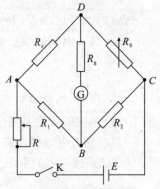

图 2　热敏电阻测量原理

通常选取 R_1、R_2 阻值成简单的整数比，如 $1:1$、$1:10$、$10:1$ 等，并固定不变，然后调节 R_S 使电桥达到平衡。R_1、R_2 所在桥臂称为比例臂，与 R_x、R_S 相应的桥臂分别称为测量臂和比较臂。

利用温控仪控制热敏电阻的温度，通过调节 R_S 使电桥平衡，即可测量热敏电阻随温度的变化规律。

为了减少测量误差，可采用交换法进行测量，即保持比例臂 R_1、R_2 不变，比较臂 R_S 与测量臂 R_T 的位置对换。

设此时 R_S 变为 R'_S，并调节 R_S 使电桥平衡，则

$$R_T = \frac{R_2}{R_1} \cdot R'_S \tag{8}$$

由(7)式和(8)式可得

$$R_T = \sqrt{R_S R'_S} \tag{9}$$

可见，R_T 与比例臂 R_1、R_2 无关，仅决定于比较臂的准确度。

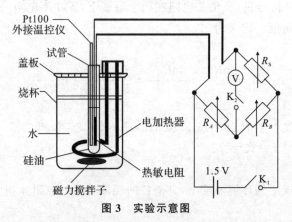

图 3　实验示意图

为了避免热敏电阻自身发热引入实验误差，通过热敏电阻电流应小于 $300~\mu A$，直流电源取 $1.5 \sim 3$ V，此时直流单臂电桥臂往往不能严格取 $1:1$ 比例。

【实验器材】

FB810 型恒温控制温度传感器实验仪(含温控、电加热器、磁力搅拌器等)，烧杯(2 000 mL)，试管($\Phi18$)，热敏电阻(PTC，NTC)，ZX21 型电阻箱，硅油。

【实验仪器描述】

1. 恒温控制温度传感器实验仪

实验仪可用于测量各种温度传感器的特性及有关材料的电阻与温度关系特性。实验系统采用低电压加热,安全可靠;用铂电阻 Pt100 测温,简单易行;通过智能温度控制器(温控仪)控制温度,数字显示温度,直观清晰。图 4 为实验仪和温控仪操作面板。

1—输出电压,为电桥供电
2—电压显示选择,切换显示
3—电压测量,用于桥路平衡检测
4—加热选择,断或Ⅰ、Ⅱ挡
5—搅拌速度,控制搅拌子转动速度
6—温控仪,控制加热温度,示意如下

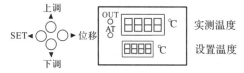

图 4 实验仪与温控仪面板图

热敏电阻和 Pt100 一起置于试管内硅油中,放入可控温的玻璃烧杯中,利用 Pt100 检测烧杯水温。用磁力搅拌器搅拌,以保持容器内液体温度均匀。

2. 温度控制器(温控仪)

温控仪应用广泛,主要用于有关温度、流量、压力、液位等自动控制系统中。

设置加热温度操作方法:按设定键 SET(◄)约 1 s,进入温度设置;按位移键(►)选择位数;按上调键(▲)或下调键(▼)确定预置值,再按设定键 SET(◄)1 次,完成设置。若停止操作 5 s,则温控仪将自动恢复为温控状态。

3. 磁力搅拌器

磁力搅拌器是一种利用磁场的同性相斥、异性相吸的原理制成,用于搅拌或同时加热搅拌低黏稠度液体或固液混合物的实验仪器。

【实验内容与步骤】

1. 测量 NTC 热敏电阻的特性

(1)把"电压调节"和"搅拌速度"旋钮逆时针方向调到底至最小,烧杯注入约 4/5 高度净水,放入磁力搅拌器搅拌子,再把盖板(含加热器和试管)置于烧杯上。

(2)把电加热器和铂电阻 Pt100 引出线分别接到实验仪后面板对应接线端,Pt100 与仪器内部电路组成测温温度计。把 Pt100 与 NTC 热敏电阻分别插入盛有硅油的试管底部。

(3)按图 2 电路,将 NTC 热敏电阻(绿)和三个电阻箱组成电桥形式,预取 $R_A = 1\,000\ \Omega$,$R_B = 1\,000\ \Omega$,$R_S = 2.4\ k\Omega$,利用实验仪的电压"OUT"作为供电电压,桥路平衡端接到"IN 电

压测量"。通过"电压测量选择"切换显示。

（4）打开实验仪电源开关，预热 5 min；顺时针调节"搅拌速度"旋钮，搅拌器开始搅拌烧杯中的水。按"电压测量选择"并调节"电压调节"使电桥工作电压为 1 500 mV，再按"电压测量选择"切换到输入状态，据此电压显示值判断电桥是否平衡，并通过变阻器 R_S 加以调节。当试管内温度与水温达到平衡时，Pt100 所测温度为室温 t_0（水温），根据电桥平衡条件测量对应的 NTC 热敏电阻阻值 R_0。

（5）设置加热预期达到的温度。调节"加热选择"到加热挡，电热器对烧杯中的水自动加热，从室温起加热到设定温度。当达到设定温度且基本稳定时，调整 R_S 使电桥平衡，测量该温度点对应的 R_T；从室温至 80 ℃ 范围内设定 9 个温度点，依次设定不同温度，测量对应数据，共 10 组数据。

2. 测量 PTC 热敏电阻器的电阻与温度特性*

改为 PTC 热敏电阻，预取 $R_A = 1\ 000\ \Omega$，$R_B = 1\ 000\ \Omega$，$R_S = 0.39\ \text{k}\Omega$，测量 PTC 热敏电阻特性，测量方法同上。

【实验数据与处理】

1. 测量 NTC 热敏电阻的特性

序号	1	2	3	4	5	6	7	8	9	10
$t/℃$	室温	25	30	35	40	45	50	60	70	80
T/K										
R_T/Ω										

参考图 1，用半对数坐标纸作 R_T-T 关系曲线。

利用（2）式做最小二乘法数据处理，求材料常量 B，以及 R_0 和相关系数 r，写出经验公式，即（1）式，并计算 NTC 热敏电阻在 $t=50$ ℃ 时的电阻温度系数 α_T。

2. 测量 PTC 热敏电阻的特性*

参考图 1 以半对数坐标纸作 PTC 热敏电阻的 R_T-T 关系曲线。

【注意事项】

1. 铂热电阻传感器 Pt100 和热敏电阻应插至试管底部，以免造成测温误差。

2. 倒去烧杯中的水时，应先取出磁力搅拌器搅拌子，并放在指定位置保管。

【思考与练习】

1. 总结热敏电阻的优缺点。通过其特性，举例说明其应用场合。

2. 能否用伏安法测量热敏电阻的电阻值？如何减少测量的实验误差？

实验 25　非平衡电桥原理与使用

电桥可分为平衡电桥和非平衡电桥,非平衡电桥也称为不平衡电桥或微差电桥。

非平衡电桥通常与一些传感元件配合使用,这些传感元件受到外界作用(如压力、温度、形变、光强等)引起桥路电阻变化,非平衡电桥将不平衡电压转化为电信号输出,得到引起电阻变化的相应物理量,观测和控制这些影响引起的变化。

在传感技术和非电量电测技术中,非平衡电桥常用于测量信号的转换。

【实验目的】

1. 学习非平衡电桥的工作原理。
2. 掌握非平衡电桥电压输出方式用于非电量测量的方法。

【实验原理】

非平衡电桥在结构与形式上与平衡电桥相似,但测量方法上有较大差别。

1. 非平衡电桥的输出

非平衡电桥有两种输出形式,一种是输出端开路或负载电阻很大近似于开路,如外接具有高输入阻抗的数字电压表或运放放大器等情况,为电压输出。另一种是输出端外接一定阻值的负载,为功率输出,简称为功率电桥。在图 1 所示电桥电路中,其平衡条件为 $R_x = R_2 R_3 / R_1$。通常把 $R_g \rightarrow \infty$ 的非平衡应用电桥称为非平衡电桥,此时,电压输出形式为

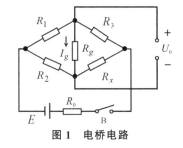

图 1　电桥电路

$$U_0 = \left(\frac{R_1}{R_1 + R_3} - \frac{R_2}{R_2 + R_x} \right) \times E \qquad (1)$$

根据(1)式,可进一步分析电桥输出电压与被测电阻的关系。

设待测电阻 $R_x = R(t)$ 为温度函数,在初始温度 t_0 时电桥为平衡状态,R_{x_0} 为 R_x 初始值,有 $R_2 R_3 = R_1 R_{x_0}$;保持 R_1、R_2 与 R_3 不变,当温度为 $t = t_0 + \Delta t$ 时,R_x 随之发生变化,ΔR 为电阻变化量,有 $R_x = R_{x_0} + \Delta R$,电桥为失衡状态。电桥因不平衡产生的电压输出为

$$U_0(t) = \frac{R_1 \Delta R}{(R_1 + R_3)(R_2 + R_{x_0}) + \Delta R (R_1 + R_3)} \times E \qquad (2)$$

可见,上式反映了温度变化引起桥臂电阻微小变化与输出电压的函数关系。根据此函数关系即可检测外界条件的变化,如温度、压力等。这种基于非平衡条件下工作电桥,即非平衡电桥的测量方法就是一种非电量电测法。

2. 非平衡电桥工作形式

一般情况下,电阻 R_x 变化较小,且 ΔR 远小于各桥臂电阻值,(2)式改写为

$$U_0(t) = \frac{R_1 \Delta R}{(R_1 + R_3)(R_2 + R_{x_0})} \times E \qquad (3)$$

(1)等臂电桥形式:四个桥臂阻值相等。设 $R_1 = R_2 = R_3 = R_{x_0} = R$,$\delta = \Delta R / R_{x_0}$,$\Delta R$ 为电

阻变化量,R_{x0} 为 R_x 初始值,其输出电压 U_0 与 δ 关系为

$$U_0(t) = \frac{1}{4} \cdot \frac{\Delta R}{R} E = \frac{E}{4}\delta \tag{4}$$

若 R_x 为电阻传感器,当待测温度变化时,引起其值变化 ΔR,则 δ 相当于电阻传感器电阻值相对变化量,从而间接测量出电桥输出电压相应变化。

(2)卧式电桥(输出对称电桥)形式:电桥的桥臂电阻对称于输出端。设 $R_1 = R_3 = R$,$R_2 = R_{x0} = R'$,但 $R \neq R'$,其输出电压与(4)式相同。

(3)立式电桥(电源对称电桥)形式:从电桥的电源端看桥臂电阻对称相等。设 $R_1 = R_2 = R$,$R_3 = R_{x0} = R'$,但 $R \neq R'$,其输出电压为

$$U_0(t) = \frac{RR'}{(R+R')^2} \frac{\Delta R}{R} E = \frac{RR'E}{(R+R')^2}\delta \tag{5}$$

在(5)式中的 R 和 R' 均为预调平衡后的阻值。

可见,三种电桥的输出均与 δ 成线性比例关系。在 R_{x0}、ΔR_x 相同情况下,等臂电桥、卧式电桥比立式电桥的输出电压大,灵敏度也高,但立式电桥测量范围较大,可通过选择 R、R' 加以扩大,R、R' 差距越大,测量范围也越大。

当负载 R_g 较小时,电桥不仅有电压输出,也有电流输出 I_g,为功率电桥。这里不再赘述。

3. 热电阻传感器——铜电阻 Cu50 简介

工业用铜电阻在 $-50 \sim 150\ ℃$ 范围内,其阻值与温度的关系为

$$R_t = R_0(1 + At + Bt^2 + Ct^3) \tag{6}$$

式中,R_t 与 R_0 分别为温度 $t\ ℃$ 与 $0\ ℃$ 时铜电阻阻值,参数 $A = 4.288\,99 \times 10^{-3}\ ℃^{-1}$,$B = -2.133 \times 10^{-7}\ ℃^{-2}$,$C = 1.233 \times 10^{-9}\ ℃^{-3}$。普通铜电阻在一定温度范围内,其阻值与温度近似呈线性关系,表示为

$$R_t = R_0(1 + \alpha \cdot t) \tag{7}$$

式中,电阻温度系数 $\alpha \approx 4.28 \times 10^{-3}\ ℃^{-1}$。

【实验器材】

QJ-5 型教学用多功能电桥,ZX21 型电阻箱,铜电阻,温度控制仪(含加热、致冷恒温井)。

【实验仪器描述】

1. 教学用多功能电桥

QJ-5 型教学用多功能电桥把平衡电桥与非平衡电桥合为一体,具有双臂电桥、单臂电桥、功率电桥,以及可作为非平衡电桥使用的单臂电桥等功能。如图 2 为面板图,B 为电源开关。数字电压表与电流表分别用于测量电桥输出电压与通过负载的电流。

采用单臂电桥(二线制接法)测量 $10\ \Omega$ 以上电阻时,待测电阻接入 R_x 端钮(上方短接片短接)。采用三线制接法测量阻值较小电阻时,待测电阻对应接入 R_x 三个端钮(取出短接片)。非平衡电桥的使用方式与此相同。

双臂电桥用于四线制接法测量,请参考"实验 22　电桥法测量电阻"相关内容。

2. 温度控制仪

请参考"实验 53　温度传感器综合应用实验"相关内容。

图 2　多功能电桥面板图

【实验内容与步骤】

1. 用电阻箱模拟铜电阻研究非平衡电桥测量原理

(1)把多功能电桥的标准电阻 R_N 和工作方式均选择"单桥"挡。

(2)电源工作电压置 3 V 挡;用标准电阻箱作为待测电阻 R_x 模拟铜热电阻,取 $R_{x0} = 55.4\ \Omega$ (铜电阻 Cu50 在 25 ℃阻值,也可取室温对应的值),并接入 R_x 端钮。

(3)等臂电阻设为 $R_1 = R_2 = 560\ \Omega$,$R_3 = R_{x0} = 55.4\ \Omega$;按下电源开关 B,接入电压表,微调 R_3 大小,使电压表显示近似为零(或 $I_g = 0$),则电桥平衡(不接入电流表)。

(4)从电桥平衡状态开始,取 $\Delta R_x = 1.0\ \Omega$,使 R_x 从 50.0 Ω 到 69.0 Ω,共改变 16 次,选择电压表合适量程,测量每次改变对应的不平衡输出电压 U_0 值。

2. 测量铜电阻 Cu50 的电阻温度系数

(1)把待测电阻 R_x 更换为铜电阻,等臂电阻设为 $R_1 = R_2 = 560\ \Omega$,$R_3 = R_{x0} = 55.4\ \Omega$(设室温为 25 ℃),调节 R_3 大小,使电桥平衡。

(2)利用加热或致冷恒温井(低于室温时用),从 10 ℃开始,每间隔 10 ℃改变一次温度,测量温度变化及其对应的输出电压,共测量 8 组(电压值取到一位小数即可)。参见"附录 1.14 铜电阻分度表"。

3. 利用非平衡电桥设计温度计 *

利用热电阻(已知分度表)设计一个数字温度计,测温范围 0～100 ℃,输出电压范围 0～50 mV,并确定最大误差。

【注意事项】

1. 电桥应先设置好各桥臂电阻后,方可通电实验,尤其要避免在桥臂电阻 R_1、R_2、R_3 的阻值同时处于低阻值,甚至为零的情况下使用。

2. 温度稳定地达到设定值需要一定时间,且控制的误差较大,仅供原理性参考。

3. 请不要用手触及加热源及其散热部件,以免烫伤。

【数据记录与处理】

1. 用电阻箱模拟铜电阻研究非平衡电桥测量原理

室温 $t_0 =$ ＿＿＿ ℃，$R_1 =$ ＿＿＿，$R_2 =$ ＿＿＿，$R_3 =$ ＿＿＿，电阻箱取 $R_x(t_0) = R_{x0} = 55.4\ \Omega$。

R_x/Ω	50.0	51.0	52.0	53.0	54.0	55.0	56.0	57.0
$\Delta R/\Omega$	−5.4	−4.4	−3.4	−2.4	−1.4	−0.4	0.6	1.6
$\delta/\%$	−9.7	−7.9	−6.1	−4.3	−2.5	−0.72	1.1	2.9
电压 U_0/mV								
R_x/Ω	58.0	59.0	60.0	61.0	62.0	63.0	64.0	65.0
$\Delta R/\Omega$	2.6	3.6	4.6	5.6	6.6	7.6	8.6	9.6
$\delta/\%$	4.7	6.5	8.3	10.1	11.9	13.7	15.5	17.3
电压 U_0/mV								

在坐标纸上画出 U_0-δ 曲线，进行必要的分析。

2. 测量铜电阻 Cu50 的电阻温度系数

室温 $t_0 =$ ＿＿＿ ℃，Cu50 的 $R_x(t_0) = R_{x0} =$ ＿＿＿；$R_1 =$ ＿＿＿，$R_2 =$ ＿＿＿，$R_3 =$ ＿＿＿。

序号	0	1	2	3	4	5	6	7
温度 $t/℃$		10	20	30	40	50	60	70
电压 U_0/mV	0.0							

根据(4)式求出各点 $\Delta R_x(t)$，由 $R_x(t) = R_{x0} + \Delta R(t)$ 求出 $R_x(t)$ 值，作 $R_x(t)$-t 曲线。用图解法求出 0 ℃时的电阻值 R_0 和电阻温度系数 α（斜率）。

3. 利用非平衡电桥设计一个温度计*

拟出设计方案及其实现措施。

【思考与练习】

1. 说明平衡电桥与非平衡电桥异同点。

2. 说明非平衡电桥在非电量测量中的应用。

3. 请结合相关电路与测量对象，从减小测量误差分析，说明二线制接线法、三线制接线法和四线制接法各自的特点。

实验 26　电子束在电场中的偏转

示波管利用电-光转换原理,把被测的电信号波形转换为光信号,在荧光屏上直接显示出来,是示波器的核心部件,属于阴极射线管(CRT)。

为了能显示电信号波形,需要有产生电子束的系统和电子加速系统。通过聚焦、偏转和强度控制系统,使电子束在荧光屏上清晰成像。对电子束的聚焦和偏转,可以利用电极形成的静电场实现电聚焦或电偏转,也可以用电流形成的恒磁场实现。

静电场或恒磁场使电子束偏转、聚焦的原理和方法,广泛地用于扫描电子显微镜、回旋加速器、质谱仪等。研究示波管中电子的运动规律,有助于了解示波器的工作原理,进行其他相关的实验。

【实验目的】

1. 了解示波管的基本结构和工作原理,以及静电场对电子的加速作用。
2. 了解示波管带电粒子的偏转规律。
3. 测试示波管的电偏灵敏度、磁偏灵敏度与加速电压的关系。

【实验原理】

本实验仅讨论电子束在电场中的加速运动和偏转情况。

示波管中的电子从被加热的阴极逸出后,受到阳极电场的加速作用,获得沿示波管轴向的动能。为讨论方便起见,设直角坐标 z 轴为从灯丝指向荧光屏的管轴方向;从荧光屏看,x 轴为水平方向向右,y 轴为垂直方向向上。若电子从阴极逸出时的初速度忽略不计,则由功能原理可知,电子经过电位差为 V 的空间,电场力做的功 eV 应等于电子获得的动能,即

$$eV = \frac{1}{2}mv_z^2 \tag{1}$$

可见,电子的轴向速度 v_z 与阳极加速电压 V 的平方根成正比。

示波管有两个阳极 A_1 和 A_2,实际上,示波管中电子束最后的轴向速度主要由第二阳极 A_2 的加速电压 V_2 决定,即

$$eV_2 = \frac{1}{2}mv_z^2 \quad \text{或} \quad v_z = \sqrt{\frac{2e}{m}V_2} \tag{2}$$

若在电子运动的垂直方向加一个横向电场,电子将在该电场作用下发生横向偏转。如图 1 所示。

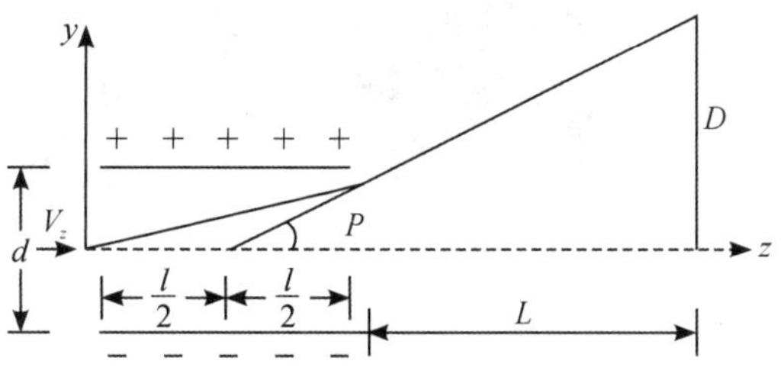

若偏转板长 l,偏转板末端至屏距离为 L,偏转电极间距为 d,轴向加速电压为 V_2,横向偏转电压 V_d,则荧光屏上亮斑的横向偏转移量 D 与其他量的关系为

图 1　电子束的电偏转

$$D = \left(L + \frac{l}{2}\right) \cdot \frac{V_d}{V_2} \cdot \frac{l}{2d} = L' \cdot \frac{V_d}{V_2} \cdot \frac{l}{2d} \tag{3}$$

式中，$L' = L + \dfrac{l}{2}$。上式表明，当 V_2 不变时，电子束的偏转量 D 与偏转电压 V_d 成正比，D 与 V_d 的关系可通过实验确定。

由(2)式可知，电子在 z 方向运动的速度越大，表示其通过偏转极板所需时间越短，则横向偏转电场对其作用时间也越短，导致偏转灵敏度越低。(3)式中电子束偏转量 D 与加速电压 V_2 的关系，充分反映了这一点。

若改变加速电压 V_2（为便于对比，在可能的范围内，尽可能把 V_2 分别调至最大或最小），适当调节 V_1 到最佳聚焦，可以测定 D 与 V_d 的关系随 V_2 改变而使斜率变化的情况。

此外，电偏转灵敏度还与偏转电极与荧光屏之间的距离有关。在同样的偏转电压情况下，与 x 偏转板相比，y 偏转板距离荧光屏较远，也说明了 y 偏转的灵敏度比 x 偏转的灵敏度大。

【实验器材】

EF-4S 型电子与场实验仪（含示波管、直流稳压电源、直流电流表等），万用表等。

【实验仪器描述】

电子与场实验仪由小型电子示波管、实验电路、内置的高低压电源以及不同规格的螺线管等组成。若要研究带电粒子的偏转规律，还需用到直流稳压电源以及直流毫安表、安培表，前者提供螺线管励磁电压，也可用小功率调压变压器交流供电。

实验仪按模块化设计，如图 2 所示。除了用于研究电子束在电场中的加速运动和偏转，以及纵向电场与电聚焦、横向磁场与磁偏转外，还可以研究电子在纵向磁场中做螺旋运动的规律。此外，还可以研究真空二极管的特性和测定钨的电子逸出功，以及磁控管中电子在轴向磁场和径向电场联合作用下的运动，测定电子的荷质比等。

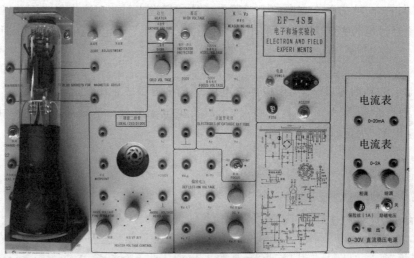

图 2　电子与场实验仪

实验使用的 8SJ45J 型小型示波管是一种阴极射线管或电子束示波管。基本参数：聚焦电压为 $280 \sim 380$ V，加速电压为 $-950 \sim -1\,300$ V，偏转电压（V_x、V_y）为 $-91 \sim +91$ V，y 轴电偏转灵敏度大于 0.7 mm/V，磁偏转灵敏度大于 0.3 mm/mA。

示波管的基本结构包括电子枪、偏转系统、荧光屏等，如图 3 所示。

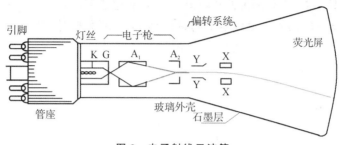

图 3　电子射线示波管

(1)电子枪把阴极热激发产生的电子加速到一定的速度,并会聚成电子束。

(2)偏转系统由上下两对平板电极 X-X、Y-Y 组成。上下电极为 y 偏转系统(垂直偏转板),左右电极为 x 偏转系统(水平偏转板)。图中,K 为阴极,G 为栅极,X、Y 为偏转转板,A_1、A_2 分别为第一和第二阳极。

(3)荧光屏用于显示电子束发射到示波管端面时的位置,显示相关信息。

【实验内容与步骤】

1. 电路连接

检查电源的开关状态,务必在断电或处于"关"的状态,方可进行接线。

(1)把示波管插入插座时,要注意引脚与插座的一致性;灯丝用 6.3 V 交流供电,内部已接好,灯丝开关拨向"示波管"一边。除了各管子电极与电源各端相连接的接线柱外,还备有供测量电压用的测量孔,如 A_1、A_2、K、G 等。控制栅 G 极相对于阴极 K 的电位为负,栅偏压 V_G 为 $0\sim50$ V;当 V_2 较低时,栅压大小相应减小,以保证有足够的亮度。

(2)分别把 $V_{d\pm}$ 与 X_1Y_1,$V_{dx\pm}$ 与 X_2,V_{dy} 与 Y_2 相连接。

(3)有 2 个高压,聚焦阳极 A_1 与 V_1 连接,加速电极 A_2 与⊥(零电位)相连。

V_1 的电位可在 $280\sim380$ V 之间调整,K 为负高压,可在 $-950\sim-1\,300$ V 之间改变。

调节 K 相对于零电位的电位,即改变了 A_2 相对于 K 的电压,有 $950\sim1\,300$ V 的正电位差。

2. 调零调整

聚焦选择开关置于"Point"聚焦位置,调节加速电压 V_2 至负值最大位置。

经仔细检查接线无误后,打开电源开关(拨向 AC220V),阴极后面的灯丝亮,观察其亮度的变化;1 min 后可升高加速电压 V_2;调节偏转电压 V_{dx} 和 V_{dy},并在荧光屏上找到光点。分别调 V_2 和 V_1 至适当值,荧光屏上的光点为最佳聚焦,光点亮度适中。

先调整 V_{dy},后调整 V_{dx},并使聚焦点处于坐标中心,选定为 $x=0$,$y=0$。

3. 测量

使用万用表时,务必慎重地选择电压挡,并选择合适的量程。

(1)测量聚焦电压 V_1,即测量孔 A_1 与 K 之间的电位差。亮点调至最佳聚焦,用万用表直流电压 500 V 挡测量,测试棒正极接 A_1,负极接测量孔 K。

(2)测量加速电压 V_2,即测量孔 A_2 与 K 之间的电位差。测量时,注意选择直流电压 10 000 V 的量程,红色测试棒改接万用表上 2 500 V 的接口。

(3)测量偏转电压 V_d,用万用表直流电压 200 V 挡。测试棒负极接 X_1Y_1 插孔,正极接 Y_2。

(4)选定一个 V_1，改变 V_2，测量偏转距离 D 和偏转电压 V_d 的变化关系，研究 D 随 V_d 的变化情况，记录数据。D 的大小由屏幕上的刻度读出，读取数据时，眼睛要平视，以减小测量误差。荧光屏上 1 大格为 1 cm，分为 5 个小格。

【数据记录与处理】

1. 电子束的电偏转距离与加速电压的关系

$V_2 = 1\ 000\ \text{V}$ ($V_1 = $ V)	D/mm	−16	−12	−8	−4	0	4	8	12	16
	V_d/V									
	$D \cdot V_2/\text{mm} \cdot \text{V}$									
$V_2 = 1\ 100\ \text{V}$ ($V_1 = $ V)	D/mm	−16	−12	−8	−4	0	4	8	12	16
	V_d/V									
	$D \cdot V_2/\text{mm} \cdot \text{V}$									
$V_2 = 1\ 200\text{V}$ ($V_1 = $ V)	D/mm	−16	−12	−8	−4	0	4	8	12	16
	V_d/V									
	$D \cdot V_2/\text{mm} \cdot \text{V}$									

其中，V_2 为加速电压，V_d 为偏转电压，D 为偏转量。

2. 以 D 为纵坐标，V_d 为横坐标，作 D-V_d 关系图，由直线斜率求电偏转灵敏度。

【注意事项】

1. 实验系统有直流高压，实验时注意电源的开关状态，小心操作，安全第一。接线前务必关闭电源，以确保安全。

2. 使用万用表测量电压时，测试棒一定不能插错。测量时，要尽量采用单手操作，谨防手指触及测试端的金属裸露部分。

3. 不得让 G 处于零偏压状态，否则亮点过亮，荧光屏会因局部过热而损坏。

【思考与练习】

1. 实验时为什么仪器周围不能有强磁场及铁磁物质存在，同时还要将测试仪南北方向放置？

2. 作电偏转时在 x 和 y 方向哪一个的偏转灵敏度大？根据示波管的构造分析其原因。

3*. 若示波管既不加任何偏转电压，也不人为外加横向磁场，把示波管聚焦调好以后，将仪器原地转一圈，观察荧光屏上的光点位置是否会变化。能否根据荧光屏上光点的变化来估算当地地磁场的磁感应强度？设计一个用该测试仪粗略测定地磁场强度 B 的实验，并说明其原理、方法和步骤。

实验 27　电子荷质比的测定

1858 年德国物理学家普吕克(J. Plücker,1801—1868)研究气体放电时发现了阴极射线。1897 年英国物理学家 J. J. 汤姆孙(J. J. Thomson,1856—1940)通过对气体导电理论和实验研究发现了电子,获 1906 年诺贝尔物理学奖。

电子和 X 射线、放射性被誉为世纪之交三大发现。电子的发现宣告结束了关于阴极射线本质的争论,打破了原子不可分的经典物质观,开创了原子物理的崭新研究领域。

【实验目的】

1. 理解电子束在磁场中受磁力作用的运动规律。
2. 掌握磁偏转法测量电子荷质比的原理及方法。

【实验原理】

电子电荷(元电荷)是电荷的最小单元,元电荷 e 与其静质量 m 比值(e/m)是电子基本常量之一,称为电子荷质比,简称比荷。

1. 亥姆霍兹线圈中的磁场

按照亥姆霍兹线圈产生磁场原理,两圆线圈之间轴线上磁场分布与励磁电流 I 具有良好的线性关系,即近似为匀强磁场(参见"实验28　用电磁感应法测量交变磁场"相关内容),可推导出磁感应强度 B 大小为

$$B = (\frac{4}{5})^{\frac{3}{2}} \cdot \frac{\mu_0 \cdot N \cdot I}{R} \tag{1}$$

其中,真空磁导率 $\mu_0 = 4\pi \times 10^{-7}$ N · A^{-2} 为常量,R 为亥姆霍兹线圈的平均半径,N 为单个线圈匝数。

2. 电子在磁场中运动规律

当一个电荷 e 以速度 v 垂直于磁场方向进入匀强磁场 B 时,电子受洛伦兹力作用,其运动轨迹是一个圆,符合圆周运动规律。如图 1 所示。

$$evB = \frac{mv^2}{r} \tag{2}$$

其中,r 为圆周运动半径,m 为电子质量。电子荷质比 e/m 为

$$\frac{e}{m} = \frac{v}{rB} \tag{3}$$

由于磁场作用力方向总是与电子速度方向垂直,因此洛伦兹力不对运动的电子做功,只改变运动电子的方向而不改变其速率和动能。

实验装置为威尔尼管,是只有电子枪和偏转系统的阴极射线管(CRT)。电子枪在阳极加速电压 U 作用下发射电子,其电势

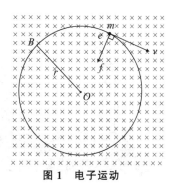

图 1　电子运动

能 eU 全部转变成电子动能,即

$$eU = \frac{1}{2}mv^2 \qquad (4)$$

电子束的速度是由阴极和阳极之间电场的加速作用决定的。

由(3)式和(4)式消去 v, e/m 为

$$\frac{e}{m} = \frac{2U}{(rB)^2} \qquad (4)$$

一般固定加速电压 U,改变励磁电流 I 获得相应磁感应强度 B,通过测量电子束作圆周运动的轨迹半径 r(或直径 D),求出电子荷质比 e/m 值。

为了测量 r,实验中仔细调整阴极射线管的电子流,使其运动方向与磁场方向始终保持垂直,产生完全封闭的圆形电子轨迹。把(4)式改写成

$$\frac{e}{m} = \frac{125}{32} \cdot \frac{R^2 U}{\mu_0{}^2 N^2 I^2 r^2} = 2.474 \times 10^{12} \times \frac{R^2 U}{N^2 I^2 r^2} \qquad (6)$$

本实验的亥姆霍兹线圈设计参数为有效半径 $R = 158$ mm,单线圈匝数 $N = 130$。只要确定 I,再测量 r,即可求出 e/m 值。

一般公认,$e = 1.609 \times 10^{-19}$ C,$m = 9.11 \times 10^{-31}$ kg,则 $e/m \approx 1.759 \times 10^{11}$ C/kg。

【实验器件】

电子荷质比测定仪(含工作电源、遮光罩)。

【实验仪器描述】

1. 电子荷质比测定仪简介

实验系统由测试架(威尔尼管、亥姆霍兹线圈等)和工作电源组成,如图2所示。威尔尼管置于亥姆霍兹线圈产生的匀强磁场中,在阳极加速电压作用下电子枪发射的电子因磁场作用而在管内做以下运动:

(1)当电子束与磁场垂直且磁场足够强时,电子束做圆周运动。

(2)当电子束与磁场两者方向有夹角时,电子束做螺旋线状运动。

(3)若不加励磁电流,则无磁场,电子束做直线运动。

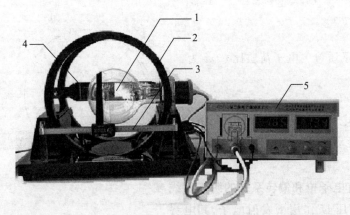

1—威尔尼管,发射电子束

2—亥姆霍兹线圈,产生磁场

3—滑动标尺,测量电子束轨迹半径

4—反光镜,测量电子束运动半径
　　辅助工具

5—工作电源,提供阴极电压、阳极
　　电压和励磁电流等

图 2　实验仪外形图

2. 工作电源

工作电源提供多组电源输出，以下括弧内文字内容为对应的调节旋钮。

(1)阳极加速电压 0～250 V(加速调节)和阴极电压 0～20 V(聚焦调节)，以及内置的调制电压 0～-15 V 共同为威尔尼管提供工作电源。

(2)恒流源为亥姆霍兹线圈提供励磁电流(电流调节)，最大输出为 3.5 A。

(3)实验照明电压 2.5 V，在光线较暗环境中，用在 LED 照明灯辅助读取标尺刻度值。

3. 威尔尼管

威尔尼管是没有荧光屏的阴极射线管，把透明圆形泡壳抽成约 0.1 Pa 真空，充入一定压强的混合惰性气体。电子枪由热阴极、调制板、锥形加速阳极和一对偏转极板组成。阴极发射的电子经阳极加速后，由阳极小孔中穿出，在泡壳中形成电子束。获得电势能的电子束与惰性气体分子碰撞，使气体发光，从而可观察到电子束运动轨迹。

【实验内容与步骤】

1. 观察电子束运动规律

(1)连接线路，两个线圈串联。开始时将威尔尼管电子束加速电压略调高一些，约 130 V 进行预热，耐心地等待，直到可观察到电子枪射出的淡蓝色电子束。利用"加速调节"将加速电压调为 100 V 即能维持发射。为便于观察，可外加遮光罩。

(2)在不同偏转电流时，电子束运动方向与磁场方向存在一定夹角，这时缓缓改变亥姆霍兹线圈中的电流，观察电子束的三种运动状态(直线、螺旋线状或圆周)。同时，细心调节"聚焦调节"改变聚焦电压，使电子束清晰而明亮，运动轨迹不重影。

(3)细心调节偏转电流，使电子束运动方向与磁场方向垂直，电子束形成封闭的圆环轨迹，做圆周运动。若加速电压太高或偏转电流太大，都容易引起电子束散焦。

2. 测量加速电压，计算磁场与电子圆周运动半径

(1)调节仪器线圈背后反光镜的位置，以便于观察读数。

(2)保持加速电压不变，励磁电流为 1.00 A，移动测量机构上滑动标尺，用标尺上黑白分界中心刻度线对准电子枪口与反光镜中像的分界线，采用"三点一直线"方法测量电子束圆周运动直径。起始位置记为端点 D_0(若把游标数显表置零，则 $D_0 = 00.00$ mm)，移动滑动标尺至圆周另一端，记录游标数显表位置 D_n 值。

(3)依次增加励磁电流，测量不同磁场强度中电子做圆周运动轨道的两端点 D_0 和 D_n，共测量 8 次。在暗环境下实验时，可借助 LED 照明灯照亮游标卡尺辅助读数。

【数据记录与处理】

加速电压 $U=$ _____ V，起始位置 $D_0=$ _____ mm（D_0 和 D_n 只取 1 位小数即可）。

n	I/A	D_n/mm	r_n/mm	$\dfrac{e}{m}/(\times 10^{11} \mathrm{C \cdot kg^{-1}})$	$\dfrac{1}{n}\sum_i \dfrac{e}{m}/(\times 10^{11} \mathrm{C \cdot kg^{-1}})$
1	1.00				
2	1.20				
3	1.40				
4	1.60				
5	1.80				
6	2.00				
7	2.20				
8	2.40				

计算电子圆周运动半径 r，并由 $R=158$ mm，$N=130$ 和(6)式求电子荷质比 e/m，与公认值比较，求相对误差，分析产生误差的原因。

【注意事项】

1. 实验时，所有具备磁性的物品或易受磁场影响的物品，应尽量远离电子荷质比测定仪，以免影响电子束的运动，引起实验误差。

2. 测量完毕，请先把电源的"加速调节"、"聚焦调节"和"电流调节"按逆时针方向调节到对应电压或电流为零后，再关断电源。

【思考与练习】

1. 若实验室所在地的地磁强度约为 0.35×10^{-4} T，请问地磁对本实验有何影响？

2. 测量电子荷质比有多种不同实验方法，请简要加以说明。

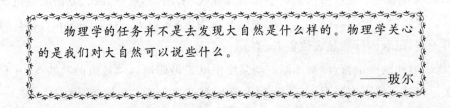

物理学的任务并不是去发现大自然是什么样的。物理学关心的是我们对大自然可以说些什么。

——玻尔

实验 28　电磁感应法测量交变磁场

测量磁场方法有冲击电流计法、霍耳效应法(磁致电阻效应法)、电磁感应法、核磁共振法和天平法等。磁通计借助冲击电流计和探测线圈用于磁通量测量。高斯计(特斯拉计)根据半导体霍耳效应原理,用于测量间隙磁场中磁感应强度,可测量直流磁场和交流磁场。磁强计基于小磁针偏转或振动原理,用于测量磁场强度。

本实验利用亥姆霍兹线圈获得匀强磁场,采用电磁感应法测量磁场,具有测量原理简单,方法简便以及测试灵敏度较高等特点。

【实验目的】

1. 理解用电磁感应法测量交变磁场的原理及方法。
2. 理解磁场叠加原理,学习测量圆电流线圈和亥姆霍兹线圈轴向上的磁场分布。

【实验原理】

1. 载流圆线圈与亥姆霍兹线圈磁场

(1)圆电流线圈磁场

半径为 R,匝数为 N 的圆电流线圈,如图 1 所示,应用毕奥 - 沙伐尔定律,可计算出沿圆环中轴线上距圆环中心为 x 处磁感应强度

$$B = \frac{\mu_0}{2} \cdot \frac{NR^2 I}{(R^2 + x^2)^{3/2}} \tag{1}$$

式中,$\mu_0 = 4\pi \times 10^{-7}$ N·A^{-2} 为常量,I 为励磁电流,B 的方向指向圆环电流中轴线。

在 $x = 0$ 处,$B = \dfrac{\mu_0 NI}{2R}$;在 $x = R/2$ 时,$B = \dfrac{\mu_0}{2} \cdot \left(\dfrac{4}{5}\right)^{\frac{3}{2}} \cdot \dfrac{NI}{R} \approx 0.358 \times \dfrac{\mu_0 NI}{R}$。

(2)亥姆霍兹线圈

亥姆霍兹线圈是由两个半径和匝数相同的圆电流线圈彼此平行、共轴排列,电流流向同向串接组成,且两线圈间距与其半径 R 相等,如图 2 所示。

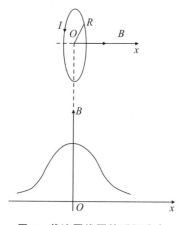

图 1　载流圆线圈的磁场分布

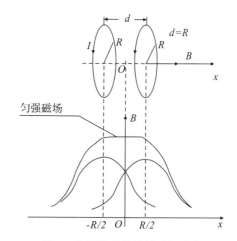

图 2　亥姆霍兹线圈的磁场分布

若选择两个线圈圆心连线中点为坐标原点 O,以其中轴线为 x 轴,可求出励磁电流为 I 时亥姆霍兹线圈中轴线上磁感应强度 B

$$B(x)=B_1+B_2=\frac{\mu_0}{2}\cdot\frac{NR^2I}{\left[R^2+\left(x+\frac{R}{2}\right)^2\right]^{3/2}}+\frac{\mu_0}{2}\cdot\frac{NR^2I}{\left[R^2+\left(x-\frac{R}{2}\right)^2\right]^{3/2}} \tag{2}$$

可见, $B(x)$ 为 x 的偶函数。把 $B(x)$ 在 $B(0)$ 处按泰勒级数展开,由对称性,并忽略高次小量项,可把 $B(x)$ 近似表示为 $B(x)\approx B(0)$,即

$$B(x)=B(0)=2\times0.358\times\frac{\mu_0 NI}{R}=0.716\times\frac{\mu_0 N\cdot I}{R} \tag{3}$$

在较大的 x 范围内, $B(x)$ 等于原点 O 附近磁场,即亥姆霍兹线圈原点 O 附近磁场是匀强磁场,轴线上磁场分布与励磁电流具有良好的线性关系。

本实验设计每个线圈 $N=400$ 匝,平均半径 $R=0.100$ m;若励磁电流 $I=0.400$ A,则可计算出亥姆霍兹线圈磁感应强度 $B\approx1.440$ mT, $B_m=\sqrt{2}B\approx2.036$ mT。

此外,亥姆霍兹线圈能产生微弱磁场,可用于地球磁场的抵消补偿,检测永磁体特性,以及弱磁场的标准计量与磁强计的定标等。例如,显像管中的行、场偏转线圈就是根据实际情况经过适当变形的亥姆霍兹线圈。

2. 电磁感应法测量磁场的原理

设圆电流线圈产生均匀交变磁场 $B=B_m\sin\omega t$,如图 3 所示,探测线圈磁通量为

$$\Phi=NSB_m\cos\theta\cdot\sin\omega t \tag{4}$$

式中, N、S 分别为探测线圈匝数、截面积, θ 为 B 与探测线圈法线 n 夹角。

在探测线圈产生的感应电动势为

$$\varepsilon=-\frac{\mathrm{d}\Phi}{\mathrm{d}t}=NS\omega B_m\cos\theta\cos\omega t=-\varepsilon_m\cos\omega t \tag{5}$$

式中, $\varepsilon_m=NS\omega B_m\cos\theta$,是线圈法线和磁场成 θ 角时感应电动势的幅值。 $\theta=0$, $\varepsilon_{max}=NS\omega B_m$ 时的感应电动势幅值最大。

若用数字毫伏表测量线圈电动势,其示值 U_{max} 为有效值, $U_{max}=\varepsilon_{max}/\sqrt{2}$,则磁感应强度幅值 B_m 值为

$$B_{max}=\frac{\varepsilon_{max}}{NS\omega}=\frac{\sqrt{2}U_{max}}{NS\omega} \tag{6}$$

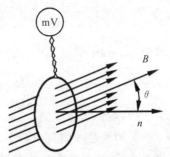

图 3　探测线圈用于磁场测量

3. 探测线圈的设计

上述(6)式是普通探测线圈在均匀磁场条件下得出的。对非均匀性磁场分布,用普通探测线圈只能测出线圈平面内磁感应强度法向分量的平均值,除非把探测线圈做得非常小,但工艺难度大,灵敏度也低,不利于测量,因此一般采用增加匝数提高灵敏度,如图 4 所示。可以证明,当线圈体积适当小,且其长度 L 与外径 D、内径 d 之间有 $L=0.72D\approx2D/3$, $d\leqslant D/3$ 关系时,探测线圈在磁场中等效的平均面积 S 理论计算式为

$$S=\frac{13}{108}\pi D^2 \tag{7}$$

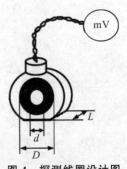

图 4　探测线圈设计图

探测线圈几何中心处平均磁感应强度仍可用(6)式表示。

若选择励磁电流的频率 $f=50$ Hz，$\omega=2\pi f=100\pi$，将 S、D、ω 值代入(6)式，有

$$B_{\mathrm{m}} \approx 0.103 U_{\max}(\mathrm{mT}) \tag{8}$$

可见，B_{m} 与 $U_{\max}$ 保持为线性关系。据此可通过毫伏表测量 $U_{\max}$ 来计算 B_{m} 值，确定磁场分布，其方向为感应电动势最大时探测线圈的轴线方向。

【实验器材】

交变磁场测试仪(含测试架、信号源、交流毫伏表)。

【实验仪器描述】

1. 交变磁场测试仪简介

测试系统包括测试架与组合仪。如图 5 所示，测试架由亥姆霍兹线圈、探测线圈及其机械调节部件等组成，调节部件包括角刻度盘、径向与轴向转动手轮及标尺，控制和记录探测线圈移动。组合仪可提供频率可调的励磁电流，以及记录测量感应电动势的毫伏表。

图 5　实验装置与仪器面板图

2. 主要技术指标

(1)每个亥姆霍兹线圈 $N=400$ 匝，平均半径 $R=100$ mm，允许最大励磁电流 $I_{\max}=1$ A。右边线圈可在水平轴线平移，调节两线圈间距，两者最大间距为 $2R$。

(2)探测线圈 $N=800$ 匝，外径 $D=0.012$ m。采用机械连杆器接续，可做横向、径向移动和 $360°$ 旋转，调节范围为轴向 ±120 mm(x 方向)，径向 ±50 mm(y 方向)，在 $0\sim360°$ 旋转的步进值为 $10°$，角度刻度间距 $5°$。

(3)电源可提供电流 I 为 $0\sim1$ A，分辨率 2 mA，频率 f 为 $30\sim200$ Hz，分辨率 0.1 Hz 作为励磁电流，且连续调节，数字显示。

(4)测量探测线圈的感应电压为数字交流毫伏表，量程 199.9 mV，分辨率 0.1 mV。

【实验内容与步骤】

1. 准备工作

测量单个线圈磁场分布时，选择右边线圈，把其"励磁线圈"与"励磁电流输出"连接。测量亥姆霍兹线圈磁场分布时，两个励磁线圈串联后连接到"励磁电流输出"。

调整"励磁电流调节"改变其输出功率，使励磁电流输出为设定值，如 400 mA；调整"频率调节"可改变其频率为设定值，如 50 Hz。

"探测线圈"与"感应信号输入"连接，并调节为正常位置和方位($y=0$，$\theta=0$)。

2. 测量单个圆线圈轴线上的磁场分布

保持励磁电流 $I=400$ mA，保证探测线圈法线方向与圆电流线圈轴线夹角为 $0°$，以圆电流线圈中心为坐标原点 $(x=0)$，摇杆单向前进，每间隔 1.0 cm 测量 U_{max} 值。

理论上，若转动探测线圈，当 $\theta=0°$ 和 $\theta=180°$ 时应得到两个相同 U_{max} 值，但实际上这两个值往往不相等，应分别测量，再取其平均值。实验时，可把探测线圈反转 $180°$，测量一组数据对比一下，如果正、反方向测量误差不大于 2%，则只做一个方向的数据即可，否则，应分别按正、反方向测量，再求算平均值作为测量结果。

3. 测量亥姆霍兹线圈轴线上的磁场分布

把两线圈正向串联，使圆电流方向一致，间距为 R，再输入励磁电流。励磁电流 $I=400$ mA，以两圆电流线圈轴线上中心为坐标原点 $(x=0)$，每隔 1.0 cm 测量 U_{max} 值。

4. 研究两线圈间距对轴线上磁场分布的影响

固定左边线圈不动，放松右边线圈内侧两紧定螺钉，改变右边线圈位置，使两线圈距离分别为 $R/2$ 和 $2R$ 后，再拧紧螺钉，即可开始测量。

5. 测量两线圈电流反向时轴向上的磁场分布

把两线圈反向串联，使圆电流方向相反，间距为 R，再输入励磁电流。保持励磁电流 $I=400$ mA，以两圆电流线圈轴线上中心为坐标原点，每隔 1.0 cm 测量 U_{max} 值。

6. 测量亥姆霍兹线圈径向上的磁场分布

把两线圈恢复为正向串联，间距为 R。固定探测线圈法线方向与圆电流轴线夹角为 $0°$，径向移动探测线圈，每移动 1.0 cm 测量一个数据，按正、负方向测量到边缘为止。

7. 利用亥姆霍兹线圈验证公式 $\varepsilon_m=NS\omega B_m\cos\theta$

把探测线圈沿轴线固定在某一位置，使探测线圈法线方向与圆电流轴线夹角从 $0°$ 开始，逐步旋转到 $+90°$ 和 $-90°$，每改变 $10°$ 测量一组数据。

8. 研究励磁电流的频率变化对亥姆霍兹线圈磁场影响

把探测线圈固定在亥姆霍兹线圈中心点，其法线方向与圆电流轴线夹角为 $0°$（也可选取其他位置或其他方向），并保持不变。调节磁场测试仪输出电流频率，在 $30\sim150$ Hz 范围内，每次频率改变 10 Hz，逐次测量感应电动势。

【数据记录与处理】

1. 测量单个圆线圈轴线上的磁场分布

测试条件：励磁电流 $I=400$ mA，频率 $f=50$ Hz，探测线圈转角 $\theta=0°$，径向位置 $y=0$。

轴向距离 X/cm	0.0	1.0	2.0	3.0	4.0	5.0
感应电动势 U_m/mV						
实验值 B_m/mT						
理论值 B/mT						
轴向距离 X/cm	6.0	7.0	8.0	9.0	10.0	
感应电动势 U_m/mV						
实验值 B_m/mT						
理论值 B/mT						

实验值 $B_m = 0.103 U_{max}/\text{mT}$，理论值 $B = \dfrac{\mu_0 N_0 I \cdot R^2}{2(R^2+x^2)^{3/2}}/\text{T}$。

坐标原点设在圆心处，在同一坐标纸上画出实验曲线与理论曲线，并加以比较。

2. 测量亥姆霍兹线圈轴线上的磁场分布

测试条件：励磁电流 $I = 400$ mA，频率 $f = 50$ Hz。

轴向距离 x/cm	−5.0	−4.0	−3.0	−2.0	−1.0	0.0
感应电动势 U_m/mV						
$B_m = 0.103 U_{max}/\text{mT}$						
轴向距离 x/cm	1.0	2.0	3.0	4.0	5.0	
感应电动势 U_m/mV						
$B_m = 0.103 U_{max}/\text{mT}$						

两线圈圆心连线中点为坐标原点，依对称性画出磁场分布曲线。

3. 研究两线圈间距对轴线上磁场分布的影响

测试条件：$I = 400$ mA，$f = 50$ Hz，$\theta = 0°$，$x = -10 \sim 10$ cm，$y = 0$。

轴向距离 x/cm	0.0	1.0	2.0	3.0	4.0	…	9.0	10.0
感应电动势 U_m/mV （$d=R/2$）								
$B_m = 0.103 U_{max}/\text{mT}$								
感应电动势 U_m/mV （$d=2R$）								
$B_m = 0.103 U_{max}/\text{mT}$								

两线圈圆心连线中点为坐标原点，画出实验曲线，分析磁场空间分布特点。

4. 测量两线圈电流反向时轴向上的磁场分布

测试条件：$I = 400$ mA，$f = 50$ Hz。

轴向距离 x/cm	−10.0	…	−1.0	0.0	1.0	…	10.0
感应电动势 U_m/mV （$d=R/2$）							
$B_m = 0.103 U_{max}/\text{mT}$							
感应电动势 U_m/mV （$d=2R$）							
$B_m = 0.103 U_{max}/\text{mT}$							

以两线圈圆心连线中点为坐标原点，在直角坐标纸上画出实验曲线。

5. 测量圆电流线圈径向上的磁场分布 *

测试条件：$f = 50$ Hz，$I = 400$ mA，$\theta = 0°$，$x = 0$，$y = -40 \sim 40$ mm。

径向距离 y/cm	0.0	1.0	2.0	3.0	4.0	5.0
感应电动势 U_m/mV						
$B_m = 0.103 U_{max}/\text{mT}$						

6. 利用亥姆霍兹线圈验证公式 $\varepsilon_m = NS\omega B_m \cos\theta$ *

测试条件：$f = 50$ Hz，$I = 400$ mA，$\theta = -90° \sim 90°$，$x = 0$，$y = 0$。

改变探测线圈法线与磁场方向夹角 θ，测量感应电动势，验证两者关系，$\varepsilon_m \propto \cos\theta$。

探测线圈转角 $\theta/°$	0.0	10.0	20.0	30.0	…	80.0	90.0
感应电动势 U_m/mV							
$B_m = 0.103U_{max}/\text{mT}$							
探测线圈转角 $\theta/°$							
感应电动势 U_m/mV							
$B_m = 0.103U_{max}/\text{mT}$							

以角度 θ 为横坐标，以磁感应强度 B_m 为纵坐标，画出其关系曲线。

7. 研究励磁电流的频率变化对亥姆霍兹线圈磁场影响 *

测试条件：$I = 150$ mA，$\theta = 0°$，$x = 0$，$y = 0$。

励磁电流频率 f/Hz	30	40	50	…	140	150
感应电动势 U_m/mV						
B_m/mT						

改变励磁电流的频率 f，测量感应电动势 U_m，验证两者关系。

以频率 f 为横坐标，磁感应强度 B_m 为纵坐标作图，并对实验结果进行讨论。

【注意事项】

1. 请勿带电拆装线路；改变线路或实验完毕，请先励磁电流调节到最小后关闭电源，再进行操作。

2. 圆电流线圈电阻较小，通过电流不得超过允许最大励磁电流，以免线圈烧毁。

3. 探测线圈导线细小，应特别小心，避免只朝一个方向转动或用力。

【思考与练习】

1. 何为亥姆霍兹线圈？说明其磁场分布特点。

2. 能否利用本方法测量稳恒磁场？对稳恒磁场，应如何测量？

3. 试分析测量圆电流线圈磁场分布的实验误差产生原因。

实验 29　数字示波器的原理与使用

数字式存储示波器简称数字示波器,具有存储波形,捕捉和显示瞬态单次信号,并可对被测波形的各种参数进行自动测量以及复杂运算的功能;同时,方便与计算机等连接,进行数据处理与打印,实现智能化测量。

本实验主要介绍数字示波器基本原理、主要按键与旋钮的功能及操作方法,以及观测信号的基本方法。

【实验目的】

1. 了解数字示波器基本原理与应用,熟悉主要按键的功能及使用方法。
2. 掌握用数字示波器观测信号幅值、时间参数以及其他参数的基本方法。
3. 学会用光标测量方法测量脉冲信号的基本参数。
4. 学习用数字示波器捕捉和测量单次脉冲信号的基本方法。

【实验原理】

数字示波器由控制、取样存储和读出显示等部分组成,包括信号处理电路、高速模/数转换器(A/D)、存储器(RAM)、中央处理器(CPU)、数/模转换器(D/A)、液晶显示器(LCD)及其驱动电路等。

1. 基本原理

输入电路对待测的模拟信号放大和处理,由高速 A/D 进行取样与量化,信号以数字编码形式存储在 RAM 中,为"写入"过程;设计有丰富的触发功能与多种灵活的显示方式,显示的波形是一次触发后所存储的一帧波形数据,通过控制存储器的地址依次将数据"读出",并经D/A稳定地显示在 LCD 上。CPU 起控制与处理的作用,存储与显示是其最基本的功能。其原理方框图如图 1 所示。

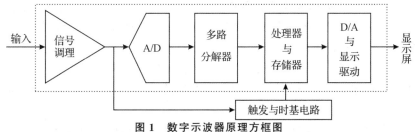

图 1　数字示波器原理方框图

2. 主要特点

与模拟示波器相比,具有快速的自动测量功能,在观察触发点之前的信号,重复性好,准确度高,时间和幅度等参数的测量准确度大大提高。具有丰富的触发功能、多种存储方式以及多种灵活的显示方式(如存储显示、滚动显示、自动标定)。

此外,具有菜单选择、通道状态和测量结果的全屏幕注释功能,直观清晰。

【实验器件】

DS2072 型数字示波器，直流稳压电源，信号发生器，阻容元件等。

【实验仪器描述】

DS2072 型数字示波器面板功能如图 2 所示。背面有与 USB Device、LAN 等连接的接口。详细的功能介绍，请参考本实验的"阅读材料"。

数字示波器有两类按键，按一次可打开相应菜单，再操作可隐藏。利用 Help（帮助）键，可显示对应的文字介绍与名词解释。

图 2　DS2072 型数字示波器面板

（1）屏幕左右两侧为 MENU 选项键，分别为测量参数选项菜单和控制参数选项菜单。

（2）面板上的功能按键，配合多功能按钮可进行选择与操作，实现各种方式的测量与数据处理。

（3）采用不同显示颜色表示相关的信息。例如，两个通道 CH1、CH2 分别用黄色、青蓝色标识，屏幕波形和标识的颜色与对应通道或设置的选项一致。

【实验内容与步骤】

1. 练习基本操作，观测探头补偿器信号

（1）按 CH1 点亮，通过屏幕右侧按键菜单，以及"多功能按钮"（灯亮时，转动或按动选择），将示波器"探头比"衰减系数设定为 10× 或 1×，再把测试探头上的衰减系数开关拨至对应位置，最后把探头连接至 CH1，即可用于测量。衰减系数大小影响垂直刻度。

（2）测量"探头补偿器"输出信号。按 AUTO 点亮，这时屏幕稳定地显示矩形波（若不是标准的方波，还需补偿调节）。

（3）旋转"垂直控制功能区"的 POSITION 和 SCALE 旋钮，并观察波形在垂直方向上及其标尺系数（伏/格，即挡位）值的变化。波形在垂直方向上同时发生变化，但其振幅（峰-峰值）不变。

（4）旋转"水平控制功能区"的 POSITION 和 SCALE 旋钮，并观察波形在水平方向上及其标尺系数（秒/格，即挡位）值的变化。波形在水平方向上同时发生变化，但其周期不变。

（5）旋转"触发控制功能区"触发电平 LEVEL 旋钮，观察屏幕触发电平及其指针变化，仅当示波器工作于触发同步状态（其指针在波形区域内）时，波形才能稳定显示。

2. **波形测量的三种方法**

（1）自动测量

按 AUTO 键，通过操作屏幕左侧测量参数选项菜单，可读取所显示波形的相关参数。

（2）光标测量

按 Cursor 键，进入光标模式选择菜单，选择显示子菜单选项。当"多功能按钮"灯亮时，通过旋转或按动选择"手动"光标模式，选择并移动光标进行测量，分别以 X、Y 的光标类型，测量时间与电压幅值等参数。

（3）刻度测量

根据屏幕显示的水平与垂直标尺系数值信息，可算出相关参数。

3. **RC 低通电路的测量**

图 3 为 RC 低通电路，其时间常数 $\tau = R_1 C_1$；当 u_i 为周期 T、正脉宽 t_w 的一系列矩形脉冲时，输出波形依赖于比值 τ/T；在 $\tau \ll T$、$\tau \approx T$ 和 $\tau \gg T$ 三种情况下，观测输入电压 u_i 与输出电压 u_o 的对应波形，分别测量信号的平均分量 U_{avg} 及相关时间与幅值。

4. **实时信号的捕捉**

图 4 为 RC 串联充放电电路，分别选取时间常数 $\tau = R_2 C_2$ 较小和较大情况，切换开关 K 可为电容充电或放电，观察电容快速和慢速充放电过程。

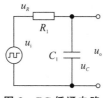

图 3 RC 低通电路　　　　图 4 RC 充放电电路

（1）捕捉快速变化的单次信号

按"触发控制功能区"SINGLE 按钮，进入单次触发方式，这时示波器显示屏上无任何波形，为单次触发待机状态。

切换开关 K，观测输出电压 u_o 信号。若 $\tau = R_2 C_2$ 较小，屏幕将出现输入脉冲的实时采样波形，并维持稳定不动。

（2）重现慢速信号的变化过程

观察低频信号时，应设置通道的耦合方式为直流。

如果选择"水平控制区"MENU 的时基为 ROLL（滚动显示模式），可观察动态变化过程，此时，水平位移和触发控制等不起作用。按"运行控制功能区"RUN/STOP 控制运行与停止。

如果选择较大的合适时基（水平标尺系数），进入慢扫描模式，可采用与（1）相同的测量方法。

切换开关 K，观测输出电压 u_o 信号。若 $\tau = R_2 C_2$ 较大，u_o 为缓慢变化信号。

5. **李萨如图的显示**

把"水平控制区"MENU 键的时基切换到 X-Y 方式（电压-电压显示），可观测李萨如图。X-Y 方式可用于观测信号经过一个网络后产生的相位变化。

旋转两个通道的垂直标尺系数与位置旋钮，优化显示图形。一般情况下，适当降低采样率可得到较好显示效果的李萨如图。

在 X-Y 显示方式中，自动测量模式、光标测量模式、触发控制、水平位移旋钮、延迟扫描、运算等功能不起作用。调整水平挡位可改变采样率、存储深度等。

【数据记录与处理】

1. 探头补偿器信号参数测量

根据菜单提供的测量功能,分别用三种测量波形的方法测量探头补偿器输出信号,并记录相关参数。写出光标测量操作步骤,以及刻度测量的计算式。

2. RC 低通电路的测量

输入频率 $f=1$ kHz、幅值 $V_{pp}=5.0$ V 的标准方波,分别选取 $R_1=1$ kΩ、10 kΩ、100 kΩ 和 $C_1=0.1$ μF,观测并分析在 $\tau \ll T$、$\tau \approx T$ 和 $\tau \gg T$ 情况下,输出信号 u_o 随输入信号 u_i 周期性变化关系,存储一组数据。

3. 实时信号的捕捉

选取 $R_2=1$ kΩ,$C_2=0.1$ μF 和 10 μF,设置示波器有关选项,通过切换开关,分别观测输出电压 u_o 的实时信号。

4. 观察李萨如图

参考实验 30 图 3 李萨如图形,通过改变输入信号频率,观察并存储一组图形。

【注意事项】

1. 测试探头不得受压,连接线不能打结,更不得用力拉扯。

2. 操作面板上的旋钮与按键时,请不要用力过猛,以免损坏。

【思考与练习】

1. 通过实际使用,说明数字示波器在操作上的优点。

2. 说明数字示波器与模拟示波器的优缺点。

3. 如何利用李萨如图观测一个正弦波信号经过一个网络后产生的相位变化?请画图说明。

【阅读材料】

DS2072 型数字示波器简介

DS2072 型数字示波器为双通道,带宽 70 MHz,实时采样率 2 GSa/s,存储深度 14 M 采样点,面板结构与功能区划分如图 5 所示。

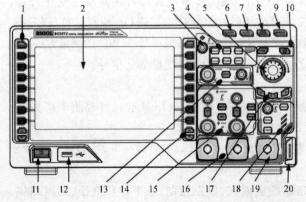

1—菜单控制键　　2—LCD 屏幕　　3—多功能旋钮
4—功能菜单键　　5—导航旋钮　　6—全部清除键
7—波形自动显示　　　8—运行/停止控制键
9—单次触发控制键　　10—内置帮助/打印键
11—电源键　　　　　12—USB HOST 接口
13—水平控制区　　　14—功能菜单设置软键
15—垂直控制区　　　16—模拟通道输入区
17—波形录制/回放控制键　18—触发控制区
19—外触发输入端
20—探头补偿器输出端/接地端

图 5　DS2072 数字示波器

(1)信号连接区——16,19,20

由面板右侧下方的三个外接信号输入连接器和一个探头补偿器组成。

CH1 和 CH2 分别是通道 1 和通道 2 的输入信号连接器,对应按键为通道菜单。

EXT TRIG 是外部触发信号的输入连接器。

探头补偿器为内部信号源,为周期 1 ms、峰值 3 V 的方波信号,用于检验探头与输入电路的匹配,以及观察和检查示波器是否处于正常工作状态。

(2)水平控制功能区——13(图 6)

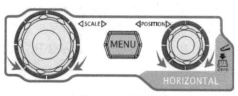

图 6　水平控制区

MENU:水平控制菜单。可开关延迟扫描功能,切换不同的时基模式,切换挡位的微调或粗调,以及修改水平参考设置。

SCALE:修改水平时基,顺时针转动减小时基,逆时针转动增大。修改过程中,所有通道的波形被扩展或压缩显示,同时屏幕上方的时基信息(如 H 5.000 ns)实时变化。按下该旋钮,可快速切换至延迟扫描状态。

POSITION:修改触发位移。转动旋钮时触发点相对屏幕中心左右移动。修改过程中,所有通道的波形左右移动,同时屏幕右上角的触发位移信息(如 D 5.800 000 00 ns)实时变化。按下该旋钮可快速复位触发位移(或延迟扫描位移)。

(3)垂直控制功能区——15(图 7)

POSITION:修改当前通道波形的垂直位移。顺时针转动增大位移,逆时针转动减小。修改过程中波形会上下移动,同时屏幕左下角弹出的位移信息(如 $\boxed{\text{POS:930.0 mV}}$)实时变化。按下该旋钮,可快速复位垂直位移。

SCALE:修改当前通道的垂直挡位。顺时针转动减小挡位,逆时针转动增大。修改过程中波形显示幅度会增大或减小,同时屏幕下方的挡位信息(如 $\boxed{\text{1—500 mV}}$)实时变化。按下该旋钮,可快速切换垂直挡位调节方式为粗调或微调。

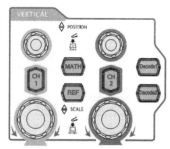

图 7　垂直控制区

MATH:数学运算菜单,可进行加、减、乘、除、FFT、逻辑、高级运算。

REF:参考波形功能,可将实测波形和参考波形比较,以判断电路故障。

Decode1、Decode2:解码功能按键,打开解码功能菜单。

(4)触发控制功能区——18(图 8)

MENU:触发操作菜单。选择触发类型、触发方式、触发源、耦合方式等。

MODE:切换触发方式为 Auto、Normal 或 Single,该键下方对应的状态灯点亮。

LEVEL:转动改变触发电平大小。修改过程中,触发电平线上下移动,同时屏幕左下角显示触发电平实时变化值。按下该旋钮,可快速将触发电平恢复至零。

FORCE:在 Normal 或 Single 触发方式下,按此键将强制产生一

图 8　触发控制区

个触发信号。

(5)运行控制功能区——6,7,8,9(图 9)

CLEAR:屏幕波形清除键。若示波器处于 RUN 状态,则继续显示新波形。

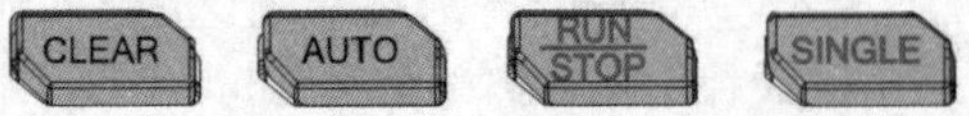

RUN/STOP:运行控制键,将示波器的运行状态设置为运行或停止。运行状态下,该键黄灯点亮;停止状态下,该键红灯点亮。

图 9　运行控制区

AUTO:波形自动显示键,自动设置参数。示波器将根据输入信号自动调整垂直挡位、水平时基以及触发方式,使波形显示达到最佳状态。

注意:应用自动设置要求被测信号的频率不小于 50 Hz,占空比大于 1%,且 V_{pp} 至少为 20 mV。若超出此参数范围,按下该键后会弹出"Auto 失败!"信息,且菜单可能不显示快速参数测量功能。

SINGLE:单次触发键。按此键将触发方式设置为 Single;单次触发方式下,按 FORCE 键立即产生一个触发信号。

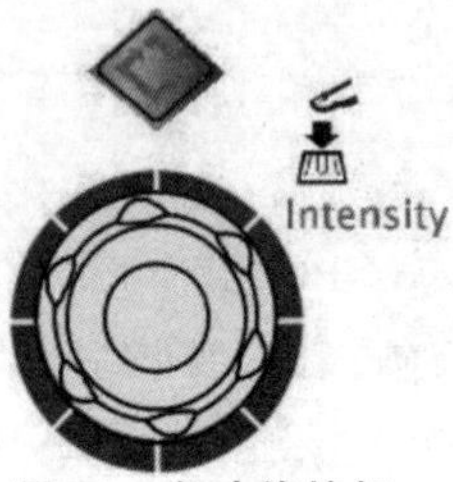

(6)多功能按钮——3(图 10)

多功能按钮灯亮时,可进行操作。按下某个菜单键后,转动该旋钮可选择该菜单下的子菜单,再按下旋钮可选中当前选择的子菜单。

还可用于修改参数、输入文件名等,以及调节波形亮度。

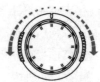

图 10　多功能按钮

(7)导航按钮——5(图 11)

对某些可设置范围较大的数值参数,该旋钮提供了快速调节/定位的功能。外层旋钮为粗调,内层旋钮可微调。

(8)功能菜单——4(图 12)

Measure:测量设置菜单,可设置测量设置、全部测量、统计功能等。

屏幕左侧 MENU 有 22 种波形参数测量菜单,按下相应的菜单软键

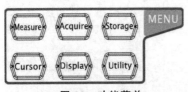

图 12　功能菜单

图 11　导航按钮

可快速实现"一键"测量,测量结果出现在屏幕底部。包括波形上任意两点间电位差(ΔU)以及时间差(Δt)的测量、波形前后沿时间测量、峰-峰值测量、有效值测量、频率测量、显示波形平均值处理,两波形的加、减、乘运算,及波形的频谱分析等。

Acquire:采样设置菜单,可设置示波器的获取方式、存储深度和抗混叠功能。

Storage:文件存储和调用界面,可存储的文件类型包括轨迹存储、波形存储、设置存储、图像存储和 CSV 存储。支持内、外部存储和磁盘管理。按 Storage 键,选择默认设置菜单,可将示波器恢复为默认配置。

Cursor:光标测量菜单,提供手动测量、追踪测量和自动测量三种光标模式。

Display:显示设置菜单,设置波形显示类型、余辉时间、波形亮度、屏幕网格、网格亮度和菜单保持时间。

Utility:系统功能设置菜单,设置系统相关功能或参数。

(9)波形录制——17(图 13)

录制:按下该键开始波形录制,按键背灯为红色。此外,打开录制常开模式时,该按键背灯点亮。

回放/暂停:在停止或暂停的状态下,按下该键回放波

停止　　回放/暂停　　录制

图 13　波形录制控制

形,再次按下该键暂停回放,按键背灯为黄色。

停止:按下该键停止正在录制或回放的波形,按键背灯为橙色。

(10)帮助与打印——10

Help:帮助键。按下该键进入帮助系统,按下拟查询的按键获取对应的帮助说明,也可旋转(或按动)多功能导航旋钮进行选择。切换到"To Index"为名词解释。

打印:按下该键执行打印功能或将屏幕以".bmp"格式保存到 U 盘。打印机和 U 盘同时连接时,打印机优先。

(11)用户界面——2(图 14)

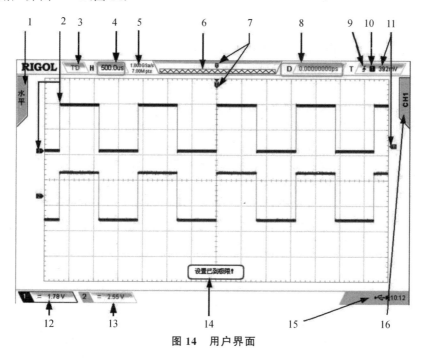

图 14 用户界面

下表为标识及其说明。

编号	标识	说明
1	自动测量选项	提供 12 种水平(HORIZONTAL)和 10 种垂直(VERTICAL)测量参数。按键打开相应的测量项
2	通道标记/波形	不同通道用不同的颜色表示,通道标记和波形的颜色一致
3	运行状态	可能的状态包括 RUN(运行)、STOP(停止)、T'D(已触发)、WAIT(等待)和 AUTO(自动)
4	水平时基(水平标尺系数)	屏幕水平轴上每格所代表的时间长度。使用水平 SCALE 可修改该参数,设置范围为 2 ns～50 s
5	采样率/存储深度	显示当前示波器使用的采样率以及存储深度。使用水平 SCALE 可修改该参数
6	波形存储器	提供当前屏幕中的波形在存储器中的位置示意图

续表

编号	标识	说明
7	触发位置	显示波形存储器和屏幕中波形的触发位置
8	触发位移	使用水平 POSITION 可调节该参数。按下时参数自动被设为 0
9	触发类型	显示当前选择的触发类型及触发条件设置。选择不同触发类型时显示不同标识
10	触发源	显示当前选择的触发源（CH1、CH2、EXT 或市电）。选择不同触发源时，显示不同的标识，并改变触发参数区的颜色
11	触发电平	屏幕右侧的 T 为触发电平标记，右上角为触发电平值。使用触发 LEVEL 修改触发电平时，触发电平值会随 T 的上下移动而改变。对斜率触发、欠幅触发和超幅触发有两个触发电平标记 T1 和 T2
12	CH1 垂直挡位（垂直标尺系数）	显示屏幕垂直方向 CH1 每格波形所代表的电压大小。使用垂直 SCALE 可修改该参数。此外，还会根据当前的通道设置给出通道耦合、带宽限制标记
13	CH2 垂直挡位（垂直标尺系数）	显示屏幕垂直方向 CH2 每格波形所代表的电压大小。使用垂直 SCALE 可以修改该参数。此外还会根据当前的通道设置给出如下标记：通道耦合、带宽限制
14	消息框	显示提示消息
15	通知区域	显示系统时间、声音图标和 U 盘图标
16	操作菜单	不同符号表示不同操作，包括返回、选中、调节参数、修改参数值等操作

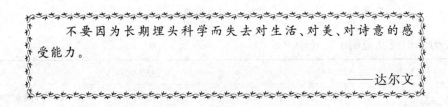

不要因为长期埋头科学而失去对生活、对美、对诗意的感受能力。

——达尔文

实验 30　模拟示波器的原理与使用

　　示波器是基于电子束电磁偏转原理的电子测量仪器,用于观察和测量随时间变化的物理量,尤其适合于观察电信号的瞬间变化过程(动态的波形变化)。具有多通道的示波器还可以同时观察几个信号,并比较它们之间的对应关系,如测量两个频率信号的时间差或相位差等。

　　凡是能转化为电信号的电学量或非电学量,一般都可以用示波器来观测。模拟示波器一般有阴极射线示波器和磁电式示波器两种。

　　德国物理学家 P.勒纳(P.E.A.von Lenard,1862—1947)由于在研究阴极射线方面的出色成就,获 1905 年度诺贝尔物理学奖。

【实验目的】

　　1. 了解模拟示波器大致结构及其基本原理。
　　2. 学习示波器和信号发生器的操作与使用方法。
　　3. 学会使用示波器观察信号波形,测量信号的电压与周期。
　　4. 通过观察李萨如图,测量正弦信号频率。

【实验原理】

1. 示波器主要结构

　　模拟示波器主要由电子示波管(又称阴极射线管,CRT),电子枪控制电路,水平(X 轴)和垂直(Y 轴)偏转系统及其放大器、衰减器,锯齿波扫描电路,整步(同步)电路,电源等组成。电子枪是示波管的核心部件,如图 1 所示。

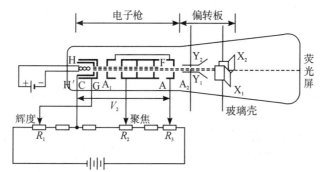

　　HH′—钨丝加热电极;FA—聚焦电极;C—阴极;A$_2$—第二加速阳极;G—控制栅极;X$_1$、X$_2$—水平偏转板;A$_1$—第一加速阳极;Y$_1$、Y$_2$—垂直偏转板

图 1　示波管的基本结构

2. 示波器的波形显示原理

(1)扫描的作用

　　为在荧光屏上观测从 Y 轴输入的周期性电压信号,在示波器中,设置了扫描和整步系统,控制 X 轴偏转板,即可使一个(或几个)周期内的信号电压随时间变化的细节稳定地显现在屏上。其主要部分是锯齿波电压发生器。

在 Y 轴偏转板上加上正弦电压,锯齿波电压发生器产生的扫描电压输入 X 轴偏转板,则荧光屏上亮点将同时进行方向互相垂直的两种位移,并显示两个亮点的合成轨迹,如图 2 所示。

若正弦电压和扫描电压的周期完全相同,则荧光屏上显示的图形是一个完整的正弦波。X 偏转板上所加的锯齿波电压,把 V_y 产生的竖直亮线展开,这个展开过程称为扫描。

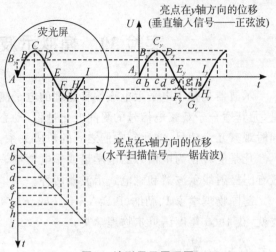

图 2　波形显示原理图

(2)整步(同步)的概念

为了获得一定数量的完整波形,示波器上设有"扫描时间"(或扫描范围)、"扫描微调"旋钮,用来调节锯齿波电压的频率 f_x。当 V_y 与 X 轴的扫描频率相同或前者是后者的整数倍时,亮点扫描完整个正弦曲线后,迅速返回原来起始处,于是又扫描出一条与前一条完全重合的正弦曲线,从而在荧光屏清晰而稳定地显示出所需数目的、完整的被测波形。

实际上,由于 V_y 与 V_x 的信号来源不同,两者频率比不会自动满足简单的整数倍,所以示波器中的扫描电压的频率必须可调。细调扫描电压频率,即可使其大体满足整数倍的关系,但要准确地满足此关系仅靠人工调节是不容易的。为解决这一问题,示波器内设有触发同步电路,从垂直放大电路中取出部分待测信号,输入到扫描发生器,迫使锯齿波与待测信号同步,此称为整步或内同步。

手工调节时,首先,使示波器水平扫描处于待触发状态,再利用"电平"(LEVEL)旋钮,改变触发电压大小。当待测信号电压上升到触发电平时,扫描发生器才开始扫描,从而获得稳定波形。若同步信号是从仪器外部输入时,则称为外同步。

(3)李萨如图形

若在示波器 X 轴和 Y 轴偏转板上输入的都是正弦波,荧光屏上显示的亮点运动轨迹是两个相互垂直信号的合成。当两个正弦电压信号的频率相等或成简单整数比(互质的整数)时,荧光屏上亮点的合成轨迹为一稳定的闭合图形,称为李萨如图形。

在图 3 中,画出了频率成几个简单整数比时的若干个李萨如图形。若在李萨如图形的边缘上,分别作一条水平切线和一条垂直切线,可以证明

$$\frac{水平切线上的切点数}{垂直切线上的切点数} = \frac{f_y}{f_x} \qquad (1)$$

若 f_y 和 f_x 其一为已知,由李萨如图形即可求出另一未知频率,这也是测量频率的基本方法之一。

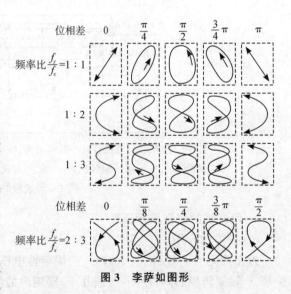

图 3　李萨如图形

3. 示波器的使用

(1)电压测量

电压测量主要是测量波形图上两点间的电压差、周期信号的幅值或峰-峰值。

输入待测信号，将 Y 轴灵敏度的微调开关处于校准状态。选用合适的电压偏转因数 K "VOLTS/DIV"，使所测量的两点在屏幕上可视的高度差基本满屏，用"垂直位移"将待测的其中一点对准屏幕的某一条水平线，再用"水平位移"移动波形使待测的另一点对准垂直标尺，从垂直标尺上读出第二个点与选定的水平线的格数 DIV，这个差值乘以"VOLTS/DIV"的值，即为这两点间的电压差值。有时，偏转因数 K 又称为 Y 轴灵敏度，DIV 称为分度或格。

若使用带衰减的探头，计算被测电压值时，还要乘以衰减倍数。

对于周期信号，若一个点是振动中心，另一点是峰，则测出的是此周期信号的幅值。若两个点分别是波峰和波谷，则测出的是峰-峰值。

若要测量交流信号中的直流分量，应选定一个零电压参考点，并将耦合方式"DC/AC"置于 DC 处。首先选定某水平线位置为第一个点，输入置接地"GND"或"⊥"，然后移动扫描线至该位置，此位置即为零输入电压时的参考位置；再把耦合方式置 DC(取消接地 GND 或⊥)，则此时输入信号的平衡位置(振动中心)即为第二点，读出两点间的格数再乘以"VOLTS/DIV"的值，即为输入信号的直流偏置电压。

(2)时间测量

时间测量主要是测定波形图上两点间的时间间隔或者周期信号的周期(或频率)。

进行时间测量时，时基扫描开关"TIME/DIV"的微调处于校准状态，选择合适"TIME/DIV"值，使测量时间间隔的那段波形图在屏幕可视范围内尽可能展开，并利用"水平位移"使其中一个端点对准一条垂直格时，使用"垂直位移"使另一点尽可能接近水平标尺，读出两个端点之间的格数，再乘以格值，即为这段波形扫过的时间。如果这两点是周期信号的同位相点，则这段时间间隔就是该周期信号的周期(或周期的整数倍)。利用频率和周期的关系即可计算出信号的频率。

以上方法称为距离测量法。若使用时基扫描速率扩展功能(MAG)，可使波形展宽 10 倍，但其周期(频率)不变。

例如，已知一正弦波电压信号含有直流分量，则输入耦合方式置 DC，在示波器上显示如图 4 所示的稳定波形，有

峰-峰值电压 $V_{\text{P-P}} = A(\text{DIV}) \times$ 偏转因数 $K(\text{VOLTS/DIV}) \times R($探头衰减率$)$，单位由 VOLTS 决定。振幅为 $V_{\text{P-P}}$ 的一半。一般探头衰减率 R 为 1 或 10，由测试棒上的衰减切换开关确定，并标示在开关两侧(×1 和×10)。

交流有效值为 $U = \dfrac{V_{\text{P-P}}}{\sqrt{2}}$，周期为 $T = D(\text{DIV}) \times$ 时基扫描速率 $P(\text{TIME/DIV}) = DP$，单位由 P 的时间 TIME 决定，频率为 $f = 1/T$。

直流分量 $V = C(\text{DIV}) \times$ 偏转因数 $K(\text{VOLTS/DIV}) = C \cdot K$，单位由 VOLTS 决定。通常选择零输入时示波器扫描线的位置作为基准电平的水平位置。若交流分量的中心位置不易确定，则可用 $C = B + A/2$ 来测量 V。

具有屏幕读出功能的示波器，也可以通过"测量与读数方式"操作，将在后面介绍。

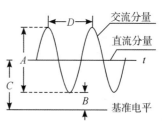

图 4　距离测量法举例

（3）两个同频率信号的相位差的测量方法*

略。

【实验器材】

SS-7802A 型双踪示波器，TFG2003 型 DDS 函数信号发生器。

【实验仪器描述】

1. SS-7802A 型示波器

如图 5 所示为 SS-7802A 型 20 MHz 带宽模拟双踪示波器面板。具有数字读出功能（CRT 读出），既能显示被测信号的波形，也能在屏幕的上方和下方分别显示各功能开关所处的状态，准确地读取被测信号的幅值、频率和周期等参数，参见图中标注。

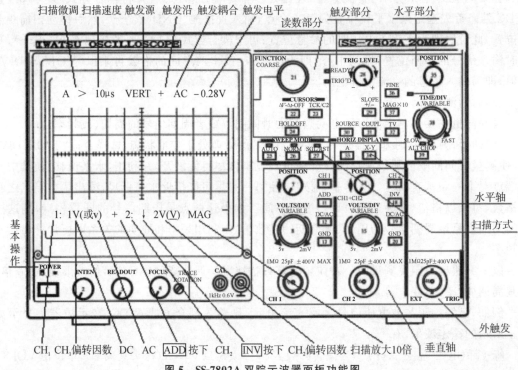

图 5　SS-7802A 双踪示波器面板功能图

基本操作：打开电源开关"POWER"，先调节扫描线亮度"INTEN"适中，调节字符亮度显示"READOUT"适中，然后调节聚焦旋钮"FOCUS"，使扫描线和字符清晰。校正信号接口"CAL"输出 1 kHz/0.6 V 方波校准信号，用于仪器的操作检测和探头波形的调整。

垂直轴：信号从输入通道"CH$_1$"或"CH$_2$"输入，对应于屏幕左下方的 1：xx 和 2：xx；垂直位置由垂直位移旋钮"POSITION"调节，使波形上下移动。调节垂直输入灵敏度旋钮"VOLTS/DIV"（偏转因数）可改变屏幕显示的波形幅度，与屏幕下方显示的 xx 值相对应，此值表示波形幅值每格的单位。轻按此旋钮并转动可进行微调，下方的读数区显示">"表示微调、未校准状态，再按一下取消微调，微调状态下不能进行测量读数。按动"ADD"（两信号相加）显示的是 CH$_1$＋CH$_2$ 波形，再按动"INV"（反相）显示的是 CH$_1$-CH$_2$ 波形。即"INV"使 CH$_2$ 极性反相，读数处显示"↓"符号。

输入信号的耦合方式为"DC/AC"(直流/交流),所选择的方式通过屏幕读数的单位来反映,单位 v 表示交流,V 表示直流。按动"GND",使示波器的输入通道接地(输入信号不起作用),读数处显示"⊥",屏幕显示一横线或一个点(为地电位轨迹),此时可通过调节"POSITION"使波形移动至合适位置,作为电压测量时的起始参考位置。

水平部分:按下水平显示按钮"A"配合信号输入 CH_1、CH_2,可使屏幕显示输入波形或扫描线,旋转水平位移调节旋钮"POSITION",可使波形水平移动。按动微调"FINE"后,再调节"POSITION",可使得波形水平连续滚动。调整时基扫描速率"TIME/DIV",此值表示波形每格的单位,读数由屏幕左上角显示。按动此旋钮后,再调节旋钮可进行微调,读数处显示">",表示微调、未校准状态,再按一下取消微调。在微调状态下,不能进行测量读数。按下"MAG×10"可使扫描速率扩展 10 倍,即波形展宽了 10 倍,右下角显示 MAG。当屏幕要显示两个输入时,选择交替/断续功能"ALT CMOP",使两个波形双踪显示。若信号频率较高,选择 ALT;若频率较低,选择 CMOP,指示灯点亮。

触发部分:调节触发电平"TRIG LEVEL",TRIG'D 指示灯亮表示触发脉冲已产生,可使波形稳定。"SLOP"可选择扫描在波形的上沿或下沿开始触发。按下"SOURCE",有五种触发源(CH_1,CH_2,LINE,EXT,VERT)选择,其中 LINE 为内部电源信号,EXT 为外接触发信号,VERT 为小信号通道的信号,选择方法如下表所示。通常对应选择 CH_1 或 CH_2,也可以选择 VERT。按动触发耦合"COUPL"可改变触发源的耦合方式。"TV"为视频触发模式选择,在测试电视信号时使用,平时关闭。触发方式的所有信息显示在屏幕的上方。

当 ADD 未用时		当 ADD 选用时	
显示通道	同步信号源	显示通道	同步信号源
CH_1	CH_1	ADD	CH_1
CH_2	CH_2	CH_1,ADD	CH_1
CH_1,CH_2	CH_1	CH_2,ADD	CH_2
		CH_1,CH_2,ADD	CH_1

水平轴:水平显示置"A"为常规使用,按下时,用于显示两个通道的波形或扫描线;置 X-Y 方式时,表示以 CH_1 作为 X 方向信号,CH_2 作为 Y 方向信号,显示结果为 X、Y 的合成信号,可用于观测李萨如图形和磁滞曲线等。

扫描模式:"AUTO"为自动扫描按钮,"NORM"为正常扫描方式,等待触发按钮"SGL/RST"为单次与复位按钮。

测量与读数:分水平测量与垂直测量两种方式。

(1)测量电压幅值:按动"ΔV-Δt-OFF",选择电压 ΔV 测量方式;再按一下"TCK/C_2",激活标尺 1,旋转"FUNCTION"移动标尺 1,将标尺卡在波峰处,屏幕上方显示"f:V-C_1";再按一下"TCK/C_2",激活标尺 2,移动标尺 2,将标尺卡在波谷,屏幕显示"f:V-C_2",此时屏幕左下角显示测量的结果。在测量状态,连续按动并旋转"FUNCTION",用于快速移动标尺,进行粗调。

(2)测量周期:再次按下"ΔV-Δt-OFF",选择测量周期,方法相同,选定一个波长测量,屏幕上方显示"f:H-C_1"、"f:H-C_2"。此时屏幕下方显示测量结果,包括周期、频率和示波器内部测量的频率。再按一次"ΔV-Δt-OFF",可关闭读数方式。"HOLD OFF"为抑释按钮,观测复杂的复合脉冲串时使用,平时关闭(HO 显示为 0%)。

操作步骤快速入门要诀：自动扫描，旋钮居中，输入耦合，触发选择，波形调整，电平调节，测量读数。

自动扫描：按"AUTO"，使扫描方式(SWEEP MODE)为自动扫描，以便无信号输入时产生水平亮线。

旋钮居中：使用前，先将常用旋钮放在中间位置(白色刻线朝正上方)，如"INTEN"(波形亮度)、"READ OUT"(字符亮度)和垂直位移与水平位移"POSITION"等常用旋钮居中。

输入耦合：一般情况下，按"DC/AC"，使 CH₁ 和 CH₂ 输入信号的耦合方式为 AC；对于含有直流分量的输入信号，则要选择 DC，以便完整显示输入信号的直流和交流成分，观测整个波形。

触发选择：按"COUPLE"，使触发信号耦合方式为 AC。触发方式可按"SOURCE"键选 CH₁ 或者 CH₂，也可以选择 VERT，这样不管从 CH₁ 还是从 CH₂ 输入信号，都能得到稳定的波形显示。如果两个波形存在相位关系，则要根据具体情况进行选择。

波形调整：调节垂直输入灵敏度旋钮"VOLTS/DIV"，使显示的波形幅度适度；调整时基扫描速率旋钮"TIME/DIV"，使可视的波形便于观测。

电平调节：当波形不稳定时，左右调节"TRIG LEVEL"旋钮，直到波形稳定，使可视的波形便于观测。

2. TFG2003 型 DDS 函数信号发生器

DDS 为直接数字合成技术。DDS 函数信号发生器具有快速完成测量工作所需要的高性能指标和众多的功能特性，是一种传统信号源的更新换代产品。

信号发生器面板图如图 6 所示。在显示窗口，信号信息分两行显示，分别显示信号类型与信号参数等。

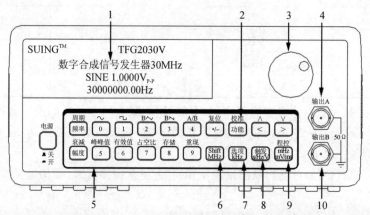

1—菜单-数据-功能显示区　2—功能键　3—手轮　4—输出通道 A　5—按键区
6—上挡(Shift)键　7—选项键　8—触发键　9—程控键　10—输出通道 B

图 6　TFG2000 系列 DDS 函数信号发生器面板图

仪器使用两级菜单，"功能"键为主菜单，可循环选择六种功能。"选项"键为子菜单，在每种功能下可循环选择不同的项目。本实验仅使用连续正弦波"SINE"功能。

信号输出参数的设定通常由 3～4 部分按键组成：(Shift)物理量、大小、单位，输入的数据以单位结束。如设定 A 路信号为 2.5 kHz，可按"频率"、"2"、"."、"5"、"kHz"。

按">"或"<"键可使光标指向需要调节的数字位，转动手轮可使数字增大或减少，并能连续进位或借位，由此可任意粗调或细调相应的参数。

例如,在连续信号输出时,要设定 A 路直流偏移为 3.6 V,可按"选项"选中"A 路偏移",显示当前偏移值,再用数字键或调节旋钮输入偏移量大小即可。

应该注意的是,信号输出幅度值的一半与偏移绝对值之和应小于 10 V,保证使偏移后的信号峰值不超过 ±10 V,否则会产生限幅失真。

选择幅度衰减方式为自动时,输出偏移值也会随着幅度值的衰减而减小。当幅度 V_{P-P} > 2 V 时,实际输出偏移值为偏移设定值;当幅度范围为 2 V > V_{P-P} > 0.2 V 时,实际输出偏移值为偏移设定值的十分之一;当幅度 V_{P-P} < 0.2 V 时,实际输出偏移值为偏移设定值的百分之一。

【实验内容与步骤】

1. 观测矩形波

把示波器内置的 CAL 标准信号源作为测量对象,并连接到 CH_1,操作示波器,选择合适的"VOLTS/DIV"及"TIME/DIV",使屏幕显示 2~3 个周期,在可视范围内幅度尽可能大。

距离测量法(测量电压和周期)				屏幕读出测量法		仪器设定值
V_{P-P} 格数/DIV	Y 轴灵敏度/(V/DIV)	X 轴格数/DIV	扫描速率/(TIME/DIV)	V_{P-P}/V	信号周期(或频率)	
V_{P-P} =		T =	, f =			

定量画出波形,计算电压峰-峰值、周期和频率,比较两种测量方法。

2. 观测正弦波波形

连接示波器 CH_1 至信号发生器输出端 A,观测 3 种频率(如 200 Hz、2 kHz 和 20 kHz,不一定刚好整数)的正弦波。调整信号源,使输出幅度适中;操作示波器,选择合适的"VOLTS/DIV"及"TIME/DIV",利用位置移动旋钮等,使信号的基线与中间水平线对齐,竖直幅度约为 3 格,观察 2~3 个周期。

信号源输出		距离测量法(测量电压,周期与频率)				屏幕读出测量法		示波器内置频率计读数/Hz
频率读数/Hz	V_{P-P} 读数/V	V_{P-P} 格数/DIV	Y 轴灵敏度/(VOLTS/DIV)	X 轴格数/DIV	扫描速率/(TIME/DIV)	V_{P-P}/V	周期(频率)	
		V_{P-P} =		T =	, f =			
		V_{P-P} =		T =	, f =			
		V_{P-P} =		T =	, f =			

测量并计算正弦信号的电压幅值、周期与频率,把表中同一物理量的值进行比较,分析其不同的原因。

3. 观测含直流分量的正弦波波形

设定信号源 A 的频率约为 1.2 kHz 的正弦信号,设定"A 路偏移"为 1.5 V,则被测的电压信号同时包含了直流分量和交流分量,即含有正向的直流偏置电压。该信号的测量包括直流电压、交流电压和瞬时电压,输入耦合方式应选择 DC 形式。观测并定量画出波形,标出有关的参数(可任意设定信号的幅值与频率)。

4.观察李萨如图

为了观测李萨如图,使用两个正弦波信号 A 和 B,设频率比为 $f_1 : f_2 = 1 : 2, 1 : 1, 2 : 1, 3 : 1, 3 : 2$ 和 $2 : 3$,画下图形草图,计算未知频率。

(1)把信号源的输出 A 连接到示波器 CH_1,设定信号 A 为 3V、500 Hz(调节示波器触发电平,频率大小也会显示在屏幕右下方);把信号源的输出 B 连接到 CH_2,设定信号 B 为 3 V、500 Hz。在双踪显示状态,观察两个信号,分别调节"VOLTS/DIV",使其显示的波形幅值大致相同(可任意设定两个信号幅值和频率)。

(2)按下"X-Y",则 CH_1 为 X 输入,CH_2 为 Y 输入;设 CH_1 为标准信号,频率为 $f_x = 500$ Hz,则 CH_2 为待测频率 f_y 的输入信号。

(3)利用微调旋钮,调节信号源 B 的频率约为 500 Hz,1 kHz,2 kHz 等,观察李萨如图。

(4)画出某一倾斜状态的李萨如图形,分别读出水平线和垂直线与图形的切点数,由此计算出各频率比以及被测频率 f_y。

标准信号频率 f_x/Hz	500	500	500	500	500	500
李萨如图形						
水平线交点数 N_x / 垂直线交点数 N_y	1 : 2	1 : 1	2 : 1	3 : 1	3 : 2	2 : 3
信号发生器频率读数 f'_y/Hz						
待测电压频率 $f_y = \dfrac{f_x \cdot N_x}{N_y}$						
相对误差 $E = \left\| \dfrac{f_y - f'_y}{f_y} \right\| \times 100\%$						

【注意事项】

1.使用示波器探棒观测波形时,连接线不要打结,也不要用力拉扯。

2.探棒接入示波器时,要抓住端部,稍微用力按住,再往右拧即可。卸下时,往左拧。

【思考与练习】

1.荧光屏上无光点出现,有几种可能的原因? 怎样调节才能使光点出现?

2.荧光屏上波形移动,可能是什么原因引起的? 如何调节才能使波形稳定?

3.测量波形幅度、周期和频率等参数的基本方法是什么?

4.说明 SS-7802A 型示波器屏幕所显示的各种标识对应的含义。

5.能否调节示波器的"触发电平(TRIG LEVEL)"使李萨如图稳定下来? 观测李萨如图形时,显示的图形总在不停地滚动,为什么?

实验 31 声速的测量

声学是研究声波产生、传播、接收与效应等问题的科学。声波指弹性介质中传播的一种机械波。在气体和液体中传播的声波为纵波；在固体介质中传播的声波可以是纵波、横波或两者的复合。在听觉范围内，频率介于 20 Hz～20 kHz 的为可听声波，频率小于 20 Hz 为次声波；超声波频率起点通常取定 20 kHz，其最高极限至今还没有明确限定，大多取 500 MHz；而把 500 MHz 或 1 000 MHz 以上的超声称为微带超声，10^{12} Hz 以上称为特超声。

在同一媒质中，声波速度（声速，也称音速）基本与频率无关。在空气中，当频率在 20 Hz～80 kHz 之间变化时，其传播速度变化不到万分之二。超声波具有波长短（近似为直线传播），能量容易集中（易于定向传播，形成较大的强度）和不会造成听觉污染等特点，因此，采用超声波段进行传播速度的测量较为方便。

超声波广泛应用于测距、探伤和定位（声呐技术），以及测量液体流速、材料弹性模量、气体温度瞬间变化等。

【实验目的】

1. 了解压电陶瓷产生的超声波，以及超声波的传播和接收。
2. 学习测量空气中声速的方法，进一步掌握双踪示波器的使用。

【实验原理】

1. 声波在空气中的传播速度（声速）

1816 年，法国数学家拉普拉斯指出了牛顿关于声波的传播是等温过程的错误，认为声波的传播速度很快，来不及与外界交换能量，应视作绝热过程。

气体中的声速取决于气体的绝热指数 γ、热力学温度 T 及压力 p，与其性质密切相关。

声波在理想气体中的传播速度为

$$u = \sqrt{\frac{\gamma p}{\rho}} = \sqrt{\frac{\gamma RT}{M}} \tag{1}$$

其中，$\gamma = C_p/C_V$ 为比热容比或绝热指数（空气中理论值 $\gamma = 1.402$），ρ 为气体密度（kg·m^{-3}），M 为气体摩尔质量（kg·mol^{-1}），T 为热力学温度（K），$T = T_0 + t = 273.15 + t$，$R = 8.314\ 5$ J·K^{-1}·mol^{-1} 为摩尔气体常量。

在摄氏温度为 t 时，声速的理论计算公式为

$$u = \sqrt{\frac{\gamma R}{M}(T_0 + t)} = \sqrt{\frac{\gamma R T_0}{M}} \cdot \sqrt{1 + \frac{t}{T_0}} = u_0 \sqrt{1 + \frac{t}{T_0}} \tag{2}$$

在标准大气压下，对于 $-20 \sim 40\ ℃$ 的空气，声速与温度的关系近似为线性关系，即

$$u \approx u_0 \left(1 + \frac{1}{2} \cdot \frac{t}{T_0}\right) \approx 331.45 + 0.61t\ (\text{m·s}^{-1}) \tag{3}$$

式中，t 为与 0 ℃之间的温度差，单位为℃；u_0 为 0 ℃时声速。

可见，声速主要与气体的性质和温度有关，与声源的频率无关。利用 $u = \lambda \cdot f$ 的关系，只要已知波长和频率，即可求出声波速度。

实际上,空气中总含有一定量的水蒸气,经过对空气平均摩尔质量 M 和摩尔热容比 γ 的修正,在温度为 t,相对湿度为 H 时,空气中的声速为

$$u = 331.45 \sqrt{\left(1 + \frac{t}{T_0}\right) \times \left(1 + 0.319\,2H \cdot \frac{p_s}{p}\right)} \ (\text{m} \cdot \text{s}^{-1}) \tag{4}$$

上式为空气中声速的理论公式。式中,H 可从干湿度计上读出;p 为环境大气压;p_s 为 t ℃时空气中水蒸气的饱和蒸气压,可从饱和蒸气压和蒸气压与温度的关系中查出。

2. 测量声速的实验方法

声速 u 的测量方法通常分为两类,有三种方法。

第一类是利用 $u = L/t$ 求出,其中 L 为声波传播的路程,t 为声波传播的时间,称为时差法。第二类是利用 $u = \lambda \cdot f$,其中 f 为声波振动频率,可以由频率计测量,只要测出波长 λ,即可求出声速 u。

波长测量常见的两种方法为共振干涉法和相位比较法。

(1)共振干涉法测量波长(驻波法)

声波在 S_1(声波源)与 S_2(接收器)之间相互叠加而干涉,叠加的波可近似看作具有弦驻波以及行波的特征,根据驻波波节与波长的关系 $L_{node} = \lambda/2$,即可求出波长 λ,又称为驻波法。如图 1 所示。

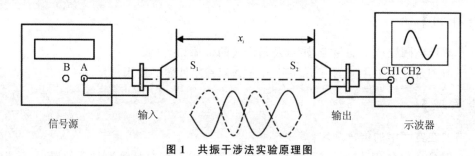

图 1　共振干涉法实验原理图

信号发生器输出正弦交变电压信号,驱动换能器 S_1 发出一平面波,作为超声发射源。超声波接收器 S_2 把接收到的声压转换为交变正弦电压信号后,输入示波器观察。S_2 在接收超声波的同时,还反射一部分超声波,与 S_1 发出的超声波在 S_1 和 S_2 之间产生干涉。

当入射波振幅 A_1 与反射波振幅 A_2 满足 $A_1 = A_2 = A$ 时,某一位置 x 处的合振动方程为 $Y = Y_1 + Y_2 = (2A \cos 2\pi \dfrac{x}{\lambda}) \cos \omega t$。

当 $2\pi \dfrac{x}{\lambda} = (2k+1)\dfrac{\pi}{2}(k = 0, 1, 2 \cdots)$,即 $x = (2k+1)\dfrac{\lambda}{4}(k = 0, 1, 2 \cdots)$ 时,这些点的振幅始终为零,为波节。

当 $2\pi \dfrac{x}{\lambda} = k\pi(k = 0, 1, 2 \cdots)$,即 $x = k\dfrac{\lambda}{2}(k = 0, 1, 2 \cdots)$ 时,这些点的振幅最大,等于 $2A$,为波腹。

可见,相邻波腹(或波节)的距离均为 $\lambda/2$。

当两只换能器 S_1 与 S_2 端面之间有声波传播,且间距满足 $L = k\lambda/2 (k = 0, 1, 2 \cdots)$ 关系时,两端面间将形成声波驻波;在驻波中,波腹处声压最大,波节处声压最小。改变两者距离,可以从接收换能器 S_2 端面声压的变化,即用示波器观察 S_2 端输出电压幅度的变化,判断声波驻波是否形成,以及产生驻波的波腹和波节。

当 S_1 与 S_2 的间距 L 连续改变时,示波器上的信号幅度作周期性变化,相当于 S_1 与 S_2 的间距改变了 $\lambda/2$。此 $\lambda/2$ 距离可由游标卡尺测得,频率 f 由信号发生器读得,由 $u = \lambda \cdot f$,即可求得声速。

(2)相位比较法测量波长(行波法)

根据行波的特点,沿着波传播方向上的任意两点同相位时,这两点的距离为波长的整数倍。沿波的传播方向移动接收器 S_2 总可以找到一点,使接收到的信号与发射器的位相相同;继续移动接收器 S_2,接收到的信号再次与发射器的相位相同时,移过的距离就是声波的波长。这种通过比较相位关系测量波长的方法称为相位比较法或行波法。

发射波和接收波之间产生相位差为

$$\Delta\varphi = \varphi_1 - \varphi_2 = 2\pi \frac{L}{\lambda} = 2\pi f \frac{L}{u} \tag{5}$$

通过测量 $\Delta\varphi$,可求出声速 u。

把示波器置 X-Y 方式,利用图 2 相互垂直振动合成的李萨如图形,即可测定 $\Delta\varphi$。

由于信号频率相等,李萨如图为椭圆,椭圆长轴、短轴和方位由相位差 $\Delta\varphi$ 决定。

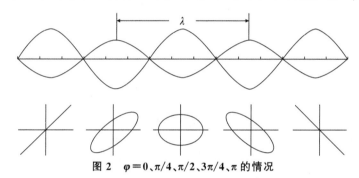

图 2　$\varphi = 0$、$\pi/4$、$\pi/2$、$3\pi/4$、π 的情况

改变 S_1 和 S_2 之间的距离 L,相当于改变了声源和接收点之间的相位差,荧光屏上的图形即随 L 不断变化。显然,当 S_1、S_2 的间距改变 $\Delta L = \lambda$ 时,对应于 $\Delta\varphi = 2\pi$。

测量波长时,以判断相同斜率的直线最为方便。也可移动半个波长进行观测,只是计算的系数不同而已。

(3)时差法[*]

测量波长存在读数误差,较准确测量声速的方法是时差法。将经脉冲调制的电信号输入发射换能器,则声波在介质中传播,经过时间 t 后,到达距离 L 处的接收换能器,由此可求出声波在介质中传播的速度。

3. 声波与压电陶瓷换能器

某些电介质(如石英等晶体)在沿一定方向受到压力或拉力作用而发生形变时,其表面因极化而产生电荷,去掉外力时又回到不带电状态,这种现象称为(正)压电效应。其逆效应,即置于电场中的电介质会发生弹性形变,称为逆压电效应或电致伸缩。利用这种压电材料的压电效应做成的换能器,就是压电陶瓷换能器,如传声器、拾音器、压电扬声器等。

声速实验所采用的超声波频率一般在 20~60 kHz 之间。在此频率范围内,采用压电陶瓷换能器作为声波的发射器、接收器,效果较好。

【实验仪器】

SV5 型声速测定仪(含功率信号发生器),SS-7802A 型双踪示波器等。

【实验仪器描述】

声速测定仪必须与信号发生器、双踪示波器配合使用,才能实现声速的测量。

1. SV5 型声速测定仪

SV5 型声速测定仪由发射换能器、接收换能器、鼓轮摇手、丝杆及其数显式游标卡尺组成,可实现相位法、驻波法和时差法三种测量方法,测量空气、液体和固体中的声速。

发射换能器位置固定,接收器安装在可移动的机构上,其位置由数显式游标卡尺读数决定。此机构包括支架、丝杆、鼓轮摇手、摇手与丝杆相连,鼓轮上分为 100 分格,每转 1 周,接收器平移 1 mm,故手轮每 1 小格为 0.01 mm,可估读到 0.001 mm。

两个换能器的最大距离为 350 mm,换能器的谐振频率为 (35 ± 3) kHz,与配套的信号源一起使用。数显游标卡尺的最小分辨率为 0.01 mm。

图 3 为测量空气中声速时,本装置与信号源、双踪示波器的连接图。

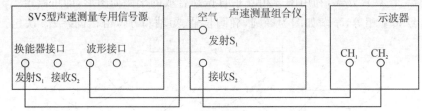

图 3　测量系统连接图

2. SV5 型声速测量专用信号源(功率信号发生器)

本信号源为功率输出型,频率范围为 $25\sim45$ kHz,电压输出范围为 $3\sim20$ $V_{P\text{-}P}$,最大输出功率为 5 W;5 位 LED 显示输出信号频率,单位 Hz。根据测量内容,按动按钮选择合适的信号类型和介质。图 4 为信号源的面板图。

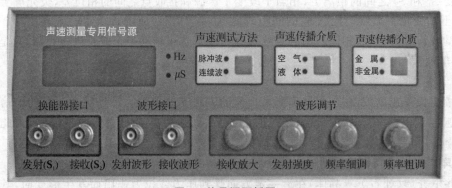

图 4　信号源面板图

发射强度用于调节输出信号的幅值。输出信号的频率调节分为频率粗调和频率微调。接收放大用于调节仪器内部的接收增益,即把输入到信号源的接收波形放大。

【实验内容与步骤】

1. 共振干涉法测量电路

根据测量的传播介质,选择测试方法。对于空气介质,按如图 3 所示连接线路,即信号源"换能器输出"的"发射 S_1"连接到声速测定仪空气测试端"发射 S_1",同时把"波形接口"的"发射波形"与示波器 CH_1 连接,用于观察信号源输出的波形。声速测定仪的接收换能器接收到该发射的信号,并通过"接收 S_2"输出。由于该信号幅度足够大,可直接送到示波器 CH_2 观测。为便于观测,示波器输入耦合"Couple"可置 DC,触发方式"Source"置 Vert。

2. 测定压电陶瓷换能器系统的最佳工作点

调节信号源"发射强度",使其输出的正弦波的电压幅值适中,再调整信号源输出频率(25～45 kHz 范围),并观察接收信号的电压幅度变化。通过"频率粗调"和"频率细调"使电压幅度最大,此时信号源输出频率(在 34～40 kHz 之间,因不同的换能器或介质而异)就是与该位置压电换能器 S_1、S_2 相匹配的频率点,记录此频率 f。

转动鼓轮摇手,改变 S_1、S_2 的间隔,同时,观察示波器,使正弦波的幅度最大,记录 5 个不同位置时的频率,并计算频率的平均值;最后,把信号源的频率调整为该值,之后整个实验过程不再改变。

3. 共振干涉法(驻波法)测量波长

摇动鼓轮,示波器置常规方式,观察示波器,并记录示波器上波形相继出现 10 个极大值所对应的接收头 S_2 的位置。

测量前,可利用数显式游标的复位功能,把 S_1、S_2 的初始间距作为测量的起始点。

4. 相位比较法(行波法)测量波长

(1)观察示波器波形,分别调节示波器 CH_1、CH_2 衰减灵敏度旋钮,以及信号源发射强度和接收增益,使两波形幅度几乎相等。

(2)把示波器置 X-Y 方式,显示李萨如图形。

(3)摇动测定仪的鼓轮,记录示波器上相继出现 10 个相同李萨如图形时,接收换能器所对应的位置。为便于观测,可选取李萨如图为直线($\Delta\varphi=0$ 或 π)的情况作为观测位置。

测量前,把 S_1、S_2 的距离(如 2 cm)作为测量的初始位置,把游标位置复位。

【注意事项】

1. 由于接收距离的变化,造成接收信号的强度变化,若出现李萨如图形偏离示波屏中心或图形不对称的情况时,可把示波器置常规方式,适当调节示波器输入衰减旋钮,使两波形幅度几乎相等,再置 X-Y 方式进行观测。

2. 转动鼓轮摇手时,用力应均匀,且有节奏,以免丝杆损坏。

【数据记录与处理】

1. 在不同位置测量压电陶瓷换能器系统最佳工作频率

频率计仪器误差 $\Delta_0=10$ Hz,$\Delta f_i=f_i-\Delta\overline{f}$。

n	1	2	3	4	5	平均值
f/kHz						$\overline{f}=$
$\Delta f_i/\mathrm{kHz}$						$\Delta\overline{f}=$
$S_{\Delta f}=\sqrt{\dfrac{\sum\limits_{i=1}^{5}(f_i-\overline{f})^2}{n-1}}=$			$u_f=\dfrac{\Delta}{\sqrt{3}}=$			
$\sigma_f=\sqrt{S_{\Delta f}^2+u_f^2}=$			$\dfrac{\sigma_f}{\overline{f}}=$			
$f=\overline{f}\pm\sigma_f=$						

2. 共振干涉法测空气中声速

由上表,声源 $f=$＿＿kHz,室温 $t=$＿＿＿＿℃,游标卡尺仪器误差 $\Delta_0=0.02$ mm。

测量次数 i	1	2	3	4	5	平均值 $\Delta\overline{L}/$mm
位置 $L_i/$mm						
测量次数 i	6	7	8	9	10	
位置 $L_i/$mm						
$\Delta L_i=L_{i+5}-L_i/$mm						

$S_{\Delta L}=\sqrt{\dfrac{\sum\limits_{i=1}^{5}(\Delta L_i-\Delta\overline{L})^2}{n(n-1)}}=$	$u_{\Delta L}=\dfrac{\Delta}{\sqrt{3}}=$
$\sigma_{\Delta L}=\sqrt{S_{\Delta L}^2+u_{\Delta L}^2}=$	$\Delta L=\Delta\overline{L}\pm\sigma_{\Delta L}=$
$\overline{\lambda}=2\Delta l=\dfrac{2}{5}\Delta\overline{L}=$	$\sigma_{\lambda}=\dfrac{2}{5}\sigma_{\Delta L}=$
$\overline{u}=\overline{\lambda}\cdot\overline{f}=$	$u=\overline{u}\pm\sigma_{\overline{u}}=$
$E=\dfrac{\sigma_{\overline{u}}}{\overline{u}}=\sqrt{\left(\dfrac{\sigma_{\lambda}}{\lambda}\right)^2+\left(\dfrac{\sigma_f}{f}\right)^2}=$	理论值　$u_T=$
$\sigma_{\overline{u}}=\overline{u}\cdot E=$	相对误差 $E_r=\left|\dfrac{\overline{u}-u_T}{u_T}\right|\times100\%=$

采用逐差法处理数据。测量结果表示为 $u=\overline{u}\pm\sigma_{\overline{u}}=$＿＿＿＿ m·s^{-1} $(P=0.683)$。

3. 相位比较法测量空气中的声速

声源 $f=$＿＿kHz,室温 $t=$＿＿℃,游标卡尺 $\Delta_0=0.02$ mm。

请参考上表,自拟表格。

注意,若 L_i 测量的是 S_2 移动半个波长的值,则可按 $\overline{\lambda}=2\Delta l=\dfrac{2}{5}\Delta\overline{L}$ 计算。

比较测量结果的相对误差,哪一种方法更准确?

【思考与练习】

1. 声音在介质中的传播速度与介质有关,在非晶态的固体中传播速度最快,液体中第二,气体中第三。声速还与哪些因素有关? 测量时为什么选择超声波作为声源?

2. 进行声速测量前,为什么要先调整测试系统的谐振频率(为什么换能器要在谐振频率条件下进行声速测量)? 如何判断并调整系统的谐振状态?

3. 用共振干涉法与用相位比较法测量声速有何异同点?

4. 如何用本实验中的方法测量声波在其他媒质(如液体和固体)中的传播速度?

实验 32　用示波器观测铁磁质材料的磁滞回线

　　磁介质是铁磁质、顺磁质和抗磁质的总称,是指在外磁场中,因磁化而能加强或减弱磁场的物质。铁磁质的磁导率很大并随外磁场强度而变化,磁滞回线和磁滞损耗等反映了铁磁质材料基本磁性能,是设计和制造电磁机构和电磁仪表等重要依据之一。

　　测量动态磁滞回线的方法有示波器法、采样法与铁磁仪法等。实验室常用示波器法,虽准确度较低,但电路简单,直观性强,测试速度快,并能在不同磁化状态下(交变磁化及脉冲磁化等)进行观测,适合于快速检测以及同种材料的对比测量与分类。

【实验目的】

　　1. 理解有关铁磁材料磁滞回线基本概念及主要物理量。

　　2. 学会用示波器观测铁磁材料磁滞回线与有关参数。

【实验原理】

　　铁磁质的磁化较强,在磁化过程中,当外磁场增加到一定强度时,发生磁性饱和现象,如铁、镍、钴、合金磁钢和某些氧化物等,当外磁场撤去后还能保持部分磁性(剩磁或顽磁)。

1. 磁滞回线、剩磁与矫顽力

　　在磁化和去磁过程中,铁磁质的磁化强度不仅依赖于外磁场强度,还依赖于它的原先磁化强度,这种现象称为磁滞。磁滞现象表示磁感应强度 B 与磁场强度 H 变化不同步,B 的变化与落后于 H,是不可逆磁化过程,可用磁化曲线(B-H 曲线)解释。如图 1 所示,横坐标为由促使磁化的外电流产生的 H,纵坐标为铁磁质中的 B。

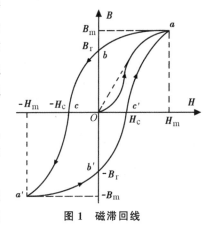

图 1　磁滞回线

　　(1)当 H 增加时,B 沿着曲线 Oa 增加;当 H 足够强,达到 H_m 时,磁化达到饱和,此后 H 再增加时,B 基本上不再增加。Oa 曲线为基本磁化曲线。

　　(2)当外磁场从 H_m 变到 $-H_m$ 时,B 沿着曲线 $abca'$ 变化,且在反方向再次达到饱和;若再使外磁场由 $-H_m$ 变到 H_m 时,B 又沿着曲线 $a'b'c'a$ 变化,形成 B-H 曲线。

　　(3)线段 Ob 或 Ob' 的长度为 B_r 大小,表示当外磁场等于零时的磁感应强度,即剩磁(也称为顽磁);线段 Oc 或 Oc' 为 H_c 大小,表示要使磁感应强度为 0 时所必须外加的磁场强度,称为矫顽力。这种表示磁滞现象的曲线称为磁滞回线,反映了铁磁质材料在外磁场中的磁化特性。

　　当 H 从 0 逐渐变为 $-H_c$ 时,磁场反向,B 消失,即若要消除剩磁,必须加反向磁场。

　　矫顽力反映保持剩磁状态的能力,表示要使已被磁化的铁磁质失去磁性而必须外加的与原磁化方向相反的磁感应强度。根据矫顽力大小或磁滞回线形状,通常把铁磁质分为硬磁、软磁和矩磁材料等。

　　硬磁材料的磁滞回线宽,剩磁和矫顽力大,因而磁化后,其磁感应强度可长久保持,常用于制造永磁体。

软磁材料的磁滞回线窄,矫顽力小,但其初始磁导率和饱和磁感应强度大,容易磁化和去磁,多用于制造电机、变压器、继电器和电感器铁芯等。

矩磁材料的磁滞回线近似为矩形,矫顽力较小,剩磁接近饱和值。若在不同方向外磁场下磁化,当电流趋近于零时,总是处于 B_m 或 $-B_m$ 两种剩磁状态,适用于作为信息"记忆"或控制元件等。

2. 用示波器观测 B-H 关系曲线

磁性材料内部的磁感应强度 B 与磁场强度 H 之间的关系为

$$B = \mu H \tag{1}$$

式中,μ 为磁性材料的磁导率,是表征磁介质磁化性能的物理量。磁介质是铁磁质、顺磁质和抗磁质的总称。铁磁质的磁导率很大,且随外磁场的强度而变化,是 H 的函数。

本实验采用示波器法测量动态磁滞回线。研究铁磁材料磁化规律时,通常把测试材料制成罗兰环或螺绕环(torus)样品,即在截面均匀的圆形磁环上,均匀地绕上磁化线圈 N_1(原线圈)和探测线圈 N_2(副线圈),其测试电路如图 2 所示。

动态磁滞回线与静态磁滞回线不同,除了磁滞损耗外,还有涡电流损耗,其磁滞回线面积要比静态磁滞回线面积略大一些,这种损耗还与交变磁场频率有关,对于不同信号频率,B-H 曲线形状也不同。

电流 i_1 通过磁化线圈 N_1 在环内产生的磁场遵循安培环路定律 $HL = N_1 i_1$,则

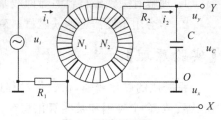

图 2　测试原理图

$$u_x = u_{R_1} = i_1 R_1 = \frac{LR}{N_1} H \tag{2}$$

式中,L 为磁环磁路平均长度。可见,u_x 与 H 成正比。

探测线圈 N_2 用于测量磁感应强度 B,经外接电阻 R_2 与电容 C 组成的积分电路输出相应的电信号。感应电动势 ε_2 大小为

$$\varepsilon_2 = N_2 \frac{\mathrm{d}\varphi}{\mathrm{d}t} = N_2 S \frac{\mathrm{d}B}{\mathrm{d}t}$$

式中,S 为磁环截面积。考虑到 N_2 匝数不多,自感电动势的影响可忽略不计。

若 R_2 与 C 足够大,且满足 $R_2 C \gg \dfrac{1}{2\pi f}$,$f$ 为信号源频率,则有

$$\varepsilon_2 \approx i_2 R_2 = R_2 C \frac{\mathrm{d}u_C}{\mathrm{d}t} = N_2 S \frac{\mathrm{d}B}{\mathrm{d}t}$$

若等式两边对时间积分,考虑到 B 和 u_C 均是交变的,其积分常数为 0,整理得

$$u_y = u_C = \frac{N_2 S}{R_2 C} B \tag{3}$$

可见,u_y 与 B 成正比。若把(2)式与(3)式对应的电压信号 u_x、u_y 分别作为示波器 X 轴、Y 轴输入信号,把示波器水平轴工作方式置 X-Y 方式,则在输入信号 u_i 变化一个周期内,电子束轨迹为一条完整的 B-H 磁滞回线,并周期性重现在荧光屏上。

3. 示波器的定标

为了定量研究磁化曲线,还需要对示波器进行定标,即根据示波器 X 轴和 Y 轴偏转灵敏度确定 X 轴每格(div)代表多少 H 值(A·m^{-1}),Y 轴每格代表多少 B 值(mT)。

设 X 轴和 Y 轴偏转灵敏度各为 S_x 和 S_y,并由示波器面板读出,则

$$u_x = S_x X \ , u_y = S_y Y \tag{4}$$

式中,X、Y 分别为测量时荧光屏上曲线对应的格数,单位为格(div)。

若 R_1、R_2 为无感交流电阻,电容 C 的介质损耗很小,则定量计算公式为

$$H = \frac{N_1}{LR_1} S_x X \ , \ B = \frac{R_2 C}{N_2 S} S_y Y \tag{5}$$

其中,R_1、R_2 的值由实验确定,N_1、N_2、S 和 L 为样品规格参数。

4. 退磁方法与磁滞回线饱和值的判断

(1)退磁(去磁)方法。磁滞的存在,使铁磁材料磁化过程具有不可逆性和剩磁特点,在测定磁滞回线时,必须将铁磁材料预先退磁。铁磁性材料有磁化经历以后,其退磁方法通常有热退磁,以及交流退磁或直流退磁等。

理论上,要消除剩磁 B_r,需要外加一个反向磁化电流,使产生的外加磁场正好等于铁磁材料的矫顽力。实际上,矫顽力大小 H_c 一般是未知的,因此,实验中通常采用交流退磁方法。即单调增加磁化电流,使磁化达到饱和,再把磁化电流由磁化饱和状态逐步单调减少至零,磁滞回线从极限磁滞回线逐渐向其中心($H=0$,$B=0$)收缩,达到完全退磁。经过多次反复磁化(磁锻炼),B-H 关系就可以反映磁性材料的磁化特性。

(2)磁滞回线饱和的判断。对于交流励磁电流,磁性材料存在涡电流损耗,磁滞回线并非实际曲线。当 B 变化与 H 同步时,磁化达到饱和(a、a'处),此时涡电流产生的损耗最小,则 B 随 H 变化呈现缓慢变化的线性关系。若继续增大磁化电流,剩磁 B_r 值基本不变,在磁滞回线顶点 $a(a')$ 处只有缓慢的变化趋势。

实验中,若磁滞回线顶点 $a(a')$ 出现畸变(如"打结"),可适当降低输入信号幅度或增加 R_2 值,当积分常数满足 $R_2 C \gg 1/2\pi f$ 时,可获得较为真实的磁滞回线。

【实验器材】

动态磁滞回线实验仪,SS-7802A 型双踪示波器,硅钢、铁氧体材料样品。

【实验仪器描述】

动态磁滞回线实验仪采用示波器动态观测铁磁材料磁滞回线,图 3 为面板图。正弦波信号幅度与频率可调,数字显示频率;四个可调电阻分别确定电阻 R_1 和 R_2 值。

采样电阻 R_1 上交流电压作为双踪示波器 X 输入(CH1),积分电容 C 上电压作为 Y 输入(CH2),示波器水平轴置 X-Y 方式,即图示仪方式。

磁化线圈 $N_1=100$ 匝
探测线圈 $N_2=100$ 匝
平均磁路长度 $L=0.13$ m
截面积 $S=1.24\times10^{-4}$ m^2

图 3　磁滞回线实验仪面板图

【实验内容与步骤】

1. 准备工作

(1)连接线路。把实验仪电阻分别预置为 $R_1=5.6\ \Omega$，$R_2=62\ k\Omega$，信号源频率取 50 Hz，输出幅度调节旋钮逆时针旋到底，使其输出为零；连接线路，并把 u_i（X 输入）、u_C（Y 输入）分别连接到双踪示波器 CH1、CH2 输入。

(2)示波器设置。打开实验仪和示波器电源，示波器 CH1 输入置 AC 耦合方式，灵敏度 S_x 置 200 mV/div；CH2 输入置 DC 耦合方式，灵敏度 S_y 置 20 mV/div；水平轴工作方式置 X-Y，预热 10 min 后即可开始测试。开始时，信号源输出为零，屏幕显示为一个亮点，调节 X 轴和 Y 轴移位使之位于屏幕中间；调节辉度旋钮，使亮度适中。

2. 试样退磁

(1)单调缓慢增大输入电压幅度（增加磁化电流），使磁滞回线达到饱和后，再单调缓慢减小输入电压幅度，直到屏幕显示为一亮点。此时，若该点不在显示屏中心，可调节示波器的 X 轴和 Y 轴位移。或按示波器输入接地开关，通过移位调整。

(2)在无畸变情况下（如顶点处不"打结"），可适当调节 R_1 或 R_2，以及 X 轴和 Y 轴偏转因数 S_x 和 S_y，使磁化饱和状态的磁滞回线比满屏小一些，便于进行观测。之后保持 S_x 和 S_y 不变，以便进行定标。

3. 测量基本磁化曲线

信号频率 $f=50$ Hz，输入电压从零开始逐步增大（即增大磁化电流），按其在 X 轴方向对应的格数 0.20、0.40、0.60、0.80、1.00、1.50、2.00……递增，直至磁化饱和变化状态为止，分别记录磁滞回线在不同磁化电流时对应顶点的 Y 方向读数（div）。

4. 测量磁滞回线

(1)单调缓慢增大输入电压幅度，使磁滞回线上 B 值缓慢增加，观察磁滞回线从小到大向外扩展的变化规律，直到磁化饱和为止。保持 S_x 和 S_y 不变，测量曲线各坐标读数，以及饱和磁场强度 H_m、磁感应强度 B_m、矫顽力 H_c 和剩磁 B_r 对应的读数。根据换算关系以及对称性，即可得到饱和磁滞回线。

(2)把测试样品换为环形铁氧体，重复上述有关步骤，测量相关数据。*

5. 观察信号频率对磁滞回线的影响

调节信号频率分别约为 50 Hz、100 Hz、150 Hz 和 200 Hz，选取其中一个样品，观察信号频率高低对磁滞回线形状变化的影响。

【注意事项】

1. 磁化电流应单调增加或减少。开始测量时，应始终保持 S_x 和 S_y 不变。
2. 实验时，注意观测 H_m、B_m、H_c 和 B_r 对应于磁化饱和状态的特征点。

【数据记录与处理】

1. 测量基本磁化曲线（黑色标识样品为硅钢软磁材料）

(1)电路参数与样品参数

电阻 $R_1=$＿＿＿ Ω，$R_2=$＿＿＿ Ω，电容 $C=$＿＿＿ μF。

磁化线圈 $N_1=$＿＿＿ 匝，探测线圈 $N_2=$＿＿＿ 匝，截面积 $S=$＿＿＿ m^2，平均周长 $L=$＿＿＿ m。

（2）测量基本磁化曲线

示波器偏转灵敏度 $S_x=$ _____ mV/div，$S_y=$ _____ mV/div，$f=$ _____ Hz。

序号	1	2	3	4	5	6	7	8	9	10
X/div	0									
$H/(\text{A}\cdot\text{m}^{-1})$										
Y/div	0									
B/mT										

根据（5）式换算为 H 和 B，画出基本磁化曲线（由 $\mu=B/H$，可得出 μ-H 曲线）。

2. 测量磁滞回线

示波器偏转灵敏度 $S_x=$ _____ mV/div，$S_y=$ _____ mV/div，$f=$ _____ Hz。

X/div	$H/(\text{A}\cdot\text{m}^{-1})$	Y/div	B/mT	X/div	$H/(\text{A}\cdot\text{m}^{-1})$	Y/div	B/mT
…							
1.00							
0							
…							
−0.30							
…							

根据（5）式换算为 H 和 B，由对称性可画出完整的磁滞回线。

求出饱和磁场强度 H_m、磁感应强度 B_m、矫顽力 H_c 和剩磁 B_r 值。

3. 观察信号频率对磁滞回线的影响

选取频率 f 约为 25 Hz、50 Hz、100 Hz 和 150 Hz，根据观察结果，说明输入信号频率对磁滞回线的影响。

4. 测量铁氧体材料磁滞回线(红色标识样品) *

测试方法与前面介绍的相同。

【思考与练习】

1. 为什么要对铁磁质材料进行"退磁"？如何进行？

2. 测量铁磁质材料基本磁化曲线和磁滞回线有何意义？举例说明磁性材料应用。

实验 33　霍耳效应与螺线管磁场的测量

　　1879 年,年仅 24 岁的霍普金斯大学研究生霍耳(Edwin Herbert Hall,1855—1938)在研究金属在磁场中导电机理时,发现了一种后来被称为霍耳效应的磁现象。霍耳效应的发现比电子早得多,对于电子的发现、固体结构和原子结构的研究具有重要的意义。

　　1980 年,德国物理学家克利津(Klaus von Klitzing,1943—)在研究低温和强磁场下半导体材料的霍耳效应时,发现了量子霍耳效应,于 1985 年获诺贝尔物理学奖。美籍华裔物理学家崔琦等发现分数量子霍尔效应,获 1998 年度诺贝尔物理学奖。

　　根据霍耳效应制成的霍耳器件、霍耳传感器已广泛用于非电量测量、自动控制和信息处理等。

【实验目的】

　　1. 了解霍耳电位差与相关参数的关系。

　　2. 学习利用霍耳效应测量磁感应强度的分布。

　　3. 学习应用对称交换测量法减少系统误差的方法。

【实验原理】

1. 霍耳效应

　　通有电流的金属导体或半导体材料置于磁场中,若电流的方向与磁场垂直,则在垂直于电流和磁场方向上有电动势产生,这种电磁现象称为霍耳效应。

　　从本质上讲,霍耳效应是运动的带电粒子在磁场中受洛伦兹力的作用而引起偏转的现象,可用载流子受洛伦兹力作用来解释。

　　如图 1 所示,长方形导体薄片上通以电流 I_S,沿电流的垂直方向加上磁场 B,当载流子为电子时,所受洛伦兹力 f_L 使之向 A 侧偏转,电荷积累在 A、A' 面上,形成微弱的电位差 V_H,并在体内产生一横向电场 E_H。E_H 称为霍耳电场,V_H 称为霍耳电势。

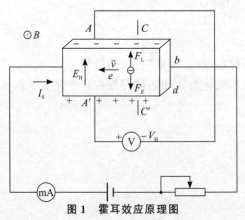

图 1　霍耳效应原理图

　　设电子漂移平均速度为 $\bar{v}$,在磁场 B 作用下,洛伦兹力为

$$f_L = -e\,\bar{v}B \tag{1}$$

设霍耳元件为薄板,宽度为 b,厚度 d,电子受到霍耳电场的作用力为

$$f_E = -eE_H = -eV_H/b \tag{2}$$

随着电荷积累的增加,动态平衡时载流子不再偏转,霍耳电场具有恒定的值,则

$$\bar{v}B = V_H/b \tag{3}$$

设载流子具有相同的漂移速度,浓度为 n,则霍耳元件的工作电流 I_S 为

$$I_S = ne\,\bar{v}bd \tag{4}$$

由(3)式和(4)式,得

$$V_H = E_H b = \frac{1}{ne}\frac{I_S B}{d} = R_H\frac{I_S B}{d} \tag{5}$$

可见,V_H 正比于 I_S,B 与 d 成反比;比例系数 R_H 称为霍耳系数,单位为 $m^3 \cdot C^{-1}$,如 $0 \sim 30\ ℃$ 时 Cu 的 $R_H = -0.536 \times 10^{-10}\ m^3 \cdot C^{-1}$,Be(99.55) 的 $R_H = +7.7 \times 10^{-10}\ m^3 \cdot C^{-1}$。霍耳系数大小取决于导体的载流子密度 n,是反映材料霍耳效应强弱的重要参数。据此,可由实验测量 R_H,求出载流子浓度 n。

当霍耳元件的材料和厚度确定时,设

$$K_H = R_H/d \tag{6}$$

将(6)式代入(5)式,得

$$V_H = K_H I_S B \tag{7}$$

式中,K_H 称为霍耳元件的灵敏度,表示霍耳元件在单位磁感应强度和单位控制电流下输出的霍耳电势大小,其单位为 $mV \cdot mA^{-1} \cdot T^{-1}$。

实际应用时,一般要求 K_H 愈大愈好。金属材料电子浓度 n 太大,$R_H(K_H)$ 小,不适合作霍耳元件。考虑到半导体的电子迁移率通常大于空穴迁移率,霍耳元件大多采用 N 型半导体材料。为提高 V_H 值,可采用减少 d 的办法来增加灵敏度,即把霍耳元件做成薄片的形状。但是,若 d 太薄,元件的输入和输出电阻对霍耳元件的影响很大。

在产生霍耳效应的同时,伴随着其他附加电势和多种副效应,所产生的附加电势叠加在霍耳电势 V_H 上,使测量存在系统误差。这些附加电势和副效应主要有以下几种:

(1)不等位电势 V_0

若两个电压输入端不完全对称地连接在霍耳元件两侧,元件材料电阻率不均匀,控制电极的端面接触不良等,都可能造成两极不处于同一等位面上,此时虽未加磁场,但极间已存在着称为不等位电势的电位差 V_0。其极性与通过的电流 I_S 方向有关,与 B 方向无关。

(2)爱廷豪森效应

爱廷豪森效应表现为热能,存在温差电偶,记为 V_E,不能在测量中消除,其极性取决于 I_S 和 B 的方向。

(3)能斯脱效应

能斯脱效应表现为焦耳热引起的热电流,热电流在磁场作用下发生偏转,产生附加的电位差,记为 V_N。其极性只随磁场而变,与 I_S 无关。

(4)里纪-勒杜克效应

热电流使之在 x 方向有温度梯度,引起在 y 方向上的温差,记为 V_{RL}。其极性与 B 的方向有关,且与 V_H 同向。

以上附加电势和副效应电势总和形成的系统误差有可能大于霍耳电势。为了减少或尽量消除以上附加电势,可利用它们与霍耳元件工作电流 I_S、磁场 B(即相应的励磁电流 I_M)的关系,采用对称交换测量法进行测量,以减少由此产生的系统误差。

2. 对称测量法

多种副效应使 AA' 间实测电压与 V_H 实际值不符,应设法减少,尽量消除。根据副效应产生机理,采用电流和磁场换向的对称测量法,基本上能把副效应的影响从测量结果中消除。

对称测量法就是保持工作电流 I_S 和 B 的大小不变,通过改变 I_S 和磁场的正反方向(改变励磁电流 I_M 的方向),依次测量四组不同方向的 I_S 和 B(用 I_M 表示)时的霍耳电压值 V_1、V_2、V_3 和 V_4,再求其代数值,得到 V_H,又称为异号测量法。即

电流	磁感应强度(励磁电流)	电压
$+I_S$	$+B(+I_M)$	$V_1=+V_H+V_0+V_E+V_N+V_{RL}$
$+I_S$	$-B(-I_M)$	$V_2=-V_H+V_0-V_E-V_N-V_{RL}$
$-I_S$	$-B(-I_M)$	$V_3=+V_H-V_0+V_E-V_N-V_{RL}$
$-I_S$	$+B(+I_M)$	$V_4=-V_H-V_0-V_E+V_N+V_{RL}$

$$V_H=\frac{1}{4}(V_1-V_2+V_3-V_4)-V_E \tag{8}$$

通过对称测量法求出的霍耳电势 V_H,不可能完全消除副效应和其他附加电势的影响。考虑到 I_S、B 均较小,且 $V_E \ll V_H$,其引入的误差较小,可忽略不计,则(8)式简化为

$$V_H=\frac{1}{4}(V_1-V_2+V_3-V_4) \tag{9}$$

3. 霍耳元件的导电类型

霍耳电压的输出极性依 I_S 和 B 的方向而变化。据此,可判断霍耳元件的导电类型是属于 N 型或 P 型。在图 1 中,若 $V_H<0$,为 N 型;若 $V_H>0$,则为 P 型。

4. 磁场的获得及其测量方法

根据毕奥-萨伐尔定律,对于长度为 $2L$,匝数为 N,半径为 R 的载流长直螺线管轴向上距中心点 x 处的磁场强度为

$$B=\frac{\mu_0 nI}{2}\left\{\frac{x+L}{[R^2+(x+L)^2]^{1/2}}-\frac{x-L}{[R^2+(x-L)^2]^{1/2}}\right\} \tag{10}$$

其中,$\mu_0=4\pi\times10^{-7} \text{ N} \cdot \text{A}^{-2}$,$n=N/2L$ 为单位长度线圈的匝数。

由(10)式可知,长直螺线管内腔中部磁力线近似为平行于轴线的直线簇,其内部的磁场可认为是均匀的,仅在靠近两端口处,才呈现明显的不均匀性。

根据理论计算,对于"无限长"直螺线管,$L \gg R$,则 $B=\mu nI$(这里的 I 对应上面的 I_M);对于"半无限长"直螺线管,在端点处,$x=L$,且 $L \gg R$,则 $B=\frac{1}{2}\mu nI$。长直螺线管一端的磁感应强度为内腔中部磁感应强度的一半。

【实验器材】

DH4512 型霍耳效应实验仪(霍耳元件与螺线管),霍耳效应测试仪。

【实验仪器描述】

实验仪器由霍耳效应测试仪和霍耳效应实验仪等组成。

1. 实验仪(霍耳元件与螺线管实验架)

实验仪由产生磁场的直螺线管线圈以及管内的霍耳元件、移动装置和继电器控制开关四部

分组成,如图 2 所示。螺线管中内置的霍耳元件可随移动杆作左右、上下移动而产生相应位移。

常见的机械式继电器由线圈和触点开关组成,用较小的电压或电流间接控制触点的通断,控制电路与触点电路相互隔离,操作方便且安全。图 3 为双刀双向形式,两个常开、常闭触点,两组触点交叉连接,用于改变电流流入方向,其状态由发光二极管指示。

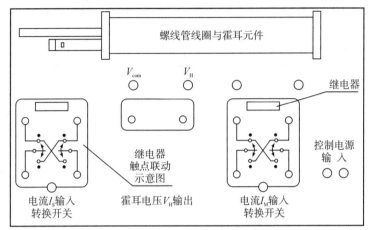

图 2 霍耳效应实验仪面板示意图

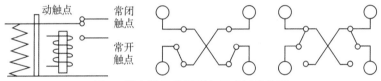

图 3 继电器工作原理与触点工作情况

2. 霍耳元件和螺线管参数

螺线管内置的霍耳元件为 N 型半导体材料,灵敏度 K_H 约为 $10\ \mathrm{mV \cdot mA^{-1} \cdot T^{-1}}$,离散性较大。

螺线管有效半径 R 约为 26 mm,有效长度 L 约为 184 mm,基本满足 $L \gg R$ 关系,可近似当作长直螺线管。内置的霍耳元件,上下、左右移动范围分别为 10 mm 和 110 mm,分辨率为 0.1 mm,读数方法与游标卡尺原理相同。

3. 测试仪(直流恒流源与数字电压表)

测试仪由三部分组成,一路为可调恒流源($0 \sim 3.00$ mA),作为霍耳元件的工作电流 I_S;一路为可调恒流源($0 \sim 0.500$ A),作为螺线管的磁场激励电流 I_M;中间为数字毫伏表,用于显示霍耳元件输出的电动势(也可采用数字万用表代替),如图 4 所示。

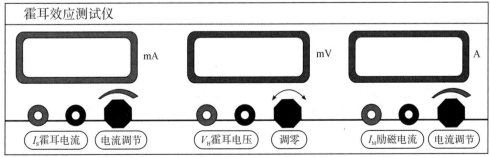

图 4 霍耳效应测试仪面板示意图

【实验步骤与内容】

1. 准备工作

打开测试仪电源,将测试仪"I_S 电流调节"和"I_M 电流调节"旋钮逆时针旋到底,使之均为最小。把中间的数字电压表两个输入接线柱短路,调节"调零"旋钮,使其显示零。

2. 电路连接

霍耳元件的 4 个电极分为两组引线,一组为工作电流输入,一组为霍耳电压输出。

测试仪	电流方向	实验仪
I_S 霍耳电流(直流恒流源输出)	⇨	I_S 输入(工作电流)
I_M 励磁电流(直流恒流源输出)	⇨	I_M 输入(工作磁场)
V_H 霍耳电压(数字电压表)	⇦	V_H　V_{COM}(V_H 输出)
电压输出(背面)	⇨	控制电源输入(继电器工作电压)

3. 测量霍耳电压 V_H 与工作电流 I_S 的关系(测量 V_H-I_S 关系曲线)

(1)移动霍耳元件至线圈中心,调节 $I_S=1.00$ mA 和 $I_M=0.500$ A。

(2)根据对称测量法,利用按键开关控制继电器的通断,以改变 I_S、I_M 的输入方向的组合,分别测量相应的霍耳电压 V_H 值(V_1、V_2、V_3、V_4)。

(3)保持 I_M 不变,将 I_S 每次递增 0.50 mA,重复以上过程。

4. 测量霍耳电压 V_H 与励磁电流 I_M 的关系(测量 V_H-I_M 关系曲线)

(1)调节 $I_S=3.00$ mA 和 $I_M=0.100$ A,采用对称测量法测量霍耳电压 V_H 值。

(2)保持 I_S 不变,I_M 每次递增 50 mA,重复以上过程。

5. 测量螺线管中磁感应强度 B 的分布规律

(1)先对 I_M、I_S 调零,调节数字电压表,使其显示为零。

(2)将霍耳元件置于线圈中心,调节 $I_S=3.00$ mA,$I_M=0.500$ A,测量相应 V_H 值。

(3)将霍耳元件从螺线管中心处,沿轴线一侧水平移动,每间隔 5.0 mm 选取一个点,重复以上过程。也可选取不等步长的测量点,总数不少于 8 处。

【数据记录与处理】

1. 测量 V_H-I_S 关系($I_M=0.500$ A)

I_S/mA	V_1/mV $+I_S,+I_M$	V_2/mV $+I_S,-I_M$	V_3/mV $-I_S,-I_M$	V_4/mV $-I_S,+I_M$	$V_H=\frac{1}{4}(V_1-V_2+V_3-V_4)$ /mV
1.00					
1.50					
⋮					
3.00					

为避免符号混乱,可取绝对值计算。绘出 I_S-V_H 关系曲线,验证其关系。

2. 测量 V_H-I_M 关系（$I_S = 3.00$ mA）

I_M/A	V_1/mV	V_2/mV	V_3/mV	V_4/mV	$V_H = \dfrac{1}{4}(V_1 - V_2 + V_3 - V_4)$
	$+I_S, +I_M$	$+I_S, -I_M$	$-I_S, -I_M$	$-I_S, +I_M$	$/mV$
0.100					
0.150					
$\vdots$					
0.500					

绘出 V_H-I_M 关系曲线，验证其关系。分析当 I_M 达到一定值后，I_M-V_H 斜率变化原因。

3. 测量 V_H-x 关系，$I_S = 3.00$ mA，$I_M = 0.500$ A，$K_H = \underline{\quad}$ mV·mA^{-1}·T^{-1}

x/mm	V_1/mV	V_2/mV	V_3/mV	V_4/mV	$V_H = \dfrac{1}{4}(V_1 - V_2 + V_3 - V_4)$
	$+I_S, +I_M$	$+I_S, -I_M$	$-I_S, -I_M$	$-I_S, +I_M$	$/mV$
0.0					
5.0					
$\vdots$					

由对称性，测量单边即可绘出 V_H-x 关系曲线，求 B 的大小；画出 B-x 关系曲线，分析其变化规律。

【注意事项】

1. 理解霍耳电流 I_S 和励磁电流 I_M 的作用，严格区分 I_S 与 I_M 的连接线，切勿混淆，以免损坏霍耳元件。

2. 为防止移动或搬运过程中霍耳元件产生偏移，实验前应将其移至线圈中心，即水平和垂直标尺均为零的位置。移动尺的调节范围有限，实验时要避免错位。

3. 在测量 I_S-V_H 或 V_H-I_M 关系时，可能因 I_S 变化，使 I_M 值也发生变化，而不再是设定的初始值，此时，应重新调节 I_M 使其值不变。

【思考与练习】

1. 为什么霍耳元件都用半导体材料制成，而不选用金属材料？

2. 为提高霍耳元件的灵敏度，可采用哪些方法？

3. 本实验是如何减少副效应影响的？做过的实验中，哪些参数的测量采用了类似的方法来减少系统误差？

实验 34　磁致电阻效应

若将载流导体置于外加磁场中,除了产生霍耳效应外,其电阻率也将发生变化,这种伴随着霍耳效应同时发生电阻率变化的物理现象称为磁致电阻效应,也称为磁电阻效应。早期曾称为磁阻效应。

1856 年被发现时因为现象不明显而没有引起重视,如今具有较大磁电阻效应的各种材料广泛应用于信息存储技术等。法国和德国科学家就是以巨磁电阻效应(GMR)的贡献分享了2007 年诺贝尔物理学奖。

与金属相比,半导体因载流子迁移率高,磁电阻效应的现象更为显著。通常选用 InSb(锑化铟)、InAs 和 NiSb 等半导体材料在绝缘基片上蒸镀半导体材料薄膜,或在不同的薄片上光刻或腐蚀成栅状等结构制成磁敏器件。

半导体磁敏元件具有价格低、灵敏度高等特点,在电机驱动器、位置检测、无损检测以及仪器仪表等方面得到广泛应用。

【实验目的】

1. 学习利用 GaAs 霍耳元件测量磁场的方法。
2. 理解磁电阻效应的基本原理。
3. 测量 InSb 磁电阻元件的磁电阻与磁感应强度关系。

【实验原理】

1. 霍耳效应与霍耳元件

根据霍耳效应,在一定条件下,外加磁场的磁感应强度 B 与通过霍耳元件的工作电流 I_H 关系为

$$B = \frac{U_H}{K_H \cdot I_H} \tag{1}$$

式中,U_H 为霍耳电压,K_H 为霍耳元件灵敏度,与材料的物理性质和几何尺寸有关,通常为常量。

霍耳元件符号尚无统一规定,常见符号如图 1 所示。输入电流端 a、b 也称为控制电流端,输出电压端 c、d 也称为霍耳端。图 2 为基本应用电路原理图。

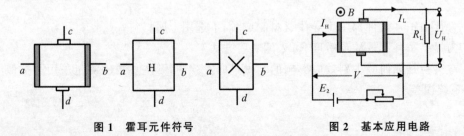

图 1　霍耳元件符号　　　　　　　图 2　基本应用电路

图 2 电路中,若不考虑附加电势和副效应产生的附加电压影响,且已知霍耳元件灵敏度 K_H,只要测量工作电流 I_H 与霍耳电压 U_H,即可由(1)式求出磁感应强度 B,测出未知磁场大

小,其测量电路如图 3 所示。

为准确测量磁场大小和方向,流过霍耳元件的工作电流应保持恒定。

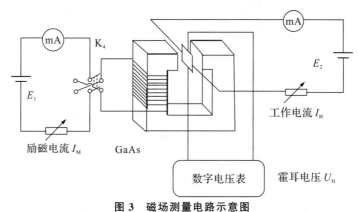

图 3 磁场测量电路示意图

2. 磁电阻效应与磁电阻元件

磁电阻效应是指某些金属或半导体的电阻值随外加磁场变化而变化的现象,与霍耳效应一样也是由于导体或半导体材料内的载流子在磁场中受到洛伦兹力而产生的。在达到稳态时,若某一速度的载流子所受的电场力与洛伦兹力相等,载流子在两侧聚集并形成霍耳电场,而小于或大于该速度的载流子将发生偏转,这种偏转导致载流子的漂移路径变长,或者说,沿外加电场方向运动的载流子数减少,从而使电阻率增大,此现象就是磁电阻效应。

当材料中只存在一种载流子时,磁电阻效应几乎可以忽略,此时霍耳效应较为显著。若在电子与空穴并存的材料(如 InSb 中),载流子迁移率大,其磁电阻效应较为显著。若半导体材料的两种载流子(电子和空穴)的迁移率相差悬殊,迁移率较大的载流子对其电阻率变化起主要作用。

磁电阻是磁敏元件的直接输出量,其灵敏度为磁电阻变化率。通常以磁电阻相对变化量(或电阻率相对变化率)表示,其关系式为

$$MR = \frac{\Delta R}{R_0} \times 100\% = \frac{R_B - R_0}{R_0} \times 100\% \tag{2}$$

式中,R_0、R_B 分别为磁感应强度等于 0 和 B 时磁电阻元件的电阻值。磁电阻效应与样品的形状、尺寸密切相关。这种与样品形状、尺寸有关的磁电阻效应称为磁电阻效应的几何磁电阻效应。

必须指出,霍耳效应中的霍耳电势是指垂直于电流方向的横向电压,霍耳元件通常为四端元件;而磁电阻效应是沿电流方向的电阻变化。若将磁电阻元件的霍耳电压短路,使之不能形成电场力,则载流子的运动轨迹总是倾斜的,可进一步提高电阻率的变化率,磁电阻效应将更加显著,因此,磁电阻元件的基本型为二端器件,或在衬底上做成两个相互串联的三端形式,或四个元件连接成电桥形式,以便应用于不同场合。磁电阻元件的电阻值随磁通密度的增加而增加,与磁场的极性无关。

测量 InSb 磁电阻元件在磁场作用下的磁电阻如图 4 所示,由 $R = U_2/I_2$ 计算磁电阻。

一般情况下,当金属或半导体处于较弱磁场时,磁电阻元件电阻相对变化率 $\Delta R/R_0$ 正比于磁感应强度 B 的平方,而在较强磁场中,如大于 0.1 T 时,$\Delta R/R_0$ 大致与磁感应强度 B 成线性关系。

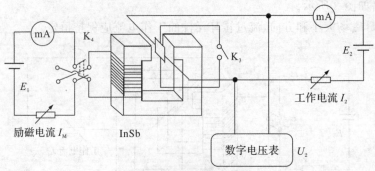

图 4　磁电阻测量示意图

【实验器材】

磁电阻效应实验仪,磁电阻元件 InSb(锑化铟)。

【实验仪器描述】

磁电阻效应实验仪由励磁及其测量控制电路、供电与测量显示两个实验箱组成,图 5 为两个实验箱的面板图。

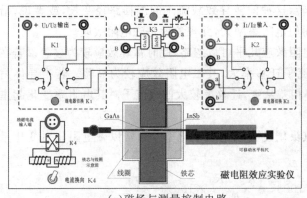

(a)磁场与测量控制电路　　　　　　　　　(b)供电与测量显示部分

图 5　磁电阻效应实验系统面板图

1. 励磁与测量控制电路部分

采用消磁较快的软铁或硅钢材料制成 C 形结构的铁芯,并密绕线圈,形成环形闭合磁路。

2. 半导体磁敏元件

在磁路气隙中装有两个可水平移动的磁敏元件,位移范围均为 ± 20 mm。左侧为 GaAs 离子注入平面型霍耳元件,灵敏度(转换系数)为 $K_H = 177$ mV/(mA·T),用于测定铁芯气隙中的磁场分布;右侧为磁电阻元件(或当作霍耳端短接的高灵敏度 InSb 霍耳元件),利用磁电阻效应,测量磁感应强度变化对磁电阻变化的影响。

通过控制继电器中的双刀切换开关,可改变磁敏元件的工作状态。其中,开关 K4 用于励磁电流换向,按键 K3 用于 InSb 元件的霍耳电压短接;按键 K2 用于改变磁敏元件的工作电流连接电路;K1 用于切换数字电压表的检测点,测量 GaAs 元件的霍耳电压 $U_H(U_1)$ 或 InSb 元件的输入电压 U_2。

3. 供电与测量显示部分

"励磁恒流输出"提供励磁电流($0\sim1\,000$ mA),以改变磁场大小。"恒流输出"为恒流源($0\sim5$ mA),控制 GaAs 霍耳元件或 InSb 磁电阻元件的工作电流,使它们分别在外加磁场与直流电流共同作用下,产生霍耳效应或磁电阻效应。数字电压表用于电压测量。

【实验内容与步骤】

1. 利用霍耳元件 GaAs 测量励磁电流 I_M 与磁感应强度 B 关系

(1)检测剩磁

按下继电器控制键 K1 与 K2,使继电器内部触点连接到 GaAs 元件测量磁场电路。调节励磁电流使 $I_M=0$,处于零磁场状态。

调节工作电流 $I_H=5.00$ mA,预热 5 min 后开始测量;当 $I_M=0$ 时,若有霍耳电压输出,表明铁芯存在剩磁。

(2)测量 $B\text{-}I_M$ 关系曲线

调节标尺位置,使 GaAs 元件位于磁场气隙中间(游标 0 刻度对准标尺 0 再右移约 2 mm)。调节励磁电流 $I_M=100$ mA,利用 K4 切换 I_M 方向,测量对应的霍耳电压;依次按 100 mA 递增,重复测量过程。

2. 利用 GaAs 元件测量磁路气隙沿水平方向磁场分布

保持工作电流 $I_H=5.00$ mA 与励磁电流 $I_M=500$ mA 不变,调节游标以改变 GaAs 元件在磁场中位置,分别测量其对应的输出电压 U_H,计算 B,并作 $B\text{-}x$ 关系曲线。

3. 测量磁感应强度 B 与磁电阻元件 InSb 的磁电阻变化关系

(1)调节励磁电流 $I_M=0$,把 K4 拨向上使 I_M 为正向;释放继电器控制按键 K1、K2,使继电器触点连接到 InSb 元件磁电阻测量电路;按下 K3 按键将霍耳端短接,以提高磁电阻元件灵敏度。

(2)调节标尺使元件所在游标 0 刻度与标尺 0 刻度对齐。

当 $I_M=0$ 时,调节 InSb 元件工作电流 I_2,使数字毫伏表读数 $U_2=800.0$ mV,可求出零磁场下的磁电阻。

(3)当 $I_M=30$ mm 时,调节 InSb 元件工作电流 I_2,使毫伏表读数 $U_2=800.0$ mV,此时,按下 K1、K2 切换到 GaAs 元件磁场测量电路,测量其输出电压 U_1,把 K4 拨向下以改变 I_M 方向,再测量对应 U_1 值,依次记录数据。

(4)释放 K1、K2 按键,K4 拨向上方,进行磁电阻测量。当 $I_M=40$ mm 时,按上述(3)步骤,依次进行测量。

(5)励磁电流 I_M 在 $0\sim200$ mA 范围,按 10 mA 递增;在 $200\sim300$ mA 范围,按 20 mA 递增,直到 $I_M=1\,000$ mA 为止。通过改变 I_2,在基本保持 $U_2=800.0$ mV 不变的情况下,重复(3)和(4)步骤过程,记录相关数据。

测量时,应保持 $U_2=800$ mV 基本恒定,GaAs 元件与 InSb 元件在磁极间位置不变。

【注意事项】

1. 请勿在实验仪器附近放置具有磁性或易被磁化的物品，以免产生附加磁场。

2. 打开实验仪电源开关前，应把各调节旋钮置零位（即逆时针旋到底）；调节旋钮时，应缓慢进行，使其值小幅度变化。

3. 关闭实验仪电源前，必须先将励磁电流调为零，以免因感应电压造成仪器损坏。若需插拔励磁电流连线，应将励磁电流调至最小，关闭电源后，方可进行操作。

【数据记录与处理】

1. 测定励磁电流 I_M 和磁感应强度 B 关系

[GaAs 元件，位置 $x = 0$ mm，工作电流 $I_H = 50$ mA，灵敏度 $K_H = 177$ mV/(mA·T)]

I_M/mA	正向 U_H/mV	反向 U_H/mV	$\overline{U}_H$/mV	B/mT
0				
100				
200				
⋮				
900				
1000				

当励磁电流 $I_M = 0$ 时，若存在霍耳电压，表明磁芯材料有剩磁存在。

根据(1)式计算 B，作 B-I_M 关系曲线。

2. 利用霍耳元件测量磁路气隙沿水平方向磁场分布

[GaAs 元件，励磁电流 $I_M = 500$ mA，工作电流 $I_S = 5$ mA，$K_H = 177$ mV/(mA·T)]

水平位置 x/mm	正向 U_1/mV	反向 U_1/mV	$\overline{U}_H$/mV	B/mT
-20				
⋮				
-2				
0				
2				
⋮				
20				

因其不等位电势较小，一般可忽略。根据(1)式计算 B，作 B-x 关系曲线。

3. 测量磁感应强度 B 与磁电阻元件的磁电阻变化关系

（GaAs 元件测量 $x=0$ 处磁场；测量磁电阻元件 InSb 的相关量）

I_M/mA	GaAs 元件测量 B					测量 InSb 元件 R_B		B-$\Delta R/R_0$	
	正向 U_1/mV	反向 U_1/mV	$\overline{U}_H$/mV	$I_1 = I_2$	B/T	U_2/mV	I_2/mA	R_B/Ω	$\Delta R/R_0$
0						800.0			
30						800.0			
40						800.0			
⋮						800.0			
300						800.0			
330						800.0			
⋮						800.0			
950						800.0			
1 000						800.0			

当 $I_M = 0$ 时，若 $U_1 \neq 0$，表示有剩磁，认为 $B \approx 0$，根据 $R = U_2/I_2$ 求 R_0；

根据(1)式求 B，再由 $R = U_2/I_2$ 求 R_B；

由 $\Delta R = R_B - R_0$，计算(2)式的 MR，作 B-$\Delta R/R_0$ 关系曲线。

观察曲线中描述变量间的函数关系，分析磁电阻特性变化情况；或分段研究非线性与线性区域的函数关系，用最小二乘法求出变量间的相关系数及函数表达式。

【思考与练习】

1. 磁电阻效应是如何产生的？说明磁电阻效应与霍耳效应的异同点。

2. 举例说明半导体磁敏元件的应用。

实验 35　基于光学平台测量薄凸透镜焦距

透镜及其组合是光学仪器中最基本的元件,透镜的焦距决定了透镜成像的位置和性质(大小、虚实、倒立等),是反映其特性的重要参量之一。透镜及各种透镜的组合可形成放大和缩小的实像及虚像,人类据此原理,可以把视觉范围拓展到遥远的天际和肉眼看不见的微小领域。

透镜可分凸透镜和凹透镜两种。当透镜的中央部分厚度与其两折射球面的曲率半径相比小很多时(厚度与其焦距相比可以忽略不计),可视该透镜为薄透镜。

对于不同用途,需要选择不同焦距的透镜或透镜组。了解透镜成像规律和透镜焦距的测量是设计各类光学仪器的基础。

【实验目的】

1. 学习简单光学系统的调整原则以及光学系统共轴等高的调节方法。
2. 掌握测量薄透镜焦距的原理及常用的方法。
3. 加深对透镜成像原理和基本规律的理解。

【实验原理】

1. 薄透镜成像原理及成像公式

透镜是由透明材料(如玻璃、塑料、水晶等)制成的,具有使光线会聚或发散的作用。在近轴光线条件下,薄透镜(包括凸透镜和凹透镜)成像的高斯公式为

$$\frac{1}{u} + \frac{1}{v} = \frac{1}{f} \tag{1}$$

式中,u 为物距,v 为像距,f 为焦距,参考点均为薄透镜的光心 O 点。

符号约定规则:光轴上线段,自参考点量起,与光线进行方向一致时为正,反之为负;垂直于光轴的线段,光轴上方线段为正,光轴下方线段为负。运算时,已知量需添加符号,未知量则根据求得结果中的符号判断其物理意义。例如,对于虚物和虚像,u、v 为负,凸透镜的焦距 f 恒为正,凹透镜的焦距 f 恒为负。

2. 几种测量凸透镜焦距的原理

(1)自准直法(平面镜法)

如图 1 所示,以狭缝光源 P 作为物屏,放在透镜 L 的物方,利用平面反射镜 M 调节物屏 P 与透镜 L 之间的距离,当物 P、像 P′正好位于同一平面,且成倒像时,则物平面与透镜中心之间的距离 f' 即为该透镜的焦距 f。

$$f = f' \tag{2}$$

位于凸透镜之前的焦平面上的物屏 P 任一点发出的光线经透镜折射后成为平行光,垂直入射到平面反射镜 M 上,经 M 反射,再通过透

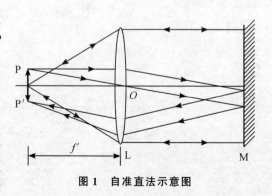

图 1　自准直法示意图

镜折射,仍会聚于焦平面上,成像于 P′处,即在原物屏平面上,形成一个与原物大小相等方向相反的倒立实像 P′,则物与透镜之间的距离,就是待测透镜的像方焦距。

借助平面镜,通过实验装置自身的调节,使物与像重合,以达到调焦的目的,此方法称为自准直法或平面镜法,具有简便、迅速,并能直接测得透镜焦距数值的特点。其测量误差约在 $1\%\sim5\%$ 之间。

(2)两次成像法(贝塞尔物像交换法或共轭法)

自准直法存在透镜中心位置不易确定的缺点,使之在测量中引入误差。为避免这一缺点,可取物屏与像屏之间的距离 D 大于 4 倍焦距 f(即 $D>4f$),且保持不变,沿光轴方向移动透镜,则必能在像屏上观察到二次成像。

如图 2 所示,当物距为 u_1 时,得到放大的倒立实像,像距为 v_1;物距为 u_2 时,得到缩小的倒立实像,像距为 v_2。设透镜二次成像之间的位移为 d,由成像公式(1),有

$$u_1=v_2=(D-d)/2,v_1=u_2=(D+d)/2 \tag{3}$$

在物像距离 $D>4f$ 条件下,透镜可在两个位置使物成像,一次成大像,一次成小像,若两次成像的透镜位置差为 d,将(3)式代入(1)式,则透镜焦距 f 为

$$f=\frac{D^2-d^2}{4D} \tag{4}$$

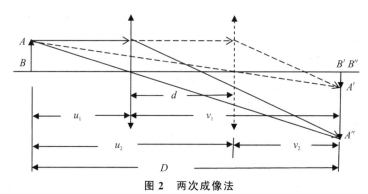

图 2　两次成像法

可见,只要在光具座上确定物屏、像屏以及透镜二次成像时其底座所在位置,即可把焦距的测量归结为两次成像时透镜移动的距离,而 D 和 d 是可以精确测量的量,不必考虑透镜本身厚度,从而消除了因估计透镜光心位置不准,以及透镜中心与读数标线不在同一平面带来的系统误差,可较准确地求出焦距 f,其测量误差仅为 1% 左右,因而被广泛采用。

(3)焦距仪法

焦距仪主要由平行光管和测量目镜组成,是用来测量透镜或透镜组(包括厚透镜)的焦距的常用仪器,具有精度较高的特点。

【实验器材】

光学实验平台,以及基于光学实验平台的光学元件。

带有毛玻璃的白炽灯光源 S　　　　　　　平面反射镜 M

品字形物像屏 P,SZ-14　　　　　　　　通用底座 SZ-04

凸透镜 L,f=190 mm(或 f=150 mm)　　一维底座 SZ-03

二维调整架 SZ-07　　　　　　　　　　白屏 H,SZ-13

【实验步骤与内容】

1. 光学元件等高与共轴调整方法

对于放在光具座或光学平台上的光学元件,应用薄透镜成像公式时必须满足近轴条件,因此,需要将各光学元件调节至同轴,并使该轴与光具座的导轨或平台台面平行(即各元件等高)。通常按先粗调、后细调的原则,调至共轴。

(1)目测粗调

将光源、物屏、凸透镜和像屏依次装到光具座上,并放好,使之靠拢,目测调节使各元件中心大致在一条直线上(共轴、等高),并使物屏、透镜、像屏的平面互相平行。

等高:升降各光学元件支架,使各光学元件中心大致在同一高度的直线上。

共轴:调整各光学元件支架底座的位移调节螺丝,使支架位于光具座中心轴线上,再调节各光学元件表面与光具座轴线垂直。

(2)细调

根据光学规律调整。例如,利用二次成像法调节,使物屏与像屏之间的距离大于4倍焦距,且二者的位置固定。在物屏和像屏之间移动凸透镜,使屏上先后出现清晰的一大一小两次成像。

若两个像的中心重合,表示已经共轴;若不重合,可先在小像中心默记一位置,调节透镜高度使大像中心与小像的中心重合。如此反复调节透镜高度,使大像的中心趋向于小像中心(即大像追小像,逐次逼近),直至完全重合。

2. 自准直法测凸透镜的焦距

(1)按照图3实物顺序先进行共轴与等高粗调,再拉开一定的距离,进行细调。

(2)按图1原理,采用左右逼近读数法,即左右移动物屏P,直至在物屏上看到与物大小相同的清晰倒像。也可左右移动凸透镜L,直至在物屏P上获得清晰的倒立实像。

(3)调平面反射镜M的倾角,并微动透镜L,使像最清晰且与物大小相同(充满同一圆面,像与物形成互补图形),分别记录此时物屏P和透镜L的位置a_1、a_2。

(4)把物屏P和透镜L均转动180°,重复前面步骤,分别记录此时物屏P和透镜L的新位置b_1、b_2。重复测量3次。

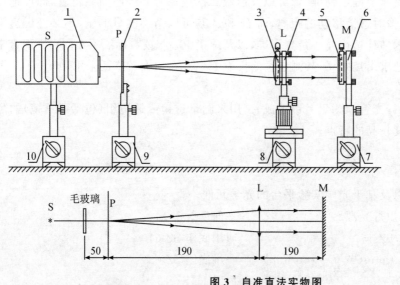

1—带有毛玻璃的白炽灯光源 S
2—品字形物像屏 P
3—凸透镜 L
　　$f=190$ mm
　　$f=150$ mm
4—二维调整架
5—平面反射镜 M
6—二维调整架
7—通用底座
8—一维底座
9—通用底座
10—通用底座

图 3　自准直法实物图

3. 两次成像法测凸透镜的焦距

(1)按图 4 的顺序进行共轴和等高粗调,然后拉开一定的距离,使物屏 P 和像屏 H 之间的距离 D 大于 4 倍焦距($D>4f'$),进行细调,记下物屏 P 和像屏 H 之间的距离。

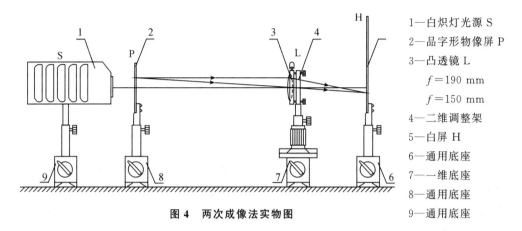

1—白炽灯光源 S
2—品字形物像屏 P
3—凸透镜 L
　 $f=190$ mm
　 $f=150$ mm
4—二维调整架
5—白屏 H
6—通用底座
7——维底座
8—通用底座
9—通用底座

图 4　两次成像法实物图

保持物屏 P 与像屏 H 的位置不动,沿标尺左右移动透镜 L,采用左右逼近法,分别测定凸透镜在像屏上成一大一小两次像的位置。每次测量应改变物屏、像屏位置,但均要保持 D 不变,其原理如图 5 所示。

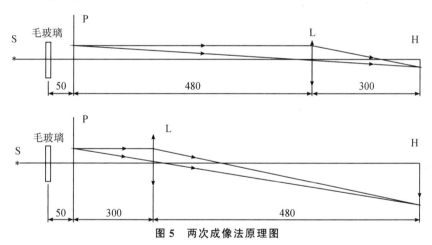

图 5　两次成像法原理图

(2)使品字形物在像屏 H 上成一清晰的放大像,记下透镜 L 的位置 a_1。

(3)再沿标尺向右移动 L,使物在像屏 H 上成一缩小像,记下透镜 L 的位置 a_2。

(4)将物屏 P、透镜 L 和像屏 H 转动 180°(不移动底座),重复以上过程,得到 L 的两个位置 b_1、b_2。

【数据记录与处理】

1. 自准直法

导轨标尺分度值 0.1 cm,$\Delta=0.05$ cm。

i	物屏位置/cm	透镜位置/cm	f_i/cm	$\overline{f}$/cm	σ_f/cm
1					
2					
3					
4					0.10
5					
6					
Δ	0.05	0.05	0.10		

数据处理：$f_a=a_2-a_1$，$f_b=b_2-b_1$，被测透镜焦距为 $f=(f_a+f_b)/2$。

因每次测量时改变了物屏位置，所以，不能通过求物屏位置的平均值和透镜位置的平均值来计算透镜的焦距 f 与 σ_f；另外，针对 f_i 是不变的量，可求 f_i 值的平均值和标准偏差，并根据 σ_f 及 Δ_f 求出 f 的不确定度，得出测量结果。

2. 两次成像法

导轨标尺分度值 0.1 cm，$\Delta=0.05$ cm。

i	物屏位置 /cm	像屏位置 /cm	D /cm	透镜位置 /cm	透镜位置 /cm	d_i /cm	$\overline{d}$ /cm	σ_d /cm
1								
2								
3								
4								
5								
6								
Δ	0.05	0.05	0.10	0.05	0.05	0.05		

数据处理：$d_a=a_1-a_2$，$d_b=b_1-b_2$，$f_a=\dfrac{D^2-d_a^2}{4D}$，$f_b=\dfrac{D^2-d_b^2}{4D}$，透镜焦距为 $f=(f_a+f_b)/2$。

虽然每次测量时改变了物屏与像屏的位置，但是 D 值均相同，有 $\sigma_D=\Delta_D$，则每次的 d_i 是同一物理量，可计算 d 的最佳值 $\overline{d}$ 及其标准偏差 σ_d。

【数据处理参考】

利用自准直法、两次成像法测量凸透镜焦距，计算凸透镜的焦距 f 及其不确定度 σ_f，把结果写成 $f=\overline{f}\pm\sigma_f$ 形式。

1. 自准直法

$$U_f=\sqrt{\sigma_f^2+\Delta_f^2}，E_f=\frac{U_f}{\overline{f}}，f=\overline{f}\pm\sigma_f$$

2. 两次成像法

$$U_D = \sigma_D = 0.10\,\text{cm}, U_d = \sqrt{\sigma_d^2 + \Delta_d^2}$$

$$f = \frac{D^2 - d^2}{4D}, \frac{\partial f}{\partial D} = \frac{D^2 + d^2}{4D^2}, \frac{\partial f}{\partial d} = -\frac{d}{2D}$$

$$U = \sqrt{(\frac{\partial f}{\partial D})^2 \cdot U_D^2 + (\frac{\partial f}{\partial d})^2 \cdot U_d^2}, E = \frac{U}{\bar{f}}, f = \bar{f} \pm \sigma_f$$

测量可靠性高于自准直法。

【注意事项】

1. 遵循光学元件操作规则,做到轻拿、轻放,不用手或异物接触元件的光学面,避免碰撞或产生污痕。

2. 若光学表面有污痕,不能自行处理,应在教师的指导下进行操作。

【思考与练习】

1. 实验介绍了几种测量凸透镜焦距的方法,请比较其优缺点。

2. 利用自准直法测量凸透镜的焦距时,为什么会发现透镜能在两个不同位置使"品"字孔屏上出现清晰的像?

3. 利用两次成像法测定透镜焦距时,为什么物与屏的间距必须满足 $D > 4f$ 条件?

4. 在测量凸透镜焦距时,测得多组 u、v 值,以 v/u(即像的放大率)作纵轴,以 u 作横轴,画出的实验图线具有什么形状? 如何从这条图线求焦距 f?

【阅读材料】

光学实验基础知识

为了更好地做好光学实验,应掌握有关光学基本知识,学会正确使用常用的光学仪器,熟悉光学现象,掌握基本实验方法及光学仪器的基本调节技能,加深对光的本性及规律的认识,遵守光学操作规程,并且在实验中灵活运用。

1. 光与颜色的基本概念

严格地说,光是可以触发视网膜产生视觉能力之辐射能,有人造光与自然光之分。

实验证明,光是电磁辐射,这部分电磁波的波长范围约在 $0.77\,\mu\text{m}$(红光)~$0.39\,\mu\text{m}$(紫光)之间。波长在 $0.77\,\mu\text{m}$~$1\,000\,\mu\text{m}$ 范围内的电磁波称为红外线(远红外 $1\,\text{mm}$~$20\,\mu\text{m}$,中红外 $20\,\mu\text{m}$~$1.5\,\mu\text{m}$,近红外 $1.5\,\mu\text{m}$~$0.77\,\mu\text{m}$)。在 $390\,\text{nm}$~$10\,\text{nm}$ 范围内的称为紫外线(近紫外 $390\,\text{nm}$~$300\,\text{nm}$,中紫外 $300\,\text{nm}$~$200\,\text{nm}$,真空紫外或远紫外 $200\,\text{nm}$~$10\,\text{nm}$)。根据辐射类型的不同,并不严格划分区域。在自然科学中,也把光称为光波。

波长能被人眼感知的那一部分电磁辐射,即可见光,只是整个电磁波谱的一部分,红外线和紫外线不能引起视觉,但可以用光学仪器或摄影方法量度和探测它们的存在。因此,在光学中,光的概念通常延伸到邻近可见光区域的电磁辐射(红外线和紫外线),甚至 X 射线等均被认为是光,而引起视觉的可见光光谱只是电磁光谱中很小的一部分。

物体的颜色通常是指其在白昼光照射下所显示的颜色。人眼对光谱中不同波段的感觉,称为光谱色,光谱色的波段如表 1 所示。

表 1　光谱色的波段和频率的范围

颜色	波长 $\lambda/10^{-9}$ m(nm)	频率 $f/10^{14}$ Hz
红	625~780	4.82~3.84
橙	597~625	5.03~4.82
黄	577~597	5.20~5.03
绿	492~577	6.10~5.20
蓝	455~492	6.59~6.10
紫	390~455	7.69~6.59

白光由不同波长的电磁波叠加而成,不同波长的电磁波被人眼感觉为不同的颜色。

可见,颜色的波长是连续变化的,是人眼视觉的基本特征之一。人眼对能量相同而波长不同的光所感受的明暗程度是不一样的。在白天与光线充足的环境下,人眼对波长 555 nm 的红绿光的感受效率(光视效率)最大。若在光视效率降低到最大值的千分之一时,确定可见光波长的极限,波长的两个极限值分别为 410 nm 和 720 nm。但是,只要辐射足够强,眼睛还可看到上述两个波长极限外一定范围的光。一般而言,可见光是指能被人眼感知的,波长范围为 380~780 nm 的电磁波。

顺便指出,光波波长的单位过去用 Å(埃),1 nm $=10^{-3}$ μm $=10^{-9}$ m $=10$ Å,现通行国际单位制。一般情况下,紫外至可见光波段用 nm,红外波段用 μm 作单位。

2. 光学实验基本知识

(1)光学元件(平面镜、透镜、棱镜、光栅、波片、偏振片、分光镜等)大多是由玻璃制成的,并经过精密的研磨和抛光。有的还有一层甚至多层镀膜,对光学性能(如折射率、反射率、透射率等)都有一定的要求,而其机械性能和化学性能却可能很差,若使用和维护不当,如摔坏、磨损、污损、发霉、腐蚀等,都会降低其光学性能甚至损坏而报废,需细心爱护。

(2)所有光学元件应保持洁净和干燥,做好防灰、防霉和防污工作。光学元件的通光面(光学面)切忌用手触摸。根据操作规程,可以拿磨砂面或边缘(如透镜边缘、棱镜上下底面等),如图 6 所示,且轻拿轻放,避免撞碰、摔坏。暂时不用时,应收纳到元件盒内,最好放入有干燥剂的密封箱内保存。

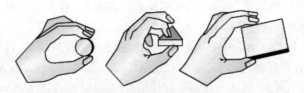

图 6　光学元件的拿法

(3)光学元件需要清洁时,可使用橡皮球吹,或专用镜头纸、专用材料轻轻擦拭,或利用专业擦拭纸,在蘸有擦洗液的条件下进行,有的甚至必须使用特殊的工具。处理时,应听从专业人员的指导。要杜绝可能沾污光学面的动作,如对着光学元件说话、打喷嚏、咳嗽等。

(4)若需要调节用于固定光学元件支架上的螺钉或调节螺钉时,应做到耐心细致,一边观察一边调整,动作要轻缓,调整适可而止。

(5)若不了解操作规程,应多问、多观察,真正理解其操作与使用方法后,方可使用。

(6)学会分析和判断实验中所出现光学现象的成因,通过调整,达到预期的目的。

(7)掌握光学系统的共轴调节技术、光学仪器的调节要领、光学仪器的渐进调节技术和消除视差的技术。

(8)仪器使用完毕,应盖好防尘罩,以保持清洁和防潮。

3. 光学实验常用光源

光源,物理学上指能发出一定波长范围的电磁波(包括可见光及紫外线、红外线和 X 射线等不可见光)的物体。通常指能发出可见光的发光体。凡物体自身能发光者,称作光源,又称发光体,如太阳、恒星、灯以及燃烧着的物质等。但是,依靠其反射外来光才能使人看到它,如月亮表面、桌面等,这样的反射物体不能称为光源。

光源按发光方法不同,主要分为三种:热辐射光源,如太阳、白炽灯、炭精灯等;气体放电光源,如水银灯、荧光灯等;电致发光等。

实验室常用的光源,主要有以下几种:

(1)白炽灯

白炽灯是利用物体受热发光原理和热辐射原理而实现的复色光源。以高熔点的钨丝为发光体,通电后温度约 2 500 K 时达到白炽发光。玻璃泡内抽成真空,充惰性气体,以减少钨的蒸发。白炽灯的光谱是连续光谱,即白光,由红、橙、黄、绿、青、蓝、紫色光混合而成,可作为白光光源和一般照明用。大部分手电筒用的小电珠就是一种白炽灯。

白炽灯的特点是结构简单,成本低廉,亮度容易调整和控制,显色性好($R_a \approx 100$),但发光效率低(约 12%～18%),寿命较短,色温低(2 700～3 100 K)。

(2)汞灯(水银灯)

汞灯(mercury lamp)是一种利用汞放电时产生汞蒸气获得可见光的气体放电光源的总称,是由部分线状谱的光混合成的复色电光源。

根据工作时气压大小不同,有低压、高压以及超高压汞灯之分。在可见光范围内,各类汞灯发射光谱通常有 612.35、579.07、576.96、546.07、491.60、435.83、404.68、365.02nm 等几条分离的主谱线。当需要使用其中某一波长单色光时,可选择合适的型号,并通过选择适当的滤光片或分光装置等方法获得。

低压汞灯通常指低于 1.013×10^5 Pa 工作的汞灯,能辐射出较窄的汞的特征谱线,可用于光谱仪的波长定标,医学上用于杀菌。

高压汞灯各谱线的辐射强度大,可作为仪器光源。外加荧光灯泡后,可作为较强的照明光源。

超高压汞灯是一种体积小,亮度高,辐射强度大的红外、可见光和紫外线的点光源。可作为荧光显微镜、高亮度照相记录器和投影器的光源,也可作为红外光源。

汞灯工作时,必须串接适当的镇流器(扼流线圈),否则会烧断灯丝。

汞灯除了发出可见光外,还辐射较强的紫外线,为了保护眼睛,不要用裸眼直视。若正常工作的汞灯因临时断电或电压有较大波动而熄灭,需等待灯泡冷却,汞蒸气降到适当压强后,方可重新通电使之发光。

(3)钠灯(钠光灯)

钠灯(钠光灯)是一种利用钠蒸气弧光放电产生可见光的准单色光源,在放电管内充有金属钠和氩气。开启电源的瞬间,氩气放电发出粉红色的光,金属钠被蒸发并放电发出黄色光。放电辐射集中在可见光范围内 588.99nm(D_2)、589.59nm(D_1)两条非常近的强光谱线,俗称双黄线。

实验室通常以其平均值 589.3 nm(D 谱线)为参考波长,作单色光使用。其特点是发光效率高,但光强较弱,不便观测。可作为偏振计、旋光计、分光计实验等的单色光源。

钠灯通常分为低压钠灯和高压钠灯。

低压钠灯与低压汞灯的工作原理类似。玻璃泡充有钠和辅助气体氖,用抗钠玻璃吹制而成,灯管配有镇流器,通电后先是氖放电呈现红光,待钠滴受热蒸发产生低压蒸气,很快取代氖气放电,经过数分钟后发光稳定,辐射出强烈黄光,发光效率较高。主要应用于光学仪器,具有单色性强,显色效果较差,放电管过长等缺点。高压钠灯为改进其缺点而制成,分普通型(标准型)和改进型。

若在上述电弧灯改充镉、铊或钾等其他金属蒸气,即可制成各种蒸气弧光灯。镉灯有一条很锐细的红色特征谱线 463.846 96 nm,曾被采用为波长的原始标准,现在还经常作为定标用。

(4)激光器(激光光源)

激光的英文名称 Laser 是取自 Light Amplification by Stimulated Emission of Radiation 各单词首字母组成的缩写词,意为受激辐射的光放大。早期译为"镭射"或"莱塞",1964 年钱学森建议将"光受激发射"改称"激光",已完全表达了制造激光的主要过程。

激光器是一种新型光源,其发光机理与普通光源完全不同,虽输出功率有限,但功率密度集中(发射能量高度集中),亮度极高,空间与时间相干性优越,单色性好(颜色极纯),实验室常用作强的定向光源和单色光源(单一波长),广泛用于干涉实验等。

实验室最常用的激光器是 He-Ne 气体激光器(可见光区为 632.8 nm)。采用高压电源,电源输出要注意区分正负极性,避免损坏管子,电源输出端有触电的危险,要小心操作。使用时,切不可用裸眼直视激光束,以免灼伤眼睛,必要时可佩戴专用防护眼镜。

激光器有很多种,气体激光器还有氩激光器等,固体激光器有红宝石激光器等,半导体激光器如 CD 机、CD-ROM 和激光笔用的激光二极管。每一种激光器都有自己独特的产生激光的方法。

实验时,不要正视激光束,即使激光束功率不高,其单位面积上的能量也可能大于视网膜损伤阈值,足以损伤眼睛。

(5)LED(发光二极管)

LED(Light Emitting Diode)是一种能够将电能转化为光能的固态半导体器件。其工作原理以及某些电学特性与一般晶体二极管相同,但使用的晶体材料不同,发光的颜色(即光的波长)取决于制成 PN 结的材料。可见光类型的 LED 有黄、绿、红、橙、蓝等颜色,光的强弱与电流有关。

LED 主要由支架、银胶、晶片、金线、环氧树脂等组成。图 7 为部分常见封装的 LED,具有体小量轻,耗电量小(节能),寿命长,成本低等优点,具有工作电压低,发光效率高,发光响应时间极短,工作温度范围宽,光色纯,结构牢固(抗冲击、耐振动),性能稳定可靠等一系列特性,成为继白炽灯、荧光灯、高强度气体放电灯(HID)等之后的新型电光源,被誉为 21 世纪的新光源和最具发展前景的高新技术领域之一,在仪表指示、显示、照明、夜景工程等应用广泛。

目前,LED 已进入民用照明应用领域,一只 6 W 的球泡灯可代替 40 W 白炽灯,节能效果显著。如图 8 所示为球形灯外形。

图7 常见封装的 LED

图8 LED 球形灯

4. 视差及其消除

在进行光学实验之前,应首先了解有关光学仪器各部分的调节功能、作用和调节范围,及正确读数的方法。

(1)什么是视差

人的左、右眼有间距,若物体与两眼的距离不同,两眼的视角就会存在细微的差别,而这样的差别,会让两眼观察的景物分别有一点点的位移。例如,当你伸出一个手指放在眼前,先闭上右眼,用左眼看它;再闭上左眼,用右眼看它,会发现手指相对远方物体的位置有变化,这就是从不同角度去看同一点的视差(Parallax)。因此,视差可看成从某一基线两端各引一直线到同一相对较远的物体时,其间所成的夹角。

若该基线为双目间距,则称为双目视差。物理上,视差指观测者在两个不同位置观察远近两个物体时,它们之间发生相对位置变化的现象。

测量学中,视差是在光路调整过程中,随着眼睛的晃动(观察位置略有改变),标尺与被测物体之间产生相对移动,造成难以进行准确实验测量的一种现象。

(2)产生视差的原因

在图9(a)中,若度量标尺(分划板)与被测物体(像)不共面时,随眼睛的晃动(观察位置稍微改变),标尺与被测物之间会有相对移动,造成读数误差较大,甚至难以准确测量。

(3)消视差的方法

光学实验中,经常要准确地读数,测量像的大小、位置等,视差会造成读数不准确,在调整和观测过程中,要学会消视差的方法。测量时,做到无视差。"消视差"常常是测量前必不可少的操作步骤。

消视差的方法:若待测像与标尺(分划板)之间有视差时,说明两者不共面,应稍稍调节像或标尺(分划板)的位置,并同时微微左右或上下晃动头部,做到不管眼睛离瞄准具的远近、左右、上下,瞄准线看来一直固定在目标上的同一点,直到待测像与标尺之间无相对移动,即无视差,如图9(b)所示。

在分光计的光路中,为了准确定位和测量,必须把像与叉丝或分划板标尺调到一个平面上,即做消视差调节。例如,用直尺直接测量长度,尺和物必须紧贴才能使测量和读数准确。

精度较高的仪表,其指针与标尺之间总会有一段小距离,应尽量在正视位置进行读数。有些表盘上安装平面镜,用以引导正确的视点位置,眼睛、指针、指针像三点一线,从而减小视差,

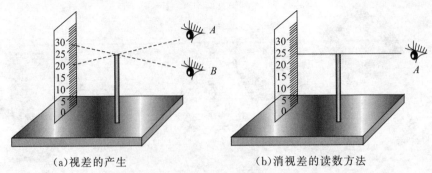

（a)视差的产生　　　　　　　　　　（b)消视差的读数方法

图 9　视差的产生及消视差的读数方法

使读数更准确。有视差时,若眼睛没有保持在中心位置,瞄准点可能会有偏差。

5. 共轴调节方法

（1)共轴调节目的

光学实验中经常要用一个或多个透镜成像,为了获得质量好的像,必须使各元件所在平面相互平行,各个透镜的主光轴重合(即共轴),并使物体位于透镜的主光轴附近。此外,透镜成像公式中的物距、像距等都是沿主光轴计算长度的,为了保证测量准确,必须使透镜的主光轴与带有刻度(标尺)的导轨平行。为了达到上述要求的调节,统称为共轴调节。

在光学平台或光具座上进行各种实验时,共轴调节是一项基本技能,光学元件共轴调节的好坏直接影响着成像的质量和测量的精度。

光具座有导轨、滑动座(光具凳)、光源、可调狭缝、像屏和各种夹持器,导轨上有标尺,滑动座上有定位线,光学组件通常与多维调整架配合使用,便于确定光学元件的位置。光学平台上也有坐标线和固定的螺丝孔。

等高不是指调整架外形的相同高度,还要注意与共轴的区分,等高不一定共轴,共轴包含等高。不同元件的调整架,其结构与外形不尽相同。

（2)共轴调节方法

共轴调节分粗调和细调两个步骤。通过粗调使光源、物、透镜大致等高共轴,细调有利于提高实验测量的效率,进一步提高系统的测量准确性。

确定光源的位置后,将透镜、物等光学元器件向光源靠拢,通过目测,初步调节它们的方位、高低和左右位置,使各元件所在平面基本相互平行,物(或物屏)和成像平面(或像屏)与导轨(或实验平台)基本相互垂直,并使它们的中心大致处在同一条直线(主光轴)上,且此主光轴与导轨上标尺(或坐标线)平行,最后达到各个光学元件主光轴相互重合。

上述过程单凭眼睛判断,调节效果与实验者的经验有关,为粗调过程。对实验系统要求不高时,在形成光路过程中加以适当修正后,即可进行观测。

对实验系统要求较高时,通常还要进行细调,即在粗调基础上进行精细调节,通常按照成像基本规律,利用光学系统本身或借助其他仪器进行反复调节。细调之后,即可进行实验与测量。

不同实验装置的调节方法可能略有不同。调节光具座上的实验光路时,经常采用大像追小像法,再根据选取的基准点,不断观察与调节。对于利用光学实验平台以及多维调整架、光源等光学组件进行的各种实验,自主构建实验系统有利于理解光路的原理,需要根据光路图,用分离的光学元件搭建光路,利用平台上的坐标线进行开始阶段的粗调。平台的规格大小不一,必须合理地布局元件,以方便调整与后期的实验观测。分光计实验有共轴与垂直调节,调节方法基本相同,垂直调节有目测粗调和借助双面平面镜对十字叉丝进行逐次逼近的细调,与天平调节平衡、电桥调节平衡的方法类似。

具体方法请参考本实验内容。

> 真正的科学精神,是要从正确的批评和自我批评发展出来的。真正的科学成果,是要经得起事实考验的。有了这样双重的保障,我们就可以放心大胆地去做,不会自掘妄自尊大的陷阱。
>
> ——李四光

实验 36　光的等厚干涉与牛顿环

光的干涉现象证实了光具有波动性,牛顿环和劈尖属于典型的等厚干涉。光的等厚干涉原理应用广泛,可用于精密地测量微小长度、厚度和角度等,还可用于测量光波波长,以及检验一些光学元件的表面光洁度、平整度或曲面的面型准确度等。

【实验目的】

1. 观察牛顿环干涉条纹的特点,加深对等厚干涉现象的认识。
2. 掌握利用牛顿环测量平凸透镜曲率半径的方法。
3. 观察劈尖干涉图样,测量细丝的线径*。

【实验原理】

当薄膜层的上、下表面有一很小的倾角时,由同一光源发出的光,经薄膜上、下表面反射后,在上表面附近相遇时发生干涉,在等厚处形成同一干涉条纹,这种干涉称为等厚干涉。

分振幅双光束干涉包括等厚干涉和等倾干涉。

1. 等厚干涉与牛顿环

在一块平面玻璃上放置一个焦距很大的平凸透镜,使其凸面与平面相接触,组合为牛顿环实验装置,如图 1 所示,也称为牛顿环仪。

用准单色光自上而下垂直入射到牛顿环装置接触点附近形成的空气薄层,经薄层的上下表面反射后,形成具有固定光程差的两束相干光。在薄层表面附近产生的等厚干涉条纹,是以接触点为中心的一组明暗相间的同心圆环,这种干涉图案称为牛顿环或牛顿圈。由牛顿首先发现,故名。图 2 为原理图。

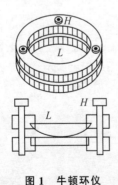

图 1　牛顿环仪

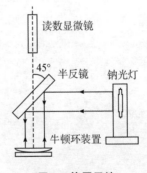

图 2　等厚干涉

图 3 干涉图案中,设空气薄层在垂直距离 r_k 处的厚度为 δ_k,考虑到平凸透镜曲率半径很大,以及空气薄层下表面的半波损失,接触点 C 两侧对称,则两相干光的光程差为

$$\Delta = 2\delta_k + \frac{\lambda}{2} \tag{1}$$

若透镜凸面的曲率半径为 R,由图中的几何关系得

$$R^2 = (R - \delta_k)^2 + r_k^2 = R^2 - 2R\delta_k + \delta_k^2 + r_k^2 \tag{2}$$

其中，$\delta_k \ll R$，δ_k^2 项可略去，则

$$r_k^2 = 2R\delta_k \quad \text{或} \quad \delta_k = \frac{r_k^2}{2R} \tag{3}$$

两相干光的光程差 $\Delta = \dfrac{r_k^2}{R} + \dfrac{\lambda}{2}$，若 r_k 处为明圆环，则

$$\Delta = k\lambda \quad (k = 1,2,3\cdots) \tag{4}$$

$$r_k = \sqrt{(2k-1)R \cdot \frac{\lambda}{2}} \tag{5}$$

若 r_k 处为暗圆环，则

$$\Delta = (2k+1)\frac{\lambda}{2} \quad (k = 0,1,2,3\cdots) \tag{6}$$

$$r_k = \sqrt{kR \cdot \lambda} \tag{7}$$

其中，k 为圆环级数。只要已知 r_k 和 λ，并数出 k 值，即可计算出 R。

当平凸透镜与平面玻璃紧密接触时，接触点 C 处 $\delta_k = 0$（$\Delta = \lambda/2$），牛顿环的中心为暗斑。否则，也可能是亮斑（$\Delta = k\lambda$，$k = 1,2,3\cdots$）。

2. 利用牛顿环测量曲率半径

由于干涉条纹间隔很小，可用读数显微镜进行精确测量。

在实际测量中，牛顿环装置接触处往往由于压力引起附加光程差，使得牛顿环的级数 k 和圆环中心很难确定，即不能用上述公式测定曲率半径。

考虑到暗纹较明纹容易观察，设第 m 条与第 n 条暗纹的直径分别为 D_m 和 D_n，如图3所示，由（7）式，则曲率半径为

$$R = \frac{r_m^2 - r_n^2}{\lambda(m-n)} = \frac{D_m^2 - D_n^2}{4\lambda(m-n)} \tag{8}$$

若用 D_m、D_n 表示其在显微镜上观察到的相应位置，则（8）式改写为

$$R = \frac{(D_m - D_n)(D_m + D_n)}{4\lambda(m-n)} \tag{9}$$

可见，只需测出环 m、n 和 m'、n' 的相应位置，而不必知道圆环的中心位置，即可测出圆环直径。实际上，要准确地确定圆环中心也是困难的。

3. 劈尖

两块平板玻璃平行相接，在其一端夹入待测样品（薄片或细丝），如图4所示，使两块平板玻璃之间形成了一微小倾角的劈形空气薄层，此装置称为劈尖。

当平行光垂直照射时，劈尖空气薄层上下表面的反射光产生干涉，形成明暗交替、等间隔的等厚干涉条纹。

第 k 级暗纹的光程差满足以下关系

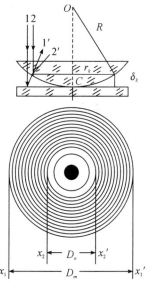

图3　牛顿环

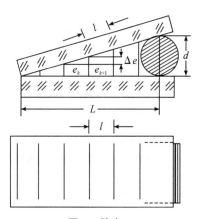

图4　劈尖

$$\Delta_\lambda = 2e_k + \frac{\lambda}{2} = (2k+1)\frac{\lambda}{2} \quad (k=0,1,2\cdots) \tag{10}$$

当 $k=0$ 时，$e_k=0$，为两玻璃接触端情况，即劈棱。

设细丝处的干涉级次为 N，由于两相邻暗纹间的厚度差为 $\Delta e = \lambda/2$，则细丝线径 d 为

$$d = N \cdot \lambda/2 \tag{11}$$

只要测出干涉图样中总的条纹数 N，即可求出细丝线径。

实际上，N 值往往很大，不容易用肉眼数出。通常只要测出 n 条条纹的间隔 L_n 和玻璃板交线（劈棱）到细丝的距离 L，利用几何关系和（11）式，即可求出细丝线径，即

$$d = n\frac{L}{L_n} \cdot \frac{\lambda}{2} \tag{12}$$

【实验器材】

JCD3（或 JXD-B）型读数显微镜，牛顿环装置，GP_{20} 型低压钠光灯及其电源。

【实验仪器描述】

JCD3 型读数显微镜附有测长机构，目镜上装上十字叉丝，并把镜筒固定在一个左右或上下可移动的圆柱轨道上，移动的距离可精确读出，用于精确地测量微小长度。

1. 基本结构

包括显微镜、读数装置、传动装置和载物台（底座）等，如图 5 所示。

（1）显微镜由目镜、物镜组、十字叉丝与镜筒支架、调焦手轮、锁紧螺丝等组成。利用方轴和接头轴的十字孔，可使显微镜在竖直方向或水平位置上使用，后者可用于测量毛细管内液面上升的高度或毛细管的内径等。

为精确读数，可用目镜对叉丝调焦。通过目镜观察，调节调焦手轮，可改变物镜和物体的间距，使视场物像清晰。

（2）读数系统有标尺和附尺，标尺与一般米尺相同，附尺与螺旋测微计相似，读数方法相同。标尺上读取整数，测微鼓轮读取小数，两数之和为该处读数。估读到千分位，单位为 mm。镜筒上的毫米刻尺，作为垂直方向的粗略测量。

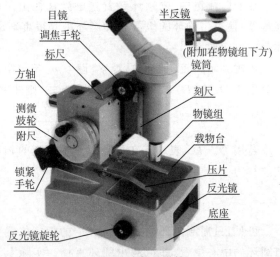

图 5　读数显微镜

（3）转动测微手轮，可使镜筒支架沿圆柱导轨移动，移动的距离可由标尺和测微鼓轮上套筒的刻度精确读出。锁紧手轮可调节整个系统的高度，使接头轴升降或旋转。

（4）载物台上的弹簧压片用来固定被测物件。台下有可调节的反光镜。

（5）附加的半反光镜与物镜连在一起，专为牛顿环实验配置，可旋转以调节角度。

2. 使用方法

将待测件置于载物台上，用压片固定。旋转棱镜室至眼睛观察最舒适位置，用锁紧螺钉止紧。观察并调节目镜，使分划板清晰；转动调焦手轮，使被测件成像清晰。调整被测件，使被测

部分的横面与显微镜移动方向一致。

转动测微鼓轮,使十字分划板的纵丝对准被测件的起点,测得此值为 X;沿同方向转动测微鼓轮,使十字叉丝分划板的纵丝恰好停止于被测件的终点,测得此值为 X',则所测的长度为 $L = |X' - X|$。

【实验步骤与内容】

1. 调整测量装置

下面以牛顿环测量平凸透镜的曲率半径为例,介绍其操作方法。

(1)准备工作。了解各部件作用,试着操作。转动测微鼓轮,使显微镜在主尺中间(约 25 mm)处。调节牛顿环装置上三个螺丝,使松紧适度;在自然光下,用肉眼可观察到彩色的干涉条纹(牛顿环),应大约位于其中心处。

(2)调节读数显微镜。调节目镜,使分划板十字叉丝端正、清晰。将牛顿环装置(螺丝朝上)置于载物台上,并用压片固定好。需要移开时,可抓住压片螺丝,稍微用力先拉起压片。

调节附加在物镜上的半反镜,使显微镜中视场亮度最大,即约成 45°。

打开钠光灯,调节其高度,使光源与半反镜等高。将载物台下面的反光镜挡光。

(3)观察视场。观察目镜,稍微转动半反镜,使光线垂直入射牛顿环,此时钠黄光充满整个显微镜视场。

(4)显微镜调焦。自下而上缓慢调节显微镜调焦旋钮,对干涉条纹聚焦,使之清晰,且叉丝和圆环像之间无视差,此时观察到的可能是一些圆弧。

(5)细调。细心移动牛顿环装置,使十字叉丝中心交点大约处在牛顿环中心。

2. 定性观察干涉条纹的分布特征

转动测微鼓轮,观察牛顿环的全貌,要求待测的各环图像清晰,且圆环全部在显微镜主尺的读取范围内(牛顿环的中心调在主尺约 25 mm 处)。观察各级条纹的粗细及相邻条纹的间距变化,观察牛顿环中心的亮暗情况。

3. 测量牛顿环的直径,求平凸透镜的曲率半径

为避免因螺距差引起附加误差,测量中途不得反转鼓轮。下面以暗环 $m = 25$ 和 $n = 15$ 为例,介绍操作方法。

若要读取左第 25 暗环数据,可通过旋转微调鼓轮,使显微镜中的十字叉丝左移到 28 暗环的位置,再右移到 25 环,使竖直叉丝对准第 25 条环的暗纹中央,测量 r_{25} 的坐标 X_{25},依次操作直至移到第 15 条暗环,记下 r_{15} 的坐标 X_{15},经过中心 O 右移到第 15 条暗环,记下 r'_{15} 的坐标 X'_{15},继续右移,逐环测量,到 25 条暗环,记下 r'_{25} 的坐标 X'_{25};继续右移到第 28 条暗环后再退回到第 25 条暗环,自右往左重复测量。

由上述测量数据,计算 $(D_m - D_n)$ 和 $(D_m + D_n)$ 五次结果的平均值,代入(9)式,计算透镜的曲率半径 R,并估算不确定度 σ_R。估算时,认为 λ 为常量,$(m - n)$ 为确定值。

4. 调整并观测劈尖的干涉图样

(1)把两块玻璃片一端平行相接,并使下玻璃片略微向前伸出,两玻璃片的交线尽量与端线平行,在另一端夹入平直细丝,使细丝的边线尽量与端线平行,并让玻璃片边线与读数显微镜标尺平行,置于物镜正下方。

(2)转动显微镜上的半反镜,使得目镜中看到的视场均匀明亮。自下而上调节目镜直至观察到清晰的干涉图样,移动劈尖使条纹与叉丝的竖线平行,做到无视差。

（3）多次测量 10 条条纹的间距 L_{10}：以某一条纹为 L_x，记下读数显微镜读数，数过 10 条条纹测出 L_{x+10}，则 $L_{10} = |L_{x+10} - L_x|$，重复测量 3 次。

若测出 N 条条纹总间距 L、玻璃片接触处的读数 L_0 和细丝夹入处的读数 L_N，则 $L = |L_N - L_0|$。

【注意事项】

1. 牛顿环装置三个螺丝不能拧得过紧或过松，在自然光下可直接观察到均匀的干涉圆环。实验完毕，应将螺丝稍微松开，以免长期紧压。

2. 为避免螺距差产生附加误差或空程差，测量一组数据时，只能从单一方向最左侧或最右侧开始移动鼓轮，未完成该方向的一组测量读数前，中途不可反转。

3. 由于读数装置具有一定的量程，测量前应适当移动牛顿环，使牛顿环圆心处在视场正中央。为了避免目镜触及牛顿环装置，可由下而上运动进行测量。

4. 计算 R 时，只需要已知暗纹环数差 $m - n$，表中的 m、n 值自行选定，以可清晰观测为限。m、n 值一经选定，整个测量过程就不可改变，一旦数错条纹数，就得重测。由于叉丝不能准确地对准干涉条纹的正中央，若选择环的级数大，则圆环间距变化比较缓慢，有利于减少 m、n 引起的读数误差，但实验难度也增大。

【数据记录与处理】

1. 用牛顿环测量平凸透镜的曲率半径

钠光灯 $\lambda = $ _____ nm，读数显微镜最小分度值为 _____ mm，仪器误差 $\Delta_0 = $ _____ mm。

不同编号的平凸透镜，其曲率半径也不同。

取 $m - n = 10$，采用双向测量，记录数据，并用逐差法处理。

环的级数与读数			D_m /mm	$\overline{D}_m$ /mm	环的级数与读数			D_n /mm	$\overline{D}_n$ /mm
m	左	右			n	左	右		
25					15				
24					14				
23					13				
22					12				
21					11				

同一环有两行，分别记录从左到右、从右到左移动的数据，直径为右读数与左读数之差，再求平均值。

2. **确定平凸透镜凸面曲率半径的最佳值 $\bar{R}$ 和不确定度 σ_R**

令 $x_i = D_m^2 - D_n^2$，则 $\bar{x} = \dfrac{1}{5}\sum\limits_{i=1}^{5} x_i$，$\Delta x_i = x_i - \bar{x}$，$\Delta\bar{x} = \dfrac{1}{5}\sum\limits_{i=1}^{5}|\Delta x_i|$。

对于有限次测量，$S_{\bar{x}} = \sqrt{\dfrac{\sum\limits_{i=1}^{5}(x_i - \bar{x})^2}{k-1}} = \sqrt{\dfrac{\sum\limits_{i=1}^{5}(\Delta x_i)^2}{k-1}}\ (k = 5)$。

计算 $\bar{x}$、$S_{\bar{x}}$ 和 $\sigma_x = \sqrt{S_{\bar{x}}^2 + \Delta^2} \approx S_{\bar{x}}$。

$\bar{R} = \dfrac{\overline{D_m^2 - D_n^2}}{4\lambda(m-n)} = \dfrac{\bar{x}}{4\lambda(m-n)}$，认为 λ 为常量，忽略 m、n 的读数误差。

$\dfrac{\sigma_{\bar{R}}}{\bar{R}} = \dfrac{\sigma_{D_m^2 - D_n^2}}{D_m^2 - D_n^2} = \dfrac{\sigma_x}{\bar{x}}$，得 $\sigma_{\bar{R}}$。

3. **写出实验结果**

实验结果表示为 $R = \bar{R} \pm \sigma_{\bar{R}}$，也可按照下列方法处理数据。

(1)曲率半径的最佳值

平均值 $\bar{R} = \dfrac{1}{5}\sum\limits_{i=1}^{5} R_i$。

(2)确定平凸透镜凸面曲率半径的最佳值(平均值)和不确定度

$$S_R = \sqrt{\dfrac{\sum\limits_{i=1}^{5}\delta R_i^2}{5-1}} = \sqrt{\dfrac{\sum\limits_{i=1}^{5}(R_i - \bar{R})^2}{5-1}}，\sigma_R = \sqrt{S_R^2 + \Delta_0^2}$$

(3)写出实验结果，并作必要的分析和讨论。*

(若考虑 m、n 的影响，可设 $\Delta_m = \Delta_n = 0.1$。)

4. **用劈尖测量细丝的线径***

(1)计算 L_{10} 的平均值

取 $n = 10$，$\lambda = 589.3$ nm $= 5.893 \times 10^{-4}$ mm，仪器误差 $\Delta_0 = 0.015$ mm。

序	L_{x+10}/mm	L_x/mm	$L_{10} = |L_{x+10} - L_x|/\text{mm}$	$\bar{L}_{10}/\text{mm}$	$\Delta_{L_{10}}/\text{mm}$
1					
2					
3					

(2)劈棱边到细丝处的长度

$L_0 = \underline{\qquad}$，$L_N = \underline{\qquad}$，$L = L_N - L_0$，$L \pm \Delta_0 = \underline{\qquad}$。

(3)计算细丝的线径 d 的最佳值 $\bar{d}$ 和不确定度 σ_d

$\sigma_{L_{10}} = \sqrt{S_{L_{10}}^2 + \Delta_0^2} = \qquad\qquad\qquad \bar{L}_{10} \pm \sigma_{L_{10}} =$

$\bar{d} = 5\lambda \times \dfrac{L}{\bar{L}_{10}} \qquad\qquad\qquad E_d = \sqrt{\left(\dfrac{\Delta_{L_{10}}}{\bar{L}_{10}}\right)^2 + \left(\dfrac{\Delta_0}{L}\right)^2}$

$\bar{d} \pm \sigma_d = \qquad\qquad\qquad\qquad \sigma_d = E_d \cdot \bar{d}$

【思考与练习】

1. 在牛顿环实验中,采用哪些措施可以避免和减少误差?

2. 从牛顿环装置透射上来的光形成的干涉圆环与反射光所形成的干涉圆环有何不同?

3. 用白光照射时,能否看到牛顿环和劈尖干涉条纹? 此时的条纹有何特征?

4. 本实验装置是如何使等厚条件得到近似满足的?

5. 为什么用测量式 $R = \dfrac{D_m^2 - D_n^2}{4(m-n)\lambda}$,而不用更简单的 $R = \dfrac{r_k^2}{k\lambda}$ 函数关系式求出 R 值?

6. 在本实验中,若遇到下列情况,对实验结果是否有影响? 为什么?

(1)牛顿环中心是亮斑而非暗斑。

(2)测量 D_m 时,叉丝交点未通过圆环中心,则测量的是弦长而非真正的直径。

> 希望你们年轻的一代,也能像蜡烛为人照明那样,有一分热,发一分光,忠诚而踏实地为人类伟大的事业贡献自己的力量。
>
> ——法拉第

实验 37　分光计的调整与使用

光线入射到光学元件(如平面镜、三棱镜、光栅等)上,会发生反射、折射或衍射。许多光学量,包括可转化为光的偏向角进行测量的物理量,都可以用分光计来测定,如折射率、波长、色散率、衍射角、机械零件的角度、量具角度、棱镜顶角、晶体两个面的夹角以及光线的偏向角等。因此,分光计是光学实验的基本测量仪器之一,用途广泛。

【实验目的】

1. 了解分光计的结构,掌握分光计的调整及使用方法。
2. 学会用自准直法和反射法测量等边三棱镜的顶角。
3. 学会用最小偏向角法测量三棱镜玻璃的折射率*。

【实验原理】

1. 用自准直法测量三棱镜的顶角

三棱镜是由透明材料做成的多面体,由两个光学面 AB 和 AC 及一个磨砂玻璃面 BC 构成,其顶角为 AB 与 AC 的夹角 A。

图 1 所示为自准直法测顶角 A 的原理图。利用自准直望远镜光轴与 AB 面垂直,使三棱镜 AB 面反射回来的"十"字叉丝像与分划板"＋"上方"十"字对准。AC 面也如此调整后,

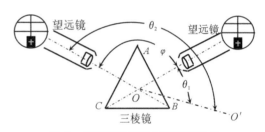

图 1　自准直法测量三棱镜的顶角

再分别由分光计的度盘和游标盘读出望远镜的光轴与这两个平面垂直时望远镜的方位角(相对位置)θ_1 和 θ_2,两角度之差 $\varphi = \theta_2 - \theta_1$ 就是望远镜光轴转过的角度,则三棱镜顶角为 $A = 180° - \varphi$。

由于分光计制造上的原因,分光计中心轴(主轴)可能会偏离刻度盘(分度盘)的圆心。因此,实际角度与分度盘反映出来的角度存在系统误差,即偏心差。

为消除此系统误差,分度盘上设置了相隔 $180°$ 的两个读数窗口(左右窗口),而望远镜的方位 θ 由两个读数窗口读数的平均值来决定,即

$$\theta_1 = \frac{\theta_1^A + \theta_1^B}{2}, \theta_2 = \frac{\theta_2^A + \theta_2^B}{2} \tag{1}$$

则望远镜光轴转过的角度和三棱镜的顶角分别为

$$\varphi = \theta_2 - \theta_1 = \frac{|\theta_2^A - \theta_1^A| + |\theta_2^B - \theta_1^B|}{2} \tag{2}$$

$$A = 180° - \frac{|\theta_2^A - \theta_1^A| + |\theta_2^B - \theta_1^B|}{2} \tag{3}$$

通常写成

$$A = 180° - \varphi = 180° - \frac{1}{2}[(\theta_2 - \theta_1) + (\theta_2' - \theta_1')] \tag{4}$$

式中，θ_1、θ_1'和θ_2、θ_2'分别是望远镜对准三棱镜的 AB 和 AC 面时的"方位角"，可通过分光计读数盘上的两个窗口直接读出，为角度单位。

2. 用反射法测量三棱镜的顶角

反射法又称为平行光法或分裂光束法。光源照射平行光管，发出的平行光束照射在棱镜的顶角尖 A 处，而被棱镜的两个光学面 AB 和 AC 所反射，如图 2 所示。由反射定律得

$$A=\frac{1}{2}\cdot\frac{1}{2}\left[(\theta_2-\theta_1)+(\theta_2'-\theta_1')\right] \tag{5}$$

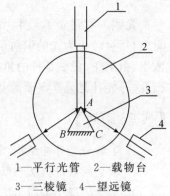

其中，θ_1、θ_1'和θ_2、θ_2'是图中望远镜所在的两个位置（即在这两个位置上从望远镜中观察到的"十"字窗口的像与叉丝的上面"十"字相交重合）的"方位角"，可以从读数盘上的两个窗口分别读出。

1—平行光管　2—载物台
3—三棱镜　4—望远镜
图 2　反射法示意图

3. 用最小偏向角法测量三棱镜玻璃的折射率

光线以入射角 i 透射到三棱镜 AB 面，以 i' 的出射角从 AC 面射出，出射光与入射光之间的夹角称为三棱镜的偏向角 δ，偏向角大小随入射角的改变而变化。当 $i=i'$ 时，偏向角取最小值 $\delta_{\min}$，此时三棱镜内部的光线与棱镜底面平行，入射光线与出射光线相对于棱镜成对称分布，有 $r=\dfrac{A}{2}$。

由 $\delta_{\min}$ 和三棱镜的顶角 A，可求出三棱镜玻璃的折射率 n，三者的关系为

$$n=\frac{\sin i}{\sin r}=\frac{\sin\left(\dfrac{\delta_{\min}+A}{2}\right)}{\sin\dfrac{A}{2}} \tag{6}$$

由于偏向角仅仅是入射角 i 的函数，因此，可通过不断连续改变入射角 i，同时观察出射光线的方位变化来确定 $\delta_{\min}$，如图 3 所示。

在 i 变化过程中，出射光线也随之向某一方向变化。当 i 改变到某个值时，出射光线方位变化会发生停滞，并随即反向移动。在出射光线即将反向移动的时刻就是最小偏向角 $\delta_{\min}$ 所对应的方位，只要固定这时的入射角，测量所固定的入射光线角坐标 θ_1 和出射光线的角坐标 θ_2，则有 $\delta_{\min}=|\theta_1-\theta_2|$。

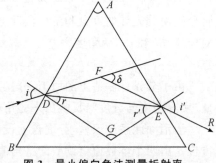

图 3　最小偏向角法测量折射率

【实验器材】

JJY-1′型分光计，GP$_{20}$型钠灯（或汞灯），等边三棱镜，双面平行平面镜。

【实验仪器描述】

分光计是一种利用光的反射、折射、干涉和衍射等原理，测量入射光和出射光之间偏向角的精密仪器，又称为测角仪。光线通过狭缝和聚焦透镜形成一束平行光，经过载物台上光学元件的反射或折射后进入望远镜物镜，并成像在望远镜的焦平面上，利用目镜进行观察，在度盘上游标读出各种光线的偏折角度。一些物理量，如折射率、波长等都可以用光线的偏折来量

度。因此,分光计是光学实验最基本的仪器之一,用途十分广泛。

为了进行角度测量,根据反射定律和折射定律,分光计必须满足下述要求:

(1)入射光和出射光必须是平行光。

(2)入射光线、出射光线与反射面(或折射面)的法线所构成的平面应当与分光计的刻度圆盘平行,角度的大小由刻度圆盘的游标读出。

因此,分光计应有平行光管、望远镜、载物台、读数装置(刻度圆盘)等主要部件。

分光计有多种型号,结构大同小异。图 4 是 JJY-1'型分光计的外形和结构图,下部是三脚底座,中心有竖轴,称为分光计的中心轴(主轴),主轴上装有可绕轴转动的望远镜和载物台,在一个底脚的立柱上装有平行光管。

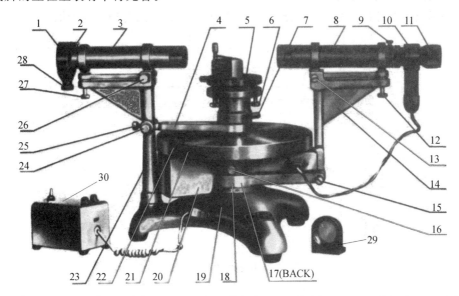

1—狭缝装置　2—狭缝装置锁紧螺丝　3—平行光管部件　4—制动架(2)　5—载物台　6—载物台调平螺丝(3只)　7—载物台锁紧螺丝　8—望远镜部件　9—目镜锁紧螺丝　10—阿贝式自准直目镜　11—目镜视度调节手轮　12—望远镜光轴高低调节螺丝　13—望远镜光轴水平调节螺丝　14—支臂　15—望远镜微调螺丝　16—转座与度角止动螺丝　17—望远镜止动螺丝　18—制动架(1)　19—底座　20—转座　21—分度盘　22—游标外盘　23—立柱　24—游标盘微调螺丝　25—游标内盘制动螺丝　26—平行光管光轴水平调节螺丝　27—平行光管光轴高低调节螺丝　28—狭缝宽度调节螺丝　29—双面平面镜连座　30—6.3 V 变压器

图 4　JJY-1'型分光计外形与结构图

1. 平行光管

平行光管 3 是提供平行入射光的部件。柱形圆管一端有一可伸缩的套筒,套筒末端有一狭缝 1,另一端装有消色差的会聚透镜。当狭缝恰好位于透镜的焦平面上时,平行光管出射平行光,如图 5 所示。狭缝的宽度由狭缝宽度调节螺丝 28 调节。平行光管的水平度可用平行光管倾斜度调节螺丝 27 调节,以使平行光管的光轴和分光计的主轴垂直。

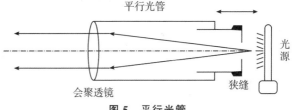

图 5　平行光管

2. 阿贝式自准直望远镜

望远镜 8 用来观察和确定光束的行进方向,由物镜、目镜和分划板组成。常用的目镜有高斯目镜和阿贝目镜两种,均属于自准目镜,JJY-1′型分光计使用的是阿贝式自准目镜,其望远镜称为阿贝式自准直望远镜 10,结构如图 6 所示。

目镜、分划板和物镜分别装在 A,B 和 C 筒中,物镜处于端部。分划板上刻画有"ǂ"的准线,并粘有一块 45°全反射小棱镜,其表面上涂了不透明薄膜,薄膜上刻了一个空心"十"字窗口。小电珠的光线从管侧入射后,调节目镜位置,可在望远镜目镜视场中观察到图 6(a)中所示的镜像。

若在物镜前放一平面镜,当平面镜的镜面与望远镜光轴垂直时,"十"字像将落在"ǂ"准线上部的交叉点上,如图 6(b)所示。据此,可用于判断平面镜法线与望远镜光轴是否平行。

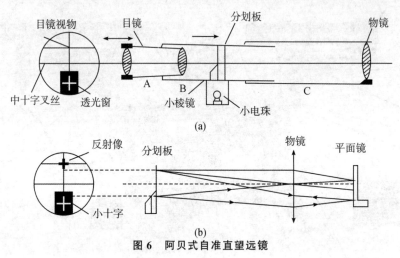

图 6　阿贝式自准直望远镜

3. 载物台

载物台 5 用于放置待测物件,台上附有夹持待测物件的弹簧压片。下方有三个成正三角形的水平调节螺丝 6,用来调整台面的倾斜度。松开紧固螺丝 7,载物台可绕分光计主轴灵活地转动或升降。拧紧后,与游标内盘固定在一起。

4. 读数装置

分光计的读数装置由一个圆形分度盘 21 和沿分度盘边缘对称(间距 180°)设置的两个游标构成,可用配置的放大镜观测。分度盘上刻有分划线,共 360 大格,每大格为 1°,每大格又分成 2 小格,每小格 30′。游标盘 22 上沿圆弧均匀地分为 6 大格,每大格又分成 5 小格,共 30 小格,每一小格 1′。其读数方法与游标卡尺相同,游标读数示值为 1′。

游标盘(内盘)可用游标圆盘制动螺丝 25 固定。

【实验内容与步骤】

1. 分光计的调整

(1)调整要求

使平行光管能发出平行光,望远镜能接收平行光。望远镜与平行光管共轴,且垂直于分光计主轴,载物台面垂直于主轴。

按照上述顺序调节,先后次序不要颠倒。

（2）粗调（目测调整）

对照实物,熟悉各调节螺丝的作用。例如,试着熟悉止动螺丝 16、17 和 25,掌握它们对望远镜、游标内外盘的止动作用。通过目测,为细调而达到上述三条要求做好准备。

目测调节望远镜俯仰调节螺钉 12 和平行光管的俯仰调节螺钉 27,使之大致处于水平状态,即其光轴尽量垂直于仪器主轴;调整螺丝 7 使载物台高度适中;通过调节载物台三个调平螺钉 6,使载物台平面大致与仪器主轴垂直。这些先用眼睛观察判断,并熟悉刻度盘和游标,练习读数方法。

（3）细调（仪器调整）

①调节望远镜使之聚焦于无穷远（适合接收平行光）

开启电源照亮目镜视场,观察下方十字窗口的“十”字和分划板上的“╪”叉丝,缓慢旋转目镜调焦手轮 11,使其清晰,做到无视差。

把双面平面镜按图 7 所示放在载物台上,松开 25 再转动游标内圆盘并通过载物台的调平螺钉 6 调节,从目镜中观察并找到亮“十”字;松开目镜锁紧螺钉 9,然后前后移动自准直目镜 10,对望远镜调焦,使亮“十”像与分划板上的十字线清晰且无视差,表明目镜与物镜的焦平面彼此重合。最后拧紧目镜锁紧螺丝 9,不得再调节。

②调整望远镜光轴使之与仪器旋转主轴垂直

为达到此要求,需要通过调整,使望远镜俯仰角符合要求。借助双面平面镜和载物台调节螺钉,采用渐近法（也称为各半调节法）调节较为方便。

首先拧紧望远镜止动螺钉 17 和度盘止动螺钉 16,松开游标盘止动螺钉 28,以便于调整。

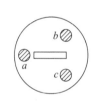

图 7　平面镜放法

在图 7 中,当平面镜法线与望远镜主光轴平行时,亮“十”字反射像与“╪”叉丝的上交点重合。若平面镜的双面均满足此条件,则调整成功。因此,应通过螺钉 6 的 b、c 和望远镜的俯仰调节螺钉 12,两者配合进行调节;反转平面镜后,再重复调整。方法如下:

如图 8 所示,设亮“十”在上交线下方并有一个距离 h,调节载物台调节螺钉 6 的 b、c,将光斑上移 $h/2$,再用望远镜倾斜度调节螺钉 12,把光斑上移 $h/2$;然后,旋转游标内圆盘 180°后,按照同样方法进行调整。反复来回旋转游标圆盘（内盘）180°几次,采用各自半调节法,使亮光斑与叉丝完全重合。

调节时不能用手直接旋转平面镜。调整好之后,整个实验过程望远镜俯仰调节螺丝 12 不得再调整,即可用于测量。

2. 用自准直法测三棱镜顶角

完成上述调整后,把三棱镜按照图 8 所示的几何条件置于载物台上。

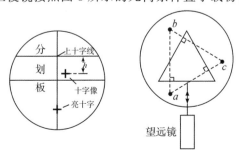

图 8　反射法测三棱镜顶角

转动游标圆盘(内盘),使望远镜正对三棱镜的一个光学面,调节载物台调平螺丝6的其中两个(望远镜不得再调节),使亮"十"字反射像与"╪"叉丝的上交点完全重合;同样地,又转动游标盘使望远镜对准另一光学面,做同样调整,使之满足要求,即可对这两种情况进行读数,分别从左右窗口读出方位角 θ_1、θ_1' 和 θ_2、θ_2',反复测 2 次。也可固定度盘止动螺钉 16 和游标盘止动螺钉 25,松开望远镜止动螺钉 17,通过转动望远镜观测。

3. 用反射法测三棱镜顶角

(1)调节平行光管,使其发射平行光并与望远镜光轴共轴

取下三棱镜,打开汞(钠)灯电源,松开 17,拧紧 16,转动望远镜使之与平行光管、光源的一个窗口成直线排列。

松开狭缝体锁紧螺钉 2,旋转狭缝体 1 成水平取向,通过前后移动狭缝 1 的轴向位置,使望远镜观察到平行光管的狭缝像清晰,并且与"╪"的竖线重合,再拧紧 2。

调节平行光管的俯仰调节螺钉 27,使狭缝像的位置适中。调节狭缝的宽度 28,使其像呈细锐亮细线。

(2)用反射法测顶角

①将三棱镜按图 9 所示置于载物台上,使三棱镜毛面(非光学面)与两个调平螺钉 a、b 连线平行,正顶角 A 与另一个调平螺钉 c 相对。

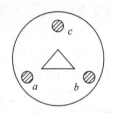

图 9　三棱镜放法

把望远镜正对三棱镜的光学面,调节载物台的三个调平螺钉,使望远镜可观察到亮"十"字像。此时,不得再调望远镜和平行光管。

②拧紧望远镜止动螺钉 17 和度盘止动螺钉 16,松开游标盘止动螺钉 25,转动游标内盘,使光源通过平行光管发出的平行光束同时入射到三棱镜的两个光学面 AB 和 AC;再拧紧游标盘止动螺钉 25,松开 17 和 16,通过移动望远镜接收其反射光,接收到反射光位置的两个窗口的读数就是方位角 θ_1、θ_1' 和 θ_2、θ_2'。代入公式即可求出顶角 A,共测量 2 次。

4. 用最小偏向角法测量三棱镜玻璃的折射率*

把三棱镜按图 10 所示置于载物台上,转动望远镜,在 AC 面靠近 BC 面(底面)的某一方向找到出射光,即狭缝的像。

稍微转动载物台,改变入射光对光学面 AB 的入射角 i,则出射光方向发生变化,偏向角随之而变。从望远镜跟踪观察到的狭缝像也发生了移动。再次转动载物台,使狭缝像向偏向角减小的方向移动,当转到某个位置时,狭缝像不再移动;继续沿原方向转动和观察,直至狭缝像向相反方向移动,即偏向角反而增大的位置。这个转折点就是最小偏向角位置,也称为截止位置。

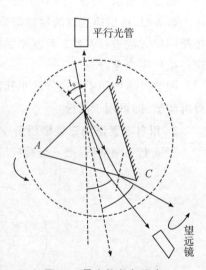

图 10　最小偏向角观察

转动望远镜,使望远镜"╪"叉丝的竖线与狭缝重合,读出此时最小偏向角位置的游标示值。移去三棱镜,使望远镜"╪"的竖线与平行出射的狭缝像重合,再读出左右两窗口游标的示值,此位置为入射光所在位置。上述两角位置之差就是最小偏向角的值。

【数据记录与处理】

1. 测量三棱镜顶角

分光计编号_____，分度盘 $\Delta_0 = 1'$。

	左窗读数 θ_1	右窗读数 θ_1'	左窗读数 θ_2	右窗读数 θ_2'	A	$\overline{A}$
自准直法						
反射法						

请分别写出表达式 $A = \overline{A} \pm \Delta\overline{A}$（单位为弧度），比较其结果。

2. 测量三棱镜玻璃的折射率

三棱镜编号_____，顶角 $A =$_____；光源_____，波长 $\lambda =$_____。

次数 i	入射光方位		截止方位		$\varphi_1 = \varphi_1 - \varphi_{10}$	$\varphi_2 = \varphi_2 - \varphi_{20}$	$\delta = \frac{1}{2}(\delta_1 + \delta_2)$	$\overline{\delta}$
	左游标 φ_{10}	右游标 φ_{20}	左游标 φ_1	右游标 φ_2				
1								
2								
3								
4								
5								

（1）最小偏向角

$$\delta = \overline{\delta} \pm \sigma_\delta, S = \sqrt{\frac{\sum_{i=1}^{n}(\delta_i - \overline{\delta})^2}{n-1}}$$

（2）三棱镜折射率

$$n = \frac{\sin\dfrac{A+\delta}{2}}{\sin\dfrac{A}{2}}（结果写成 n = \overline{n} \pm \sigma_n）$$

$$不确定度\ u_n = \sqrt{\frac{\left(\sin\dfrac{\delta}{2}\right)^2(\Delta_A)^2 + \left(\cos\dfrac{A+\delta}{2}\right)^2(\Delta_\delta)^2}{4\sin^2\dfrac{A}{2}}}$$

【注意事项】

1. 对照仪器结构图熟悉各部件和螺丝的作用，否则是做不好实验的。

2. 分光计的读数方法与游标卡尺相同。当读两次方位角时，若第 2 次读数越过 $360°$（或 $0°$）时，其角度不是两次读数之差，应是 $A = 360° - (\theta_1 - \theta_2)$，如 θ_1 为 $355°45'$，θ_2 为 $115°43'$ 的情况。

实验 38　用分光计测定光栅常量

　　光栅(zhà,又读 shān)是一种利用多缝衍射原理使光发生色散,是分光计、衍射仪和光谱仪等光学仪器研究复色光谱,用于光谱分析的常用光学元件。

　　在机械制造中,光栅常作为机床位置测量反馈元件和机床定位系统的数字显示装置。利用天然晶体形成的"空间光栅"可用于测量 X 射线的波长。

　　顺便指出,人们习惯读光栅为光栅(shān),实际上,读光栅(zhà)也许更贴切。光栅因其形如栅栏,故名;1821 年德国科学家夫琅禾费(J. von Fraunhofer,1787—1826)首先采用了衍射光栅(制成了各种形式光栅),他也被认为是光谱学的奠基者之一。

【实验目的】

　　1. 观察光栅衍射现象与衍射光谱。

　　2. 进一步熟悉分光计的调节和应用。

　　3. 掌握用分光计测定光栅常量的方法。

【实验原理】

1. 光栅与光栅常量

　　光栅是一种用玻璃或金属片制成,在其平面(或凹面)上刻有相互平行、等宽、等距的狭缝(刻痕)的光学元件。如图 1(a)所示,光栅上刻痕宽度 a 和相邻两缝之间不透光部分的宽度 b 之和称为光栅常量,即 $d=a+b$,为长度单位;光栅常量是相邻两刻线对应点的间距,是光栅性能最重要的参数。通常每厘米上的刻痕数有几千条,甚至万条以上,因此 d 一般以 mm、μm 或 nm 为单位。图 1(b)为教学用的实物图(刻痕竖放)。

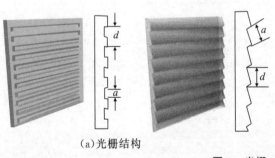

　　　　(a)光栅结构　　　　　　　　　　　　　　　　(b)光栅实物

图 1　光栅

　　根据多缝衍射原理,当光线透过光栅或被它发射时,发生色散现象,因此,光栅也称为衍射光栅。通常分为平面光栅和凹面光栅,或透射式、反射式和特殊光栅等。

　　机刻光栅性能好,但刻痕有周期性误差,价格高;全息光栅采用全息照相技术制备,将刻痕记录在乳胶薄膜的感光材料上,系统误差小,价格便宜,但易受到污染和损伤等而引起性能的变化。全息光栅为复制光栅,是教学实验常用的光栅。

2. 光栅衍射公式

　　设有一束平行光以入射角 i 照射到光栅 G 平面上,透过各狭缝的光线将向各个方向产生衍射。若用凸透镜将与光栅法线成 φ 角的衍射光线会聚在其焦平面上,由于来自不同狭缝的光束相互干涉,将在透镜焦平面 F 上形成一系列明条纹,如图 2 所示。

根据光栅衍射理论,其光程差为波长的整数倍,产生明条纹的条件为

$$d \cdot (\sin\varphi \pm \sin i) = k\lambda \quad (k = 0, \pm 1, \pm 2\cdots) \quad (1)$$

当入射光和衍射光都在光栅法线同侧,且入射光垂直入射到光栅上时,即 $i = 0$,则

$$d \sin\varphi_k = k\lambda \quad (2)$$

上式称为光栅方程,对垂直照射条件下的透射式和反射式光栅都适用。式中,d 为光栅常量,λ 为入射光波长,k 为明条纹光谱线的衍射级次,φ_k 为对应 k 级明条纹的衍射角。

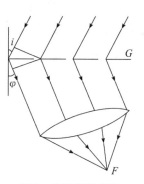

图 2　光栅衍射原理

光栅常量大小反映了每单位长度内的刻痕数量,刻痕总数决定了光栅的分辨本领。由光栅方程(2)式可知,应根据所要分光的波长范围选择合适的光栅常量,即两刻痕的距离与该波长数量相近。单位长度内刻痕越多,即光栅常量越小,它的色散率越大,同一级衍射光谱中的各色谱线分散得越开。

3. 测量原理

若入射光为垂直入射的复色光,波长不同,衍射角也不同,复色光被分解。而在 $k = 0$ 和 $\varphi_k = 0$ 的中央处,各色光仍重叠在一起,形成中央明条纹,呈光源原色。在其两侧因色散而对称分布着 $k = \pm 1, \pm 2\cdots$ 级光谱,称为该入射光光栅衍射谱线。每级光谱中紫色谱线靠近中央明条纹,红色谱线远离中央明条纹,如图 3 所示。

若用汞灯照射分光计的狭缝,经平行光管后的平行光垂直入射到载物台上的光栅上,用望远镜观察衍射光,在可见光范围内可观察到较明亮的光谱线。用分光计判明其级数 k,即可测出相应的衍射角 φ_k。

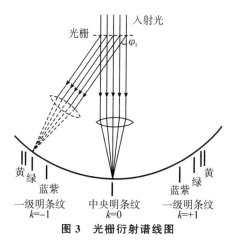

图 3　光栅衍射谱线图

若已知这些光谱线的波长,测出相应的衍射角,即可求出光栅常量;若已知光栅常量,通过实验测出的其他谱线(紫光和二黄线)的衍射角,可分别求出其波长。

【实验器材】

JJY-1′型分光计,双面平行平面镜,光栅,光源等。

【实验内容与步骤】

1. 调整分光计

调整方法参见"实验 37　分光计的调整与使用",要求:

(1)载物台平面、望远镜的主光轴、平行光管的主光轴必须与分光计主轴垂直;

(2)叉丝对目镜聚焦,即在目镜中能看到清晰的叉丝的像。

(3)望远镜对无穷远聚焦,即平面镜返回清晰的绿十字的像。

(4)狭缝对平行光管物镜聚焦,平行光管出射平行光,即在望远镜中看到清晰的狭缝像。

平行光管的狭缝宽度适中,并使狭缝与望远镜里分划板的中央竖线平行且两者中心重合。调整好固定望远镜和平行光管的有关螺丝后,不再改变。

2. 光栅位置调节

(1)将带座的光栅类似分光计实验中平面镜的放法,置于载物台上,并用压片固定好。先目测使光栅面与平行光管轴线大致垂直,再用自准直法调节。可调节载物台下方的有关螺钉,使从光栅面反射回来的绿色十字叉丝符合测量要求,再固定载物台。

(2)转动望远镜观察中央明条纹两侧的衍射光谱是否在同一水平面内,若有高低变化,可调节载物台有关螺钉,使各级谱线基本位于同一平面上。

3. 测量汞灯各谱线的衍射角和光栅常量

(1)关闭分光计内小灯,转动望远镜,依次从左端的谱线开始测量,读取左右两个游标的示值。为使分划板竖线对准光谱线,可用望远镜的微调螺钉细调。

(2)衍射光谱左右对称分布在中央明条纹两侧。为了减小测量误差,对于每一条谱线,应测出 $k = +1$ 级和 -1 级光谱线的位置,两个位置差值的一半,即为衍射角 φ_1。利用光栅方程,即可求出光栅常量 d。

(3)对于 $k = \pm 1$ 级光谱线,由(1)式求 d。若不考虑 λ 的不确定度,则 d 的合成标准不确定度为

$$u(d) = \lambda \csc\varphi_1 \cdot \cot\varphi_1 \cdot u(\varphi_1) \tag{3}$$

【数据记录与处理】

级　次 ＼ 待测量 ＼ λ /nm		黄 1	黄 2	绿	紫蓝
		579.07	576.96	546.07	435.83
$k = -1$	左游标读数 θ_1				
	右游标读数 θ_1'				
$k = +1$	左游标读数 θ_2				
	右游标读数 θ_2'				
$\varphi_1 = [(\theta_2 - \theta_1) + (\theta_2' - \theta_1')]/4$					
$d = \lambda/\sin\varphi_1$					

选定绿谱线波长,求光栅常量 d。

对测量结果的不确定度进行评定,求其合成标准不确定度*。

分光计:$\Delta_0(\varphi) = 1' = 2.909 \times 10^{-4}$ rad,$u(\varphi) = \dfrac{\Delta_0(\varphi)}{\sqrt{3}} = 1.68 \times 10^{-4}$ rad。

【注意事项】

1. 光栅为精密元件,不得用手直接触摸,可利用底座拿取。对于全息光栅,不得用任何东西擦拭,否则,光栅将会损坏。

2. 调整好分光计后,不得再调平行光管和望远镜上的任何调节螺钉或旋钮(除目镜视度调节手轮外)。

3. 测量衍射角时,应锁紧望远镜止动螺钉,用望远镜转角微调螺钉使分划板竖线与光谱线对齐,再读取游标示值。

【思考与练习】

1. 若用白光作为光源,会形成什么样的光谱？

2. 若用钠光(取 $\lambda = 589.3$ nm)垂直入射到 1 mm 内有 500 条刻痕的平面透射光栅上时,最多能看到第几级光谱？

3. 若已知光栅常量,通过实验能看到第几级 579.07 nm 的黄光谱线？与理论计算结果相比较。

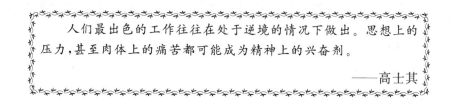

人们最出色的工作往往在处于逆境的情况下做出。思想上的压力,甚至肉体上的痛苦都可能成为精神上的兴奋剂。

——高士其

实验 39　用超声光栅测定液体中的声速

声光效应是介质在超声波作用下光学性质发生改变的现象。入射光通过超声波扰动的媒质时将发生散射或衍射。

1921 年,布里渊(L. brillouin,1889—1969)首次提出,液体中的高频声波会使通过该液体的可见光产生衍射效应。

1932 年,德拜(P. J. W. Debye,1884—1966)从实验中观察到光通过超声波场的透明媒质时,产生的衍射现象与光通过普通光学光栅相似。

1935 年,拉曼(C. V. Raman 1888—1970)和奈斯(Nath)的研究验证了布里渊的理论。在一定条件下,其衍射光强分布类似于普通的光栅,此现象称为拉曼-奈斯声光衍射,也称为液体中的超声光栅或声光效应。1949 年,威尔列特(G. W. Willard)发现,在一定条件下,平行光通过这样的超声光栅所产生的衍射光强分布与 X 射线经过晶体所产生的布拉格衍射类似,这种声光效应称为布拉格声光衍射。

根据超声波频率高低或声光作用长度的不同,声光衍射分为拉曼-奈斯衍射和布拉格衍射两种类型。前者类似于相位光栅,后者类似于体光栅。本实验只涉及拉曼-奈斯衍射,通过观测超声波在液体中传播时对入射光的衍射作用,对液体中的声速进行测量。

随着声光技术的发展,声光器件迅速发展,声光信号处理已成为光信号处理的一个分支,在光信号处理和集成光通信方面应用广泛。

【实验目的】

1. 了解超声波在非电解质溶液中产生衍射的原理。
2. 学习测量液体(非电解质溶液)声速的一种方法。
3. 进一步熟悉分光计的调整与使用。

【实验原理】

在超声波作用下,透光媒质内建立的超声波场使媒质的折射率改变。当光波通过媒质时发生散射和衍射,光的强度、频率和传播方向随之变化,即产生声光效应。有时,也称为声光衍射。

1. 利用压电陶瓷元件在液体中产生超声波

在交变电场信号作用下,压电陶瓷元件把电信号转换为声压振动信号向空间辐射,这种特性称为逆压电效应。压电陶瓷片起电声换能的作用。当交变电压的频率达到换能器的固有频率时,由于共振的结果,此时换能器的输出振幅达到极大值。通常采用具有显著压电效应的石英、铌酸锂、锆钛酸铅等晶体材料制成压电陶瓷元件或压电换能器(PZT)。

浸入液体中的压电陶瓷片在交变超声波电信号驱动下,其声压振动信号作用于液体,使液体分子间因相互作用力发生改变而产生相对位移,引起液体内部密度的起伏或周期性变化,密度大的地方折射率大,密度小的地方折射率小,即液体折射率也相应地作周期性变化,形成疏密波。

若此时有单色准直光沿垂直于超声波的传播方向通过这样疏密相间的液体,由于折射率受声波影响而变化,导致入射光光程的变化,入射光通过液体后,即在原先的波阵面上产生了相应的周期性变化的位相差,则在某特定方向上出射的光束会相干加强,产生衍射,经过透镜会聚后,即可在焦平面上观察到衍射条纹,如图 1 所示。这种现象称为超声致光衍射(或声光效应)。

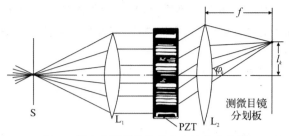

图 1　超声光栅测量液体中声速的光路图

2. 超声光栅测量声速的原理

若把压电材料置于有限尺寸的液槽内,超声波传播时受到容器壁的影响,在传播方向上被垂直端面反射,而反向传播。当液槽的宽度恰当时,相当于在超声波前进方向上的适当位置设置了一个反射面,入射波和反射波因叠加而使衍射光强度增加,形成超声波驻波,从而在液槽中形成了固定于空间的超声驻波场。

对于垂直于其传播方向的入射光而言,在一定的条件下,受超声波扰动的液体就像一个左右摆动的平面光栅,其密部相当于平面光栅上的刻痕,不易透光;疏部相当于平面光栅上相邻两刻痕之间的透光部分,即液体起到类似于位相光栅的作用(光的传播方向在光栅的栅面内)。存在着声波场的液体介质则称为"声光栅"(液体光栅),通常称为超声光栅,上述现象即为声光效应或声光衍射。与普通光栅相比,没有不透光部分,但其折射率不同。

当入射光通过超声场时,观察驻波场的结果是,波节为暗条纹(不透光),波腹为亮条纹(透光)。明暗条纹的间距为声波波长的一半,即为 $\Lambda/2$,如图 2 所示。当平行光通过超声光栅时,光线衍射的主极大位置由光栅方程决定。

由图 2 可见,平面光栅的左右摆动并不影响衍射条纹的位置,因为各级衍射条纹完全由光栅方程描述,而不是光栅位置。

由于驻波的振幅是单一行波振

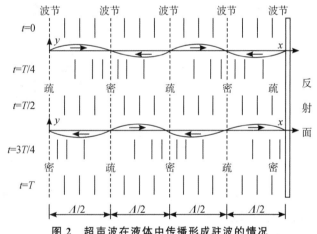

图 2　超声波在液体中传播形成驻波的情况

幅的 2 倍,因而,驻波加剧了液体的疏密变化程度,衍射现象更加明显。此时,实验条件更易于实现,衍射现象也易于稳定观察。

根据光栅衍射原理,超声波波长 Λ 相当于光栅常量($a+b$),由光栅方程可得

$$\Lambda \sin\varphi_k = k\lambda \quad (k = 0, \pm 1, \pm 2 \cdots) \tag{1}$$

式中,Λ 为超声波波长,φ_k 为 k 级衍射光的衍射角,λ 为入射的平行光波长。

因图 1 的 φ 很小($<5°$),可认为

$$\sin\varphi_k \approx \tan\varphi_k = l_k/f \tag{2}$$

其中,k 为衍射条纹的级次,f 为透镜 L_2 的焦距,l_k 为衍射 0 级条纹光谱线与 k 级条纹光谱线距离。

超声波的波长为

$$\Lambda \approx k\lambda/\tan\varphi_k = \lambda \cdot f/l_k = k\lambda \cdot f/\Delta l \tag{3}$$

式中,Δl 为各级条纹的平均间隔。

　　从光栅方程不难看出,当增大超声波波长 Λ 时,条纹间隔 Δl 必将减小,各级衍射条纹都向中心纹靠近,形成声光效应,即通过直接控制声波波长或频率而间接控制光波的传播方向、强度和频率。

　　借助分光计观测其衍射条纹,即可测量超声波在液体中的传播速度。

　　由(3)式,超声波在液体中的传播速度为

$$u = \Lambda\nu \tag{4}$$

式中,ν 为信号源的输出频率。

【实验器材】

　　WSG-1 型超声光栅实验仪(功率信号源,内装压电陶瓷片的液槽),JJY-1′型分光计,测微目镜,双面平面镜,单色光源(钠光灯或汞灯),待测液体。

【实验仪器描述】

1. 实验系统组成

　　实验系统由分光计、测微目镜、液槽、信号源、单色光源(汞灯或钠灯)等组成,如图 3 所示。

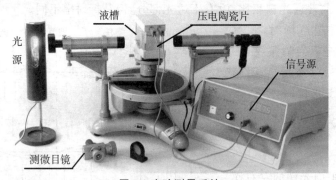

图 3　实验测量系统

　　分光计用于观测衍射条纹,其原理、调整与使用在前面的实验中已介绍过,这里不再重复。测微目镜测量范围为 8 mm,测量精度为 0.01 mm。

2. 超声光栅实验仪

　　WSG-1 型超声光栅实验仪包括信号源、内置压电陶瓷片的液槽等。

　　为了获得所需信号,信号源根据压电陶瓷元件相关参数设计,与液槽配套使用。输出信号频率范围为 8～12 MHz,数字显示,调整面板上微调旋钮可改变其大小,使之工作在压电陶瓷元件的共振频率(10.5～11.5 MHz)。输出为功率型,信号幅度较高,且不可调。

　　值得注意的是,超声波信号输出幅度很大,锆钛酸铅压电陶瓷片不能使之在空气中工作,否则可能破裂。因此,实验时,压电陶瓷片需浸在液体中才允许通电工作。通电时工作电压较高,请勿用手触及信号输出端或压电陶瓷元件。

【实验步骤与内容】

　　已知分光计望远镜物镜的焦距 $f = 170.09$ mm,钠灯光波长 $\lambda = 589.3$ nm,低压汞灯波长(不同型号的汞灯波长略有不同)为:汞灯蓝光波长 $\lambda = 435.8$ nm,汞灯绿光波长 $\lambda = 546.1$ nm,汞灯黄光波长 $\lambda = 578.0$ nm(双黄线平均波长)。参见附录 1.13。

1. 调整分光计至可使用状态

利用双面平面镜调整望远镜光轴使之与分光计主轴垂直,且望远镜对平行光聚焦;调整平行光管,使其光轴与望远镜光轴一致,并使入射光经平行光管后成为平行光。

分光计的基本调节步骤为

(1)调节望远镜,使之适合于观察平行光。

(2)调节望远镜,使其光轴与分光计主轴垂直。

(3)调节平行光管,使之产生平行光。

(4)调节平行光管,使其光轴与望远镜共轴。

(5)调节载物平台,使其平面与分光计的主轴垂直。

(6)采用钠灯(或汞灯)作光源,调节平行光管的狭缝至合适的宽度。

2. 放置液槽及其调整

将液槽置于分光计的载物平台上,利用自准直法调节平台的倾角螺钉,使液槽的通光表面垂直于望远镜和平行光管的光轴,使光路与液槽内的超声波传播方向垂直。将待测液体注入液槽内,液面高度以液槽侧面的液位刻线为准,使之能完全淹没压电陶瓷片。

3. 观察衍射条纹

适度调整液槽上盖,使器壁的反射面与压电陶瓷片平行,以保证入射光与声波传播方向垂直。此时打开信号源,即可借助分光计的望远镜观察到衍射条纹。微调载物台,使观察到的衍射光谱左右对称,各级谱线亮度一致。

4. 调整信号以形成驻波

观察衍射条纹,并仔细微调超声波信号频率,使在目镜中观察到的衍射谱线级次显著增多,亮度最亮,且在视场中呈对称分布。此时,信号源频率与压电陶瓷片的固有频率接近,超声波在液槽中处于共振状态,形成稳定的驻波。经过上述仔细调节,一般应观察到 ± 3 级以上的衍射谱线,记录此时的超声波信号频率 ν。

5. 调焦

将分光计目镜取下,换上测微目镜。对测微目镜调焦,看清分划线。然后,以平行光管出射的平行光为准,对望远镜的物镜进行调焦,使平行光管的狭缝像清晰。调整目镜焦距及位置,使视场中的准线、标尺和衍射谱线同时清晰。

6. 单向测量

调节测微目镜手轮,并沿同一个方向移动,逐级测量入射光各级衍射谱线的相对位置(位置坐标),用逐差法求出谱线间的平均间隔。记录液体的温度(室温),计算液体中的声速。必要时,可对测量结果进行温度修正。

7. 改变光源

光源改为低压汞灯,可观察到蓝、绿、黄(偏红)三色衍射条纹,分别重复上一步骤的测量内容。

8. 测量其他液体的声速 *

更换待测液体,重复上述有关步骤及测量内容。

【数据记录与处理】

1. 测量纯净水的声速

JJY-1′型分光计物镜焦距 $f=$ ____ mm,共振频率 $\nu=$ ____ MHz,环境温度____℃。

级次k 入射光λ/nm	-3	-2	-1	0	1	2	3
589.3(钠黄光)							
435.8(汞蓝光)							
546.1(汞绿光)							
578.0(汞黄光)							

表中记录的是测微目镜中衍射条纹位置读数 l_i(mm)(小数点后第三位为估数值)。

2. 测量无水酒精的声速*

JJY-1′型分光计物镜焦距 $f=170$ mm,共振频率 $\nu=$ ____ MHz,实验温度____℃。

级次k 入射光λ/nm	-3	-2	-1	0	1	2	3
589.3(钠黄光)							
435.8(汞蓝光)							
546.1(汞绿光)							
578.0(汞黄光)							

表中记录的是测微目镜中衍射条纹位置读数 l_i(mm)(小数点后第三位为估数值)。

3. 数据处理方法

(1)用逐差法处理数据

用逐差法计算衍射条纹的间距 Δl_k,求平均值。

待测液体中的声速 $u=\Lambda\nu=\lambda f\nu/\Delta l_k$,计算不同入射光时声速的平均值。

(2)水中的声速与温度关系

水中的声速 u 随温度 t 按抛物线式变化,其关系为 $u=1\,557-0.024\,5(74-t)^2$,超声波在25 ℃纯净水中的传播速度约为 1 497 m·s^{-1}。若水温低于 75 ℃,则温度每上升 1 ℃,声速约增加 2.5 m·s^{-1}。据此可计算出不同温度时水的声速。

不同液体中的声速有很大差别。液体的声速温度系数通常为负值,且接近线性变化,即随着温度的升高,液体中的声速有所下降。

一般情况下,声速随温度按抛物线规律变化,其关系近似为 $u=u_0+A(t-t_0)^2$,A 为温度系数,单位 m·s^{-1}·K^{-1}。对于其他温度 t 的速度,可近似按此公式计算。

【注意事项】

1. 压电陶瓷片不可在液体中长期浸泡,以免被腐蚀。实验完毕,要及时清洗液槽和擦干压电陶瓷元件。

2. 在实验时,应避免震动。任何与光观测有关的实验,均要保持实验系统的稳定,且要避免测微目镜手轮的回程误差。

3. 实验时,应将液槽的上盖盖好。只有当压电陶瓷片表面与对应面的器壁表面平行,才会形成较稳定的驻波。同时,要保持液槽两侧表面通光部位洁净,以改善衍射效果。

4. 实验过程中,液槽中会有一定的热量产生,导致待测液体挥发。必要时,可补充液体至正常液位,避免压电陶瓷片部分裸露在空气中。若测量时间过长,也会因温度变动而影响测量精度。

5. 实验过程中,不要碰触信号源与压电陶瓷片之间的连接导线,避免因分布参数影响信号频率。信号幅度较大,请勿用手触及信号输出端、液体和压电陶瓷元件。

【思考与练习】

1. 如何保证平行光束垂直于声波的传播方向?

2. 如何解释衍射中央条纹与各级条纹之间的距离随信号源振荡频率的高低而增大或减小?

3. 驻波的相邻波腹或相邻波节之间的距离都为半个波长,如何理解超声光栅的光栅常数等于波长?

4. 比较平面光栅和超声光栅的异同。

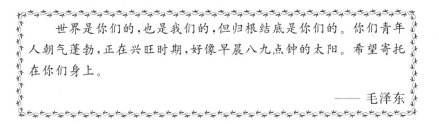

　　世界是你们的,也是我们的,但归根结底是你们的。你们青年人朝气蓬勃,正在兴旺时期,好像早晨八九点钟的太阳。希望寄托在你们身上。

—— 毛泽东

实验 40　　固体介质折射率的测定

　　1815 年英国物理学家布儒斯特（D. Brewster，1781—1868）发现自然光经介质界面反射后，反射光成为线偏振光所应满足的条件，即"布儒斯特定律"。

　　利用布儒斯特定律测定玻璃折射率是光学测量介质折射率的实验方法之一，也是偏振光的一种基本应用。本实验采用轻巧的测角台，无须昂贵的分光光度计。

　　折射率是一种材料常数，表征光由真空射向介质时该介质的折射特性。

【实验目的】

　　1. 学习偏振光基本知识，加深对反射光偏振规律的认识。
　　2. 用布儒斯特定律测定透明固体材料（玻璃）折射率。
　　3. 用三棱镜最小偏向角法测量三棱镜折射率。

【实验原理】

1. 布儒斯特定律与布儒斯特角

　　布儒斯特定律是有关光在介质界面反射后，反射光的偏振性质定律。当一束自然光投射于两介质（如空气和玻璃）时，如果在第一介质（如空气）中的入射角的正切等于第二介质（如玻璃）的相对折射率，其反射光就成为完全线偏振光，它的振动方向垂直于入射面。此入射角称为布儒斯特角或起偏角，用 i_B 表示，如图 1 所示。

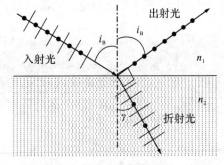

图 1　布儒斯特定律示意图

　　当光以 i_B 角入射到界面时，反射光为线偏振光，其振动方向与入射面互相垂直，反射光成为线偏振光。此时的反射光与折射光垂直，即 $i_B + \gamma = 90°$，由折射定律得

$$i_B = \arctan \frac{n_2}{n_1} \qquad (1)$$

式中，若 n_1 是空气折射率（$n_1 \approx 1$），n_2 为玻璃折射率，则上式为

$$i_B = \arctan n_2 \qquad (2)$$

　　将待测介质样品置于光路中，通过测量其布儒斯特角，即可求出折射率

$$n_2 = n_1 \tan i_B \qquad (3)$$

　　根据（3）式，利用旋转测角台和光具座，用玻璃

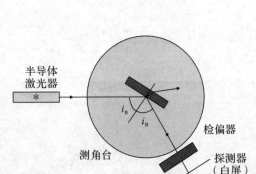

图 2　测量示意图

样品起偏，根据偏振片的消光原理，通过光强变化来测定玻璃折射率。如图 2 所示。从空气入射到介质，起偏角一般在 $53° \sim 58°$ 之间。

　　值得一提的是，根据折射定律，对于一定的两种介质而言，入射角的正弦与折射角的正弦之比为常数,此常数称"第二介质对第一介质的相对折射率",并等于第一介质中的光速与第二介质中的光速的比值。任一介质对真空(作为第一介质)的折射率称为这一介质的"绝对折射率",简称折射率。

同一介质对不同波长的光,具有不同的折射率。折射率随波长而变的现象,称为色散。对同一材料作出的折射率与波长的关系曲线,为色散曲线。广义上,色散不仅指光波分解成频谱,任何物理量只要随频率而变,都称色散。

通常所说的某物体的折射率是指在一定温度下(如 20 ℃,1 atm)对某一特定波长(如 D 线钠黄光,取平均值 $\lambda = 589.3$ nm)而言,例如,玻璃的折射率按成分不同,其大小在 1.4~1.9 之间。为便于测量,实验室以半导体激光器为光源,其发出的是部分偏振光,测出的相对折射率与实际值略有偏差。

2. 偏振光及其判别

实验室用的偏振片利用聚乙烯醇塑胶膜制成,具有梳状长链形结构的分子平行地排列在同一方向上,只允许垂直于分子排列方向的光振动通过,因而能产生线偏振光。

鉴别光的偏振状态为检偏,用作检偏的器件为检偏器。偏振片也可作检偏器使用。

为区分自然光、部分偏振光和线偏振光,可分别让其通过偏振片 P,并在垂直光线传播方向的平面内转动 P,根据白屏 M 上光强变化加以区分,如图 3 所示。图(a)表示转动 P,白屏 M 上光强不变,S 为自然光;(b)表示转动 P,M 上无全暗位置,但光强有变化,S 为部分偏振光;(c)表示转动 P,M 上可找到全暗位置,S 为线偏振光。

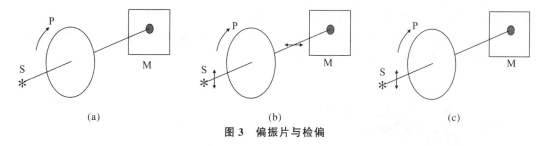

| (a) | (b) | (c) |

图 3　偏振片与检偏

对于半导体激光器,其发出的是部分偏振光,转动偏振片,设光斑光强度最大值和最小值分别为 $I_{\max}$ 和 $I_{\min}$,则其偏振度为

$$P = \frac{I_{\max} - I_{\min}}{I_{\max} + I_{\min}} \tag{4}$$

3. 用最小偏向角测量折射率

在图 4 中,AB、AC 均为三棱镜光学面,底面 BC 为粗磨面,两光学面夹角 α 为三棱镜顶角。入射光线 LF 经 AB、AC 光学面两次折射后,沿 ER 方向射出。入射光线 LF 和出射光线 ER 所成的角 δ 称为偏向角。

设 i_1 和 i_2 分别为光线在界面 AB 的入射角和折射角,i_3 和 i_4 分别为光线在界面 AC 的入射角和折射角。可以证明,当 $i_1 = i_4$ 时,偏向角 δ 达到最小值。此时三棱镜内部的光线 DE 与棱镜底边线 BC 平行,入射光线与出射光线相对于棱镜成对称分布,对应的偏向角 δ 称为最小偏向角,用 $\delta_{\min}$ 表示。可推导得出

$$i_1 = \frac{\delta_{\min} + \alpha}{2} \tag{5}$$

$$i_2 = \frac{\alpha}{2} \qquad (6)$$

设空气折射率近似为 1,根据折射定律 $\sin i_1 = n_2 \sin i_2$,得

$$n = \frac{\sin \frac{1}{2}(\delta_{\min} + \alpha)}{\sin \frac{1}{2}\alpha} \qquad (7)$$

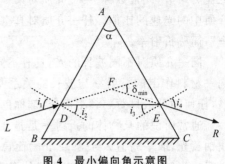

图 4　最小偏向角示意图

若已知三棱镜顶角 α 和测出最小偏向角 $\delta_{\min}$,即可由上式计算三棱镜折射率。

若要测量某固态材料的折射率,可将其加工成三棱镜后进行测量。

【实验器件】

光具座与导轨,测角台及其旋转支架,半导体激光器($\lambda = 650$ nm),白屏,偏振片,数字式光功率计(光电探测器),玻璃样品(对 $\lambda = 650$ nm,$n = 1.55$),三棱镜(待测材料)。

【实验仪器描述】

1. 实验装置简介

测角台及其支架(检偏器、探测器或白屏)为一体,与光源安装在导轨上,支架可绕测角台转动。测角台可 360°范围转动,分度值为 1°。如图 5 所示。

数字式光功率计(图 6)与光探测器配套使用,有 200 μW 和 2 mW 两个量程,用于辅助测量出射光功率相对强度。

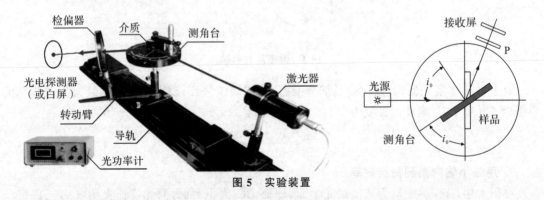

图 5　实验装置

转盘杆可改变偏振片偏振化方向,但转盘上 0 读数位置不一定是偏振轴所指方向。

2. 半导体激光器

半导体激光器出射部分偏振光,波长为 650 nm,功率为 1.5~2.0 mW。利用激光亮度高、能量高度集中、方向性和单色性好等特点,作为实验光源。

【实验内容与步骤】

1. 测量半导体激光光源的偏振度

在光学导轨上,安装半导体激光器、偏振片支架和白屏(或探测器)。打开光源电源,调整使激光光束、偏振片、探测器中心等高共轴,光斑落在白屏(或探测器)上。转动偏振片,观察白

屏上光强变化,可知半导体激光为部分偏振光。测量光斑光强度最大值和最小值相对值,求出偏振度。

考虑到人眼对反射光达到线偏振态时"最暗"这一临界点的判断存在不确定性,因此,借助光功率计测量光功率强度进行判断。移开接收白屏,改用探测器接收,由光功率计读取光功率强度相对值进行判断。

图 6 光功率计

2. 利用布儒斯特角确定入射光的偏振面

(1)按实验装置图,安装测角台及其偏振片和白屏(或探测器)。将平面玻璃样品置于测角台上,并使反射面通过旋转中心朝外,再用压片将其固定。

(2)确定入射光的偏振面

光路调整技术在实验中至关重要。转动测角台使反射光束与入射光束重合,则样品反射面垂直于入射光,设测角台初始角度为 i_0;调整测角台下方调节螺丝,改变入射角度为 $i_1 = 57°10'$(玻璃样品 $n_2 = 1.55, i_B \approx 57°10'$),则通过检偏器后的反射光全部为线偏振光($i = i_1 - i_0 = i_B$)。

转动偏振片转盘杆,白屏上出现光强变化现象,当白屏上光斑亮度最弱(经过偏振片的出射光强度功率最小)时,此时偏振片的偏振化方向处水平状态。

3. 测量三棱镜的布儒特斯角

(1)保持偏振片的偏振态不变(不得再调整),把样品换为三棱镜,其中一个光学面置于台面直径线上,再用压片将其固定。转动测角台并调节使三棱镜反射面垂直于入射光,此时测角台角度为 i_0;转动测角台以改变入射角 i,光束通过检偏器(偏振化方向处水平状态)后到达白屏或光电探测器,白屏上光斑亮度随着入射角变化出现逐渐变暗→消失→再逐渐变亮的过程。

(2)将白屏换为探测器,转动测角台圆度盘,入射角从 25°开始,每隔一定角度测量通过检偏器后对应的出射光功率相对强度,记录数据。

4. 用三棱镜最小偏向角测量介质折射率

将光源扩成柱面的激光束。将三棱镜一棱边与圆盘中心线对齐,并让光束入射在该光学面圆盘轴心上(只有该点反射光位置不会因测角台转动而改变),转动圆盘可以方便地读出入射角与反射角的大小,找到最小偏向角 δ_{min} 位置,计算介质折射率。

【数据记录与处理】

1. 测量半导体激光光源的偏振度

次数	1	2	3	4
光功率相对强度 $I_P/\mu W$				
光功率相对强度 $I_P/\mu W$				

计算半导体激光器偏振度(平均值)。

2. 通过测布儒斯特角测量介质相对折射率

初始角 $i_0/°$	测量角 $i_1/°$	入射角 $i/°$	出射光功率相对强度 $I_P/\mu W$	初始角 $i_0/°$	测量角 $i_1/°$	入射角 $i/°$	出射光功率相对强度 $I_P/\mu W$
		25				56	
		30				57	
		35				58	
		40				60	
		45				62	
		50				64	
		55				66	

以 I_P 为纵坐标,以 i 为横坐标,作 $I_P\text{-}i$ 曲线,I_P 最小处对应角度为布儒斯特角 i_B。

利用布儒斯特角计算待测的透明固体介质折射率。

3. 利用三棱镜最小偏向角测量介质折射率

自拟测量表格。

【注意事项】

1. 半导体激光器光能量高度集中,请勿用眼睛直视光束,以免损伤。若把激光器光束射至探测器上,可能导致超量程,可用透镜扩束,以免损坏光电探测器。

2. 实验过程中,应尽量使光斑入射到光功率计探测器的位置相同,以免因光功率计读数不同而造成误差。

3. 光探测器应与光功率计配对使用,不同组之间请勿混用,以免因特性不匹配导致系统误差。

【思考与练习】

1. 从光在介质中传播性质,说明全反射与布儒斯特角有何异同点。

2. 固态材料折射率的测量有哪些常用的方法?

实验 41　　用阿贝折射仪测定液体的折射率

折射率是透明材料的重要光学常数之一。含有杂质的物质,其折射率将发生变化,据此,测定物质的折射率可以定量地测定物质浓度,鉴定液体纯度等。

测定物质的折射率方法很多,大都是利用几何光学定律和物理光学技术的原理,有最小偏向角法、全反射法,以及阿贝折射仪(掠入射或全反射)、迈克耳孙干涉仪、椭圆偏振仪及应用偏振片等方法。不同的方法,对材料样品的要求各不相同。

德国物理学家阿贝(Ernst K.Abbe,1840—1905)是现代光学显微镜开拓者,1866 年与蔡司(Carl Zeiss,1816—1888)合作研制光学仪器,促进了德国光学工业的发展。

【实验目的】

1. 了解掠入射法测定折射率的方法。
2. 了解阿贝折射仪的工作原理及基本结构,学习测定糖溶液的折射率及浓度。

【实验原理】

当一束单色光从一种介质进入另一种介质(两种介质的密度不同)时,光线在通过其界面时改变了方向,产生光的折射现象,折射现象遵从折射定律。

折射定律由荷兰科学家斯涅耳(W.Snell van Roijen,1591—1626)于 1618 年首先发现,也称斯涅耳定律。

1. 掠入射法测定液体折射率

如图 1 所示,将折射率为 n 的待测物质,放在已知折射率为 N 的直角棱镜的 AB 折射面上,且 $n < N$。当入射角为 $\pi/2$ 的光线 1 掠射到 AB 界面折射进入三棱镜内,其折射角 i' 应为临界角,并满足折射定律,即

$$\sin i' = \frac{n}{N} \tag{1}$$

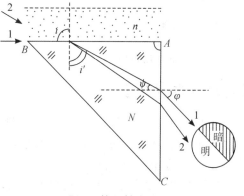

图 1　掠入射法原理

当光线 1 入射到 AC 面,再经折射进入空气时,设在 AC 面上的入射角为 ψ,折射角为 φ,则有

$$\sin\varphi = N\sin\psi \tag{2}$$

除光线 1 外,其上方的光线,例如光线 2,在 AB 面上的入射角均小于 $\pi/2$,因此经三棱镜折射后进入空气时,都在光线 1 的左侧。当用望远镜对准出射光线方向观察时,视场中将看到以光线 1 为分界的明暗半荫视场。

三棱镜角 A 与角 i' 及角 ψ 有如下关系

$$A = i' + \psi \tag{3}$$

上述三式消去 i' 及 ψ,得

$$n = \sin A \sqrt{N^2 - \sin^2\varphi} - \cos A \sin\varphi \tag{4}$$

若角 A 为直角,则

$$n = \sqrt{N^2 - \sin^2\varphi} \tag{5}$$

当直角棱镜的折射率 N 已知时,测出 φ 角后,即可换算为待测物质的折射率 n,此方法称为掠入射法。据此原理,也可用分光计测量透明介质的折射率。

2. 阿贝折射仪的工作原理

基于测定临界角的方法,可对透明液体或固体的折射率进行测定,不同的是所用棱镜的顶角 A 为 45°。当测量液体时,用一斜面为磨砂面的 45°进光棱镜 $A'B'C'$ 作辅助棱镜,将待测物体置于进光棱镜之间,如图 2(a)所示。进光棱镜的磨砂面上产生漫反射,使液膜内有各种不同角度的入射光,则被测液体折射率 n 与折射角 φ 的关系仍为(4)式。

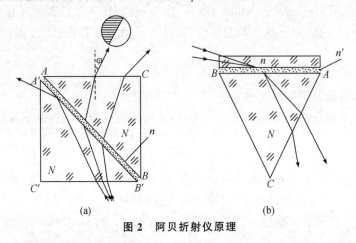

图 2　阿贝折射仪原理

测定固体折射率 n 时,将其磨平成板块,其中的两个互成直角的抛光面用高折射率($n' > n$)的液体将抛光面之一粘在折射棱镜面上,如图 2(b)所示。可以证明,(4)式仍成立,且 n 与 n' 无关。

【实验器材】

WAY-2W 型阿贝折射仪等。

【实验仪器描述】

阿贝折射仪是用望远镜进行角度测量的一种直读式光学仪器,通过比较测量,能测定透明、半透明液体或固体的折射率 n_D 及平均色散 N_F-n_C(以透明液体为主),以及糖溶液的含糖浓度等,在工业上应用广泛。

如图 3 为 WAY 型阿贝折射仪外形图,折射率测量范围 n_D 为 1.300 0～1.700 0,精度为 0.000 3。若超过此值,不能用其测定,否则,看不到明暗分界面。

仪器中直接刻有与 φ 角对应的折射率 n 值。测量时,无需任何计算,即能直接读出待测物质的折射率。还可测定糖溶液的含糖量 Brix,范围为 0～95%(相应折射率为 1.333～1.531)。如外接恒温器,还可测定温度为 10～50 ℃内的折射率 n_D。

折射率和平均色散是物质的重要光学常数,由此可以了解物质的光学性能、纯度、浓度及色散大小等。

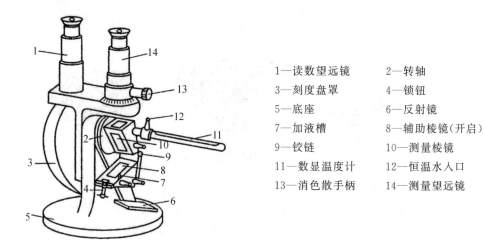

1—读数望远镜　　　2—转轴
3—刻度盘罩　　　　4—锁钮
5—底座　　　　　　6—反射镜
7—加液槽　　　　　8—辅助棱镜（开启）
9—铰链　　　　　　10—测量棱镜
11—数显温度计　　　12—恒温水入口
13—消色散手柄　　　14—测量望远镜

图3　WAY型阿贝折射仪外形图

【实验步骤与内容】

1. 测定透明液体的折射率

（1）校正和配制溶液

用蒸馏水或标准试样，对阿贝折射仪进行校正（新仪器可免去校正）。

配制不同比例的溶液，混匀后分装在滴瓶中，贴上标签编号。

（2）加样

松开锁钮，开启辅助棱镜，使其磨砂斜面处于水平位置，滴几滴丙酮于镜面，可用镜头纸轻轻揩干，干燥后使用（若辅助棱镜洁净，可免去此步骤）。

加几滴试样于镜面上，形成均匀状态，合上棱镜，再旋紧锁钮。要求做到液膜均匀，无气泡，能够充满视场。对于易挥发液样，可由加液小槽注入补充。

（3）对光

调节反射镜，使入射光进入棱镜，同时调节目镜的焦距，使视场亮度适当，叉丝清晰明亮，以消除视差。视场过亮或过暗都不利于观察。

（4）测量透明物体折射率

转动刻度盘旋钮，在望远镜视场中可观察到呈半明半暗状态，观察明暗分界线的移动，并调节消色散棱镜，使目镜中的彩色光带消失。

继续调节刻度盘旋钮，使明暗界面恰好落在十字线的交叉处。若还存在微色散，可继续调节消色散棱镜，直到色散现象消失为止，使视场中只有黑白两色，如图4所示。此时，读数镜视场中读数刻线所对准的右边的刻度值就是待测液体的折射率 n_D。

若要测量在不同温度下的折射率，将温度计旋入温度计座中，接上恒温器的通水管，把恒温器的温度调节到所需测量温度，接通循环水，待温度稳定约 10 min 后，即可测量。

2. 测量蔗糖含糖量*

操作与测量液体折射率的方法基本相同，在读数镜视场中，读数刻线所对准的左边的刻度值即为所测糖溶液的百分比含糖浓度。

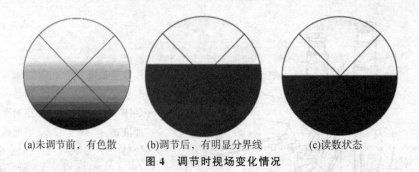

(a)未调节前，有色散　　　　(b)调节后，有明显分界线　　　　(c)读数状态

图 4　调节时视场变化情况

3. 测定透明固体折射率*

将被测物体加工成一个平整抛光面。打开进光棱镜，在折射棱镜的抛光面上加 1~2 滴比被测物体折射率高的透明液体，如溴代萘，再放置被测物体，使其接触良好，操作和读数方法与前述方法大致相同。

【数据记录与处理】

1. 测定未知浓度溶液的折射率

在测量溶液浓度时，可用已知质量浓度的若干标准溶液在阿贝折射仪上测出其折射率，从而求得该溶液的折射率-质量浓度关系曲线；然后测出待测浓度溶液的折射率 n_x，再根据此标准曲线求出未知浓度的溶液的质量浓度 c_x（单位为 g/mL）。

被测液体：＿＿＿＿＿＿＿，室温：＿＿＿＿＿＿℃，仪器误差 $\Delta_0 =$ ＿＿＿＿＿。

测量次数 i	1	2	3	4	5	6	7	8
标准溶液质量浓度 c								
标准溶液折射率 n_D								
未知溶液折射率 n_x								

由折射率 n-质量浓度 c 关系曲线，求出未知溶液的质量浓度 c_x（单位为 g/mL）。

2. 测量蔗糖含糖量*

室温：＿＿＿＿℃，仪器误差 $\Delta_0 =$ ＿＿＿＿，表格自拟。

用阿贝折射仪测量折射率，仪器误差 Δ_0 按均匀分布处理。

$$u_B = \frac{\Delta_0}{\sqrt{3}} = \frac{3 \times 10^{-4}}{\sqrt{3}} = 2 \times 10^{-4}$$

测量不确定度为 $u_n = \sqrt{S_{\overline{x}}^2 + u_B^2}$，折射率表示为 $n = \overline{n} \pm u_n$ 形式。

3. 测定透明固体的折射率*

被测固体：＿＿＿，室温：＿＿＿℃，仪器误差 $\Delta_0 =$ ＿＿＿，表格自拟。

【注意事项】

1. 阿贝折射仪为光学精密测量仪器，应小心保护棱镜部位。加液体时，不能让滴管触及棱镜面。擦拭时，除擦镜纸外，不要直接碰及镜面，以免划伤。实验时，为避免影响成像清晰度和测量准确度，要把棱镜面轻擦干净。

2. 为保证测量的准确性，首先沿一方向旋转棱镜转动手轮（如向前），调节到位后，记录一个数据;继续沿同方向旋转一小段后,再沿反方向(向后)旋转手轮,调节到位后,又记录一个数据。取两个数据的平均值为一次测量值。

【思考与练习】

1. 什么是折射率? 其数值与哪些因素有关?

2. 为什么阿贝折射仪不用单色光? 阿贝折射仪使用什么光源? 所测得的折射率是对哪条谱线的折射率?

3. 望远镜中观察到的明暗视场分界线是如何形成的?

4. 在阿贝折射仪上能测定不透明物体的折射率吗? 为什么?

【阅读材料】

浓度的基本概念

浓度是物质的量浓度的简称,是指单位体积溶液中含有溶质 B 的物质的量(n),符号为 c_B,在化学中也可表示为[B],单位为 mol · m^{-3}、mol · L^{-1}或 mol/dm^3。

若物质 B 的浓度以符号 c_B 表示,则单位体积 V 的浓度为 $c_B = n_B/V$。

1. 浓度的名称

浓度的名称繁多,早期习惯上的名称,如容积摩尔浓度、摩尔浓度、当量浓度、克分子浓度以及体积克分子浓度等,均废除不用。现统一简称为浓度、量浓度,或物质 B 的浓度。

浓度的广义概念是指一定量溶液或溶剂中溶质的量,作为"量"的概念没有明确的含义。

浓度的狭义概念是物质的量浓度的简称,指每升溶液中溶质 B 的物质的量。

2. 物质的量

物质的量,旧称摩尔数,指物质(B)中的特定基本单元数(N)与阿伏伽德罗常量(N_A)的比值。常用符合 n 表示,即 $n_B = N/N_A$,单位为摩尔(mol)。mol 是国际单位制 7 个基本单位之一。使用时,必须指明物质的基本单位,可以是原子、分子、离子、电子、光子及其他粒子,或是这些粒子的特定组合。

使用"物质的量"时,必须指明物质(B)的化学式,而且在涉及其他任何导出量时都必须指明。这些导出量如物质的量浓度、质量摩尔浓度、物质的量分数、摩尔电导率(旧称当量电导)、化学反应速率等。

3. 温度对浓度的影响

溶液的体积随温度而变,导致物质的量浓度相应发生变化。为避免温度对测量结果的影响,通常使用质量摩尔浓度(molality)代替物质的量浓度。

质量摩尔浓度定义为每 1 kg 溶剂中溶质 B 的物质的量,符号为 m_B,单位为 mol · kg^{-1}。

若忽略温度影响时,可用物质的量浓度代替质量摩尔浓度。

实验 42　用旋光仪测定溶液的旋光度

法国物理学家阿拉果（Arago，1786—1853）1808 年发现了旋光现象，并于 1811 年发明了测定物质旋光性的仪器。法拉第 1845 年发现，原来没有旋光性的物质，在外加磁场作用下，也能具有旋光性（法拉第效应），这是一种非线性光学效应（磁光效应）。

旋光仪又称为偏振计，是测定线偏振光经过旋光物质后其偏振面旋转的仪器。可用于研究旋光性物质性质或测定其旋光度，以及测定含有旋光性有机物质的比重、纯度、浓度与含量。制糖工业又称为（旋光）糖量计，用于测定食品和调味品的淀粉含量，检验生产过程中糖溶液浓度、含糖量；也可测定药物和香料的旋光性，以及医学上对尿样中糖量与蛋白质等进行一般的成分分析。

【实验目的】

1. 观察旋光现象，了解旋光物质溶液的旋光度及其与溶液浓度的关系。
2. 了解旋光仪构造，利用旋光仪测定糖溶液的旋光度，确定未知溶液浓度。

【实验原理】

1. 物质的旋光性

一束线偏振光通过某些物质后，其振动方向会发生改变，这种振动面发生旋转的光学性，称为旋光性，旧称"光活性"。具有旋光性的物质称为旋光物质，其分子具有不对称性，如石英、糖溶液、松节油及某些抗生素溶液等。

旋光物质分为左旋和右旋两类。偏振光通过旋光物质时，当观察者正对着入射光传播方向观察时，若振动面发生逆时针方向（向左）旋转，则称为左旋，这种物质为左旋物质。反之，若振动面发生顺时针方向（向右）旋转，则称为右旋，这种物质为右旋物质。

2. 物质的旋光度

线偏振光通过单位厚度的旋光性物质后其振动面旋转的角度，称为旋光度，以 φ 表示，单位为度（°）。对旋光溶液而言，规定单位厚度为 100 mm，溶液浓度为 1 g · mL^{-1}；而对旋光晶体，单位厚度为 1 mm。

实验证明，对某一旋光溶液，当入射光的波长给定时，旋光度 φ 与偏振光通过溶液的长度 l 和溶液的浓度 c 成正比，即

$$\varphi = \alpha c l \tag{1}$$

式中，α 称为比旋光度，数值上为偏振光通过单位长度（dm）、单位浓度（g · ml^{-1}）溶液后引起的振动面的旋转角度。其单位为 ° · mL · dm^{-1} · g^{-1}。由于温度和所用波长对物质的比旋光度都有影响，因此，应当标明测量比旋光度时所用波长和测量时的温度，即

$$\varphi = [\alpha]_\lambda^t \cdot c \cdot l \tag{2}$$

式中，$[\alpha]_\lambda^t$ 表示旋光性物质在温度为 t、光源波长为 λ 时的比旋光度，通常以钠光 D 线（取 $\lambda = 589.3$ nm）作为光源。

若已知某溶液的 $[\alpha]_\lambda^t$，并测出试管液柱长度 l 和旋光度 φ，便可求待测溶液的浓度 c，即

$$c = \frac{\varphi}{[\alpha]_\lambda^t \cdot l} \times 100 \tag{3}$$

溶液的浓度 c 通常用 100 mL 溶液中的溶质克数来表示。

3. 影响旋光度的因素

旋光度反映了溶质的特性,其大小和方向除了与该物质结构有关外,还与测定时的温度、光源波长及经过的物质厚度(旋光管长度)、溶液浓度和溶剂等因素有关。若被测物质是溶液,当光源波长、温度、厚度恒定时,其旋光度与其浓度成正比。可见,严格地书写旋光度时,除了应注明温度和光的波长外,还要在数据后的括号内注明其质量百分浓度和配制溶液用的溶剂。

在一定温度下,旋光度与入射光波长的平方成反比,即随波长的减小而迅速增大,这种现象称为旋光色散。考虑到旋光色散,为便于统一,各类手册给出各种旋光物质的旋光度大多是对钠黄光 D 线(589.3 nm)而言的。

当温度升高 1 ℃时,旋光度约减少 0.3%。对于要求较高的测量工作,可把温度稳定在 (20°±2) ℃的条件下进行,例如,化学纯蔗糖 α 值可取 66.50° · mL · dm^{-1} · g^{-1}。当温度在 20 ℃以上时,每升高 1 ℃,必须减去 0.02 进行修正。

【实验器材】

WXG-4 型圆盘旋光仪(试管 100 mm、200 mm 各 1 支),室内温度计,蔗糖溶液,蒸馏水,锥形瓶,电子天平等。

【实验仪器描述】

1. 旋光仪的结构

WXG-4 型圆盘旋光仪主要由起偏镜、检偏镜、一个圆刻度盘以及盛待测溶液的测试管和钠光灯等组成。测量范围为 $-180° \sim +180°$,最小读数为 0.05°,准确度为 0.05°,其外形及其光学系统结构,如图 1 所示。

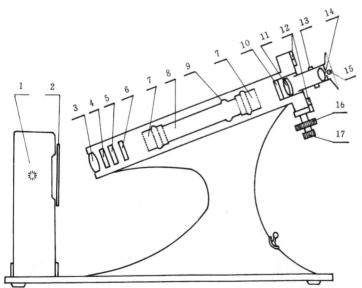

1—钠光灯源　　2—毛玻璃片
3—会聚透镜　　4—滤色镜
5—起偏镜　　　6—半波片
7—测试管螺帽　8—测试管(试管)
9—测试管凸起部分　10—检偏镜
11—望远镜物镜　12—度盘与游标
13—望远镜调焦手轮
14—望远镜目镜
15—游标读数放大镜
16—度盘转动细调手轮
17—度盘转动粗调手轮

图 1　旋光仪结构

　　为方便操作,仪器的光学系统以 20°倾角安装在底座上。采用双游标读数,以消除度盘偏心差。度盘分为 360 格,每格 1°,游标分 20 格,等于度盘 19 格,即用游标可直接读到 0.05°。度盘与检偏镜连为一体,借助手轮可进行粗调和细调。

　　旋光度与旋光试管的长度成正比。试管长度有 100 mm、200 mm 等规格,以 100 mm 为常用。对旋光能力较弱或较稀的溶液,为提高准确度,减少读数的相对误差,可采用 200 mm 或更长的试管。

　　起偏器由尼柯耳棱镜构成,固定在仪器的前端,作为产生平面偏振光的棱镜。检偏器也是尼柯耳棱镜,由偏振片固定在两块保护玻璃之间,并随刻度盘同轴转动,用来测量偏振面的转动角度。

　　尼柯耳棱镜由两块方解石直角棱镜沿斜面用加拿大树脂黏合而成,如图 2 所示。单色光入射后,分解为两束相互垂直的平面偏振光,一束为 $n=1.658$ 寻常光线(o 光),一束为 $n=1.486$ 非寻常光线(e 光),两者到达加拿大树脂($n=1.550$)黏合面时,折射率大的寻常光线(o 光)被全反射到底面上的墨色涂层而被吸收,非寻常光线(e 光)则通过棱镜,出射为单一的平面偏振光。

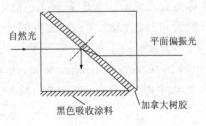

图 2　尼柯耳棱镜

2. 旋光仪测量旋光度的原理

　　一束单色光经过透镜会聚和滤光镜后,投射到起偏器,变成平面偏振光(线偏振光),再经半波片(波晶片)分解为两束相互垂直的平面偏振光。

　　若测试管中无旋光物质,当把检偏镜的透振方向调到与起偏镜的透振方向垂直时,目镜视场中光线最暗。

　　若在起偏镜与检偏镜之间放入充满旋光性物质试管,由起偏镜出射光的偏振面发生旋转,改变了一个角度 φ。只有当检偏镜也旋转同样的角度,才能补偿旋光线改变的角度,使透过的光的强度与原来相同,变亮的视场重新到达最暗。若转动检偏镜,使视场由第一次最暗再次回到最暗,则所转动的角度差就是该旋光性物质的旋光度。

3. 三分视野法

　　若没有比较,人眼难以准确地判断视场最暗或最亮的程度,但对于明暗变化的对比很敏感,故使用半荫片结构(原理略),设计了三分视野法。

　　在起偏镜的后中部装一狭长的半波片(石英片),其宽度约为视野的三分之一。因为石英也具有旋光性,故在目镜视场中出现三分视野。为补偿石英晶片产生的光强变化,两边装上一定厚度的玻璃片。石英晶片的光轴平行于自身表面,与起偏器的偏振轴成一定角度 θ(仅几度)。石英晶片为半波片,从半波片出射光的偏振方向与从两边玻璃出射光的偏振方向形成 2θ 的夹角,如图 3 所示。

　　在亮度不太强时,人眼辨别亮度差别的能力较强,因此,把三分视场作为参考。当视场中三部分暗度一致(零视场)时,对应于仪器的零点,并将此时检偏镜偏振轴所指的位置作为刻度盘零点,以提高测量准确度。

　　当三分视野刚好消失时,检偏镜的转角就是溶液的旋光度 φ。测得 φ 后,即可求得物质的比旋光度,根据比旋光度大小,可测定该物质的纯度和含量,作一般的成分分析。

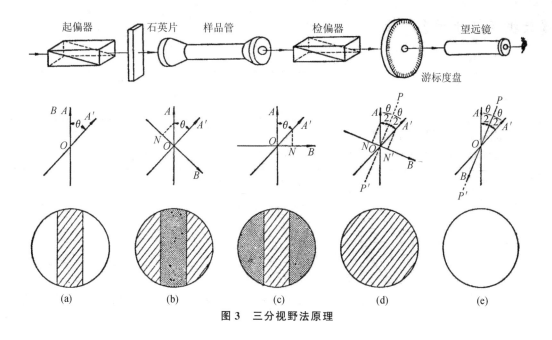

图 3　三分视野法原理

【实验步骤与内容】

1. 旋光度的测定方法

（1）准备工作

打开钠光灯电源，预热 5 min 以上使光源稳定，即正常发出钠黄光后，可开始实验。利用预热时间，配制好溶液，并加以沉淀和稳定。

（2）望远镜调焦

转动手轮，观察视场亮度变化情况，调节目镜焦距，使观察到的视界清晰，即在出现三分视场时，观察到的三分视场的明暗边缘清晰。

（3）仪器零点校验

在旋光仪中放入充满蒸馏水的试管，调节手轮找到零度视场。若其亮暗不一致，说明有零度误差，应调整度盘，使之达到要求。读取左右视窗数值，两者平均值为零位读数。

（4）测定旋光度

在旋光仪中放入充满已知浓度蔗糖溶液的试管后，可观察到照度不等的三分视场（中间暗两边明或反之），转动手轮使三分视场回到零度视场情况，即三分视场界面刚好消失，且整个视场亮度均匀，为较暗的钠黄色，读取度盘转过的角度。

由度盘转动方向和读数值，可判断该溶液为右旋或左旋物质。

2. 测定蔗糖溶液的浓度

将装有未知浓度的蔗糖溶液的试管放入旋光仪，重复上一步骤，测出其偏光旋转角度，计算待测液体的浓度。

【数据及其记录】

1. 零位读数 φ_0

左窗口	右窗口	平均值 $\overline{\varphi_0}/°$

2. 测定蔗糖溶液的旋光度 φ

待测样品:蔗糖水溶液(10 g/100 mL),管长 $l=$ ＿＿＿,室温:＿＿℃。

次数i	读数	浓度 $c/(g \cdot mL^{-1})$	旋光角 $\varphi/°$ 左窗口	右窗口	$\overline{\varphi}/°$	测量结果 $\varphi/°$ ($\varphi=\overline{\varphi}-\varphi_0$)
1						
2						

3. 测定未知浓度蔗糖溶液的浓度

测量 6 种不同浓度蔗糖溶液的旋光度,用图解法求出未知溶液的浓度,也可用(1)式进行计算。表格自拟。

【注意事项】

1. 旋光仪为光学测量仪器,光学镜片部分应避免触及硬物。

2. 不要随意把试管放在桌面上,以免滚落。实验完毕,要及时将溶液倒出,用蒸馏水洗净,揩干收好。

【思考与练习】

1. 为什么通常选用钠黄灯作为测定的光源?

2. 根据测量结果,判断蔗糖溶液是左旋还是右旋物质。

3. 圆盘旋光仪的精度是多少? 读数时,为何要读出左右两游标读数再取平均值?

4. 说明三分视野法的基本原理。为什么要确定旋光仪的零位?

5. 物质的旋光性与磁光效应有何联系?

> 请记住,人是为别人而生存的……我每天上百次地提醒自己,我的精神生活和物质生活都有赖于别人的劳动。其中,既有活着的人,也有已死去的人。我必须尽自己的努力,以同样的分量来偿还我所领受了的和至今还在领受着的东西。
>
> ——爱因斯坦

实验 43　光敏电阻基本特性的测量

光敏电阻具有灵敏度高,光谱响应范围宽,抗过载能力强,耗散功率大,使用寿命长,稳定性能高,体积小以及制造工艺简单等特点,在自动控制技术中应用广泛。利用其制造工艺,可以制造出许多派生器件,如光电耦合器、光电位计和光桥等。

光敏电阻的阻值与外加光强存在非线性关系,一般不适宜作测量元件,主要用于实现光的控制、光电转换(将光的变化转换为电的变化)等。因为响应速度较慢,作为开关元件使用时,仅适用于低速的情况。

【实验目的】

1. 理解内光电效应的原理和光敏电阻的机理。
2. 掌握 CdS 光敏电阻的主要特性及其测量方法。
3. 学习光路的调整方法。

【实验原理】

1. 光敏电阻

光敏电阻又称为光导管,是利用半导体材料受照后导电性能显著变化的特性制成的光电器件。它没有极性,纯粹是一个无结的二端电阻器件。使用时,既可加直流电压,也可加交流电压。

光照能使物体的电阻率改变的现象称为内光电效应(光电导效应),光敏电阻以及由光敏电阻制成的光导管就是基于内光电效应的光电元件。

光电导效应只限于光照表面的薄层,一般都把半导体材料制成薄膜,并把光导体膜做成弓字形(蛇行状),以获得较大的受光面积,同时减小电极间距,提高灵敏度。图 1 为光敏电阻外形图及电路符号。由于烧结条件和掺杂含量的不同,光敏电阻的参数离散性较大。

图 1　外形与符号

在受光时,当光电子的能量大于材料本征半导体的禁带宽度,则禁带中的电子吸收光子能量后跃迁到导带,激发出空穴和电子对(光生载流子),在复合前由一个电极到达另一个电极,有效地参与导电,从而使光电导体的电阻率发生变化,导电性能加强。光线愈强,激发出的电子-空穴对越多,电阻值就越低;光照停止后,自由电子与空穴复合,导电能力下降,电阻恢复原值。在无光照时,光敏电阻具有很高的阻值。

金属的硫化物、硒化物和锑化物、GaAs 和 Si 等都是制造光电转换器件的半导体材料,制作光敏电阻的材料常用 CdS、CdSe、PbSe 和 InSb 等,以 CdS 居多。

2. 光敏电阻的主要参数与基本特性

(1)暗电阻、亮电阻和光电流

光敏电阻在不受光照射时的阻值称为暗电阻,此时流过的电流称为暗电流。受光照射时的电阻称为亮电阻,此时流过的电流称为亮电流。亮电流与暗电流之差称为光电流。暗电阻越大,亮电阻越小,则灵敏度高。

（2）伏安特性

在一定照度下,加在光敏电阻两端的电压与流过光敏电阻的电流的关系,称为光敏电阻伏安特性。在给定的光照下,电阻值基本上与外加电压无关。在给定的电压下,光电流的大小随光强的增强而增加。

（3）光照特性

光敏电阻的光照特性用于描述在一定偏压下,光照强度与光电流之间的关系。不同材料的光敏电阻,其光照特性不同,绝大多数是非线性的。

（4）光谱特性

光敏电阻对入射光的光谱具有选择作用,即对不同波长的入射光有不同的灵敏度。用光谱特性表示光敏电阻对各种单色光的敏感程度,或者用光谱响应表示相对光灵敏度与入射波长的关系,即光谱特性。对应于一定敏感程度的波长区间,称为光谱范围。最敏感的波长值称为峰值波长。光谱响应、灵敏度与制造材料具有很大的关系,选用时,应该与光源结合考虑,如CdS光敏电阻的光谱特性与人的视觉特性极为相似,常用作光度量测量。

（5）响应特性

实验证明,光敏电阻产生的光电流具有一定的惰性,并不能随光强改变而立刻变化,这种惰性通常用时间常数或者响应时间表示。在所有光敏器件中,光敏电阻的响应时间是最慢的,这是其主要缺点之一,如CdS光敏电阻的响应时间为几十毫秒到数秒。

【实验器材】

GMD型光敏电阻特性测量仪（含光源,透镜2个,起偏器1个,检偏器1个,光具座与支架,光敏电阻接收器）,直流稳压稳流电源,TES-1334A型照度计,数字万用表等。

【实验仪器描述】

光敏电阻测试装置由光源、两个透镜（$f=60$ mm,$\Phi20$）、检偏器、起偏器（$\Phi35$）、光接收器和导轨等组成,利用磁力滑座,各部件可在导轨（$L=980$ mm）上水平移动,如图2所示。光源采用高效的白色高亮度发光二极管（白光LED）模拟入射自然光,借助直流稳压电源和数字万用表可测量光敏电阻的伏安特性和光谱特性,测量电路如图3所示。

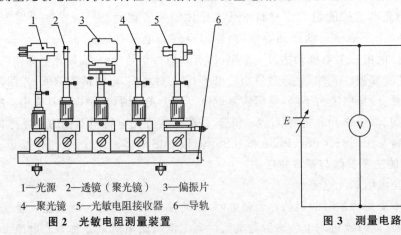

1—光源　2—透镜（聚光镜）　3—偏振片
4—聚光镜　5—光敏电阻接收器　6—导轨
图2　光敏电阻测量装置

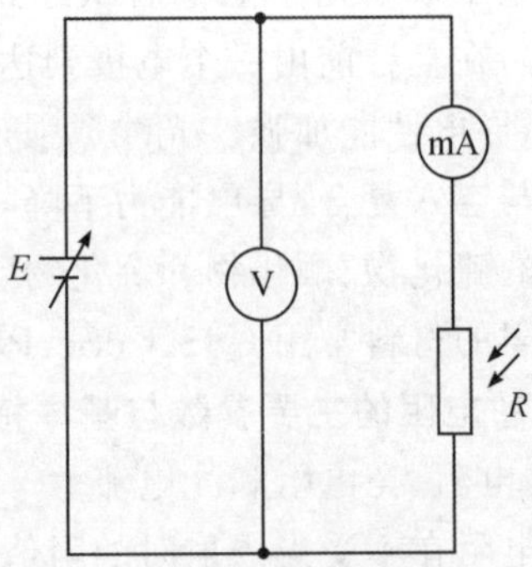

图3　测量电路

为了充分利用光源,在光源后放置了透镜1,则点光源经透镜2出射平行光。光敏电阻安装在接收器内,避免杂散光影响。偏振器出射的平行光,通过透镜 4 会聚,高效、均匀地照射到接收器内的光敏电阻上,使在光照和外加电压一定时,获得最大的光电流。

实验过程中,由偏振器控制照射到光敏电阻的光强度。偏振器由起偏器和检偏器组成,两偏振片主截面之间的夹角 θ 与出射光强度 I 有如下关系,即马吕斯定律

$$I = I_0 \cos^2 \theta \qquad (1)$$

其中,I_0 为当两偏振片平行时的出射光强。

马吕斯定律定量描述了光线经过偏振器前后的强度关系。偏振器的手轮刻度为 0°时通过的光能最强,刻度为 90°时通过的光能最弱。通过旋转手轮,改变入射到接收器的光强。根据光敏电阻特性,在一定照度下测量光敏电阻的电压与光电流的关系;在一定工作电压下,测量光敏电阻的照度与光电流的关系。

因为输出的光电流较小,故选用数字万用表作为测量仪器。考虑到数字万用表电流挡内阻远小于实验过程中光敏电阻的实际阻值,测量电路可采用电流表内接法。

【实验步骤与内容】

1. 粗调

调整基座水平,目测并调节光源、各光学元件与接收器等,使其大致同轴、等高。

2. 细调

连接光源电源,打开开关,根据透镜共轭法成像的特点,使各元件的光接收面中心位于同一直线上。然后,移动聚光透镜 2 至合适位置,使光斑均匀照射在偏振片的接收面;移动聚光透镜 4,使光轴垂直于光敏电阻的表面,出射光光斑均匀地照射在光敏电阻的接收面,满足光的传输要求。

3. 连接线路,进行测量

测量时,可将所有磁座锁紧。测量电路采用电流表(mA)内接法。

4. 用照度计验证马吕斯定律

设光源辐射的光通量是均匀的,则光强测量用照度计测量照度代替,照度单位为勒克斯(lx)。保持起偏器前的照度 E_0 不变,改变起偏器(固定不动)与检偏器主截面夹角 θ,在同一位置用照度计测量检偏器出射的照度 E 与角度关系,验证马吕斯定律。

5. 伏安特性的测量

不同光照条件下,测量光电流 I_{pH} 随电压 U 变化关系,即伏安特性。

6. 光照特性的测量

外加不同电压 U,测量光电流 I_{pH} 随光照变化关系,即电流-光照特性。光照的变化可采用 $\cos^2 \theta$ 作为光照的相对变化量。

【数据记录与处理】

1. 用照度计验证马吕斯定律

入射光的照度 $E_0 =$ _____。

夹角 $\theta/°$	0°	10°	20°	30°	40°	50°	60°	70°	80°	90°
照度 E/lx										

画出其曲线,验证马吕斯定律。

2. 伏安特性

U/V	光电流 I_{pH}/mA				
	$\theta=0°$	$\theta=20°$	$\theta=40°$	$\theta=60°$	$\theta=80°$
2					
4					
6					
8					
10					
12					
14					
16					

画出 I_{pH}-U 伏安特性曲线,说明其特征。此表格可考虑与光照特性合并使用。

3. 光照特性

在一定工作电压下,测量光敏电阻照度与光电流的关系。光照的变化采用 $\cos^2\theta$ 作为光照的相对变化量,画出光电流 I_{pH}-$\cos^2\theta$ 关系曲线,即光照特性曲线。

$\theta/°$	$\cos^2\theta$	光电流 I_{pH}/mA				
		$U=2$ V	$U=4$ V	$U=8$ V	$U=12$ V	$U=16$ V
0						
10						
20						
30						
40						
50						
60						
70						
80						
90						

画出 I_{pH}-$\cos^2\theta$ 光照特性曲线。

【注意事项】

1. 调节光路时,应使光斑中心对准光敏电阻中心,以便高效地传输光能。光斑大小一般以充满光敏电阻接收面为宜。

2. 用照度计测量照度时,应避免杂散光的影响。

【思考与练习】

1. 若没有把各元件调整至同轴、等高状态,对实验结果有何影响?

2. 光敏电阻有哪些主要特性,请举例说明其应用。

3. 光线照射到物体表面后产生的光电效应有哪些分类?基于不同的分类,有哪些对应的光电器件?

实验 44　双光栅测量微弱振动位移量

微弱振动产生的位移为机械量,可采用各种不同类型的传感器组成的测量系统进行测量。这些传感器包括电阻式、电容式、电感式、磁电式和光电式等,虽然测量原理不同,但一般转换为易于测量的电信号。这里介绍一种把机械位移信号转化为光电信号,实现精确测量微弱振动位移量的方法。

频率很高的光不能通过转换用示波器直接观察。两束频率相差不大的光叠加,利用多普勒频移形成"光拍"的原理,通过示波器观测光拍拍频,实现对微弱振动位移量的间接测量。

多普勒效应由多普勒(C. Doppler,1803—1853)1842 年首先发现,故名。多普勒频移特性常用于测量运动目标的速度,如导航、声呐(sonar)和雷达等,也应用于超声诊断等。

【实验目的】

1. 了解利用光的多普勒频移形成光拍的原理,测量光拍拍频。
2. 了解精确测量微弱振动位移量的一种方法。

【实验原理】

当波源与观察者有相对运动时,观察者接收到的频率和波源频率不同的现象,称为多普勒效应。多普勒频移就是由多普勒效应引起的频率偏移。

1. 光栅衍射

波长为 λ 的激光平面波垂直入射到光栅的平面上,光波通过光栅的各个狭缝后发生衍射,各狭缝间的衍射光又彼此干涉,干涉条纹定域于无穷远。

相邻两狭缝对应点出射光束的光程差,满足光栅衍射方程

$$d\sin\theta = \pm k\lambda \quad (k=0,1,2\cdots) \tag{1}$$

式中,d 为光栅常量,θ 为衍射角,λ 为光波波长,衍射级数 $k=0,1,\cdots$,分别对应于主极大。

若平面波以入射角 i 斜向入射到光栅平面,如图 1 所示,则(1)式改写为

$$d(\sin\theta + \sin i) = \pm k\lambda \quad (k=0,1,2\cdots) \tag{2}$$

对于位相光栅,由于不同的光密与光疏媒质部分对光波位相的延迟作用,使入射的平面波阵面变成曲面波阵面射出。

2. 光栅衍射的多普勒频移

当光栅在 y 方向以速度 u 沿光的传播方向移动时,从光栅出射的波阵面也以速度 u 沿此方向移动。当经过 Δt 时刻,对应于同一级的衍射光在 y 方向有一个 $u\Delta t$ 的位移量,则光波位相发生变化 $\Delta\varphi(t)$,如图 2 所示。

$$\Delta\varphi(t) = (2\pi/\lambda)\Delta l = (2\pi/\lambda)u \cdot \Delta t \cdot \sin\theta \tag{3}$$

把(1)式代入(3)式,得

$$\Delta\varphi(t) = 2k\pi(u/d)\Delta t = k\omega_d \cdot \Delta t \tag{4}$$

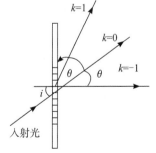

图 1　斜入射平面光栅

式中,$\omega_d = 2\pi\dfrac{u}{d}$ 表示移动的光栅的 k 级衍射光相对于静止的光栅的多普勒频移。其频率为

$\omega_D = \omega_0 + k\omega_d$，$\omega_0$ 为激光从静止光栅出射的光波的电矢量频率。

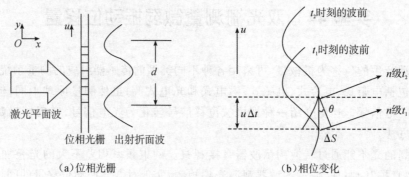

（a）位相光栅　　　　　　　　　　　　　　　（b）相位变化

图 2　位相光栅与光波相位变化

可见，在电磁波的传播过程中，光源、接收器、传播介质或中间反射器之间存在相对运动，即存在多普勒效应。由此产生的频率变化而存在多普勒频移。

3. 多普勒频移的检测

光的频率很高，光电探测器和示波器等电子设备的响应时间远大于光波的周期，不能直接观测。为了从光谱中检测多普勒频移量，可采用"拍"的方法，把已频移的和未频移的光束相互平行叠加，形成光拍，从而进行间接测量。

采用两片完全相同的光栅 A、B 平行地紧靠在一起，A 沿 y 方向以速度 u 相对运动，B 静止。当激光通过双光栅时，A 不仅具有衍射作用，还起到频移作用，而 B 只起衍射作用，其出射的衍射光包含两种以上不同频率，且为相互平行光束的叠加。由于光栅刻痕平行，且紧贴在一起，激光束具有一定宽度，使得该光束平行叠加，形成了光拍。

设激光从静止光栅 B 出射时，光波电矢量方程为

$$E_1 = E_{10}\cos(\omega_0 t + \varphi_1) \tag{5}$$

从移动光栅 A 出射时，光波电矢量方程为

$$E_2 = E_{20}\cos[(\omega_0 + \omega_d)t + \varphi_2] \tag{6}$$

取 $k=1$ 情况，如图 3 所示，光电流为

$$\begin{aligned}
I &= \xi(E_1 + E_2)^2 \\
&= \xi\{E_{10}^2\cos^2(\omega_0 t + \varphi_1) + E_{20}^2\cos^2[(\omega_0 + \omega_d)t + \varphi_2] + \\
&\quad E_{10}E_{20}\cos[(\omega_0 + \omega_d - \omega_0)t + (\varphi_2 - \varphi_1)] + \\
&\quad E_{10}E_{20}\cos[(\omega_0 + \omega_d + \omega_0)t + (\varphi_2 + \varphi_1)]\}
\end{aligned} \tag{7}$$

其中，ξ 为光电转换常数。

因光波频率 ω_0 甚高，上式的第一、二和四项中，光电检测器无法反应，第三项为拍频信号，频率较低，可采用光电池或其他光电器件接收。其光电流为

$$\begin{aligned}
i_S &= \xi\{E_{10}E_{20}\cos[(\omega_0 + \omega_d - \omega_0)t + (\varphi_2 - \varphi_1)]\} \\
&= \xi\{E_{10}E_{20}\cos[\omega_d t + (\varphi_2 - \varphi_1)]\}
\end{aligned} \tag{8}$$

拍频 F_R 为

$$F_R = \frac{\omega_d}{2\pi} = \frac{u}{d} = un_0 \tag{9}$$

其中，$n_0 = 1/d$ 为光栅密度，如 $n_0 = 1/d = 100$ 条/mm。

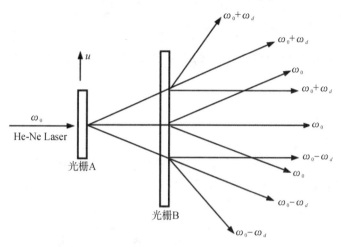

图 3　$k = 1$ 级衍射光的多普勒频移

4. 微弱振动位移量的检测

从(9)式可知,F_R 与光频率 ω_0 无关,且当光栅密度 n_0 为常数时,正比于光栅移动速度 u。若把光栅粘贴在音叉上,则音叉的振动速度就是光栅移动的速度 u,使光拍信号频率 F_R 随 u 的变化而周期性地变化,故微弱振动的位移振幅为

$$A = \frac{1}{2}\int_0^{\frac{T}{2}} u(t)\mathrm{d}t = \frac{1}{2}\int_0^{\frac{T}{2}} \frac{F_R(t)}{n_0}\mathrm{d}t = \frac{1}{2n_0}\int_0^{\frac{T}{2}} F_R(t)\mathrm{d}t \tag{10}$$

式中,T 为音叉振动周期,$\int_0^{\frac{T}{2}} F_R(t)\mathrm{d}t$ 表示 $T/2$ 时间内拍频波的个数。只要测得拍频波的波数,即可得到较弱振动的位移振幅,如图 4 所示。

图 4　示波器显示拍频波形

波形数由完整波形数、波的首数与尾数等三部分组成,可从示波器上读出。波形的分数部分不是一个完整波形的首数及尾数,需在波群的两端按反正弦函数折算为波形的分数部分,即

$$波形数 = 整数波形数 + 波的首数和尾数中满\frac{1}{2}或\frac{1}{4}或\frac{3}{4}个波形分数部分 + \frac{\arcsin a}{360°} + \frac{\arcsin b}{360°} \tag{11}$$

式中,a、b 为波群的首、尾幅度和该处完整波形的振幅之比。其中的波群指 $T/2$ 内的波形,分数波形数若满 1/2 个波形为 0.5,满 1/4 个波形为 0.25,满 3/4 个波形为 0.75。例如,在图 5 中的 $T/2$ 内,整数波形为 4,尾数分数部分已满 1/4 波形,则 $b = h/H = 0.6/1 = 0.6$,即

$$波形数 = 4 + 0.25 + \frac{\arcsin 0.6}{360°} = 4.25 + \frac{36.8°}{360°} = 4.35$$

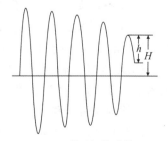

图 5　波形数的计算

【实验器材】

FB505 型双光栅微弱振动测量仪(含激光发射器、信号发生器、频率计、光电探测器等,配耳机),GDS-806C 型数字示波器。

【实验仪器描述】

1. 双光栅微弱振动测量仪

双光栅微弱振动测量仪把激光器、信号源、频率计、光电探测器等集为一体,面板上有可供操作的音叉、相关旋钮和输出接口等,如图 6 所示,Y_1 输出拍频信号,Y_2 为音叉驱动信号输出,X 向示波器提供"外触发"扫描信号。

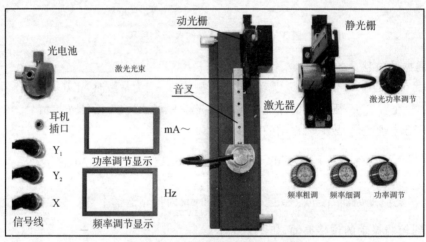

图 6　双光栅微弱振动测量仪面板

内置的激光器波长 635 nm,输出功率 0~0.3 mW。信号源为功率输出型,用于驱动音叉,输出功率 0~650 mW,频率在 120~950 Hz 内连续可调,分辨率为 0.1 Hz。频率计量程为 1 kHz,分辨率为 0.1 Hz。音叉的谐振频率约为 505 Hz。

2. 数字存储双踪示波器

连接线路,选择示波器的触发方式为外触发 Ext,按 Menu→F_2→External 操作,再按动 Auto set 键,由示波器自动完成扫描与触发,在屏幕上显示出稳定的波形。

【实验步骤与内容】

1. 仪器连接与示波器设置

(1)将双踪示波器 Y_1、Y_2、X(外触发输入)分别连接到测量仪 Y_1、Y_2(音叉激振信号)和 X(音叉激振驱动信号整形为方波,作示波器"外触发"信号)的输出接口上。

(2)示波器 Y 轴灵敏度 V/DIV 和时基 ms/DIV 置适中位置,触发方式置"外触发(Ext)",输入耦合方式置"AC",垂直方式开关置"ALT"(交替)和"AUTO"。

2. 几何光路调整

调节激光器固定架左右、上下旋钮作二维变化,使激光光束通过静光栅、动光栅,并使某一级衍射光对准光电池小孔,入射到光电池。配合调节光电池架手轮,然后锁紧。

调节信号源"功率调节"旋钮(刻度类似钟面)适中(反映功率的电流约为 100 mA),频率为 504～509 Hz,配合调节激光器输出功率及其左右、上下位移调节器,适当调节静光栅,同时观察示波器,可看到清晰无重叠的拍频波。

3. 双光栅调整

为了调整动光栅与静光栅刻痕的平行状态,可使两者尽可能接近,用一观察屏(如白纸)置于光电池架前,再缓慢转动光栅架,边调节、边观察,使两光束尽可能重合。

4. 音叉谐振调节

用手触及音叉顶部,若感觉音叉振幅太大,应适当减少信号源的输出功率。

保持信号源功率不变,调节信号源"频率粗调",使之在 505 Hz 附近,再调节"频率细调",边调节、边观察,当听到的声音最刺耳,波数最多时,则音叉处于谐振状态。示波器上观察到的半个周期,即 $T/2$ 内光拍的波数为最多(可达 15 个)。记录此时频率、屏幕上完整波的个数、不足一个完整波形的首、尾数值以及对应该处完整波形的振幅值。

若波形晃动,可操作示波器 Menu→F3→单次,用单次扫描的方法得到某一时刻的波形。若显示不了半周期的波数时,可通过移动 Position 对波数进行计数。

5. 测量外力驱动音叉时的谐振曲线

保持信号源输出功率不变,在音叉谐振点附近细调频率,测量音叉的振动频率与对应的信号振幅大小。频率间隔可取 0.1 Hz,选 8～10 个点,分别测出对应的波的个数,计算相应的振幅 A。

6. 研究谐振曲线的变化趋势

保持信号输出功率和频率不变,逐一将微小细棒插入音叉的 5 个不同位置,即改变配重物体的有效质量,再细调频率,研究谐振曲线的变化趋势。功率不可太大,如在"2 点"左右,以防振动过激将细棒弹出。其中,被测细棒质量约为 (0.033 ± 0.002) g。

7. 研究输出功率对应的电流谐振曲线的变化趋势

保持信号频率不变,调节输出功率,使反映功率的输出电流从 15 mA 开始,每隔 5 mA 测量一次波形数,直到 60 mA,研究输出功率对应的电流谐振曲线的变化趋势。

【数据记录与处理】

1. 输入信号频率对音叉振幅的影响

信号功率电流(以面板上的电流大小表征)$I =$ _____ mA。

次数	频率 f/Hz	波数($T/2$ 内)	振幅 A/μm	次数	频率 f/Hz	波数($T/2$ 内)	振幅 A/μm
1				6			
2				7			
⋮				⋮			
5				10			

求音叉谐振时光拍信号的平均频率。

求音叉共振时作微弱振动的位移振幅,并在坐标纸上画出音叉的频率-振幅曲线。

2. 输入信号功率对音叉振幅的影响

信号频率 $f =$ _____ Hz。

次数	功率电流 I/mA	$T/2$ 内波数	振幅 $A/\mu m$	次数	功率电流 I/mA	$T/2$ 内波数	振幅 $A/\mu m$
1				6			
2				7			
3				8			
4				9			
5				10			

作出音叉附加不同有效质量时的谐波曲线,定性讨论其变化趋势。

3. 音叉固有频率的变化

信号功率电流(以面板上的电流大小表征)$I =$ _____ mA。

位置	谐振频率 f/Hz	波数($T/2$ 内)	振幅 $A/\mu m$
1			
2			
3			
4			
5			

说明:只加一根细棒,使之处在 5 个不同位置。

4. 研究音叉的功率与振幅关系曲线

次数	功率指示 P/mA	波数	振幅 $A/\mu m$	次数	功率指示 P/mA	波数	振幅 $A/\mu m$
1				5			
2				6			
3				7			
4				8			

【注意事项】

1. 光栅为精密光学元件,请勿用手触摸其刻痕。

2. 激光器的输出强度在安全标准范围之内,但仍可能损伤视力,应避免激光束射到眼睛里。

【思考与练习】

1. 实验中,如何判断动光栅与静光栅的刻痕已处于平行状态?

2. 测量音叉振动频率与振幅关系曲线(外力驱动音叉谐振曲线)时,为何要固定信号功率?

3. 简述本实验采用的测量方法的优缺点。

4. 声呐的全称是什么? 说明其应用。

实验 45　迈克耳孙干涉仪的调整与使用

1881 年,迈克耳孙(A.A.Michelson,1852—1931)与助手莫雷(E.W.Morley,1838—1923)为研究"以太"是否存在,设计制造了世界上第一台用于光学精密测量的干涉仪——迈克耳孙干涉仪。1887 年,著名的迈克耳孙-莫雷实验否定了以太的存在,动摇了经典物理的"以太说",为狭义相对论的创立提供了重要的实验依据。直到爱因斯坦建立了相对论,科学家终于认识到以太是不存在的,至此,以太才退出历史的舞台。

迈克耳孙-莫雷实验使经典物理学所赖以建立的绝对时空观受到严重的挑战,与热辐射现象中的"紫外灾难",并称为"科学史上的两朵乌云"。

迈克耳孙干涉仪是许多近代干涉仪的原型,广泛应用于长度精密计量、光学平面的质量检验(可精确到十分之一波长左右)和高分辨率的光谱分析中。迈克耳孙因发明精密光学仪器,并借助这些仪器在光谱学和度量学的研究工作中作出了贡献,1907 年成为美国第一个诺贝尔物理学奖获得者,被爱因斯坦誉为"科学中的艺术家"。

光的干涉常见的有分波阵面干涉(如杨氏双缝干涉、洛埃镜)、分振幅干涉(如等厚干涉、等倾干涉、迈克耳孙干涉仪)和多光束干涉(如法布里-珀罗干涉仪)。

【实验目的】

1. 了解迈克耳孙干涉仪的结构和原理,并掌握其调节方法。
2. 观察等倾干涉、等厚干涉的条纹,区别定域干涉与非定域干涉。
3. 测定氦-氖(He-Ne)激光的波长。

【实验原理】

1. 点光源产生的非定域干涉

点光源 S 向空间发射球面波,从 M_1 和 M_2 反射后,可分别看成由两个光源 S_1 和 S_2' 发出,S_1、S_2' 至屏的距离分别为点光源 S 从 G_1 和 M_1(或 M_2 和 G_1)反射至屏的光程。S_1 与 S_2' 的距离为 M_1 与 M_2' 之间距离 d 的 2 倍。图 1 为简化的光路图。

虚光源 S_1 和 S_2' 发出的球面波在其相遇的空间处处相干,这种干涉为非定域干涉。若把屏放置在垂直 S_1 和 S_2' 连线上,则可观察到一组同心圆,圆心为 S_1 和 S_2' 连线与屏的交点。同一级干涉条纹上各点对虚光源 S_1S_2' 连线的倾角相同,这种干涉条纹又称为点光源等倾干涉条纹。

S_1、S_2' 分别到屏上任一点 A 的光程差 Δ 为

$$\Delta = S_1A - S_2'A$$
$$= \sqrt{(L+2d)^2+R^2} - \sqrt{L^2+R^2}$$

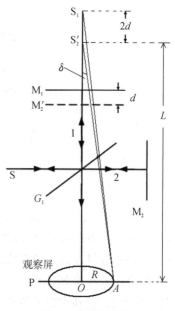

图 1　光路原理图

$$= \sqrt{L^2+R^2} \left(\sqrt{1+\frac{4Ld+4d^2}{L^2+R^2}}-1 \right) \tag{1}$$

由于 $L \gg d$，利用函数的幂指数展开式 $\sqrt{1+x}=1+\dfrac{1}{2}x-\dfrac{1}{2\cdot 4}x^2+\cdots(\mid x\mid\leqslant 1)$，忽略高次项，并应用三角函数关系，则上式简化为

$$\Delta = \sqrt{L^2+R^2} \times \left[\frac{1}{2} \times \frac{4Ld+4d^2}{L^2+R^2} - \frac{1}{8} \times \left(\frac{4Ld+4d^2}{L^2+R^2} \right)^2 + \cdots \right]$$

$$\approx 2d \times \frac{L}{\sqrt{L^2+R^2}} \left[1+\frac{d}{L} \times \frac{R^2}{(L^2+R^2)} \right]$$

$$= 2d\cos\delta \left(1+\frac{d}{L}\sin^2\delta \right) \tag{2}$$

略去二级无穷小量，得

$$\Delta = 2d\cos\delta \tag{3}$$

$$\Delta = 2d\cos\delta = \begin{cases} k\lambda & \text{(明纹)} \\ (2k+1)\lambda/2 & \text{(暗纹)} \end{cases} \tag{4}$$

对于非定域干涉，无论将观察屏 P 沿着 S_1S_2' 连线方向移动到什么位置，均可观察到干涉条纹。在不同位置，可观察到圆、椭圆、双曲线和直线状条纹。观察屏的空间与条纹亮度是有限的，一般容易观察到同心圆和椭圆的情况，如图 2 所示。

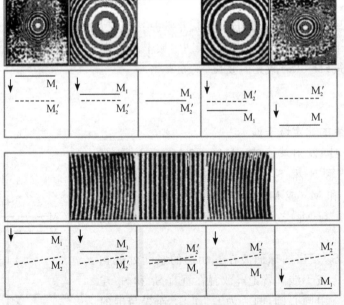

图 2　干涉图及其调整关系

(1)在 $\Delta=0$ 处，考虑到光线在 $M_1 M_2'$ 组成空气劈尖的不同界面产生反射时存在着半波损失，此时为暗干涉条纹，即交线处为暗条纹，称为中央条纹。当劈尖夹角很小时，干涉条纹由中心向外延伸，近似为直线和双曲线条纹。

(2)当连续移动 M_1 使 d 增大时，对于明条纹来说，相当于减小了与 k 对应的 δ（圆锥角），则圆心处 k 变大，其干涉级数也就越来越高。

对于 $\delta=0$ 的中央条纹，可观察到圆条纹一个个从中心"冒"出来，此时，光程差最大，即圆

心所对应的干涉级别最高。当 d 增大时,两亮环(或两暗环)间隔变小,条纹变细变密。反之,当 d 减小时,圆条纹一个个向中心"缩"进去,条纹变宽变疏。

（3）若保持观测第 k 级亮条纹,当改变 M_1 与 M_2' 位置使 d 增加时,要保持 $\Delta = 2d \cdot \cos\delta = k\lambda$ 不变,必然要减小 $\cos\delta$ 才能满足条件,则 δ 必须增大,意味着 d 增大所对应干涉亮条纹是"冒"出来的(即 d 增大,k 增大,条纹"冒"出)。

每当"冒出"或"缩进"一条纹时,光程差对应增加或减小一个 λ,只要观察"冒出"或"缩进"的条纹变化数 ΔN,即可由已知的波长 λ,求得 M_1 移动的距离 Δd,这就是干涉测长法原理。反之,若读出 M_1 移动距离 d,可求得光源波长 λ。其关系为

$$\Delta = 2(\Delta d) = (\Delta N)\lambda \tag{5}$$

干涉测长法可用于校准仪器传动系统的误差。

（4）若 G_1 和 G_2 的平行状态不佳,也会出现椭圆的干涉条纹。

2. 扩展的面光源产生的定域干涉*

当光源为扩展光源时,干涉条纹都有一定的位置,这种干涉称为定域干涉,有等倾干涉和等厚干涉两种情况。对于定域干涉的等倾干涉条纹,定位于无穷远,而定域干涉的等厚干涉条纹,定位于镜面附近(即薄膜干涉中的薄膜表层附近)。

3. 相干长度*

理论上,单色点光源经干涉仪后总能产生干涉现象,而实际并非如此。若 M_1 和 M_2' 的距离超过一定限度时就观察不到干涉条纹。为简单起见,考虑 $\delta = 0$ 情况,光程差 $\Delta = 2d$,可不断增加 d,当 d 增加到某一个值 d_{max} 时,就看不见干涉现象,这个最大光程差 $\Delta = 2d_{max}$,称为该光源的相干长度。

不同的光源有不同的相干长度,反映了点光源相干性的好坏。光源的单色性越好,相干长度越长。单模 He-Ne 激光器单色性很好,相干长度为几米到几十米。而钠光相干长度仅几厘米,白光相干长度则只有波长数量级。

【实验器材】

WSM-200A 型迈克耳孙干涉仪,HNL55700 型多束光纤激光光源等。

【实验仪器描述】

1. WSM-200A 型迈克耳孙干涉仪

（1）仪器特征

迈克耳孙干涉仪设计精巧,精确度高,读数分度值为 0.000 1 mm。如图 3 所示,由精密机械传动系统和四片精细磨制的光学镜片等组成,主要用于测量与干涉相关的物理量。

G_1 和 G_2 为两块相互平行、几何形状、材料和物理性能完全相同的平面玻璃,其后表面镀有半反射(半透明)金属膜(银、铬或铝)。其中,G_1 为分光板,可使入射光分成振幅(即光强)近似相等的一束透射光和一束反射光。G_2 为补偿板,起补偿光程的作用。

在出厂时,G_1 和 G_2 的平行状态已经校准好,请不要调节其后面的螺丝。

底座上有三个水平调节螺丝,用于导轨水平状态的调整。

M_1 和 M_2 是两块表面镀铬加氧化硅保护膜的反射平面镜。M_1 安装在可在导轨前后平移的拖板上,称为移动反射镜,M_2 固定在仪器上,称为固定反射镜,两者分别装在与 G_1、G_2 成 $45°$ 且彼此垂直的两臂上。

M₁ 和 M₂ 镜架背后各有三个调节螺丝,用来调节其倾斜方位。在调整干涉仪前,均匀地调节这些螺丝,使之松紧适度,不能过紧,以免减小调整范围。同时,可通过调节水平与垂直的拉簧螺丝进行细调,使干涉图像作上下和左右移动。

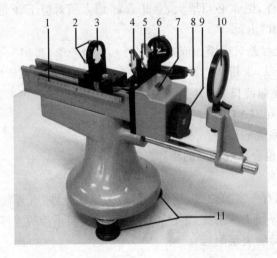

1—主尺
2—反射镜调节螺丝
3—移动反射镜 M₁
4—分光板 G₁
5—补偿板 G₂
6—固定反射镜 M₂
7—读数窗
8—水平拉簧螺钉
9—粗调手轮
10—观察屏
11—底座水平调节螺丝

图 3　迈克耳逊干涉仪

移动反射镜 M₁ 时,有三个读数部件确定其位置,如图 4 所示。

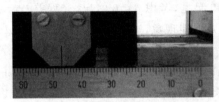

　　(a)毫米标尺　　　　　　　(b)读数窗　　　　　(c)度盘

图 4　读数部件

毫米标尺(主尺):粗调手轮共 100 分度,即每转一周,M₁ 在导轨上移动 1 mm,分度值为 1 mm,位于导轨的侧面。如图 4(a)所示。

读数窗:分度值为 0.01 mm。粗调值由读数窗口读取。如图 4(b)所示。

带刻度盘的微调手轮:微调手轮共 100 分度,即每转一周,M₁ 在导轨上移动 0.01 mm,分度值为 0.000 1 mm,可估读到 10^{-5} mm。如图 4(c)所示。

从大到小按顺序读数,即可确定 M₁ 的位置坐标,读数的格式为××.□□ * * *(mm),图 4 的读数为 47.202 79 mm。×、□、* 的数值分别从毫米标尺、读数窗口内刻度盘、微动手轮上刻度读出。

(2)迈克耳孙干涉仪的光路

如图 5 所示,光源 S 发出一束光线,光束经分光板 G₁ 后,被分为两束光线 1、2,这两束光线分别入射到全反射平面镜 M₁ 和 M₂,经其反射后,又会于分光板 G₁,并再次被 G₁ 分束,各有一束按原路返回光源,同时各有一束光线射向观察屏 P。光线 1、2 用分振幅法获得,为相干光束,因此,在观

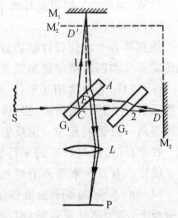

图 5　光路图

察屏 P 的方向可观察到干涉条纹,见图 5。

光路图中,补偿板 G_2 用于补偿光束 2 在 G_1 往返两次多走的光程,使干涉仪对不同波长的光可同时满足等光程,即两束相干光的光程差与波长完全无关。因此,对不同波长的光,完全可将 M_2 等效为 M_2',即 M_2' 是 M_2 被 G_1 上半透膜反射所成的虚像。在观测者看来,好像 M_2 位于 M_2' 处,并与 M_1 平行,在两者之间形成了一个空气薄膜,即干涉仪中产生的干涉与 M_1M_2' 间空气膜所产生的干涉是一样的。

由 M_1、M_2 反射的光为两束相干光,通常研究有实用价值的等倾干涉和等厚干涉。本实验主要观察点光源产生的非定域干涉条纹,并利用这种条纹测量光源的波长。

移动 M_1 可改变空气膜的厚度,当 M_1 接近 M_2' 使空气膜厚度减小,直至两者重合时,空气薄膜厚度为零。若 M_1 继续同向(如向下)移动,则 M_1 穿越到 M_2' 另一侧,空气膜出现在图中的下方。

由于分光板 G_1 存在色散作用,光程是波长 λ 的函数,因此,作定量检测时,没有补偿板的干涉仪只能用准单色光源,有了补偿板就可消除色散的影响。即使是带宽很宽的光源也会产生可分辨的条纹。

光源、反射镜、接收器(观察者)各处一方,根据需要,可在光路中方便地插入其他部件,测量相关的物理量,如折射率等,见下一个实验。

2. HNL55700 型多束光纤激光光源

本仪器为迈克耳孙干涉仪配套的激光光源,实验效果优于钠光灯。氦-氖激光器波长 632.8 nm,输出采用精密光学分束结构,通过高效传输性光纤,把光源一分为七,可同时供七台干涉仪作扩展光源使用。

因为采用光纤传输,其出射的激光已经扩束,实验时,不必另加扩束镜。扩束后的激光光强相对较弱,便于调整和用肉眼直接观察干涉现象,但切勿直视光纤的尾端。

【实验步骤与内容】

1. 仪器的调节

(1)水平调节。调节底座的三个螺丝,使导轨大致处于水平状态,然后锁紧。

(2)读数系统调节。转动粗调手轮,使拖板标志线指在主尺上 35 mm 范围内,以便于调出干涉条纹(M_2 镜至 G_1 的距离在此值附近,便于以后观察等厚干涉条纹),并试着练习读数。

(3)光源调整。利用专用托架安装光纤输出的扩束光源 S,使之与分光板 G_1、反射镜 M_2 的中心大致等高,且与 M_2 平面基本垂直,即等高、共轴。目测使之以大约 $45°$ 入射到分光板 G_1 的中部,均匀照亮 G_1 板。

2. 光路调整——非定域干涉条纹的调节

(1)M_1、M_2 垂直粗调。光源的光点由 M_1、M_2 反射后,照射在观察屏 P 上。

由于在观察屏上不便观察和调整,可以移开观察屏,眼睛在观察屏的位置,沿着 G_1、M_1 方向观察 G_1 里的光点。若光点较亮,可以用纸张遮住光源输出处,则光强会减弱很多。

可以看到两组四个较亮的光点,每组四个,中间两个较亮,旁边两个较暗,一组是 M_1 镜反射产生的,另一组是 M_2 镜反射产生的,细心调节 M_1 和 M_2 后面的三个调节螺丝进行粗调,以改变 M_1 和 M_2 镜法线的方位,使两组光斑尽量地重合,则 M_1 和 M_2 垂直。此时的光点有耀眼的感觉。经过扩束的光强较弱,但不宜用眼睛观察太久。

(2)观察干涉条纹。移入观察屏,在观察屏上可观察到圆环状非定域干涉条纹。否则,重复上述过程,直至观察屏上显示清晰的圆环状非定域干涉条纹。

(3)M₁、M₂ 垂直细调。调节 M₂ 镜座水平与垂直拉簧微调螺丝,使干涉条纹位置适中,圆环状干涉条纹清晰。移动 M₁ 时圆心应保持不动。这时可认为 M₁、M₂ 完全垂直,可进行测量。

(4)缓慢地旋转读数装置的微动手轮,使 M₁ 前后平移,可观察到条纹"冒出"或"缩进"现象。观察条纹的粗细、疏密与 d 的关系,体会非定域干涉的现象。

3. 利用非定域的干涉条纹测定 He-Ne 激光的波长

移动 M₁ 以改变 d 的大小,记下"冒出"或"缩进"的条纹数 ΔN,利用(5)式,即可计算出 λ。

开始读数时,记下 M₁ 的位置 d_1(一般主尺上的读数不变,只要记下两个转盘上的读数)。继续旋转微调手轮,数到条纹冒出(或缩进)50 个时,停止转动微调手轮,记下 M₁ 的位置 d_2,则 $\Delta d = |d_2 - d_1|$。

每累进 50 条纹读取一次数据,连续取 10 个数据,用逐差法处理,写出结果表达式。

4. 定域干涉的观察

略,不作要求。

【数据记录与处理】

1. 测定 He-Ne 激光的波长

i	移动条纹数 N	反射镜位置 d_i/mm	$\Delta d_i = |d_{i+5} - d_i|$/mm	$\lambda_i = 2\dfrac{\Delta d_i}{\Delta N}$/nm
1	10			
2	60			
3	110			
4	160			
5	210			
6	260			
7	310		$\Delta N = 250$	
8	360			$\overline{\lambda} =$
9	410		$\overline{\Delta d} =$	
10	460			

2. 数据处理

He-Ne 激光器的波长 $\lambda_0 = 632.8$ nm,仪器误差 $\Delta_0 = 0.000\ 05$ mm $= 50$ nm,用逐差法处理数据。

$$\overline{\Delta d} = \frac{1}{5}\sum_{i=1}^{5}|d_{i+5} - d_i|,\quad S_{\Delta d} = \sqrt{\sum_{i=1}^{n}(\Delta d_i - \overline{\Delta d})^2/(n-1)},\quad \overline{S_{\Delta d}} = S_{\Delta d}/\sqrt{n},$$

$$\overline{\lambda} = \frac{2\,\overline{\Delta d}}{\Delta N},\quad \overline{\sigma_{\Delta d}} = \sqrt{S_{\Delta d}^2 + \Delta_0^2},\quad \sigma_\lambda = \frac{\partial \lambda}{\partial \Delta d} \times \overline{\sigma_{\Delta d}}$$

测量结果为 $\lambda = \overline{\lambda} \pm \sigma_\lambda$(nm),相对误差为 $E_r = (|\lambda - \lambda_0|/\lambda_0) \times 100\%$。

【注意事项】

1. 激光能量集中,应谨防它对人眼的伤害。其电源为高压,不要触及内部,谨防触电。

2. 多束光纤激光源中的光纤为光传输介质,容易碎断,谨防摔落,可适当弯曲,但不可用力拉拔或垂直折弯。

3. 出厂时,G_1 与 G_2 背后的螺丝已经校准好,不得再调节,这是保证其平行的前提。

4. 迈克耳孙干涉仪为精密光学测量仪器,各光学表面必须保持清洁,不得用手、布或纸张(包括镜头纸)等触摸或擦拭,只可采取专业方法清洗。

5. 在调节和测量过程中,要避免振动,耐心调节。转动手轮时,用力适度、轻缓、且均匀,以免影响测量精度,甚至损坏仪器。每次测量必须沿同一方向缓慢旋转手轮(粗调或微调),以免引进螺距的回程误差。测量时,不再调节反射镜后面的螺丝。

6. 实验结束,应把反射镜 M_1 和 M_2 镜架背后上的三个调节螺丝稍微拧松,使其不受应力影响而损坏。若螺丝过紧,会影响调整范围;若过松,容易松落。

【思考与练习】

1. 对非定域干涉和定域干涉观察方法有何不同?观察等厚干涉条纹时,能否用点光源?

2. 根据什么现象判断 M_1 和 M_2' 平行?总结迈克耳孙干涉仪调节的方法和技巧。

3. 点光源照射时看到的干涉图与牛顿环实验中看到的干涉图,从现象上看有何共同之处?从本质上看,有何异同点?

> 　　提出一个问题往往比解决一个问题更重要,因为解决问题也许仅是一个数学上或实验上的技能而已,而提出新的问题,新的可能性,从新的角度去看旧的问题,却需要有创造性的想象力,而且标志着科学的真正进步。
>
> ——爱因斯坦

实验 46　用迈克耳孙干涉仪测量空气折射率

迈克耳孙干涉仪的两束相干光在空间各有一段光路是分开的,在其中一支光路中放进被研究对象而不影响另一支光路,为测量气体折射率提供了另一种思路和方法。采用迈克耳孙干涉仪测量空气折射率,具有设备简单、操作方便等优点。

空气在 20 ℃、1 个大气压时,对 D 线钠黄光(取 $\lambda = 589.3$ nm)的折射率为 1.000 272,对各种波长的光都非常接近于 1。在工程光学中,通常把空气折射率当作 1,而其他介质的折射率就是对空气的相对折射率,反映了该介质对真空的相对折射能力。

折射率的测量在塑料、宝石、油脂和香油等行业具有重要的应用。

【实验目的】

1. 进一步熟悉迈克耳孙干涉仪的使用。
2. 掌握采用迈克耳孙干涉仪测量气体折射率的方法。

【实验原理】

在迈克耳孙干涉仪中,当光垂直入射,分别经过定反射镜 M_2 和动反射镜 M_1 反射后,两束光投射到接收屏 P 上,由图 1 可知,两光束的光程差 Δ 为

$$\Delta = 2(n_1 L_1 - n_2 L_2) \tag{1}$$

式中,n_1 和 n_2 分别为路程 L_1 和 L_2 上介质的折射率。可见,两相干光束的光程差 Δ 不仅与光线经过的几何路程 L 有关,还与路程上介质的折射率 n 有关。

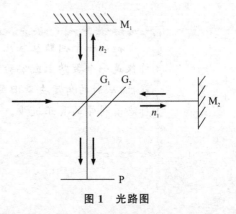

图 1　光路图

若单色光源在真空中波长为 λ_0,产生相长干涉的条件为光程差 Δ 满足下列条件

$$\Delta = k\lambda_0, k = 0, 1, 2, \cdots \tag{2}$$

此时,在接收屏呈现的是亮条纹。

若路程 L_1 上的介质折射率改变了 Δn_1 时,光程差 Δ 的相应变化,将引起干涉条纹数变化 Δk,由(1)式和(2)式得

$$\Delta n_1 = \frac{\Delta k \lambda_0}{2L_1} \tag{3}$$

由(3)式可见,若测出接收屏上某一处干涉条纹的变化数 Δk,即可测出光路中折射率的微小变化量 Δn。

在温度为 15～30 ℃时,空气折射率通常可表示为

$$(n-1)_{t,p} = \frac{2.879\ 3p}{1+0.003\ 67t} \times 10^{-9} \tag{4}$$

式中,温度 t 单位为 ℃,压强 p 单位为 Pa。在一定温度 t 下,气体折射率变化量 Δn 与气压变化量 Δp 成正比,即

$$\left|\frac{\Delta n}{\Delta p}\right| = \frac{n-1}{p} = 常数 \tag{5}$$

在迈克耳孙干涉仪其中一个臂中插入一个已知长度的密封气室,作为该臂光路的一部分,如图 2 所示。利用气囊对气室鼓气,使其压强变化 Δp,则气体折射率将变化 Δn;若屏上某一点(通常选取条纹中心)条纹变化数为 m,由(3)式可知

$$\Delta n = \frac{m\lambda_0}{2L} \tag{6}$$

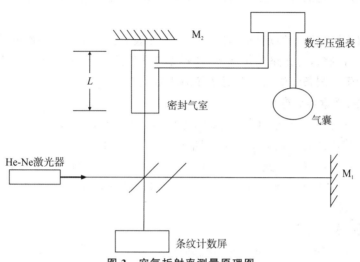

图 2　空气折射率测量原理图

由(5)式和(6)式,可得

$$n = 1 + \frac{m\lambda_0}{2L} \cdot \frac{p}{\Delta p} \tag{7}$$

可见,只要测出管内压强由 p_1 变到 p_2 时对应的条纹变化数 m,即可计算压强为 p 时的空气折射率 n,而不必从 0 开始测量管内压强。

【实验器材】

WSM-200A 型迈克耳孙干涉仪,WAN-12B 型数显空气折射率测量仪(密封气室、数显压强表),He-Ne 激光器,扩束透镜等。

【实验仪器描述】

WAN-12B 型数显空气折射率测量仪由一定长度的密封气室与连通的气囊、数字压强仪等组成,与迈克耳孙干涉仪配套使用。

使用时,将气室组件置于导轨上,作为光路的一部分。接通电源,数字压强仪液晶屏显示".000"(MPa)。

关闭气囊上的阀门,鼓气使气压值大于 0.09 MPa,读出数字仪表的数值 p_2。

微开阀门,缓慢放气,当干涉条纹"吞吐"m 个时,记下数字仪表的数值 p_1,即可计算管内气体的折射率(这里取 0.09 MPa,可使 m 达到 60 以上)。

数显压强表的读数为气室压强高于环境大气压强的差值,使气室压强不必从 0 计算。

仪器测量范围为 0～0.12 MPa(与环境大气压的压差),仪器精度为 2.5%。

【实验步骤与内容】

1. 调整光路,观察干涉条纹

将干涉仪 M_1 臂适当延长,并将 M_2 预先移到大于气室长度 110 cm 的位置,调节迈克耳孙干涉仪光路,使毛玻璃屏上出现清晰的干涉圆条纹。

2. 安装密封气室,细调光路

在干涉仪主尺导轨的 M_2 支路上加入一个长为 L、与气囊相连的密封气室,作为该臂光路的一部分。

调节干涉仪光路观察干涉现象时,因气室的通光玻璃窗可能产生多次反射光点,可按照干涉仪调节方法进行判断,对光路稍作调节,观察光点发生的变化,使之产生非定域干涉圆条纹,并使接收屏上的干涉圆条纹清晰。此时条纹略为变细。

3. 改变压强,观察条纹变化

利用气囊对密封气室鼓气,使管内压强增加 Δp(显示的是与环境大气压的差值),且 Δp 大于 0.09 MPa,读出此时压强值 $p+\Delta p$(即加压后压强 p_2)。

微调阀门,使之缓慢放气,此时,可在接收屏上看到条纹"吞吐"变化的情况。对条纹变化计数,当条纹"吞进"或"吐出"数为 m(如取 $m=60$)时,即刻关闭气门,读出此时对应的管内压强 p_1(即放气后压强 p_1)。

4. 多次测量,求折射率

重复上一步骤,测量几个不同压强对应的数据。求出条纹移动均为 m 时,管内压强对应的变化值 $\Delta p=p_2-p_1$ 的平均值 $\overline{\Delta p}$,计算空气的折射率或折射率变化值 Δn。

【数据记录与处理】

1. 空气折射率的测量

环境大气压 $p_b=$ _____ Pa, $L=$ _____ mm, $\lambda_0=$ _____ mm, $m=$ _____, 理论值 $n=$ _____。

次数 i / 压强/MPa	1	2	3	4	5	6	7	8
加压后 p_2								
放气后 p_1								
$\Delta p=p_2-p_1$								
平均值 $\overline{\Delta p}$								

2. 由(7)式,计算空气折射率及其相对误差。

【思考与练习】

1. 采用本实验的方法,能否用于测量其他气体的折射率?

2. 在鼓气之后放气时,可看到在观察屏上某一点处有条纹移过,在该点处的光强如何变化?

【补充材料】

空气折射率与压强的关系

设某气体的密度为 ρ，折射率为 n，根据洛伦兹公式有

$$\frac{1}{\rho} \cdot \frac{n^2-1}{n^2+2} = \frac{1}{\rho} \cdot \frac{(n-1)(n+1)}{n^2+2} = c \tag{1}$$

因为气体的折射率 n 近似地等于 1，而与气体的状态无关。

$$n-1 = c' \cdot \rho \tag{2}$$

当气体的密度改变 $\Delta\rho$ 时，折射率相应改变 Δn，有

$$c' = \frac{\Delta n}{\Delta \rho} \tag{3}$$

代入式（2），得

$$n-1 = \frac{\Delta n}{\Delta \rho} \cdot \rho \tag{4}$$

气体的密度 ρ 与其压强 p、体积 V、温度 T 的关系服从气体状态方程

$$pV = \frac{m}{\mu} RT \tag{5}$$

式中 m 为气体质量，μ 为一摩尔气体的质量，R 为普适气体常数。故

$$\rho = \frac{m}{V} = \frac{\mu p}{RT} \tag{6}$$

实验中，把气体装到干涉仪的密封管（体积为 V）中，保持温度 T 不变，用抽气机抽去一部分气体，使气体的密度由 ρ 变为 $\rho-\Delta\rho$，相应地压强由 p 变为 $p-\Delta p$，则

$$\frac{\rho}{\Delta\rho} = \frac{p}{\Delta p} \tag{7}$$

代入（4）式，得

$$n-1 = \frac{\Delta n}{\Delta p} p \tag{8}$$

> 光明的中国，让我的生命为你燃烧吧。
>
> 古往今来，凡成就事业、对人类有作为的，无一不是脚踏实地、艰苦登攀的结果。
>
> 　　　　　　　　　　　　　　　　　　——钱三强

实验 47　密立根油滴实验

1910—1917 年,密立根(R. A. Millikan,1868—1953)应用油滴实验方法,精确地测量了元电荷 e 值,证明了电荷 q 的不连续性(即量子性,$q = ne$,n 为整数),获 1923 年诺贝尔物理学奖。元电荷 e 的测定方法为电子论建立了直接的实验基础,为从实验上测定电子质量、普朗克常量等提供了可能性。

密立根油滴实验基于经典力学的方法,揭示了微观粒子的量子本性。实验构思巧妙,设备和方法简单,富有创造性,且结果准确,堪称实验物理的典范,在近代物理学发展史上具有重要的意义。据此方法,还可研究粉尘的粒径及带电量等。

【实验目的】

1. 观测带电油滴在静电场和重力场中的运动,验证电荷的"量子性"。
2. 利用密立根油滴仪测量元电荷量,理解微观量的一种宏观测量方法。
3. 观察油滴仪的构造,了解其设计思路与实验方法。

【实验原理】

1. 平衡测量法

(1)油滴受力分析

用喷雾器将油滴喷入两块相距为 d 的水平放置的平行极板之间,由于摩擦,喷入的油滴一般都是带电的。

设油滴质量为 m,所带电量为 q,两极板间的电压为 U,则油滴在平行极板间受到重力 mg、静电力 qE、空气阻力以及空气浮力的作用。

通过调节两极板间的电压 U,可使油滴相对静止,为重力和静电力平衡情况,如图 1 所示。即

$$mg = qU/d \tag{1}$$

若已知 U 和 d,并测量出油滴的质量 m 时,即可计算油滴所带的电量 q。

因为 m 很小,需要用如下特殊的方法来测定。

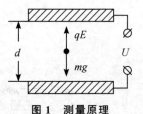

图 1　测量原理

(2)油滴质量的测定

平行极板未加电压时,油滴受重力作用而下降。由于空气的黏滞阻力与油滴的速度成正比,油滴下落一小段距离达到某一速度后,阻力与重力平衡,油滴将匀速下降。

由于表面张力的影响,油滴总是呈微小球状,则空气浮力可忽略不计。由斯托克斯定律,可知

$$mg = 6\pi r \eta v_g \tag{2}$$

式中,η 为空气黏度,r 为油滴半径,v_g 为油滴运动速度,黏滞阻力为 $6\pi r \eta v_g$。

若油滴的密度为 ρ,则油滴的质量可表示为

$$m = \frac{4}{3}\pi r^3 \rho \tag{3}$$

由(2)式和(3)式,得到油滴的半径

$$r = \sqrt{\frac{9\eta v_g}{2\rho g}} \tag{4}$$

斯托克斯定律是以连续介质为前提的,对于半径小到 10^{-6} m 数量级的微小油滴,已不能将空气看作连续介质,空气的黏度应作如下修正

$$\eta' = \frac{\eta}{1 + \dfrac{b}{pr}} \tag{5}$$

修正常数 b、大气压强 p 单位分别为 mPa 和 Pa;用(5)式 η' 代替(4)式的 η,得

$$r = \sqrt{\frac{9\eta v_g}{2\rho g} \cdot \frac{1}{1 + \dfrac{b}{pr}}} \tag{6}$$

根号中仍包含油滴半径 r,因为位于修正项中,不需要十分精确,故仍可采用(4)式计算。将(6)式代入(3)式,得

$$m = \frac{4}{3}\pi \left(\frac{9\eta v_g}{2\rho g} \cdot \frac{1}{1 + \dfrac{b}{pr}} \right)^{\frac{3}{2}} \rho \tag{7}$$

(3)油滴电量的计算

油滴匀速下降时,可用下面方法测量其收尾速度 v_g。

$$v_g = \frac{l}{t_g} \tag{8}$$

这里为极板间电压 $U=0$,油滴匀速下降 l 距离,经过时间 t_g 的情况。

将(8)式代入(7)式,再代入(1)式,并整理得

$$q = \frac{18\pi}{\sqrt{2\rho g}} \left(\frac{\eta \cdot l}{t_g \left(1 + \dfrac{b}{pr} \right)} \right)^{\frac{3}{2}} \cdot \frac{d}{U} \tag{9}$$

上式就是采用平衡法测定油滴所带电荷的计算公式。

其中,空气黏度 $\eta = 1.83 \times 10^{-5}$ kg·m^{-1}·s^{-1},油滴匀速下降距离取 $l = 2.0 \times 10^{-3}$ m,油滴密度 $\rho = 981$ kg·m^{-3}($t = 20$ ℃),重力加速度取 $g = 9.80$ m·s^{-2},大气压强取 $p = 758.00$ mmHg,平行极板间距 $d = 5.00 \times 10^{-3}$ m,修正常数 $b = 6.17 \times 10^{-6}$ m·cmHg $= 8.23 \times 10^{-3}$ mPa。

油滴半径为

$$r = \sqrt{\frac{9\eta l}{2\rho g t_g}} = \frac{4.15 \times 10^{-6}}{\left[t_g \left(1 + 0.02\sqrt{t_g} \right) \right]^{\frac{1}{2}}} \text{(m)} \tag{10}$$

其中,质量 $m = \frac{4}{3}\pi r^3 \rho = 4.09 \times 10^3 \cdot r^3$ kg。代入(9)式,则油滴所带电量为

$$q = \frac{1.43 \times 10^{-14}}{\left[t_g \left(1 + 0.02\sqrt{t_g} \right) \right]^{\frac{3}{2}}} \cdot \frac{1}{U} \text{(C)} \tag{11}$$

可见,只要测出油滴在动态平衡不动时的电压 U 和油滴在不加电场时匀速下降 l(取 2.0×10^{-3} m 对应分刻板四小格)所用时间 t_g,即可计算出油滴所带的电量 q,从而推算出电子电

荷 e。故(11)式为实验的计算公式。

由于油的密度 ρ 和空气的黏度 η 均为温度的函数，重力加速度 g 和大气压强 p 又随实验地点和条件的变化而变化，因此，上式的计算是近似的。在一般条件下，这样计算引起的误差约为 1%，就实验教学而言，运算简便，是可取的。

(4)电子电量 e 的计算

实验结果表明，对不同油滴的电量进行测量，所测油滴的电量 $q_1, q_2, \cdots, q_n$ 都是某一特定值的整数倍，这个特定值就是元电荷，即电子电量 e。e 值等于 $(q_1, q_2, \cdots, q_n)$ 的最大公约数。

2. 动态(非平衡)测量法*

在平衡测量法中，公式(11)是在油滴相对静止 $qE = mg$ 条件下推导的。

在两极板间加一适当电压 U_E，若 $qE > mg$，且两者反向，则油滴将加速上升，油滴向上运动同样会受到与速度成正比的空气阻力的作用。当其速度增大到某一数值 v_E 后，作用在油滴上的电场力、重力和阻力三者达到平衡，此后油滴将以速度 v_E 匀速上升，则

$$q \cdot \frac{U_E}{d} = mg + 6\pi\gamma\eta v_E \tag{12}$$

若去掉两极板间所加的电压 U_E，油滴将在重力作用下加速下降。当空气阻力和重力平衡时，$mg = 6\pi r\eta v_g$，其中的 v_g 为去掉 U_E 后油滴的速度。代入(12)式，得

$$q = mg \frac{d}{U_E}\left(1 + \frac{v_E}{v_g}\right) \tag{13}$$

实验时，若油滴匀速下降和匀速上升的距离相等，均为 l，匀速上升的时间为 t_E，匀速下降的时间为 t_g，则

$$v_E = \frac{l}{t_E}, \quad v_g = \frac{l}{t_g} \tag{14}$$

将(7)式和(14)式代入(13)式，得

$$q = \frac{18\pi}{\sqrt{2\rho g}}\left(\frac{\eta l}{t_g\left(1 + \frac{b}{pr}\right)}\right)^{\frac{3}{2}} \cdot \frac{d}{U_E}\left(1 + \frac{t_g}{t_E}\right) \tag{15}$$

上式为采用动态测量法测定油滴所带电量的计算公式。

【实验器材】

P67101 型密立根油滴实验仪，黑白监视器，油滴喷雾器等。

【实验仪器描述】

密立根油滴仪由 CCD 一体化的测量控制系统和监视器组成，如图 2 所示。

控制系统由油滴盒、防风罩、照明装置、CCD 测量显微镜、调平螺丝、计时器和供电系统等组成。油滴盒 1 由两块经过精磨的平行极板组成，间距为 5.00 mm，上极板的中央有一个 Φ0.4 mm 的小孔，油滴从油雾室 3 经油雾孔落入小孔，进入上下电极之间。板极间由高亮度发光二极管照明。油滴盒放在防风罩 2 内，以防止周围空气流动对油滴的影响。防风罩上面是油雾室，油雾室下面有一个可拉动的阀门，打开后油滴方可通过油雾孔落入油滴盒的板极之间。

防风罩前装有 CCD 测量显微镜 4，通过绝缘环上的观察孔观察平行极板间的油滴。油滴的

图像经 CCD 成像,信号通过视频输出 13 传输到监视器。调节调焦手轮 5,利用监视器可清晰地观察油滴运动情况。屏幕上分度的每小格代表视场中 0.500 mm,4 小格相当于 2.00 mm。

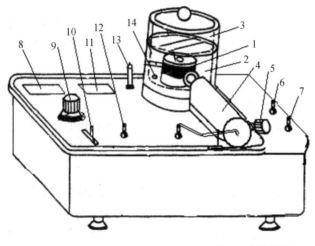

1—油滴盒及其照明系统
2—有机玻璃防风罩
3—有机玻璃油雾室及其拨动开关
4—CCD 显微镜系统
5—调焦手轮
6—计时控制开关
7—时间复位开关
8—数字电压表
9—工作电压调节旋钮
10—工作电压控制开关(上、平衡、下)
11—时间显示数字窗口
12—电源开关
13—视频信号输出(外接监视器)
14—水准泡(在防风罩内)

图 2　实验装置

油滴的运动时间,可通过操作实验仪内置的数字计时器进行计时。

防风罩内还有一水准泡 14,可通过实验箱下的前脚螺丝调节,使电极板处于水平。

仪器内部的电源部分提供四种直流电压,这里介绍其中的两种。

(1)板极工作电压:提供板极所需的电压,最大为 500 V,使两极板间产生电场。该电压由工作电压调节旋钮 9 连续调节,电压值从数字电压表 8 显示。

电极的工作电压由控制开关 10 选择,开关分为三挡:"平衡(BALANCE)"挡提供极板的平衡电压,"下落(DOWN)"挡撤销平衡电压,使油滴自由下落;"提升(UP)"挡是在平衡电压上叠加了一个 200 V 左右的提升电压,把油滴从板极下面(视场下方)在较高电压作用下向上运动,为下次测量做好准备。

(2)提升电压:约 200 V 左右的直流电压,用于把待测油滴升高到起始的测量位置。

【实验步骤与内容】

1. 调节仪器

(1)平稳放置仪器,调节调平螺丝,使水准泡 14 指示水平,保证平行极板为水平状态(即电场力与重力方向一致)。将工作电压控制开关 10 置于"平衡"位置,旋转平衡电压旋钮 9,将平衡电压调至 200~300 V,预热约 10 min,为测量做好准备。

(2)利用预热的等待时间,将油从油雾室旁的喷雾口喷入(喷一次即可),微调 CCD 测量显微镜的调焦手轮 5,可从监视器上观察到大量清晰的油滴,如夜空繁星。

若油滴斜向运动,可松开锁紧螺丝并转动显微镜,使油滴的运动处于垂直方向。

2. 平衡法实验练习

(1)练习控制油滴(掌握观察和控制油滴的方法)

将油滴喷入,在视场中观察油滴的运动。当剩下几个缓慢运动的油滴时,选择其中一个,仔细微调平衡电压,使这颗油滴静止不动,此时的油滴只受到重力和电场力的作用。然后撤销平衡电压(DOWN),让其自由下降,下降一段距离后再加上"提升 UP"电压,使油滴上升。如此多次地反复练习,以掌握控制油滴的方法。

若发现油滴逐渐变得模糊,可适当微调显微镜的调焦手轮,跟踪油滴,使油滴保持清晰。

(2)练习测量(油滴运动的时间)

利用平衡电压和提升电压使选中的油滴上升到接近上极板,再去掉电压,观察油滴下降并通过某一刻线时立即启动计时器 6 计时,记录下降 4 格(2 mm)所用的时间,反复几次,熟练掌握测量时间的方法。

要做好本实验,选择合适的油滴很重要。虽然体积大的油滴比较明亮,带的电量一般较多,下降速度也就较快,时间不易准确测量。若选择的油滴太小,则布朗运动明显。通常可以选择平衡电压在 200 V 以上,约 20 s 内匀速下降 2 mm 的油滴,其大小和带电量都较为合适。

3. 正式测量

(1)平衡(静态)测量法

由(11)式可知,平衡测量法需要测量三个量,即平衡电压 U,油滴匀速下降一段距离 l 所用的时间 t_g 和大气压强 p。p 可从气压计直接读出,气压计的单位为毫米汞柱。

为了判断油滴是否平衡,在调节平衡电压时,一般将油滴调整在分划板上某条横线附近,借助刻线,便于判断此油滴是否处于平衡状态。

①为保证油滴匀速下降,按动计时器测量时间 t_g 时要有思想准备。应先加提升电压,将静止油滴移动到上极板附近,撤销电压后让其自由下降约 1 格后,再开始测量。

选定测量的距离 l 应在平行极板的中间,即屏幕视场中部。若过于靠近上极板,小孔附近有气流,电场也不均匀,会影响测量结果。过于靠近下极板,测量完时间后,油滴容易丢失,影响重复测量。一般取 $l=2$ mm(屏幕 4 格)较为合适。

②测量时间 t_g 后,不要急着记录数据,应在板极上先加工作电压,使油滴平衡(静止),为下一次测量做准备,再进行记录。

因为 t_g 变化较大,对同一个油滴应进行多次测量,即每次测量时都要重新微调平衡电压后,再进行下一次的时间测量。

平衡电压和自由下落时间分别由数字电压表和时间指示窗口读数。

(2)测量步骤小结

调整水平→设定平衡电压→喷入油滴→聚焦调节→选择油滴→微调平衡电压→提升电压→撤销板极电压→时间测量→加平衡电压→记录数据→时间复位……

微调平衡电压→提升电压→撤销板极电压→计时→记录→复位……

(3)动态测量法 *

由(12)式可知,在动态测量法中,也需要测量三个量,除大气压强 p 外,还有油滴通过相同距离所用时间 t_g 和 t_E。

选择一个平衡电压约 200 V,匀速下降 2 mm 所用时间为 15～30 s 的油滴,先撤掉极板电压,测出时间 t_g;然后,在极板上加约 400 V 电压,使油滴反转运动,再测量时间 t_E。t_g 和 t_E 交替进行,连续测量 5～10 次,并分别求出其平均值。

【注意事项】

1. 电路系统有高压,请勿随意打开油雾室或接触有关电路接头。

2. 喷雾器中注油不能太多,最多 5 mm 深。喷雾时,喷雾器应竖拿,对准油雾室的喷雾口,用力按压气囊,喷一下即可。喷得太多,容易堵塞小孔。切勿将喷雾器插入油雾室,甚至将油倒出来,否则会把油滴盒周围弄脏,甚至把落油孔堵塞。实验用油为钟表油,要及时盖好瓶盖,与喷雾器一起放在不易碰倒的地方。

3. 对油滴进行跟踪测量过程中,应经常微调 CCD 显微镜,对油滴聚焦,以保证油滴清晰。

4. 为清晰地观测油滴,应在环境亮度较暗的场合,并把监视器的对比度调到最大。

5. 每完成 1 次时间测量,要及时记录平衡电压和时间。进行下一次时间测量前,记得把时间读数复位,为再次测量做好准备。

【数据记录与处理】

1. 数据记录表格

选择 6 个油滴,各测量 5 次。

油滴号 i	平衡电压 U_i/V	匀速运动时间 t_g/s	油滴号 i	平衡电压 U_i/V	匀速运动时间 t_g/s
1	…	…	4	…	…
2	…	…	5	…	…
3	…	…	6	…	…

2. 数据处理

为了证明 $q=ne$ 成立,并求出元电荷 e 值,常用的处理方法有多种。

(1)逐差法:就是对测得的各个油滴电量求最大公约数,这个最大公约数就是电子电荷 e 值。如果实验技术不熟练,测量误差可能比较大,想要求出 q 的最大公约数是比较困难的。

(2)作图法:以纵坐标表示电量 q,横坐标表示电子个数 n,在图中找出一条通过原点的直线,使各个油滴所带的电量 q 与正整数 n 的交点都位于这条直线上(因测量有误差,交点应分布在该直线的两侧,并且很靠近直线)。这条直线的斜率就是元电荷 e 值。这种方法必须测出大量油滴的数据,作为教学实验,是不现实的。

(3)倒过来验证法:这是一种电荷量子化的验证方法,即承认 $q=ne$,且 $e \approx 1.602 \times 10^{-19}$ C,用实验测得的电量 q 除以公认的电子电荷值 e,得到一个接近于某一整数的数值,此整数就是油滴所带的元电荷数目 n,再用实验测得的电量除以这个 n 值,即可得到电子的电荷 e 值。

这种方法处理数据只能作为一种实验验证,仅在油滴带电量比较少(少数几个电子)时采用,特别适合作为教学。对于不同的油滴,计算出的电量是一些不连续变化的值,存在 $q_i=n_i e$ 的关系,n_i 为整数。对于同一个油滴,通过紫外线照射后,可改变其所带的电量。如果要使油滴再次达到平衡,此平衡电压必须是某些特定的值 U_i,即满足 $q=mgd/U_i=ne$ 关系,n 也为整数。这就表明了电量存在着最小的电荷单位,即电子电荷 e 值。

油滴号 i	平衡电压 $\bar{U}_i$/V	匀速运动时间 $\bar{t}_g$/s	油滴电量 $\bar{q}_i/10^{-19}$C	电荷数 $\bar{n}_i$	量子化整数 $[\bar{n}_i]$	电子电荷 $\bar{e}_i/10^{-19}$C
1						
⋮						
6						

将各油滴的数据分别代入公式(9),求出油滴电量的平均值 $\bar{q}_i$。由式 $\bar{q}_i = \bar{n}_i e$,求比值 $\bar{n}_i$ 并取整 $[\bar{n}_i]$,再代入 $q = ne$,计算出对应的电子电荷 $\bar{e}_i$。求平均值 $\bar{e}$,并与公认值 e 比较,计算相对误差 E。

【思考与练习】

1. 油滴盒内两平行极板不水平,对测量有何什么影响?

2. 为什么要测量油滴匀速运动的速度?在实验中怎样才能保证油滴做匀速运动?

3. 实验中应选择什么样的油滴用于测量?如何选择?

4. 喷油时"平衡电压"拨动开关应该处在什么位置?为什么?

5. "升降电压"拨动开关起什么作用?测量平衡电压时,应处于什么位置?

6. 两极板加电压后,油滴有的向上运动,有的向下运动,要使某一油滴静止,需调节什么电压?若要改变该静止油滴在视场中的位置,需调节什么电压?

7. 油滴下落极快,说明什么?若平衡电压太小,又说明什么?

8. 为了减小计时误差,油滴下落是否越慢越好?为什么?

9. 若一个油滴测量过程中发现平衡电压有显著变化,说明什么?若平衡电压在不大的范围内逐渐变小,又说明什么问题?

【补充材料】

玻璃喷雾器使用说明

喷雾器的基本原理是虹吸原理,与普通气囊不同,使用时应掌握其操作技巧。

(1)从油瓶里吸取少许专用油,液面约 3 mm 高即可,切勿高于出气管。喷入油滴仪的油雾不要太多,稍微用力按压一次即可。

(2)喷雾器的喷嘴比较脆弱,一般将其置于油滴仪的油雾杯圆孔外 1～2 mm 喷油即可,不得伸入油雾室内。

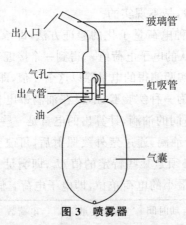

图 3　喷雾器

(3)每次使用后,应马上把喷雾器立起放置好,不要随便摆置,以免剩余的油泄漏到实验台上。

(4)喷雾器用毕,应将剩余的油注入油瓶中,并空捏几次,以清空喷雾器。

实验 48　光电效应与普朗克常量的测定

普朗克(M. Planck,1858—1947)为解决黑体辐射能量分布,于 1900 年 12 月 14 日提出了"能量子"假设及其理论,这一天被称为量子力学的生日。普朗克常量 h 成为体现量子规律性的一个普适常量,用以描述量子大小,可用光电效应法求出。

光电效应是赫兹(G. Hertz,1857—1894)在验证电磁波的同时,于 1887 年意外发现的。1905 年爱因斯坦(A. Einstein,1879—1955)受他们的启发,引入了"光量子(光子)"假说,按照能量守恒原理,提出了光电效应方程,成功地解释了光电效应。

1916 年,密立根首次用油滴实验验证了光电效应方程,较为准确地测出 h 值。普朗克、爱因斯坦和密立根先后于 1918 年、1921 年和 1923 年获诺贝尔物理学奖。

利用光电效应制成了光电管、光电池、光电倍增管等各种光电器件。例如,勒纳发明的光电管实际上就是真空三极管的雏形。

【实验目的】

1. 了解光电效应的基本规律,验证爱因斯坦光电效应方程。
2. 掌握用光电效应法测定普朗克常量。

【实验原理】

光电效应是具有能量与动量的光电子打击物质表面,电路中释放电子(光电子)而产生电流或电流变化的现象。当被照射体与阳极之间存在一定的电位差时,出射的电子向阳极运动形成的电流,就是光电流。光表现为粒子性,不能简单地用光的波动理论来解释。

爱因斯坦光电效应方程给出了由于光照射而从物体中释放出来的电子的动能,即

$$h\nu = \frac{1}{2}mv_0^2 + A \tag{1}$$

式中,h 称为普朗克常量,光子能量为 $h\nu$;功函数 A 为物质中释放出一个电子的最小能量,称为逸出功或脱出功,其大小约为几个 eV,由物质的化学结构和表面条件决定;$\frac{1}{2}mv_0^2$ 为光电子获得的初始动能。

当光照射到金属或半导体表面时,光子的能量可被物质中某个原子的外层电子全部吸收。当电子吸收了足够大的光子能量 $h\nu$ 之后,不但具有足以摆脱原子束缚的动能 $\frac{1}{2}mv^2$,而且还有能量用于脱离金属表面所需的逸出功 A,则电子将从物体表面逃逸了出来,成为光电子。只有在假设能量量子化和电磁辐射的光子模型时,光电效应才能被解释。

光电效应原理如图 1 所示,GD 为光电管,A 为阳极,K 为阴极,G 为微电流计。调节变阻器 R 以获得实验所需的加速电压 U_{AK},从 $-U\sim+U$ 连续变化。

实验选用低压汞灯,单色光从其光谱中用干涉滤色片(波长各为 365 nm、405 nm、436 nm、546 nm、577 nm)过滤得到。

当阴极无光照时,阳极和阴极间为光断路状态,微电流计 G 中无电流通过。

当阴极有入射光照射时,阴极释放的电子在电场的作用下,向阳极迁移,而形成光电流 I(阴极电流)。测量出光电流 I 的大小,即可得出光电管的伏安特性曲线。

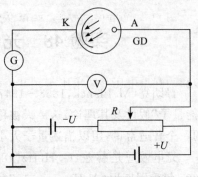

图 1　光电效应原理示意图

(1)对应于某一频率,光电效应的 I-U_{AK} 关系如图 2 所示。可见,对一定的频率,存在一个电压 U_a,在 $U_{AK} \leqslant U_a$ 时,$I = 0$,即阳极电位相对于阴极为负值,U_a 称为截止电压。对于不同频率的入射光,其截止电压值不同。

(2)当 $U_{AK} \geqslant U_a$ 后,I 迅速增加,直至趋于饱和,饱和光电流 I_H 的大小与入射光的强度 P 成正比。$|U_a|$ 的大小与光强 P 无关,而是随着照射光频率增大而增大。

(3)作截止电压 U_a 与频率 ν 的关系图,如图 3 所示,U_a 与 ν 成正比。当入射光频率低于某极限值 ν_0(ν_0 因金属不同而不同)时,不论光的强度如何,照射时间多长,都没有光电流产生。

(4)光电效应是瞬时效应。即使入射光的强度非常微弱,只要频率大于 ν_0,在开始照射后,即有光电子产生,所经过的时间为 10^{-9} s 的数量级。

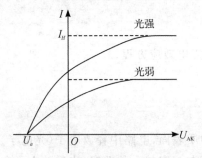

图 2　不同光强光电管的伏安特性

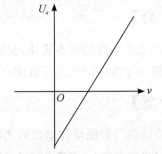

图 3　光电管截止电位的频率特性

实际上,反向电流并不完全为零,其数量级仅为 $10^{-13} \sim 10^{-14}$ A。由于极小,在图 2 和图 3 中反映不出来。

可见,入射到金属表面的光频率越高,逸出的电子动能越大。即使阳极电位比阴极电位低时,也会有电子落入阳极,而形成光电流,直至阳极电位低于截止电压,光电流才为零,则有

$$eU_a = \frac{1}{2}mv_0^2 \tag{2}$$

阳极电位高于截止电压后,随着阳极电位的升高,阳极对阴极发射的电子的收集作用增强,光电流随之上升;当阳极电压高到一定程度时,已经把阴极发射的光电子几乎全部收集到阳极,即使 U_{AK} 继续增加,I 基本上不再变化,而是出现饱和。饱和光电流 I_H 的大小与入射光的强度 P 成正比。

光子的能量 $h\nu_0 < A$ 时,无论用多强的光照射,都不可能逸出光电子,因而没有光电流产生。与此相对应的光的频率称为阴极的截止频率(红限),用 ν_0($\nu_0 \leqslant A/h$)表示。产生光电效应的最低频率(截止频率)为 $\nu_0 = A/h$。将(2)式代入(1)式,得

$$U_a = \frac{h}{e}\nu - \frac{A}{e} \tag{3}$$

可见,截止电压 U_a 是频率 ν 的线性函数,直线的斜率为 $k = h/e$。

实验时,用不同频率(波长)的单色光($\nu_1, \nu_2, \nu_3, \nu_4 \cdots$)照射阴极,测出相对应的截止电压

$(U_{a1}, U_{a2}, U_{a3}, U_{a4}\cdots)$，然后，作出 U_a-ν 关系图，求出直线斜率，其斜率即为 h 值。

由 U_a-ν 的截距，可求出阴极的红限和逸出功。实验的关键是确定截止电压。

实际上，由于不同光电管的电极结构不同，其 U_a-ν 曲线也不同，阳极电流往往因饱和而变化缓慢，在反向的加速电压（负压）U_a 增大时，阳极电流仍未达到饱和，所以，反向电流刚开始饱和的拐点电压 U_a'' 也不等于截止电压 U_a，两者之差视阳极电流的饱和快慢而异。阳极电流饱和得越快，两者之差越小。若在负电压增至 U_a 之前阳极电流已经饱和，则拐点电压就是截止电压 U_a，如图 4 所示。

对于不同的光电管，应根据其电流特性曲线的不同，采用不同的方法确定其截止电压。假如光电流特性的正向电流上升很快，反向电流很小，则可以将光电流特性曲线与暗电流特性曲线交点的电压 U_a' 近似地当作截止电压 U_a（交点法）。若反向特性曲线的反向电流虽然较大，但其饱和速度很快，则可将反向电流开始饱和时的拐点电压 U_a'' 当作截止电压 U_a（拐点法），如图 5 所示。

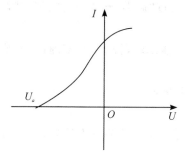

图 4　光电管理想的电流特性曲线如图

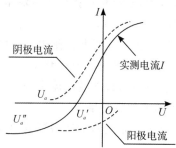

图 5　光电管老化后电流特性曲线

【实验器材】

ZKY-GD-4C 型智能光电效应实验仪（光电管、光阑 3 个、滤色片 5 片），计算机。

【实验仪器描述】

智能光电效应实验仪由光电系统和测试仪两部分组成。光电系统的结构如图 6 所示，由光电管、汞灯、光阑，以及滤色片等组成。

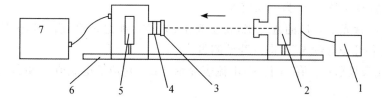

1—汞灯电源　2—汞灯　3—滤色片　4—光阑　5—光电管　6—基座与标尺　7—测试仪

图 6　光电系统结构示意图

光电管安装在铝质暗盒中，暗盒窗口可安置滤色片或光阑，光阑的直径分为 $\Phi 2$、$\Phi 4$ 和 $\Phi 8$ 等，用于减小入射光强。较实用的光强调节方法是改变汞灯到暗盒的距离。滤色片 5 片 1 组，分别可从汞灯的光谱中滤选出 365.0 nm、404.7 nm、435.8 nm、546.1 nm 或 577.0 nm 的单色光。不作测量时，可用遮光罩盖住光电管与汞灯暗盒光窗。

测试仪用于数据的自动采集、存储、实时显示（5 个存储区）、动态显示采集曲线及数据查询等,有手动和自动两种工作模式。微电流测量放大器有多挡量程倍率转换。由于灵敏度极高,实验时不要触及同轴电缆,以免接触不良或人体感应引入误差。

【实验步骤与内容】

1. 测试前准备与调零

(1)将测试仪和汞灯电源接通,预热 20 min。汞灯电源接通前,用遮光罩分别盖住汞灯的出口和光电管的入口,以延长光电管的寿命。

(2)调整光电管与汞灯距离 L 约为 40 cm,并保持汞灯处于工作常态(不变蓝)。

(3)用专用连接线(颜色配对)将光电管暗箱电压输入端与测试仪电压输出端(后面板上)连接起来。

(4)将"电流量程"选择开关置于所选挡位,进行测试前调零。调零前,微电流输入端暂时处于悬空状态,以减少对调零的影响。

为提高灵敏度,可选择最小电流量程挡(10^{-13} A 挡)。按"调零/确认"复位,旋转"调零"旋钮,使电流指示为 000.0。

(5)调节好后,用高频匹配电缆(Q9 型)连接电流输入输出端,按下"调零确认/系统清零"键使系统清零,系统进入测试状态。

测试仪在开机或改变电流量程后,都会自动进入调零状态。

2. 测量普朗克常量 h

为动态显示采集数据后得到的曲线,需将测试仪的"信号输出"端口连接到计算机的串行接口 RS232 上。

若电流放大器灵敏度高,稳定性好,且光电管阳极反向电流(暗电流)较低,在测量各谱线的截止电压 U_a 时,可采用零电流法(即交点法),即直接将各谱线照射下测得的电流为零时对应的电压 U_{AK} 的绝对值作为截止电压 U_a。其前提是阳极反向电流、暗电流和本底电流都很小。此法测得的截止电压与真实值相差较小,且各谱线的截止电压差均为 ΔU,对 U_a-ν 曲线的斜率影响不大,因此,对 h 的测量影响也不大。

测量截止电压时,"伏安特性测试/截止电压测试"状态键应为截止电压测试状态,"电流量程"开关应处于 10^{-13} A 挡。

(1)手动测量

选择"手动/自动"模式键为手动模式。

①移开光电管光输入口的遮光罩,换上光阑(如 Φ4)和滤光片(选择其中某一个波长,如365.0 nm),再移开汞灯遮光盖,即可开始测量。

此时,电压表显示 U_{AK} 值,单位 V;电流表显示与 U_{AK} 对应的电流值 I,单位为所选择的"电流量程"。

②用电压调节键→、←、↑、↓,可调节 U_{AK} 值;→、←键用于选择调节位,↑、↓键用于增减电压值,其调整范围在 $-2\sim 0$ V 之间。

从低到高,按 0.01 V 的步长增量(从 $-2\sim 0$ V)调节电压,观察电流值的变化,寻找微电流为零,且稳定不变时对应的 U_{AK},此电压绝对值就是对应于该波长滤光片的截止电压。此值为负,如 $U_a=-1.744$ V。

③依次换上 404.7 nm、435.8 nm、546.1 nm 和 577.0 nm 等不同波长的滤色片,重复以上测量步骤,测量出与该波长对应的截止电压,共获得 5 个电压值。

④打开软件,进入"菜单—通讯—手动计算数据",输入上述电压值(输入绝对值即可),即可由计算机软件作出 U_a-ν 图。计算该图的斜率,求出 h。

(2)自动测量

①将"手动/自动"模式键切换到自动模式。调零方法与上述相同。

此时,电流表左边的指示灯闪烁,表示系统处于自动测量扫描范围设置状态,用电压调节键可设置扫描起始和终止电压。

点击"菜单—数据通讯—开始新实验"(仪器为串口 1 A,指计算机的 RS232 串行接口)。

在自动测量状态,数据对应存储在"存储 1"和"存储 2、3、4、5"。

这时,显示窗口的左边为起点电压,右窗口为终止电压。需一次性完成实验。

②对各条谱线,推荐选择的波长与对应的扫描起止电压范围如下:

波长	扫描起止电压范围	波长	扫描起止电压范围
365 nm	$-1.90 \sim -1.50$ V	546 nm	$-0.80 \sim -0.40$ V
405 nm	$-1.600 \sim -1.20$ V	577 nm	$-0.65 \sim -0.25$ V
436 nm	$-1.35 \sim -0.95$ V		

测试仪设有 5 个数据存储区,每个存储区可存储 500 组数据,并有指示灯表示其状态。灯亮表示该存储区已存有数据,灯灭为空存储区,灯闪烁表示系统预选的或正在存储数据的存储区。

选择好电压范围以后,按菜单"设置"。必须指出,合理选择起止电压,可减少测量时间,默认步长为 0.04 V。

等待约 30 s 的稳定缓冲时间后,即开始自动扫描测量。其中的"联机显示"适合于用示波器同步观察的情况,这里仅是把计算机及显示器当作示波器使用而已。

每更换一次滤光片,进行下一步实验时,只需按菜单"启动"即可。

③设置扫描起始和终止电压后,按相应的存储区按键,仪器将先消除存储区原有数据,等待约 30 s 后,自动按默认步长 0.04 V 扫描,并显示、存储相应的电压、电流值。

④扫描完成后,仪器自动进入数据查询状态,此时查询指示灯亮,显示区显示扫描起始电压和相应的电流值。

用电压调节键改变电压值,即可查阅测试过程中,扫描电压为当前显示值时对应的电流。读取电流为零时对应的 U_{AK},以其绝对值作为该波长对应的 U_a 值,记录数据。

找到电流 $I=0$ 对应的电压值,即可进行手动计算和描点,通过求斜率,得出 h 值。还可以利用仪器的自动测量模式进行测量。

按"查询"键,查询指示灯灭,系统回到扫描范围设置状态,可进行下一次测量。

必须指出,在自动测量过程中或测量完成后,按"手动/自动"键,系统将恢复到手动测量模式,模式转换前工作的存储区内的数据将被清除。

(3)测量光电管的伏安特性曲线

先进行普朗克常量 h 参数测量,需要时再完成伏安特性。因为测量伏安特性曲线需要花费较长的时间;另外,先做 h 测量,可减少光电管因长时间强光照射而不稳定对参数产生影响。

在软件界面,通过"标记"和"标线"(打√),按鼠标左键往右下方拉,为放大,往左上角拉为缩小。"≫"为隐藏或展开数据。

此时，"伏安特性测试/截止电压测试"状态键应为伏安特性测试状态，"电流量程"开关应拨至 10^{-10} A 挡，并重新调零。

将 $\Phi 4$ 的光阑及所选谱线（一般用 365 nm）的滤色片安装在光电管暗箱光输入端口上。测量伏安特性曲线可选用"手动/自动"两种模式之一，测量的最大范围为 $-1 \sim 50$ V，自动测量时步长可设置为 2 V，仪器操作方法如前所述。

①可同时观察 5 条谱线在同一光阑、同一距离（光强）下伏安饱和特性曲线。

②可同时观察某条谱线在不同距离（即不同光强）、同一光阑下伏安饱和特性曲线。

③可同时观察某条谱线在不同光阑（即不同光通量）、同一距离下的伏安饱和特性曲线。

据此可验证光电管的饱和光电流与入射光光强成正比。

记录测量 U_{AK} 和 I 的数据，在坐标纸上作对应于以上波长及其光强的伏安特性曲线。

在 U_{AK} 为 10 V 时，设置为手动模式，测量同一谱线、同一入射距离，光阑分别为 $\Phi 2$、$\Phi 4$、$\Phi 8$ 时对应的电流值，记录数据，验证光电管的饱和光电流 I_H 与入射光强 P 成正比。

也可以在 U_{AK} 为 10 V 时，设置为手动模式，测量同一谱线、同一光阑时，光电管与入射光在不同距离，如 400 mm、350 mm、300 mm 等对应的电流值，记录数据，验证光电管的饱和电流 I_H 与入射光强 P 成正比。

【注意事项】

1. 汞灯点亮后，不要让其光线直接照射到眼睛。

2. 测量时，最好能一次性完成实验。若汞灯使用一段时间后关闭，未完全冷却前可能点不亮，则无法进行实验。

【数据记录与处理】

1. 观测 U_a-ν 关系

光电管与汞灯距离 $L =$ _____ mm，光阑孔径 $\Phi =$ _____ mm。

波长 λ_i/nm		365.0	404.7	435.8	546.1	577.0
频率 ν_i/10^{14} Hz		8.214	7.408	6.879	5.490	5.196
截止电压 U_a/V	手动					
	自动					

作 U_a-ν 关系图，求出直线的斜率 k，利用 $h = ek$，求出普朗克常量 h，并与其公认值 h_0（$h_0 = 6.626 \times 10^{-34}$ J·s）比较，分别求出手动、自动时的相对误差 E。也可用最小二乘法求解。

2. 观测 I-U_{AK} 关系（步长 2 V）

U_{AK}/V								
I/10^{-10} A								
U_{AK}/V								
I/10^{-10} A								

3. 观测 I_H-P 关系

$U_{AK} =$ _____ V，$\lambda =$ _____ nm，$L =$ _____ mm。

Φ/mm	2	4	8
$I/10^{-10}\ \text{A}$			

4. 观测 I_H-P 关系

$U_{AK} =$ _____ V，$\lambda =$ _____ nm，$\Phi =$ _____ mm。

L/mm	400	350	300	
$I/10^{-10}\ \text{A}$				

【思考与练习】

1. 测定普朗克常量的关键是什么？根据光电管的特性曲线，如何选择测定截止电压 U_a 的方法？

2. 从截止电压 U_a 与入射光的频率 ν 的关系曲线中，能否确定阴极材料的逸出功？

3. 本实验存在哪些误差来源？实验中如何解决这些问题？

> 科学的灵感，绝不是坐等可以等来的。如果说，科学上的发现有什么偶然的机遇的话，那么，这种"偶然的机遇"只能给那些学有素养的人，给那些善于独立思考的人，给那些具有锲而不舍的精神的人，而不会给懒汉。
>
> ——华罗庚

实验 49　基于计算机观测电阻伏安特性曲线

伏安特性曲线的观测是电学实验中最基本的实验之一。传统的伏安法测量电阻,因电流表的接入而存在明显的系统误差。利用计算机软件技术,结合数据采集接口系统,是一种新型的科学实验方法之一,可快速地分析测量结果。

通过此实验,熟悉科学工作室及其软件功能、使用方法,为后续实验打下基础。

【实验目的】

1. 熟悉 PASCO 科学工作室及其软件的使用。
2. 学习基于计算机技术进行物理量实时测量的方法。
3. 掌握传感器用户自定义方法。

【实验原理】

1. 电阻的伏安特性

前面有关实验介绍了变阻器用于限流和分压电路。这里介绍利用计算机仿真技术研究其伏安特性曲线。

在图 1 所示限流电路中,设变阻器分阻值为 R_1,有 $V_1 = I \cdot R_1$,$V_2 = I \cdot R_2$,则

$$R_1 = \frac{V_1}{I} = R_2 \cdot \frac{V_1}{V_2} = R_2 \cdot k \tag{1}$$

式中,电阻 R_1 的伏安特性曲线的斜率为 R_2 的 k 倍,相当于把电阻放大了 k 倍。

在图 2 所示分压电路中,对 R_1、R_2 支路,也有相同形式的关系。

可见,只要测量电阻 R_1、R_2 的端电压,即可反映出电阻的伏安特性。

若采用小灯泡代替电阻,用功率型信号发生器代替直流稳压电源,则可以研究小灯泡的等效电阻因通电发热,对伏安特性曲线的影响。

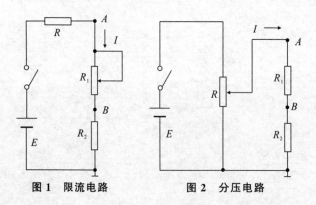

图 1　限流电路　　　　图 2　分压电路

2. 自定义传感器

在图 1 和图 2 电路中,设 $R_2 = 1\ \Omega$ 或 $0.1\ \Omega$,则 I 的大小等于 V_1(或 $10V_1$);以 V_2 为纵坐标,V_1 为横坐标,就是电阻 R_1 的伏安特性曲线。

若取 $R_2 = 100\ \Omega$,则 $V_1 \sim V_2/100$ 关系间接反映了电阻 R_2 的伏安特性曲线。

若示波器工作在 X-Y 方式，对独立浮动隔离双通道示波器，可用于直接显示电阻的伏安特性曲线。对普通双踪示波器，可取 0.1 Ω，则 $V_A = V_1 + V_2 \approx V_1$，以减少对 V_1 影响。

【实验器材】

CI-7650 型 Science Workshop—Interface 750（科学工作室）及其 DataStudio 软件，直流稳压电源，计算机，滑线变阻器，ZX21 型电阻箱，开关，小灯泡，连接线等。

【实验仪器描述】

1.750 型科学工作室（Science Workshop Interface 750 USB）

750 型科学工作室（USB 型），用于将传感器采集的模拟信号转化成计算机能够识别的数字信号，并进行放大，最后传输到计算机。包括硬件和软件两部分，硬件部分的核心是一个多功能数据采集接口。利用外接的传感器，结合计算机、数据采集软件，可实现对被测的物理量进行实时测量和数据处理。具有体小量轻，便于携带，实验灵活，可同时测量多路输入信号，以及数据处理能力强等特点，因而被称为科学工作室。

750 型科学工作室有 4 个数字信号输入口、3 个模拟信号输入口、一对模拟函数信号输出口。仪器背面有 USB 接口、电源开关等。工作电源为直流 12 V/2 A。如图 3 所示。

输入的电流和电压为模拟量，计算机不能识别，需经过模数 A/D 转换，接口通过 USB（型号不同，接口也不同）与计算机实现数据通信，利用 DataStudio 软件处理数据，计算机屏幕显示测量结果。

模拟输入接口的输入阻抗较高，对测量电路影响很小，A 通道输入阻抗为 2 MΩ，B 和 C 输入阻抗为 200 kΩ。采样频率为每秒 250 000 次，可同时记录模拟和数字信号，其最大输入电压为 ±10 V。A、B 和 C 模拟通道的接口信号如图 4 所示。

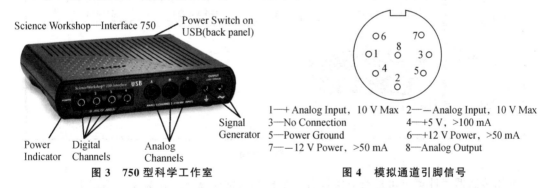

1—+ Analog Input, 10 V Max　　2——Analog Input, 10 V Max
3—No Connection　　　　　　　4—+5 V, >100 mA
5—Power Ground　　　　　　　6—+12 V Power, >50 mA
7——12 V Power, >50 mA　　　　8—Analog Output

图 3　750 型科学工作室　　　　　　图 4　模拟通道引脚信号

实验中，常用到电压传感器和电流传感器等连接线。

模拟通道接口的电压传感器实际上就是一条模拟电压测试连接线。若其采样电阻为 1 Ω，就相当于电流传感器。若串联回路的电阻较大时，可将采样电阻换成其他阻值，自定义传感器，把采样电阻的电流变换为电压。利用"计算"功能，对选中曲线的 X-Y 关系进行运算，即可显示采集的数据。

2.DataStudio 软件的使用

DataStudio 软件用于配合科学工作室和各种传感器，进行信号获取与数据采集，显示以及分析数据，建立和完成包括但不限于物理的各种实验。

DataStudio 有各种检视数据的方式，包括数字表、仪表、图表、虚拟仪器仪表等。带有多种传感器实验,便于直接调用;直观的操作界面,便于数据处理和监控;数据或图形可转存为Excel 或 Word 编辑或打印;数据或图形处理包含最大或最小值、平均、偏差统计等;具有曲线适配、积分、微分等多种功能;实时数据显示;可同时显示不同颜色的多种关系曲线;虚拟仪器仪表(示波器/FFT/电压电流表)同步显示实时数据。

更多的功能和详细说明可通过操作或阅读软件中的帮助文件获得。

(1)启动 DataStudio 软件

启动 DataStudio 软件,显示版本号,进入 DataStudio 主页。

(2)选择工作任务

初始工作为软件主窗口,有 4 个选项:打开活动(文件)、创建实验、输入数据、图表方程式。若要进行实验,可点击右上角的"创建实验"图标。

(3)选择科学工作室

根据实验配置,选择 SW 750 科学工作室作为数据源。

根据实验要求,选择合适的接口类型,初始化接口后,即可进入软件设置界面。

(4)连接传感器

利用软件的"设置"窗口,点击要连接的接口,弹出传感器列表,查找与实验使用的相应传感器标识,并选择之,拉动传感器插头图标到面板图对应的接口位置上。此时,有关端口被点亮为黄色。如图 5 所示。

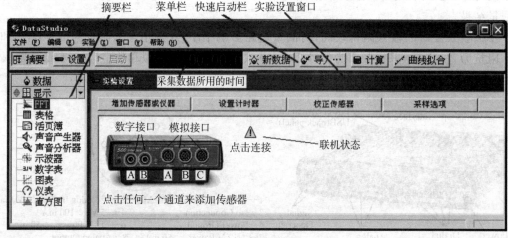

图 5　软件界面

利用传感器属性菜单可进行有关设置。采样率通常应高于工作频率 3 倍以上。

(5)选择数据显示方式

软件界面的"摘要"分为"数据"和"显示"两个区。

数据区提供各种传感器测量数据的存储与运行情况,利用鼠标可以方便地拖入图形显示方式的坐标轴,或改变坐标轴的物理量和单位等。

显示区提供各种显示方式,可根据实验要求进行选择,包括图表、数字表、直方图、仪表、示波器、活页等。

进行数据采集实验时,可通过拉动或点击等方法,即可在两个区的项目之间进行关联。例如,用鼠标点住,把其图标拖到相应的输入端口上,出现图形显示窗口。实验者可以试着随意组合,以充分发挥系统的功效,达到实验目的。

（6）进行实验和数据采集

单击启动，开始采集数据；点击结束，数据采集完毕。

利用"实验"菜单，可快速删除已经采集、不想保留的数据。

点击某个项目，按 Delete 键，也可删除相应的项目，包括传感器等。

（7）数据的显示与分析

利用图表的快速启动栏，可进行全屏显示、放大、缩小或局部显示。

通过切点，显示斜率（可结合"拟合"中的"线性拟合"和"范围选取"计算斜率）。

利用菜单提供的工具，可对图表上进行备注。还可通过画图，在图表上手动画曲线。

利用计算功能，对选中曲线的 X-Y 关系进行运算，并把结果显示在图表中。

设置显示曲线的方式，如显示轨迹的粗细、数据点、连线等。通过"数据"，选择要在图表上显示的曲线，以及显示统计信息等；移除选中的曲线，使之不在图表中显示等。

【实验内容与步骤】

1. 软件使用练习

（1）熟悉科学工作室实验系统的功能与使用方法。

（2）启动 DataStudio 软件，利用实验室提供的电流和电压传感器，熟悉各种数据采集的显示界面及其功能菜单的作用。

（3）练习设置相应的传感器选项，以及各种数据显示形式操作。

（3）练习设置数据取样的各种选项。

2. 电阻电路伏安特性曲线

（1）按图 1 所示连接好电路。检查线路正确无误后，方可通电实验。

（2）点击启动，并缓慢且平稳地移动滑动变阻器，从阻值最小移到最大处后，点击停止图标，计算机将在界面上自动生成 I-V 特性曲线。把滑动变阻器阻值移动到合适处，以减少回路电流，且便于下次采集。电源电压应小于 10 V。

（3）分析处理和记录数据。

（4）把电流取样电阻改为 10 Ω 或 100 Ω，利用"计算"定义函数关系式和变量，练习自定义传感器。此时，函数关系出现在左侧摘要栏，通过鼠标拉动，进行坐标变量的关联与变换。

3. 信号源与小灯泡伏安特性曲线

（1）利用信号发生器作为小灯泡的驱动信号，借助信号源内置的电压和电流测量功能，把模拟通道 A 和 B 选取为电压传感器和电流传感器（内置关联功能，无需连接），利用示波器显示方式，拉动电流传感器至横坐标，观测小灯泡的伏安特性曲线。

（2）设置信号源的输出分别为直流和 $f=1$ Hz、10 Hz、100 Hz 和 1 kHz 方波，观测小灯泡的伏安特性曲线，记录和分析数据。

（3）把小灯泡换为 100 Ω 电阻，重复以上过程。

【数据记录与处理】

1. 自行设计数据记录表格。对比本实验与传统 I-V 特性曲线测量方法的优缺点。

2. 记录小灯泡在不同频率方波信号作用下的伏安特性曲线，说明曲线的特点。

3. 总结限流电路和分压电路的特性。

【注意事项】

1. 连接插头或插座时,请注意其标记,错位时,不得强行插入,错误的连接将烧毁仪器。卸下时,既不能旋转,也不能直接拉线,而要抓住插头硬质部位,适度用力拔出。更换接线前,应先关闭电源开关。

2. 输入信号的幅值不得超过科学工作室允许的最大值,包括输入信号和电源电压。

【思考与练习】

1. 750 型科学工作室有两类输入接口,分别适合于测量什么信号(物理量)? 对于其他物理量,如何进行测量? 请简要加以说明。

2. 总结利用科学工作室的信号发生器和示波器显示功能观测伏安特性曲线的方法。

3. 如何用简便的方法检查模拟输入接口的好坏?

4. 如何自定义传感器? 以电流取样为例,通过菜单提供的功能说明定义和操作的方法。

5. 设计一个简单的 RC 电路,观测电容充放电过程的实验方案。分析电路时间常数、输入信号形式及工作频率等参数,及它们对实验结果的影响。

6. 750 型科学工作室功能强大,请设计一个方案,改进你做过的一个实验。

常常有同学问我做物理工作成功的要素是什么? 我想要素可归纳为"3P",即 Perception,Persistence 和 Power;Perception——眼光,看准了什么东西要抓住不放;Persistence——坚持,看对了要坚持;Power——力量,有了力量,就能闯过难关,遇到困难你要闯下去。

——杨振宁

实验 50　基于计算机测定单缝衍射的光强分布

　　1818 年,法国科学院举行了悬奖征文活动,竞赛题目之一为"利用精密的实验确定光的衍射效应"。菲涅耳(A.J. Fresnl,1788—1827)提出的原理正确地解释了光的衍射效应,获得了竞赛的胜利。菲涅耳原理也因此丰富和发展了惠更斯原理,开创了光学研究的新阶段。

　　光的衍射现象是光的波动性的重要表现,其理论已成为光谱分析、光学信息处理和现代光学测试技术之一,如夫琅禾费衍射理论可应用于测量微小尺寸等。

　　借助光传感器和转动移动传感器等,可观测衍射时的光强变化,研究各种衍射现象。

【实验目的】

　　1. 观察激光通过单缝的衍射现象,了解光的波动性。

　　2. 研究激光通过单缝形成的衍射图样的光强分布规律。

　　3. 了解利用计算机进行实时测量的方法。

【实验原理】

　　光的衍射实验装置一般由光源、衍射狭缝(或障碍物)和屏幕(衍射屏或接收屏)三者组成。根据它们的相互位置,把光的衍射分为菲涅耳衍射和夫琅禾费衍射两种。

　　若衍射狭缝与光源 S 或接收屏 P 的距离是有限的,为菲涅耳衍射,属于近场衍射。若光源 S 和接收屏 P 都移到无穷远时的情况,为夫琅禾费衍射,属于远场衍射。

　　本实验介绍夫琅禾费衍射(缝长远大于缝宽),因为夫琅禾费衍射的计算较为简单,且在光学系统的成像理论和现代光学中有着特别的意义。

　　若采用激光为光源,考虑到狭缝宽度一般很小,则可视为平行光源。利用激光的相关性好、光能密度大等优点,可以很容易地演示光的衍射现象。当接收屏处于相对较远的位置时,可把上述三者的相互位置看成夫琅禾费衍射的情况。

　　对于夫琅禾费单缝衍射,其效果图如图 1 所示,可推导出衍射条纹光强的分布规律

$$I = I_0 \frac{\sin^2\varphi}{\varphi^2} \tag{1}$$

其中,$\varphi = \dfrac{\pi b \sin\theta}{\lambda}$,$I_0$ 为中央亮纹中心处的光强。

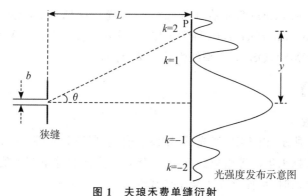

图 1　夫琅禾费单缝衍射

根据光强分布规律可知：

(1)当 $\varphi=0$，即衍射角 $\theta=0$ 时，光强 $I=I_0$ 为最大值，称为中央主极大。

(2)当 $\varphi=k\pi$，即衍射角 θ 满足以下关系时，$I=0$ 为极小值，即 P 处呈现暗纹。

$$b\sin\theta=k\lambda\,(k=\pm1,\pm2,\pm3\cdots) \tag{2}$$

上式称为衍射方程。式中，b 为狭缝宽度，θ 为狭缝中心到第 k 级极小值的张角，λ 为入射光波长，k 为条纹极小值级次。由菲涅耳波带法分析，也可推出以上关系。

考虑到 θ 很小，有 $\theta\approx\sin\theta$。设缝与接收屏之间的距离为 L，第 k 级极小值与中心点的距离为 y_k，则第 k 级暗纹所对应的衍射角为

$$\theta=\frac{y_k}{L}=\frac{k\lambda}{b}\,(k=\pm1,\pm2,\pm3\cdots) \tag{3}$$

狭缝的宽度为

$$b=\frac{k\lambda L}{y_k}\,(k=\pm1,\pm2,\pm3\cdots) \tag{4}$$

根据上式，只要已知光源波长，通过测定任一暗纹的位置或变化，即可精确求出被测狭缝 b（间隙）的尺寸及其变化，达到利用衍射测量的目的。

(3)当 $k=\pm1$ 时，中央主极大两侧一级极小的间隔为

$$\Delta y=y_{+1}-y_{-1}=\frac{2\lambda L}{b} \tag{5}$$

(4)次极大值的位置在 $\varphi=\pm1.43\pi,\pm2.46\pi,\pm3.47\pi\cdots$ 处，其相对光强 I/I_0 依次为 $0.047,0.017,0.008\cdots$

(5)夫琅禾费单缝衍射条纹的绝大部分光能落在中央亮纹上，狭缝越窄，衍射后在屏上产生的中央亮条纹越宽。中央主极大亮纹宽度是各级次极大亮纹宽度的 2 倍。中央主极大两侧的各级极小是等间隔的，次极大是不等间隔的。

(6)单缝衍射测量的应用广泛，如间隙测量法可用于工件尺寸的比较测量等。激光衍射测量的特点是条纹清晰、稳定，精度有保证，一般可达 $0.5\ \mu m$；但测量量程较小，尤其是间隙较小时，高级条纹不能获得精确测量。一般的衍射测量的量程为 $0.01\sim0.5\ mm$。

衍射图样是否清晰，取决于障碍物的线度与光的波长的相对比值。只有当障碍物的线度与光的波长相差不多时，衍射效果才显著；若障碍物的线度小到与光的波长可比拟时，衍射范围将弥漫整个视场。

【实验器材】

OS-8525A 型半导体 LED 激光器，OS-8523 型单缝圆盘与支架，光具座，接收屏，CI-7650 型 Science Workshop—Interface 750（科学工作室）及其软件，CI-6504A 型光传感器，CI-6538 型旋转移动传感器（RMS），OS-8535 型线性转换架，计算机等。

【实验仪器描述】

1. 衍射实验装置

实验装置如图 2 所示，由 LED 激光器、狭缝、光传感器及其光阑、一维运动支架、旋转移动传感器、导轨，以及数据采集器等组成。其中，一维运动支架的链条套入旋转移动传感器中，旋转移动传感器滑轮转动时，可使之在支架中作线性运动。

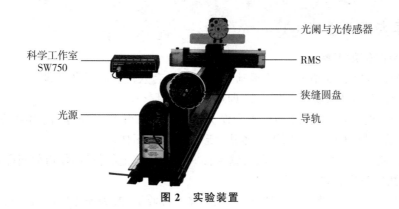

图 2　实验装置

2. 旋转移动传感器(RMS,Rotary Motion Sensor)

CI-6538 型旋转移动传感器利用光学编码器原理测量旋转或线性运动。该传感器上有一个光学编码器,每旋转一分格最大可产生 1 440 个脉冲。利用软件设置,可选择每旋转一分格产生 360 个脉冲或 1 440 个脉冲,即数据采样的点数。光学编码器同时指示旋转移动传感器旋转的方式。如图 3 所示。

旋转移动传感器可用于完成与转动有关的实验,如转动惯量的测量等。

光学编码器由光栅盘组成。光栅盘是在一定直径的圆板上,根据编码需要,等分地开有若干个近似

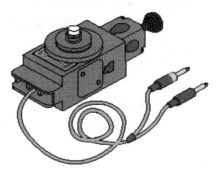

图 3　RMS 外形图

长方形的通光孔。滑轮转动时,利用通光和遮光情况,通过计算每秒光电编码器输出脉冲的个数把码盘的转动转换为数字量。借助线性转换架和科学工作室的数字输入接口,即可间接地表示滑轮在线性移动架上的位移。

此外,为判断旋转方向,码盘设有两路输出,可提供相位反相的两路脉冲信号,此装置可用于同时记录物理量的大小和方向。

"线性调校"中的选项有架子、大滑轮(凹槽)、中滑轮(凹槽)、小滑轮(凹槽)以及中滑轮(O型环)等,适用于不同应用场合。

3. 光传感器

CI-6504A 型光传感器采用硅光敏二极管作为光电转换元件,其频谱响应为 320～1 100 nm,用于检测此波长范围的入射光的相对强度。

为了实现对光强分布的逐点测量,在光传感器前装有一个光阑,用来调节进入传感器的光通量。该光阑由可改变 6 个宽度的狭缝圆盘组成。

光传感器的增益分为 1、10 和 100 共 3 挡,结合光阑的狭缝和光传感器的增益调节,可使传感器获得较大的可测量范围。当入射光强较弱时,可选择数字较大,即缝宽较大的情况,反之,选择缝宽较小的。若入射光强较为微弱,则可增大传感器增益,即把开关拨到 10 或 100。

4. 数据采集器与软件的使用

参考实验 49 中相关介绍。

【实验内容与步骤】

1. 观察单缝衍射现象

把单缝圆盘安装在支架上,一维运动支架的链条套入旋转移动传感器。按照图2布局构建光路。光源离狭缝不要太远,约3 cm即可。

打开激光器电源,调整狭缝的位置和激光器背后的二维调节螺丝,使出射的激光水平直射,通过狭缝后与导轨平行,并用接收屏显示形成的衍射图样。

进一步细调相关位置,包括光源、狭缝和接收屏在导轨上的位置,使衍射图样清晰。

2. 连接数据采集装置

关闭激光器,保持狭缝相对位置基本不变,移去接收屏,改为光传感器与数据采集器接收。打开激光器电源,并使出射的激光经过狭缝后,通过光阑进入光传感器。根据光强的强弱,选择合适的光传感器增益,以及光阑的狭缝大小。

不观测时,应随时关闭激光器电源,以保护光传感器。

将光传感器与旋转移动传感器分别连接到科学工作室的模拟通道和数字通道接口。

3. 启动软件

连接科学工作室到计算机的USB接口,打开科学工作室的电源。

启动DataStudio软件,选择创建实验,连接传感器。

4. 传感器设置

设置传感器参数测试项目,把与实验相关的项目打钩,无关项不打钩。设置采样率,采样频率可取20~500 Hz,通常应高于工作频率3倍以上。转动传感器选择"线位置",线性刻度选择"齿条"。

5. 测量选项设置

创建"图表",以光强为纵轴,选中横轴,把"时间"改为"位置"。

点击图表中的"最大化"按钮,界面自动放大到坐标"量程"的大小,便于观测数据。同时,熟悉有关功能菜单的作用。

6. 参数测量

选取缝宽为$b=0.04$ mm,进一步细调有关部件,使显示的衍射图像清晰。

点击"启动"按钮,手动转动旋转移动传感器的滑轮,使衍射条纹依次在一维运动支架上缓慢而平稳地通过光传感器前的光阑,进行数据采集。点击"停止",采集结束,得到衍射光强分布曲线。

对不需要的项目和数据,可用菜单或Delete键删除。

改变狭缝宽度,依次选择0.08 mm和0.16 mm,采集相关数据。

7. 结果分析与数据处理

利用菜单提供的工具,记录和显示光强极大值的强度和相对位置,并绘出其强度随位置变化的曲线;记录和显示其他级次极大值的强度和相对位置,并与理论值比较。

记录光源、狭缝及其宽度,以及与接收屏之间的距离等数据。

利用菜单提供的工具对图表进行备注。在"设置值"的"图例"菜单中输入有关信息,保存与复制数据,包括数据处理所需的有关信息等。

【数据记录与处理】

1. 测量第1级极小和第2级极小到条纹中心的距离。

激光波长 $\lambda = 650$ nm$(P < 1$ mW$)$,单缝宽度 $b = 0.04$ mm,狭缝与屏的间距 $L = $ _____。

测量	第 1 级$(k=1)$	第 2 级$(k=2)$
极小值间距/mm		
中心到极小的距离 y_k/mm		
计算狭缝宽度 b/mm		
偏差/%		

狭缝宽度为 0.08 mm 和 0.16 mm 的记录表格自拟。

2. 记录和复制衍射光强度分布曲线及其相关数据,并在 Word 文件中输出打印。

3. 计算缝宽 b 的平均值及其不确定度。

【注意事项】

1. 尽管 LED 激光器的输出功率不大,但仍能对肉眼造成伤害,请小心操作,切勿直接观看或射入任何人的眼睛,以免造成眼睛损伤。

2. 连接插头或插座时,要注意其标记,错位时,不得强行插入。卸下时,既不能旋转,也不能拉线,要抓住插头部位,适度用力,直接拔出。更换接线前,应先关闭电源开关。

3. 光传感器在强光照射下会加速老化,实验时,要避免其长时间受到入射光的照射。

4. 狭缝属于精密光学元件,不要用手触及,特别要避免硬物触及,包括圆盘表面。

【思考与练习】

1. 缝宽的变化对衍射条纹有什么影响? 当狭缝宽度增大时,两极小值之间的距离将如何变化?

2. 光传感器前的狭缝光阑的宽度对实验结果有什么影响?

3. 观察单缝衍射的图样,说明狭缝宽度不同时,其光强分布的特点。

4. 若在单缝到观察屏的空间区域内,充满着折射率为 n 的某种透明媒质,此时单缝衍射图样与不充媒质时有何区别?

5. 利用本实验的器材,设计一个测定光强与距离关系的实验方案。

> 我不知道世上的人对我怎样评价,我却这样认为,我好像是一个在海边玩耍的孩子,时而为发现一块光滑的卵石或美丽的贝壳而欣喜雀跃。尽管如此,那广阔的真理的海洋在我面前仍然没有发现。
>
> 胜利者往往是从坚持最后五分钟的时间中获得成功的。
>
> ——牛顿

实验 51　基于计算机测定双缝干涉的光强分布

光的干涉现象是波动过程的特征之一。1802 年,托马斯·杨用叠加原理解释了干涉现象,历史上第一次测定了光的波长,为光的波动学说的确立奠定了基础。杨氏双缝干涉可进一步应用于电子干涉,对量子学说的创立具有一定的影响作用。

获得相干光的方法通常有三种:分振幅法,如劈尖干涉、牛顿环、薄膜干涉等;分波阵面法,如双缝干涉、劳埃镜干涉等;分振动面法,如偏振光干涉等。

利用光学实验装置,结合光传感器和转动移动传感器,可以观测光在干涉时的光强变化,研究各种干涉现象。

【实验目的】

1. 观察激光通过双缝的干涉现象,了解光的波动性。
2. 测量激光通过双缝形成的干涉图样的光强分布规律。

【实验原理】

对于双缝干涉装置,由于入射光通过双缝后的光为相干光,其叠加后产生干涉,使得衍射条纹的光强重新分布。因此,观察到的条纹是单缝衍射与双缝干涉的双重效应。

设双缝的间距为 d,双缝到屏幕的距离为 L,且 $L \gg d$,S_1 和 S_2 到屏幕上 P 点的距离分别为 r_1 和 r_2,P 到 O 点的距离为 x,如图 1 所示。

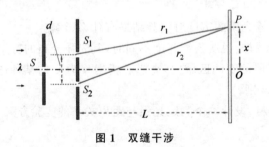

图 1　双缝干涉

由几何关系得

$$r_1^2 = L^2 + (x - d/2)^2, \quad r_2^2 = L^2 + (x + d/2)^2$$

因为 $L \gg d$,且在 O 点两侧能观察到的干涉条纹的范围是有限的,则 $r_2 + r_1 \approx 2L$。

两光波在 P 点的光程差 δ 为

$$\delta = r_2 - r_1 = \frac{d}{L}x \tag{1}$$

1. 干涉明条纹

$$\delta = \frac{d}{L}x = \pm k\lambda, \quad x = \pm k\frac{L}{d}\lambda \tag{2}$$

中心位置为 $x = \pm k\dfrac{L}{d}\lambda, k = 0, 1, 2 \cdots$

式中,正负号表示干涉条纹在 O 点两侧,呈对称分布。当 $k = 0$ 时,$x = 0$,表示屏幕中心为零级明条纹,对应的光程差为 $\delta=0,k=1,2,3\cdots$ 分别称为第 1 级、第 2 级、第 3 级……明条纹。

2. 干涉暗条纹

$$\delta=\frac{d}{L}x=\pm(2k+1)\frac{\lambda}{2},x=\pm(2k+1)\frac{L}{d}\frac{\lambda}{2} \tag{3}$$

中心位置为 $x=\pm(2k+1)\dfrac{L}{d}\cdot\dfrac{\lambda}{2},k=0,1,2\cdots$

式中,正负号表示干涉条纹在 O 点两侧,呈对称分布。$k=1,2,3\cdots$ 的暗条纹分别称为第 1 级、第 2 级、第 3 级……暗条纹。

3. 条纹间距

相邻明纹中心或相邻暗纹中心的距离称为条纹间距,反映了干涉条纹的疏密程度。明纹间距和暗纹间距均为

$$\Delta x=\frac{L}{d}\lambda \tag{4}$$

上式表明,条纹间距与级次 k 无关。

4. 讨论

(1)当 L、d、λ 一定时,Δx 也一定,为固定的干涉装置和入射光波长情况,说明双缝干涉条纹是明暗相间的等距的直条纹。

(2)当 L、λ 一定时,Δx 与 d 成反比。观察双缝干涉条纹时,双缝间距要小,否则,因条纹过密而无法分辨。例如,当 $\lambda=500$ nm,$L=1$ m,而要求 $\Delta x>0.5$ mm 时,必须 $d<1$ mm。

(3)若已知 L、d,由于 Δx 与波长 λ 成正比,故对于不同的光波,明暗条纹的间距 Δx 也不同。若用白光照射,除中央因各色光重叠仍为白色外,在可分辨的情况下,两侧因各色光波长不同而呈现彩色条纹,同一级明条纹形成一个由紫到红的彩色条纹。

(4)对于两种不同的入射光,若其波长满足 $k_1\lambda_1=k_2\lambda_2$,则 λ_1 的第 k_1 级明条纹与 λ_2 的第 k_2 级明条纹处于同一位置,出现干涉条纹的重叠现象,即重级。

【实验器材】

OS-8525A 型半导体 LED 激光器,OS-8523 型双缝圆盘与支架,光具座,接收屏,CI-7650 型 Science Workshop—Interface 750(科学工作室)及其软件,CI-6504A 型光传感器,CI-6538 型旋转移动传感器(RMS),OS-8535 型线性转换架,计算机等。

【实验仪器描述】

软件和有关光学元件的使用请参考实验 49、50 中相关内容。实验系统如图 2 所示。

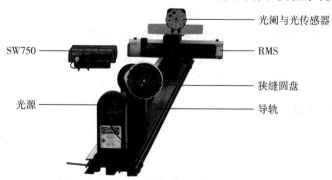

图 2　实验装置

【实验内容与步骤】

1. 观察双缝干涉现象

按照图 2 构建光路,选择缝宽 $b=0.08$ mm、缝距 $d=0.25$ mm 双缝。操作步骤与前面实验大同小异,这里观测干涉现象。

打开激光器电源,调整狭缝的位置和激光器背后的二维调节螺丝,使出射的激光水平直射,通过狭缝后与导轨平行,并用接收屏显示形成的干涉图样。

进一步细调相关位置,包括光源、狭缝和接收屏在导轨上的位置,使干涉图样清晰。

2. 连接数据采集装置

关闭激光器,保持狭缝相对位置基本不变,移去接收屏,改为光传感器与数据采集器接收。打开激光器电源,并使出射的激光经过狭缝后,通过光阑进入光传感器。结合光传感器增益,选择光阑合适的狭缝大小。

不观测时,应随时关闭激光器电源,以保护光传感器。

将光传感器与旋转移动传感器分别连接到科学工作室的模拟通道和数字通道接口。

3. 启动软件

连接数据采集器到计算机的 USB 接口,并打开科学工作室的电源。

启动 DataStudio 软件,选择创建实验,连接传感器。

4. 传感器设置

设置传感器参数测试项目,把与实验相关的项目打钩,无关项不打钩。设置采样率,采样频率可取 20～500 Hz,通常应高于工作频率 3 倍以上。转动传感器选择"线位置",线性刻度选择"齿条"。

5. 测量选项设置

创建"图表",以光强为纵轴,选中横轴,把"时间"改为"位置"。

6. 参数测量

根据前面选择的缝宽和缝间距,进一步细调有关部件,使显示的干涉图像清晰。

点击"启动"按钮,手动转动旋转移动传感器的滑轮,使干涉图样缓慢通过光传感器,进行数据采集。点击"停止",采集完毕,得到干涉光强分布曲线。

观测缝宽和缝距分别为 $b=0.08$ mm、$d=0.50$ mm,$b=0.04$ mm、$d=0.25$ mm 以及 $b=0.04$ mm、$d=0.50$ mm 的干涉情况。

7. 结果分析与数据处理

利用菜单提供的工具测量不同位置的光强等物理量,观察与分析图表。测量各次极大值位置及其对应的相对光强,并与理论值比较。

记录光源、狭缝及其宽度,以及与接收屏之间的距离等数据。

利用菜单提供的工具对图表进行备注。在"设置值"的"图例"菜单中输入有关信息,保存与复制数据,包括数据处理所需要的有关信息等。

【数据记录与处理】

激光波长 $\lambda=650$ nm$(P<1$ mW),记录缝宽 a 和缝间距 d 以及狭缝与屏的间距 L。

1. 干涉光强的最小值与最大值之比。

利用菜单提供的工具,如"统计工具"($\sum$ 图标)等,求出光强的最大值 I_{max} 与最小值 I_{min},

计算光强最小值和最大值之比。

2. 计算双缝间距。

测出±1级明条纹的横坐标值 L_{-1} 和 L_{+1}，并求出其差值的平均值 L。在光具座上读出狭缝到狭缝圆盘的距离 D，计算双缝的间距 d。

3. 将实验测出的双缝间距 d 与标称值比较，求出其相对不确定度。

4. 记录和复制干涉光强度分布曲线及其相关数据，并在 Word 文件中输出打印。

【注意事项】

1. 尽管 LED 激光器输出功率不大，但仍能对肉眼造成伤害，请小心操作，切勿直接观看或射入任何人的眼睛里，以免造成眼睛损伤。

2. 连接插头或插座时，要注意其标记，错位时，不得强行插入。卸下时，既不能旋转，也不能拉线，要抓住插头部位，适度用力，直接拔出。更换接线前，应先关闭电源开关。

3. 光传感器在强光照射下会加速老化，实验时，要避免其长时间受到入射光的照射。

4. 狭缝属于精密光学元件，不要用手触及，特别要避免硬物触及，包括圆盘表面。

【思考与练习】

1. 双缝的缝宽及其间距变化，对干涉条纹有什么影响？说明干涉明条纹的距离是增大还是减小。

2. 说明双缝干涉的条纹是单缝衍射与双缝干涉的双重效应的原理。

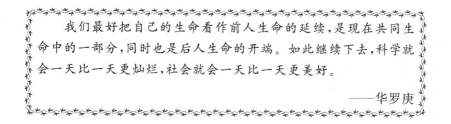

我们最好把自己的生命看作前人生命的延续，是现在共同生命中的一部分，同时也是后人生命的开端。如此继续下去，科学就会一天比一天更灿烂，社会就会一天比一天更美好。

——华罗庚

实验 52　太阳能电池基本特性测量

太阳能电池也称光伏电池(photovoltaic cell)，是一种基于光生伏特效应或光化学效应，无须外加电源，能把太阳的辐射能量直接转换为电能的半导体光敏器件。

1954 年美国贝尔实验室研制出世界上第一块实用型半导体太阳能电池，并首先应用于空间技术，当时的光电转换效率仅 6％。太阳能电池现已产业化，电池效率达 12％～15％，且逐步提高，并得到广泛的应用，在能源利用构成中占一定份额。

太阳能的利用是 21 世纪新型能源的重点研究方向之一。太阳能电池与 LED(发光二极管)的综合应用，可实现新能源与环保节能技术的完美结合。

能源技术与空间技术、人工智能被称为 20 世纪 70 年代以来世界三大尖端技术。

【实验目的】

1. 理解太阳能电池基本知识及其各表征参数含义。

2. 学习太阳能硅光电池基本特性参数的测试方法。

【实验原理】

太阳能电池一般在 N 型硅单晶的小片上用扩散法渗进一薄层硼，以得到 PN 结，再加上电极而成。当太阳光直射到薄层面的电极上时，两极间就产生电动势，因此也称为阳光电池，有时也简称光伏电池。

硅单晶和砷化镓等都是太阳能电池材料。在实际应用中，以晶体硅太阳能电池最为成熟、工业化程度最高，考虑到其生产工艺与工作原理都较为复杂，仅作简要介绍。

1. 太阳能电池材料与结构

(1)太阳能电池基本材料

太阳能电池主要材料为元素半导体、化合物半导体和有机半导体等，包括结晶态(单晶硅、多晶硅)、非晶态(非晶硅)、II～IV 族(CdS、$CdTe$、Cu_2S)、III～V 族($GaAs$、$AlGaAs$、InP)以及 $CuInS_2$、$CuInSe_2$ 等。

硅材料经过冶炼、提纯后制成纯度达到 99.9999％(缩写为 6N)，甚至 99.9999999％(缩写为 9N)以上，具有基本完整的点阵结构的晶体，即单晶体，超纯的单晶硅为本征半导体。

本征半导体中掺入某些微量元素(称为杂质)后，其半导体的导电性显著提高，称为杂质半导体。例如，四价元素的硅掺入三价的微量硼或铟形成 P 型硅半导体，掺入五价元素的微量磷或砷形成 N 型硅半导体。制备杂质半导体时一般按百万分之一数量级的比例(ppm)在本征半导体中掺杂。

若将 P 型半导体与 N 型半导体通过扩散制作在同一块半导体(通常是硅或锗)基片上，在两者交界面形成的空间电荷区，称为 PN 结。PN 结具有单向导电性，将其两个电极引出，就是一个半导体二极管。

(2)太阳能电池基本结构

单晶硅太阳能电池分层结构自上而下为减反射膜、金属上电极、顶区层(P 型半导体)、体区层(N 型衬底)和金属底电极;为了能够收集电流,一般把金属上电极制成栅状的主栅和细栅,采用硅半导体材料不同掺杂 P 型和 N 型半导体制成大面积 PN 结,通常为 N⁺/P 同质结结构,即在一定面积 P 型硅片上用扩散法制成一层很薄、经过重掺杂 N 型层,然后在 N 型层上制作金属栅线,作为正面接触电极。背面制作金属膜,作为欧姆接触电极。为了减少光的反射损失,一般在外表面覆盖一层减反射膜,这样就形成了晶体硅太阳能电池(单体电池),如图 1(a)所示。在实用中,通常将一定数量单体电池通过串(并)联组成光伏电池组件,若干组件排列成电池方阵。图 1(b)为太阳能电池成品板。

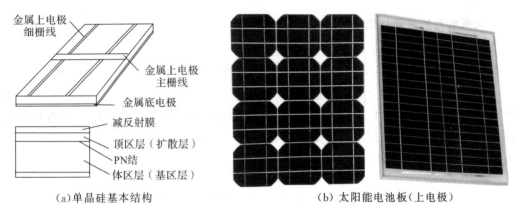

(a)单晶硅基本结构　　　　　　　　(b) 太阳能电池板(上电极)

图 1　单晶硅太阳能电池结构示意图

2. 太阳能电池基本原理简介

当光照射物体时,一部分被其表面反射或散射,一部分被吸收,还有一部分可能透过物体。被吸收的光能,将使材料中能量较低的电子跃迁到较高能级。若入射光子能量大于半导体材料的禁带宽度,就有可能使电子从价带跃迁到导带,P 型区每吸收一个光子就产生一个电子-空穴对(即本征吸收),并从表面向内迅速扩散,在结电场作用下,最后在 PN 结附近建立一个与内电场方向相反的光生电场,产生一个与光照强度相关的电位差,这种现象称光生伏特效应(photovoltaic effect)。此电位差决定了太阳能电池的最大供电电压。

3. 等效电路

太阳能电池基本结构可看成是一个较大面积的半导体 PN 结,因此具有一个确定的禁带宽度;只有入射太阳光光子能量高于禁带宽度时,才有可能激发光生载流子并继而发生光电转化。当电极两端外接负载后,负载中就有功率输出。为了描述太阳能电池工作状态,往往将其与负载系统用等效电路来模拟。

光照恒定时,太阳能电池的光电流不随工作状态而变化,在等效电路中可把它看作是恒流源 I_{ph};光电流一部分流经负载 R_L,负载上端电压 U 反过来又正向偏置于二极管 D 的 PN 结,引起与光电流反向的暗电流 I_d,因此,太阳能电池理论模型可看作图 2 形式,由理想电流源 I_{ph}(光照产生光电流的等效电流源)、理想二极管 D、并联电阻 R_{sh}(内部等效旁路电阻,即电池边缘的漏电以及制作金属化电极时,电池微裂纹、划痕等处形成的金属桥漏电等,I_{sh} 为 PN 结漏电流)与电阻 R_s(内部等效串联电阻,即引线、金属接触栅或电池体电阻等,一般小于1 Ω)所组成。图 3 为电路符号。

一般认为,单晶硅太阳能电池为第一代太阳能电池,多晶硅、非晶硅等太阳能电池属于第二代,铜铟镓硒太阳能电池属于第三代。

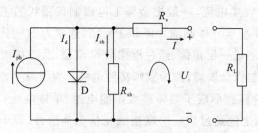

图 2　太阳能电池理论模型电路图　　　　图 3　太阳能电池电路符号

4. 太阳电池的表征参数与测试电路

(1)伏安特性

无光照时,太阳能电池可视为一个二极管,其正向偏压 U 与通过电流 I 关系为

$$I = I_0 \cdot (e^{\frac{qU}{nkT}} - 1) = I_0(e^{\beta U} - 1) \tag{1}$$

式中,I_0 和 β 均为常数,其中 $\beta = qU/nkT$,q 为电子电荷量,k 为玻耳兹曼常量,T 为热力学温度;n 是与 PN 结材料和结构有关的参数,其值在 $1\sim2$ 之间,$n=1$ 时为理想二极管。图 4 为测试电路,部分元件用图形表示。

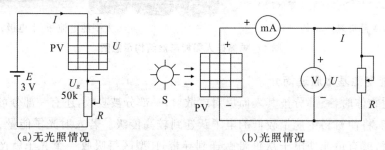

(a)无光照情况　　　　　　　　(b)光照情况

图 4　伏安特性测试电路

在光照作用下,由基尔霍夫定律得

$$IR_s + U - I_{sh}R_{sh} = IR_s + U - (I_{ph} - I_d - I)R_{sh} = 0 \tag{2}$$

式中,I 为太阳能电池的输出电流,U 为输出电压。改写为

$$I(1 + \frac{R_s}{R_{sh}}) = I_{ph} - \frac{U}{R_{sh}} - I_d \tag{3}$$

假定 $R_{sh} \to \infty$ 和 $R_s = 0$,由(1)式得,$I = I_{ph} - I_d = I_{ph} - I_0(e^{\beta U} - 1)$。

若输出短路,则 $U = 0$,$I_{ph} = I_{sc}$ 为短路电流;若输出开路,则 $I = 0$,$U = U_{oc}$ 为开路电压,$I_{sc} - I_0(e^{\beta U_{oc}} - 1) = 0$,图 5 为测试电路。得

$$U_{oc} = \frac{1}{\beta}\ln(\frac{I_{sc}}{I_0} + 1) \tag{4}$$

式(4)为 $R_{sh} \to \infty$ 和 $R_s = 0$ 情况下,太阳能电池开路电压 U_{oc} 和短路电流 I_{sc} 关系。

晶体硅太阳能电池开路电压与光强度对数成正比,与受光面积大小无关;短路电流大小与光强度近似成正比,与受光面积大小成正比。若把硅光电池作为测量元件时,应把其作为电流源使用(短路状态)。

当负载 R_L 从 0 变化到无穷大时,输出电压 U 从 0 变到 U_{oc},同时输出电流便从 I_{sc} 变到 0,由此得到太阳能电池输出特性曲线(负载特性),如图 6 所示。

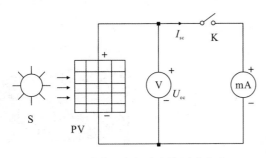

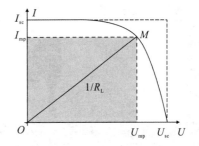

图 5　开路电压与短路电流测试电路　　　　　图 6　太阳能电池的输出特性

曲线上任何一点都可作为工作点,该点对应的坐标为工作电流和工作电压,其乘积 $P = IU$ 为电池输出功率。工作点与原点的连线称为负载线,其斜率为 R_L 倒数。

（2）转换效率

根据热力学理论,任何能量的转换过程都存在效率问题。光伏电池转换效率表示在外电路连接最佳负载电阻 R 时,得到最大能量转换效率

$$\eta = \frac{P_{\max}}{P_{\text{in}}} = \frac{I_{\text{mp}}U_{\text{mp}}}{P_{\text{in}}} \tag{5}$$

即电池的最大功率输出与入射功率之比。式中, I_{mp} 和 U_{mp} 为最佳工作电流和最佳工作电压, $I_{\text{mp}}U_{\text{mp}}$ 在特性曲线中构成一个矩形,称为最大功率矩形; P_{in} 为电池组件有效面积与单位面积的入射光功率乘积。

（3）填充因子

为了评价或衡量太阳能电池输出特性的优劣,定义填充因子 FF 为

$$FF = \frac{I_{\text{mp}}U_{\text{mp}}}{I_{\text{sc}}U_{\text{oc}}} = \frac{P_{\text{m}}}{I_{\text{sc}}U_{\text{oc}}} \tag{6}$$

填充因子就是 $I\text{-}U$ 曲线最大矩形面积与乘积 $U_{\text{sc}} \times I_{\text{sc}}$ 之比,在 0.5~0.8 之间。转换效率表示为

$$\eta = \frac{FFU_{\text{oc}}I_{\text{sc}}}{P_{\text{in}}} \tag{7}$$

在一定光强下, FF 越大,曲线越"方",输出功率也就越大。综合考虑各种因素,光伏电池的能量转换效率大致在 10%~15% 之间。

【实验器材】

太阳能电池特性实验仪（含太阳能电池板与支架、光具座、遮光罩、功率 100 W 的碘钨灯、直流稳压电源）,直流电流表,数字万用表（或直流电压表）,ZX21a 型电阻箱。

【实验仪器描述】

1. 实验系统简介

太阳能电池板、碘钨灯（白光光源）通过支架安装在带有刻度尺的光具座上,在导轨上水平移动可调节两者间距,改变入射光照强度。遮光罩用于挡住背景光线的干扰,如图 7 所示。

直流稳压电源连续可调,作为太阳能电池外加的偏置电压。

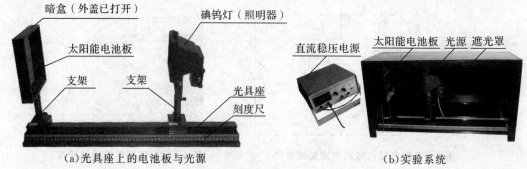

（a）光具座上的电池板与光源　　　　　　　　　（b）实验系统

图7　实验仪结构图

2. 太阳能电池规格参数

外形尺寸 152 mm×152 mm，三块太阳能电池切片组成，工作电压 5 V，最大输出电流 500 mA，额定功率 2.5 W，采用 PECVD 氮化硅减反膜成膜技术。

【实验内容与步骤】

1. 测量无光照（全黑）下，外加正向偏压时太阳能电池伏安特性

盖上太阳能电池暗盒盖子，按图 4(a) 电路 $E=3$ V，改变 R，测量 $I\text{-}U$ 关系。

2. 测量恒定光照下，不加偏压时太阳能电池伏安特性

调节支架，使光源灯丝与电池板中心在同一水平线上。

使用遮光罩，挡住背景光线干扰，按图 4(b) 电路，电流表外接。

保持光源到太阳能电池距离约 20 cm 不变，改变变阻器阻值大小，测量在不同负载电阻下 $I\text{-}U$ 关系。

3. 测量太阳能电池的光照特性

设定光源与太阳能电池水平距离 $x_0=20$ cm 时的相对光强为 1，相当于把太阳能电池接收到的光照强度作为标准光照强度 J_0。

依次改变光源到太阳能电池距离 x_i，根据光照强度与距离成反比规律（$J_i/J_0 = x_0/x_i$），按图 5 电路测量在不同相对光照强度 J/J_0 时，太阳能电池对应的短路电流 I_{sc} 和开路电压 U_{oc} 值。

【数据记录与处理】

1. 测量无光照（全黑）下，外加正向偏压时太阳能电池伏安特性

测试条件：无光照（全黑），$E=3$ V。

$R/\mathrm{k\Omega}$	50	45	40	35	30	25	20	15	8	5	2	1
U/V												
U_R/V												
$I/\mathrm{\mu A}$												
$\ln I$												

由 $I=U_R/R$ 计算 I，作 $I\text{-}U$ 关系曲线。

在(1)式中,当 U 较大时,认为 $e^{\beta U} \gg 1$,有 $\ln I = \beta U + \ln I_0$,作 $\ln I$-U 关系曲线,通过拟合,可确定常数 I_0 与 β 值。

2. 测量恒定光照下,不加偏压时太阳能电池伏安特性

测试条件:使用遮光罩,光源与太阳能电池间距为 20 cm。

R_L/Ω	5	10	15	20	25	30	35	40	45
U/V									
I/mA									
P/mW									
R_L/Ω	50	55	60	65	70	75	80	85	90
U/V									
I/mA									
P/mW									
R_L/Ω	95	100	150	200	500	800	1 k		
U/V									
I/mA									
P/mW									

作 I-U 关系曲线,用外推法求出短路电流 I_{sc} 和开路电压 U_{oc}。

作 P-R_L 关系曲线,求出太阳能电池最大输出功率 P_m 和最大输出功率时对应的负载电阻 R,并计算填充因子 FF 值。

3. 测量太阳能电池短路电流 I_{sc}、开路电压 U_{oc} 与相对光强 J/J_0 相对关系

测试条件:取 $x_0 = 20$ cm 的相对光强为 1,按距离比例进行测量。

光源与太阳能电池间距 x_i/cm	相对光照强度 J/J_0	短路电流 I_{sc}/mA	开路电压 U_{oc}/V
50	0.400		
48	0.417		
⋮			
22	0.909		
20	1.000		

作 I_{sc}-J/J_0 关系曲线,确定其函数关系。

作 U_{oc}-J/J_0 关系曲线,确定其函数关系。

[根据作图结果,短路电流 I_{sc}、开路电压 U_{oc} 与相对光强 J/J_0 的函数关系近似为 $I_{sc} = A(J/J_0)$,$U_{oc} = B\ln(J/J_0) + C$,利用最小二乘法拟合得出函数关系,确定相关系数。]

【注意事项】

1. 太阳能电池薄而脆,容易破碎,表面容易沾污,实验时应注意防护。

2. 辐射光源的温度较高,请勿触摸灯泡与灯罩等,谨防烫伤。

3. 实验时,通过变阻器的电流不得超过其额定电流,以免烧坏。

4. 实验时,应尽量在较暗环境下进行,避免太阳能电池受到杂散光影响。

【思考与练习】

1. 太阳能电池用作线性光电探测器时,对其特性有何要求?

2. 太阳能电池与 LED 结合,通过储能可用于照明,画出其工作原理方框图。

3. 举例说明太阳能电池在其他方面的应用。

> 除了知识和学问之外,世上没有任何其他力量能在人的精神和心灵中,在人的思想、想象、见解和信仰中建立起统治和权威。
>
> ——培根

实验 53　温度传感器综合应用实验

　　温度是表征物体冷热程度的热工量,温度的测量与控制在工业生产中至关重要。当系统 M 与待测系统 N 达到热平衡,且系统 M 的热平衡态与某种易于观察的热力学变量有唯一关联性时,即可进行温度测量。利用物体某种物理性质随温度变化的特性,把温度量转换为电学量,制成温度传感器,即可用于间接测量温度。不同温度传感器只能在一定温度范围内使用。

　　温度的国际单位为开尔文。常用摄氏度作为温度单位,是根据标准大气压(101.325 kPa)下水的冰点(0 ℃)与沸点(100 ℃)设定的。美国等部分国家常用华氏度(℉)作为温度单位。开尔文与摄氏度之间的转换关系为 $T/\text{K}=t/℃+273.15$,华氏度与摄氏度之间的换算关系为 $T/℉=1.8t/℃+32$,如人体血液温度约为 100 ℉,相当于 37.8 ℃。它们的温度差都是一样的。

【实验目的】

　　1. 了解常用温度传感器类型、特点及基本原理。

　　2. 测量铂电阻 Pt100 温度特性。

　　3. 学习用温度传感器组成温度自动控制系统(可控加热)。

【实验原理】

　　技术上,若测量的温度取开尔文(绝对)温标(即热力学温标),用 T 表示,单位为开尔文(K);若取摄氏温标,就用 t 或 θ 表示,单位为摄氏度(℃)。热力学温度的下限为绝对零度,水的三相点的热力学温度为 273.16 K,热力学温度的 $T_0=273.15$ K,准确地比水的三相点低 0.01 K。水的冰点就是 273.15 K,即 1 K 是水的三相点与绝对零度之间温度差的 1/273.16。

1. 常用温度传感器类型和特点

表1　常用温度传感器类型和特点

类型	传感器	测温范围/℃	特点
热电阻	铂电阻	−258～900	精度高,特性近似线性,稳定性好。已标准化,有系列化规格。铂的价高,铜和镍易氧化
	铜电阻	−200～150	
	镍电阻	−150～300	
	半导体热敏电阻	−50～150	温度系数大,有正负之分,用途各不相同。电阻率大,线性度和一致性较差
热电偶	铂铑$_{10}$-铂(S)	0～1300	测温范围较宽,精度较好,但需要恒温参考点(如冰点)或补偿 已标准化和系列化,有相应分度号,易于选用,工业上应用广泛
	铂铑$_{30}$-铂铑$_6$(B)	0～1600	
	镍铬-镍硅(K)	0～1000	
	镍铬-康铜(E)	−20～750	
	铁-康铜(J)	−40～600	
其他	PN 结温度传感器 (如锗温度计)	−272～223	体积小,精度高,灵敏度高,线性度好,可作低温测量的标准
	集成温度传感器	−50～150	体积小,线性度好,灵敏度高,一致性好,精度适中,使用简便

2. 铂热电阻 Pt100

热电阻是一种利用金属导体在温度变化时本身电阻相应发生变化的特性制成的温度传感器，主要有铂、铜和镍等。

铂热电阻简称为铂电阻，有 Pt100 和 Pt1000 等规格。当温度 t 在 $-200\sim0\ ℃$ 之间时，铂电阻的阻值与温度之间的关系为

$$R_t = R_0 \cdot [1 + A \cdot t + B \cdot t^2 + C \cdot (t - 100) \cdot t^3] \tag{1}$$

当温度在 t 在 $0\sim650\ ℃$ 之间时，R_t 表达式为

$$R_t = R_0 \cdot (1 + A \cdot t + B \cdot t^2) \tag{2}$$

式中，R_t 与 R_0 分别为温度 $t\ ℃$ 和 $0\ ℃$ 时铂电阻值。对于常用的工业铂电阻，温度系数 A、B、C 分别为 $A = 3.908\ 02 \times 10^{-3}/℃$，$B = -5.801\ 95 \times 10^{-7}/℃^2$，$C = -4.273\ 50 \times 10^{-12}/℃^3$。

当温度在 $0\sim100\ ℃$ 之间时，R_t 表达式近似为线性关系，表示为

$$R_t = R_0 \cdot (1 + A_1 \cdot t) \tag{3}$$

式中，温度系数 A_1 约为 $3.85 \times 10^{-3}/℃$。在 $0\ ℃$ 和 $100\ ℃$ 时，铂电阻 Pt100 的阻值分别为 $R_t = 100\ \Omega$ 和 $R_t = 138.51\ \Omega$。

图 1 的桥式电路用于测量 Pt100 电阻值与温度关系。调节电阻箱 R_3 使电桥输出电压为零，电桥平衡。若 $R_1 = R_2$，则变阻箱 R_3 的阻值即为待测铂电阻 Pt100 阻值。

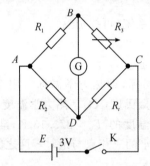

R_1、R_2 为固定电阻
R_3 为十进制变阻箱
R_t 为热电阻 Pt100
G 为温控仪电压表

图 1　电桥法测量铂金属温度特性

3. 电压型集成温度传感器 LM35

集成温度传感器把温度传感元件及其驱动电路、信号处理电路等集成在同一芯片上，有电压型、电流型和数字型等。LM35 输出为电压量，且与温度成线性关系，内部的激光校准保证了极高准确度与一致性，不需要定标。工作电压为 $4\sim20\ V$，温度系数为 $K_V = 10.0\ mV/℃$，准确度可达 $\pm0.5\ ℃$，电路符号如图 2 所示，V_0 为输出端，单位 mV。

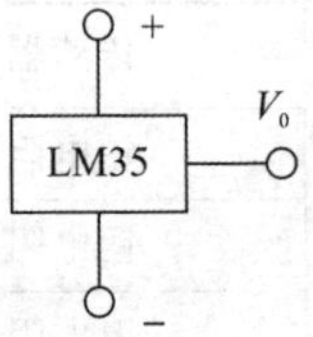

图 2　典型应用电路

只要外加直流电压，即可直接测量其输出端电压 V_0，有 $V_0 = K_V \times t$，待测温度为

$$t/℃ = V_0/10 \tag{4}$$

4. 温度的自动控制

若 LM35 输出外接数字毫伏表，即可组成一个数字式测温系统。

图 3 电路为 LM35 组成的温控系统。运算放大器 IC1 与电阻 R_2、R_3 等组成迟滞比较器，R_1 与 R_{x1} 用于设定参考电压（温度控制范围），继电器 J 用于控制加热电路的通断。

迟滞比较器的门限电压计算如下

$$V_P = \frac{R_4 V_F}{R_3 + R_4} + \frac{R_3 V_O}{R_3 + R_4},\ V_{T+} = \frac{R_4 V_F}{R_3 + R_4} + \frac{R_3 V_{OH}}{R_3 + R_4},\ V_{T-} = \frac{R_4 V_F}{R_3 + R_4} + \frac{R_3 V_{OL}}{R_3 + R_4}$$

$$V_N = V_i,\ \Delta V_T = V_{T+} - V_{T-} = \frac{R_3 (V_{OH} - V_{OL})}{R_3 + R_4}$$

已知 $V_{OL}=0.6$ V，$V_{OH}=10.5$ V，假设调节 R_{x1} 使参考电压 $V_F=0.32$ V，则可求得上门限电压 $V_{T+}=0.35$ V，下门限电压 $V_{T-}=0.32$ V，回差电压 $\Delta V=0.03$ V。

LM35 具有良好的线性度，可由(4)式把电压换算为对应的温度，即设定的控制温度下限为 32 ℃，上限为 35 ℃。

当温度较低，即 $V_N<V_{T+}$ 时，比较器输出为 V_{OH}，使三极管 Q1 饱和导通，发光二极管 D2 点亮，继电器 J 吸合，则加热器工作，温度上升。

当温度上升到高于上限温度，即 $V_N>V_{T+}$ 时，比较器输出为 V_{OL}，使三极管 Q1 截止，发光二极管 D2 熄灭，继电器 J 断开，则加热器停止工作，温度下降。

重复以上过程，可使温度稳定在 32～35 ℃ 之间，达到自动控温目的。

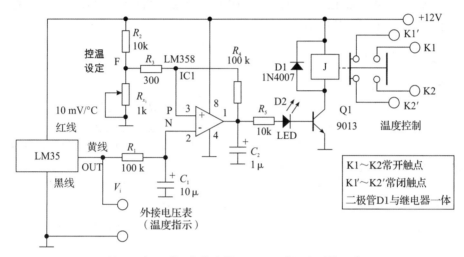

图3　电压型温度传感器 LM35 组成温度测控系统

【实验器材】

HJK-100 型智能型致冷/加热温度控制仪（含加热、致冷恒温井），直流稳压电源，数字万用表，各种温度传感器，电子元器件与接线板等。

【实验仪器描述】

温度控制与检测系统包括温度控制仪、加热井与致冷井，以及传感器电路等，三者配合使用。图4为温控仪面板，图5为温控井（加热井和致冷井各一个）。

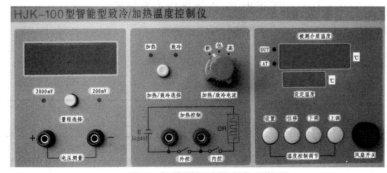

图4　智能型温度控制仪面板图

图5　温控井

(1)四位半数字电压表：有 2 V 和 200 mV 两个量程,用于测量温度传感器输出的电压量(间接地表示对应的温度)。

(2)致冷/加热控制：通过外部连接的传感器,与温控井配合使用。致冷为降温功能,用于各种温度传感器进行 0 ℃ 定标和较低温度的测量;加热为升温功能,用于较高温度的测量。两者配合使用可达到 0 ℃～室温～100 ℃ 的温控范围。

(3)温度控制器：一种可预设控制温度的智能型调节仪表,用于显示并控制"致冷/加热控制"的温度。温控井是一种可进行温度控制的恒温槽,加热井底部配有风扇,通过强制风冷,实现快速降温。

本实验系统提供各种典型温度传感器,包括金属热电阻(Pt100、Cu50)、PN 结温度传感器、集成温度传感器(电压型 LM35、电流型 AD590)、热敏电阻(PTC、NTC),以及热电偶等,有兴趣的同学可进一步探究其应用。

【实验内容与步骤】

1. 温度设置与控制

(1)把"致冷/加热控制"置加热,温度设置为 50 ℃,观察温度变化过程。

(2)把"致冷/加热控制"置致冷,温度设置为 10 ℃,观察温度变化过程。

加热时,需要用导线把"加热控制"两个插孔短接(即"外控"接通),温控仪才能正常工作。

2. 电桥法测量铂电阻 Pt100 温度特性

按图 3 接线,先把温度传感器放入致冷井中,利用半导体致冷把温度设置为 10 ℃,并以此温度作为起点进行测量,通过改变温度设置,每间隔 10 ℃ 测量一次。

当待测温度高于环境温度时,改用加热井,把温度传感器移入加热井中,再开启加热器,通过改变温度设置,每间隔 10 ℃ 测量一次。

3. 温度的自动控制(LM35 应用电路)

按图 2 电路把 LM35 输出电压接到数字电压表,间接地显示了待测温度。把继电器常闭触点连接到"致冷/加热控制"的"外控"端,通过其通断控制加热。

设定温控器的温度为 40 ℃,调节 R_{x1} 使参考电压 $V_F = 0.32$ V,观察温度变化与控制过程(温度变化与发光二极管、继电器工作状态的关系)。

【注意事项】

1. 请不要用人体直接触及加热源及其散热部件,以免烫伤。

2. 温度稳定地达到设定值需要一定时间,请耐心等待。

3. 注意各元件引脚位置,有的在元件外壳面板上方,连接导线不要搞错。

【数据记录与处理】

1. 电桥法测量铂电阻 Pt100 温度特性

表 1　Pt100 温度特性测试数据

物理量 ＼ 次数	1	2	3	4	5	6	7	8	9	10
$t/℃$	10	20	30	40	50	60	70	80	90	100
R_x/Ω										
R_t/Ω										

将测量数据 R_x 用最小二乘法直线拟合,求出结果。

温度系数 $A=$ _____ ,相关系数 $r=$ _____ 。

2. 温度的自动控制

用万用表测量 LM35 应用电路相关电压。

测量量	V_F	V_{OL}	V_{OH}	V_{T+}	V_{T-}
电压值/V					

根据以上测量数据,计算上门限电压 V_{T+} 和下门限电压 V_{T-} ,以及回差电压 ΔV_T ,并与测量值比较。

【思考与练习】

1. 比较各种温度传感器的优缺点,说明其适用范围。

2. 在进行温度自动控制过程中,为什么显示的电压(温度值)与即时测量的门限电压不一致?

【阅读材料】

集成运算放大器与电压比较器简介

1. 运算放大器

运算放大器简称运放,是一种电压放大倍数(或增益)很高、可对电信号进行处理的线性集成电路。理想运放的开环电压放大倍数 $A_{V0} \to \infty$,差模输入电阻 $R_{id} \to \infty$,输出电阻 $R_o = 0$,图 6(a)为国标符号,人们更习惯于采用非国标的图 6(b)符号。

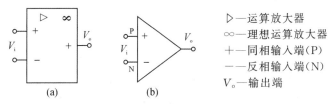

▷—运算放大器
∞—理想运算放大器
+—同相输入端(P)
——反相输入端(N)
V_o—输出端

图 6　运算放大器符号

当集成运放用于信号的运算与放大时,工作在线性区,为扩大运放的线性区和改善其性能,通常引入深度负反馈(如实验 67 图 2 中 A_1 组成形式)。这时可采用"虚短"($V_+ = V_-$)和"虚断"($i_{i+} = i_{i-} = 0$)分析方法,即输入端既相当于"短路",又相当于"开路",使计算变得相当简便。对集成运放组成的深度负反馈线性放大电路可采用此方法与节点电压分析法相结合进行分析。

当运放电路处于开环工作或引入正反馈(图 3、图 7 形式)时,则运放工作在非线性状态,输出为正向或负向饱和电压,用于组成比较器、信号发生器等。

2. 电压比较器

电压比较器是一种用于将一个模拟输入信号与一个参考电压相比较,对信号进行鉴别与比较的电路,其输出为最大输出电压 V_{OM} 或 $-V_{OM}$(正或负饱和值)。此时,运放输出与输入为非线性关系。即

当 $V_+ > V_-$ 时, $V_o = +V_{OM}$;当 $V_+ < V_-$ 时, $V_o = -V_{OM}$ 。

此状态可以用"虚断",但不能用"虚短"的概念进行分析。

比较器相当于一个受输入控制的"开关",因此,可作为模拟电路与数字电路之间的接口电路。

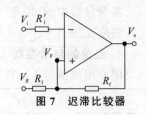

图 7　迟滞比较器

若采用单电源供电,运放的最大输出电压(正或负饱和值)可分别取输出高电平 V_{OH} 和输出低电平 V_{OL},图 8 中的 $+V_{OM}$ 和 $-V_{OM}$ 可分别用 V_{OH} 和 V_{OL} 代替,且 $V_{OL}\approx 0$。

若参考电压 $V_R=V_-=0$,即为过零比较器,属于单门限电压比较器,灵敏度高,但抗干扰能力较差。

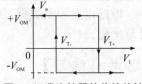

图 8　迟滞比较器的传输特性

迟滞比较器的传输特性与磁滞回线类似,是一种具有迟滞回差传输特性的比较器,广泛应用于信号处理。

在反相输入的单门限电压比较器的基础上引入正反馈电路,组成双门限值的反相输入迟滞比较器(又称为施密特触发器),如图 7 所示。其输入-输出电压传输特性如图 8 所示,V_F 为参考电压,有上下两个门限电压 V_{T+} 和 V_{T-},回差电压 $\Delta V_T=V_{T+}-V_{T-}$;当输入电压按箭头方向变化时,输出电压在 V_{T+} 或 V_{T-} 处发生瞬间跳变的过程。虽然灵敏度降低了,但抗干扰能力提高了。

值得注意的是,为了提高比较器的灵敏度和响应速度,比较器所采用的运放不但没有加入负反馈,有时还引入正反馈,因此,其性能及其分析方法与放大、运算电路是不同的,如"虚短"等深度负反馈的概念对于比较器不再适应。运放通常是针对线性放大要求设计的,而电压比较器是为输出开关量设计的,两者在结构上有一定的区别,应用于电压比较时,应优先选用运放系列中的电压比较器,这些芯片具有延迟时间小、输入偏置电流小等特点。不同厂家的运放,即使是同一替代型号,其内部电路与性能都有差异。

3. 集成运放 LM358

LM358 为低功耗集成运算放大器,内含两个独立的高增益运放,独立工作,共用电源,图 9 为塑封 DIP(双列直插式)封装引脚图,另有贴片等其他规格封装。

LM358 可用在单电源或双电源工作模式,单电源电压范围为 3～30 V,双电源电压范围为 $\pm 1.5\sim\pm 16$ V,电源电流与电源电压无关;具有较好的输入特性,可用于组成传感放大器、直流增益模块等。在开环或引入正反馈时,可作为电压比较器。

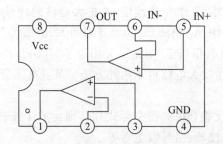

Vcc —电源正端
GND—电源负端
IN+ —同相输入端(P)
IN− —反相输入端(N)
OUT—输出端

图 9　集成运放 LM358

实验 54　计算机仿真单摆测量重力加速度

　　单摆又称数学摆,是一根不可伸长、质量可忽略的细线,上端固定,下端悬挂一个体积很小、可看成质点的小球,使小球稍微偏离平衡位置后放开,在重力作用下在竖直平面内往复摆动的振动系统。

【实验目的】

　　1. 学习进行简单设计性实验基本方法。

　　2. 根据已知条件和测量精度要求,学会应用误差均分原理选用合适的仪器及测量方法。

　　3. 学习分析基本误差的来源及其修正方法。

【实验原理】

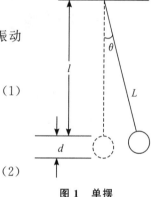

　　在所受阻力很小,摆幅也很小(摆角 $\theta < 5°$)的情况下,图 1 的振动可看成简谐运动,即单摆,其振动周期为

$$T = 2\pi \sqrt{\frac{l}{g}} \tag{1}$$

式中,l 为摆线长,g 为当地重力加速度。参考实验 3。

　　如图 1 所示,设 $L = l + d/2$,则重力加速度为

$$g = \frac{4\pi^2}{T^2} L \tag{2}$$

　　只要测出单摆周期 T 和摆长 L,即可计算重力加速度 g。

图 1　单摆

【实验步骤】

　　启动仿真实验系统,并进入"利用单摆测重力加速度"实验室场景的主窗口,如图 2 所示。当鼠标指向仪器时,鼠标指针处显示仪器的相关信息。

　　1. 主菜单

　　主菜单包括以下几个菜单项:实验目的、实验内容、思考题、退出。鼠标左键点击进入相应的内容。点击退出,选择"Yes"确认。

　　点击"实验目的",显示相关内容。还可打开实验内容和实验思考题进行阅读。

　　2. 仪器操作

　　在主窗口中,以鼠标左键点击主窗口桌面上的仪器进行操作。

　　(1)米尺

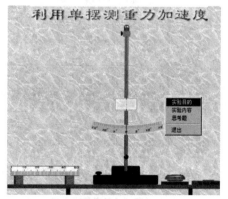

图 2　单摆装置

　　左键点击米尺,打开使用米尺测量摆线与摆球直径的子窗口。窗口中,可用鼠标拖动左边红框使之上下移动;同时,右边的小窗口显示为左边框视野的放大,并随左边红框上下移动而

改变显示内容,如图 3 所示。移动鼠标至左边窗口中调节旋钮的上方,点击鼠标左键或右键以减少或增加摆线长度,变化的幅度可由步长控制。

移动鼠标到右边的小窗口中直尺上方,点击鼠标左键抓取直尺,可上下移动直尺用于测量。

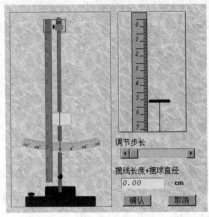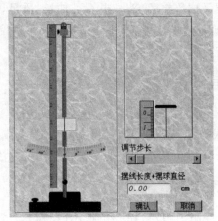

图 3　长度的测量

(2)游标卡尺

左键点击游标卡尺测量摆球直径。

游标卡尺的操作显示在窗口下方的提示框。提示框内显示的内容为鼠标放置在游标卡尺的不同部件时,对其进行操作的信息,如图 4 所示。

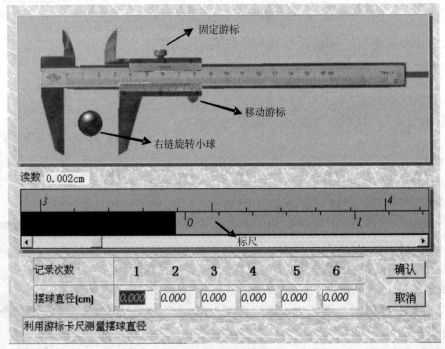

图 4　游标卡尺的使用

(3)电子秒表

在主窗口中,以鼠标左键点击电子秒表,打开使用电子秒表的子窗口,如图 5 所示。

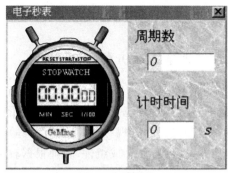

图 5　电子秒表

通过鼠标点击电子秒表上方两个按钮对电子秒表进行计时操作。把鼠标移到按钮上时，可显示有关按钮功能的提示信息。

【实验内容】

以鼠标左键点击主菜单上"实验内容"，打开该文档，按显示的信息完成实验。

已知：	米尺测量精度 $\Delta_m = 0.05$ cm，卡尺测量精度 $\Delta_C = 0.002$ cm；
	电子秒表测量精度 $\Delta_t = 0.001$ s，开停秒表时间误差 $\Delta_T = 0.2$ s。
要求：	1. 由 $\Delta g / g < 1\%$，根据误差均分原则，自行设计实验方案，合理选择仪器和测量方法；
	2. 对所得的重力加速度进行数据处理和误差分析，检查实验结果是否达到设计要求。

【注意事项】

当摆球摆动时，不可使用米尺进行测量。

【数据记录】

利用单摆测量重力加速度

测量量　　　　　　次数 i	1	2	3	4	平均值
摆线长 l/cm					
摆球直径 d/cm					
摆长 $L = (l+d)/2$/cm					
30 个周期时间/s					
1 个周期值 T/s					
$g = \dfrac{4\pi^2}{T^2}L/(\mathrm{m \cdot s^{-1}})$					

由（2）式计算重力加速度。

用作图法处理数据。以 T^2 为纵坐标，L 为横坐标，用直角坐标纸作 T^2-L 关系图，求实验结果。

【阅读材料】

大学物理仿真实验简介

大学物理仿真实验是基于新一代 WPF(Windows Presentation Foundation)技术构建的计算机仿真实验,通过对实验仪器与实验环境进行虚拟,学生利用计算机在仿真实验环境中操作仪器或组件,完成模仿真实实验的过程,实现"亲临其境"的实验体验。

大学物理仿真实验将实验方案、仪器设计成组件,教师根据教学目标制定不同层次的实验方案,学生通过网页查看实验原理和实验操作演示,可自拟实验方案,也可根据教师提供的实验方案,从仪器库中选择合适的仪器自主完成实验。实验方案灵活,仪器选择性多,实验指导信息丰富,对开放性实验及设计性和研究性实验有很强的针对性,特别适合于面向大面积学生开设开放性或设计性、研究性教学实验,有利于培养学生理论联系实际的思维方式和创新实践能力,激发不同层次学生的兴趣。此外,还具有统计分析功能,分析学生使用仿真实验的时间、次数等,有利于客观地评价学生的实验完成情况。

大学物理仿真实验把实验器材与实验原理、实验内容与教学要求、实验指导与操作演示等有机地融合在一起,对不同层次的学生均可以自主地完成从预习到操作、测量和数据处理等每一个环节,建立从局部到整体、从感性认识到理性认识的全过程。

目前,大学物理仿真实验以科大奥锐科技有限公司研制的"大学物理仿真实验 2010"软件最为流行,具有一定的代表性和创新性,其主要特点:

(1)仿真仪器组件化。学生可对仪器进行选择和组合,不必担心仪器操作不当损坏的问题。学生还可自行改变实验参数,采用不同方法与思路,反复调整仪器,达到预期的实验目标。通过仿真实验,有利于熟悉仪器性能和结构,理解实验的设计思想和方法。

(2)解剖了实验全过程。学生在理解、思考的基础上进行操作,克服了实验中出现的盲目操作现象,提高了实验效率与质量。通过模拟真实实验过程,适合于作为实物实验的预习,在一定程度上提高学生的动手实践能力,培养独立自主的从实验方案构建到实验过程设计的能力。

(3)扩展了与实验相关的历史背景、意义及应用,营造了多样化的实验环境。每个实验的界面包括实验简介、实验原理、实验内容、实验仪器、实验指导、参考书目或实验指导书下载等。通过仿真实验,了解计算机 CAI(Computer Assisted Instruction)在物理实验中的应用。

在浏览器中访问"大学物理仿真实验 2010"时,需要先安装浏览器的 silverlight 插件,再重新启动浏览器进行访问。

1. 仿真实验操作

(1)控制仪器调节窗口

调节仪器时,一般在仪器调节窗口内进行。

①打开窗口:双击主窗口上的仪器或从主菜单上选择,即可进入仪器调节窗口。

②移动窗口:用鼠标拖动仪器调节窗口上端的细条。

③关闭窗口

有三种方法:右键单击仪器调节窗口上端的细条,在弹出的菜单中选择"返回"或"关闭";或者双击仪器调节窗口上端的细条;也可以使用快捷键,激活仪器调节窗口后,再按 Alt＋F4 键关闭。

（2）选择操作对象

激活对象指仪器图标、按钮、开关、旋钮等所在窗口。当鼠标指向对象时，系统会给出下列提示之一。

①鼠标指针提示：鼠标指针光标由箭头变为其他形状（如手形）。

②光标跟随提示：鼠标指针光标旁边出现一个黄色的提示框，提示对象名称或操作方法。

③状态条提示：状态条一般位于屏幕下方，提示对象名称或操作方法。

④语音提示：朗读提示框或状态条内的文字说明。

⑤颜色提示：对象的颜色变为高亮度（或发光），醒目且突出显示。

出现上述提示即表明选中该对象，可以用鼠标进行仿真操作。

（3）进行仿真操作

①移动对象：若选中的对象可以移动，可用鼠标拖动选中的对象。

②按钮：选定按钮，单击鼠标即可。

③开关：对于两挡开关，可在选定的开关上单击鼠标切换其状态。对于多挡开关，可在选定的开关上单击左键或右键切换其状态。

④旋钮：选定旋钮，单击鼠标左键，则旋钮反时针旋转；单击右键，则旋钮顺时针旋转。

（4）连接电路

①两个接线柱的连接：选定一个接线柱，按住鼠标左键不放并拖动，则一条直导线从接线柱引出，将其末端拖至另一个接线柱后释放鼠标，即完成了两个接线柱的连接。

②删除两个接线柱的连线：将这两个接线柱重新连接一次（若面板上有"拆线"按钮，则应先选择此按钮）。

2. 大学物理仿真实验项目

实验包括力学、热学、电学、电磁学、光学、近代物理学和其他等各个领域，可根据教学需要，从中选做。

力学实验

- 单摆法测重力加速度
- 凯特摆测重力加速度实验
- 三线摆法测刚体的转动惯量
- 钢丝杨氏模量的测量

热学实验

- 不良导体导热系数的测定
- 温度传感器温度特性测试与研究
- 声速的测量
- 热敏电阻温度特性实验
- 半导体温度计的设计

电学实验

- 双臂电桥测低电阻实验
- 交流谐振电路及介电常数（电容率）测量
- 直流电桥测量电阻
- 交流电桥
- 示波器实验

- 检流计的特性研究
- 设计万用表实验
- 整流滤波电路实验
- 动态磁滞回线的测量
- 测量锑化铟片的磁阻特性
- 霍耳效应实验

光学实验
- 分光计实验
- 迈克耳孙干涉仪
- 椭偏仪测折射率和薄膜厚度
- 干涉法测微小量
- 偏振光的观察与研究

近代物理学实验
- 光强调制法测光速
- 密立根油滴实验
- 塞曼效应实验
- 光电效应和普朗克常量的测定
- 拉曼光谱实验

其他实验
- 太阳能电池的特性测量

第五章　设计性与研究性实验

实验 55　非线性电阻伏安特性曲线的测定

通过一个元件的电流随外加电压的变化关系曲线,称为伏安特性曲线。从元件的伏安特性曲线可分析其导电特性,从而确定其在电路中的作用。

【实验目的】

1. 了解半导体二极管、小灯泡等非线性元件的导电特性。
2. 测绘电子元件的伏安特性曲线,学习用图线表示实验结果。

【实验器材】

直流电流表(毫安表、微安表),电压表,数字万用表,直流稳压电源,示波器,滑线变阻器,电阻箱,待测元件(半导体二极管、小灯泡),开关,导线等。

【实验要求】

1. 设计一个电路,测量半导体二极管的正向与反向伏安特性曲线。
2. 设计一个电路,测量小灯泡的伏安特性曲线;验证关系式 $U=kI^n$,并求系数 k 和 n。
3. 用图示法绘出被测二极管和小灯泡的伏安特性曲线。

【原理简介】

改变一个电学元件两端电压的大小,通过元件的电流通常也会随之发生改变。若以坐标横轴表示加在该元件上的电压,纵轴表示通过的电流,其图线就是伏安特性曲线。

若该曲线是一直线,则称该元件为线性电阻元件,该元件服从欧姆定律。反之,凡不满足欧姆定律或其伏安特性曲线不是直线的元件,均为非线性元件,如热敏电阻、二极管、白炽灯电阻等。对非线性元件,曲线上各点的电压与电流的比值为非定值,此时讲电阻多少,其意义是不明确的,一般用伏安特性曲线(动态电阻)来说明其导电特性。

1. 半导体二极管

本征半导体是一种化学成分纯净,由同一种原子构成的结构完整的晶体。其掺入杂质后,即为杂质半导体。在本征半导体中掺入某种微量元素作为杂质,可使半导体的导电性发生显著变化。

四价元素硅和锗掺入五价元素的杂质,如磷,可形成 N 型半导体,也称电子型半导体。N型半导体中自由电子是多数载流子,空穴是少数载流子。多数载流子的数量主要由掺入杂质的浓度确定,少数载流子由热激发形成。

四价元素硅和锗掺入三价元素的杂质,如硼,可形成 P 型半导体,也称空穴型半导体。P 型半导体中空穴是多数载流子,电子是少数载流子。空穴导电是半导体区别于金属导电的特点。

无论是本征半导体或者单一的杂质半导体,一般来说,其用途都不大。若把 P 型半导体和 N 型半导体结合在一起,在其结合处将会形成一种特殊的结构——PN 结。

在一块完整的晶片(如锗或硅)上,通过一定的工艺,在 PN 结上加上引线和封装,就是一个半导体二极管器件,简称二极管。P 区和 N 区对应引出的两个电极,分别称为阳极(A 极或正极)和阴极(K 极或负极)。二极管的结构、外形和电路符号如图 1 所示,(c)的标识为国产型号。符号中的三角箭头(也可以是实心的)表示正向电流的方向,从阳极流入,阴极流出。

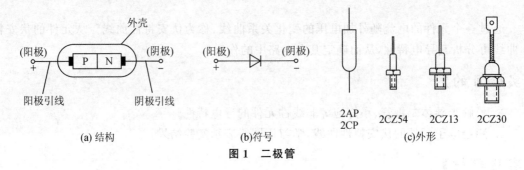

图 1 二极管

二极管具有单向导电性,其电流和电压的关系为非线性,故二极管为非线性元件。非线性元件电流和电压关系不能用欧姆定律表示,必须用伏安特性曲线描述,如图 2 所示。

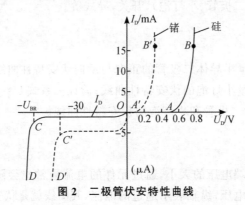

图 2 二极管伏安特性曲线

一般情况下,二极管正向偏置导通时,小功率硅二极管正向电压降 U_D 约为 $0.6\sim0.8$ V,计算时可取 0.7 V;锗二极管 U_D 约为 $0.2\sim0.3$ V,计算时可取 0.3 V;反向偏置时截止,反向电流 I_S 很小,几乎为零;反向击穿电压很大。最大整流电流和反向击穿电压是普通二极管的主要参数。

理想二极管相当于一个有电流取向的普通开关。导通内阻为 0,则 $U_D=0$,$I_S=0$。

二极管的应用广泛,利用其单向导电性,可用于整流、检波、限幅、元器件保护以及数字开关电路等。

2. 测量小灯泡伏安特性曲线

小灯泡(规格 6.3 V$/0.15$ A,电珠)钨丝的电阻随温度而变化,其电阻等于灯泡两端的电压与通过灯丝电流的比值,在一定电流范围内,两者的关系为 $U=kI^n$,k、n 是与灯泡相关的系数。

【注意事项】

1. 二极管的正向与反向特性曲线绘制在同一坐标纸时,由于正向与反向电压、电流值相差较大,作图时可选取不同的单位。

2. 二极管的工作电流不能超过其最大整流电流,反向电压不能超过其击穿电压。小灯泡的工作电流不能超过其额定电流,端电压不能超过其额定电压。

3. 由于小灯泡电阻仅为几到几十欧姆,测量小灯泡的电阻,宜用电流表外接法。实验时,由于小灯泡两端的电压调节范围较大,尤其是在低电压测量其电流的情况,故应采用滑动变阻器分压接法。

4. 小灯泡的电阻随温度的升高而增大,在电压较低时,温度随电压的变化比较明显,因此,在其额定电压的低电压区域内,电压、电流值应多选几组进行测量。

5. 小灯泡可以在短时间内高于额定电压 $10\%\sim20\%$ 下使用,但是,加在灯泡两端的电压不能过高,以免烧毁。实验时,应使灯泡两端电压由低向高逐渐增大,决不可一开始就使小灯泡在高于额定电压下工作。因为灯丝电阻随温度的升高而加大,如果灯丝由低温状态直接超过额定电压使用,会由于较小的灯丝冷电阻,瞬间电流过大而烧坏。

【思考与练习】

1. 为保护二极管不被损坏,在测量时应采取哪些措施?

2. 电表接入误差会对测量产生什么影响? 如何处理此误差?

3. 在测量中,改变电流表或电压表的量程,对测量结果有无影响? 为什么? 在实验中是否允许改变量程?

4. 测量小灯泡伏安特性时,滑动变阻器采用分压法与限流法对测量有何影响?

5. 小灯泡的伏安特性曲线为什么不是直线? 能否用部分电路的欧姆定律求其电阻?

6. 一般情况下,认为小灯泡的电阻是一个恒定值,这种认识与实际情况之间会有多大的误差? 在什么情况下就不能认为灯泡电阻是一个恒定值? 可结合实验结果来回答。

7. 利用科学工作室及其软件(参见实验 49),能否测定非线性电阻伏安特性曲线?

【参考书目】

1. 杨述武.普通物理实验(二、电磁学部分)[M].第三版.北京:高等教育出版社,2000

2. 丁慎训,张孔时.物理实验教程[M].第二版.北京:清华大学出版社,2002

> 既异想天开,又实事求是,这是科学工作者特有的风格。
>
> 科学是讲求实际的。科学是老老实实的学问,来不得半点虚假,需要付出艰巨的劳动。同时,科学也需要创造,需要幻想,有幻想才能打破传统的束缚,才能发展科学。
>
> ——郭沫若

实验 56　用电位差计校准直流电表

　　电位差计是一种基于补偿原理和比较法的平衡式电压测量仪器。其特点是被测电路在测量时无电流通过,克服了通常电表的分压或分流作用对被测电路的影响,测量结果准确可靠。其准确度取决于标准电池、标准电阻和检流计等。

　　若配以其他传感器,还可进行非电学量的测量。直流电位差计也称为补偿器,与电桥一样,也有交流和直流两种,是精密测量中常用的仪器。

【实验目的】

　　1. 进一步熟悉学生型电位差计的使用方法。
　　2. 通过电表的校准,学习设计简单的测量电路及其参数的选择。

【实验器材】

　　87-1 型电位差计,滑线变阻器,电阻箱,高精度直流稳压电源,直流稳压电源,待校电压表(或电流表),开关,连接线等。

【实验要求】

　　设计校准电路,根据待校电表的量程,选择合适的测试参数和条件,依次由 0 到满刻度及从满刻度到 0,分别对电压(或电流)各校准 10 个点。

　　不同型号的电位差计,其测量范围和准确度也不相同,量程上限有几十毫伏至几十伏等多种规格。若采用学生式电位差计,考虑到其准确度,待校电表的等级不宜选择太高。一般直流电表的等级数字越小,精度越高。

　　1. 校准某一量限的直流电压表
　　(1)直流稳压电源可在一定范围内作连续变化,设计标准电压表的控制电路。
　　(2)根据电位差计和待校电压表的量限,选取适当的电阻及其分压比。
　　(3)作 ΔU-U 校准曲线(ΔU 为校准值与电压指示值之差),评价待校表的准确度级别或质量。

　　2. 校准某一量限的直流电流表
　　(1)令稳压电源作固定输出,设计校准电流表的控制电路,确定工作电源电压。
　　(2)要求控制电路的电流调节范围为适合被校电流表指示范围,选取适当的取样电阻和变阻器阻值。
　　(3)作 ΔI-I 校准曲线(ΔI 为标准值与电流指示值之差),评价待校表的准确度级别或质量。

【原理简介】

　　所谓校准,就是用待校的电表与标准电表测量同一物理量,检测其指示值与标准值相符的程度,并作出校正关系曲线的过程。根据电位差计测量电动势的方法,可获得对应于标准电表的电压或电流值。

比较两个结果,得到电表各刻度的绝对误差。其最大的绝对误差和量程反映了该电表的标称误差,即

$$标称误差 = \frac{最大绝对误差}{量程} \times 100\% \tag{1}$$

根据标称误差的大小,将电表分为不同的等级。例如,当 $0.5\% <$ 标称误差 $\leqslant 1.0\%$ 时,则该电表的等级定为 1.0 级。

可见,校准电表的目的就是根据标称误差的大小,判断其是否符合其标示的等级(基本误差极限),进而判断待校表是否"合格",评价其质量。

使用待校的电表时,即可根据校准曲线,修正电表的读数,以获得较为准确的测量值。

1. 校准电压表

如图 1 所示为校准电压表的原理图。可根据电位差计和待校电压表的量限,设计相应的电路,选取适当的测量电阻及其分压比,进行校准,作 ΔU-U 校准曲线(ΔU 为校准值与电压指示值之差)。

2. 校准电流表

如图 2 所示为校准电流表的原理图。可根据电位差计和待校电流表的量限,选择有关电路参数。利用电位差计测出标准电阻的端电压,由欧姆定律计算通过此电阻的电流。

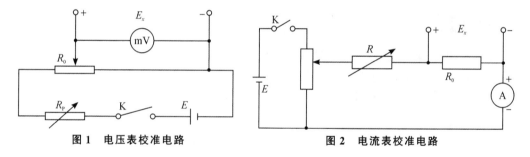

图 1　电压表校准电路　　　　图 2　电流表校准电路

电路的电流调节范围不超过待校电流表的量程。选取适当的取样电阻和变阻器阻值,进行校准,作 ΔI-I 校准曲线(ΔI 为标准值与电流指示值之差)。

【注意事项】

1. 使用电位差计时,先接通辅助回路,并对检流计调零,利用标准电池校准工作电流,再进行待测电动势或电位差的测量。测量结束时,应先断开待测回路,再断开工作电流调节回路。同时,必须采用类似判断电桥平衡的方法,即跃接法操作转换开关 K。

2. 测量完毕,应随手断开有关开关,以减少电阻发热对辅助回路的影响。

【思考与练习】

1. 校准电表时,为什么需要由小到大,再由大到小,对其电压(或电流)依次校准一次?若两次结果完全一致,说明了什么问题?若不一致,又说明了什么问题?

2. 若被测电压大于电位差计的量程,在不影响测量精度的情况下应采取什么措施?

实验 57　用示波器测量电路相位差

在电子电路中,输入信号往往不是单一频率的,而是具有一定的频谱。研究电子电路性能时,在许多场合需要测量其频率响应。采用示波器可以方便地测量正弦信号通过某一网络后的滞后相位角。

在电子仪器中,可以用相位计测量两个频率相同正弦信号之间相位差。

【实验目的】

1. 进一步熟悉示波器的使用。

2. 学习利用示波器测量相位差的方法。

【实验器材】

双踪示波器,信号发生器,放大器,直流稳压电源,电容器,电阻器,电阻箱,万用表,实现测量方案所需的其他电子元器件等。

【实验要求】

1. 正确使用双踪示波器,掌握测量一个正弦波信号经过一个网络(如放大器)后产生的相位变化。画出测量示意图,写成计算关系式。

2. 设计一个 RC 电路,根据所需的相位差(如 45°)选择合适电路参数。

【原理简介】

1. 相位

相位也称为周相,简称为相,以前称为位相,是某一物理量随时间(或空间位置)做正弦或余弦变化时,决定该量在任一时刻(或位置)状态的一个数值。例如,一个简谐振动按下列规律变化

$$x = A\cos(\omega t + \varphi)$$

其中,A 和 ω 分别称为振幅和角频率;$\omega t + \varphi$ 称为相位,φ 为 $t=0$ 的相位,称为初相位。若相位用角度表示,也可称为相位角,简称相角。

2. 相位差

相位差也称为相角差或周相差,简称为相差,是两个同频率的物理量随时间做周期性变化的相位之间的差值,即初相角之差。当相位差为 0 或 π 的偶数倍时称为同相,等于 π 的奇数倍时称为反相。当两个量比较时,初相大的量超前于初相小的量(相位超前),初相小的落后于初相大的量(相位滞后)。

3. 用双踪示波器测量相位差

在一个已知电路中输入一定频率的正弦信号,用双踪示波器测量信号经过电路后产生的相位差。

(1)直接比较法(双踪法)

通过测量两个相同频率的信号在双踪示波器水平方向的差距与信号周期,即可求出两信

号相位差。此时,应注意正确选择示波器触发源。

(2)李萨如图法

从 X 轴(外接)和 Y 轴分别输入两个相同频率、有一定相位的信号,选择合适的偏转灵敏度,根据李萨如图的椭圆对标尺的倾斜度与截距,以及主轴所在象限,确定相位差。

【思考与练习】

1. 举例说明 RC 电路在电子电路中的应用。

2. 什么是相频特性? 在不同频率正弦信号作用下,说明频率范围大小对 RC 低通滤波电路的影响。

3. 说明一阶 RC 电路的暂态特性与稳态特性的区别。

【参考书目】

1. 秦曾煌主编.电工学(上册)[M].第六版.北京:高等教育出版社,2004

2. 王恒山.RC 电路及其应用[M].北京:人民邮电出版社,1985

送给年轻人三句话:知识在于积累,才智在于勤奋,成功在于信心。

——王淦昌

实验 58　　用示波器观测伏安特性曲线

示波器主要用于观测各种电信号，特别是电压对时间的信号。通过传感器电路等方法，一切可转换为电信号的电学量（如电流、功率、阻抗等）和非电量（如压力、温度、频率等）都可借助示波器进行方便的观察和测量。

示波器用途广泛，选择合适的方法，也可用于观测伏安特性曲线。

【实验目的】

1. 学习利用示波器观测伏安特性曲线的原理与方法。
2. 测定电阻与二极管的伏安特性曲线参数。

【实验器材】

常规电子仪器，如双踪示波器、直流稳压电源、低频信号发生器、万用表等；滑线变阻器，电阻箱，二极管，电阻等。

【实验要求】

利用示波器，设计一个二极管伏安特性的测试电路，观测其特性曲线。

(1)在直角坐标的毫米方格纸上，绘制其伏安特性曲线。

(2)分别计算稳压二极管正向电流为 5 mA 和反向电流为 5 mA 时的动态电阻值。

【原理简介】

1. 利用示波器测量二极管伏安特性的问题

二极管伏安特性曲线反映其端电压与所通过电流之间的关系，可用晶体管特性测试仪直观地显示，也可用伏安法逐点测量。利用示波器进行观测（示波法），其原理和方法不同。

(1)由于一般的示波器只能观测电信号波形，因此，要直接显示二极管的伏安特性曲线，就必须考虑图形的取向和示波器的公共端问题。

(2)当硅二极管正向导通时，其正向电压为 0.5～0.7 V。因此，实验时要注意选择电源电压，控制加在其两端的电压值，使得通过二极管的电流不超过其最大电流值。

(3)稳压二极管是一种特殊二极管，通常工作在反向击穿状态，主要用于稳压或限压电路等场合，与普通二极管不同。实验中，可选用稳压二极管，以便于直观观测。一般二极管最主要的参数有正向整流电流和最大反向击穿电压。稳压二极管与普通二极管一样，具有正向和反向的伏安特性，由于工艺的不同，是一种工作在反向击穿区，即第三象限的特殊二极管，主要参数是稳定电压 U_z 和稳定电流 I_z。

(4)硅稳压二极管加反向电压时，随着反向电压的增大，反向电流很小；当反向电压增大到某个值时，稳压二极管反向击穿，反向电流急剧上升，此时的反向电压值就是其稳压值。稳压二极管的反向击穿是可逆的，其反向电流不得超过其额定值，否则，热击穿会造成管子永久损坏。因此，实验时要严格把通过稳压二极管的反向电流控制在其额定电流值内。

(5)示波器测量的电压是峰-峰值，需要换算为有效值。

（6）要在示波器 Y 轴上显示二极管的正、反向电流值，一种简单方法就是选取采样电阻，然后根据所测得的电压有效值和采样电阻的大小，计算出正、反向的电流值。

（7）要显示二极管的特性曲线，输入信号可选用正弦波，也可以采用锯齿波。

（8）伏安特性曲线一般在同一坐标、不同象限上绘制。由于正向与反向电流数值相差很大，作图时，在不同象限的坐标上可选取不同的标度值（或单位）。

（9）二极管的动态电阻为

$$r_D = \frac{du}{di} \tag{1}$$

从绘制出来的特性曲线上，用两点式方法求斜率得出。

2. 示波法的定量测量——定标[*]

在示波器上显示的图线，是将实际电压经过放大或缩小后合成得出的。为了定量观测二极管的某些特性参数，正向和反向两段分开测量，还要进行绘图、对示波器进行定标和换算。注意保持 X 方向和 Y 方向的调整旋钮位置不变，直至定标完成。

（1）为了便于绘图，在示波器上显示的图线应尽可能清晰且长宽合适，适合于在直角坐标纸上绘制。

为了在示波器屏幕上获得一个亮点作为图线的坐标零点，可以在电路中串联两个并联的、特性尽可能一致的二极管。

（2）在稳定显示图线的基础上，保持 X 轴"时基扫描速率 TIME/DIV"和 Y 轴的"偏转因素 VOLTS/DIV"的大小不变，利用单踪输入，调节输入信号大小，在满屏情况下，测量取样电阻 R_S 上两端电压的 Y 轴长度 L_y，并测量出其电压有效值 V_1，对伏安特性进行定标。

示波器屏幕上纵向亮线每单位长度所对应的电压，即 Y 轴灵敏度 V_y 为

$$V_y = \frac{2\sqrt{2}V_1}{L_y}(\text{V/DIV}) \tag{2}$$

用同样的方法，对 X 方向进行定标，即 X 轴灵敏度 V_x 为

$$V_x = \frac{2\sqrt{2}V_2}{L_x}(\text{V/DIV}) \tag{3}$$

（3）根据上述定标结果，把从屏幕绘制的图线的坐标值 (x, y) 换算为实际的电压值 V 和电流值 I，即

$$V = V_x \cdot x, \quad I = V_y \cdot \frac{y}{R_S} \tag{4}$$

（4）根据各特性参数的定义，从换算后的伏安特性曲线可求出有关参数的大小。

例如，动态电阻为

$$r = \frac{\Delta V}{\Delta I} \tag{5}$$

【思考与练习】

1. 要显示二极管的伏安特性曲线，本实验可以采用正弦波，也可以采用锯齿波。你认为采用哪个好些？如果显示的是一个线性电阻的伏安特性，情况又如何？

2. 绘制出图线后，为什么还要对示波器进行定标？定标的要点是什么？

实验 59　　电容充放电特性的观察与研究

在电子电路中,电容作为最基本的电子元件之一,通常起导通交流或隔断直流作用,广泛应用于交流电路和脉冲电路,如信号耦合、滤波、去耦和定时控制等。

【实验目的】

1. 观察 RC 电路的暂态过程,理解时间常数 τ 的意义。
2. 了解电容测试的方法。

【实验器材】

CI-7650 型 Science Workshop-Interface 750(科学工作室)及其 DataStudio 软件,信号发生器,双踪示波器,直流稳压电源,RLC 交流电路实验仪,数字式冲击电流计,数字电压表,微安表,计算机,滑线变阻器,电阻箱,开关,连接线等。

【实验要求】

1. 选择合适的 R、C 值以及输入的矩形波信号频率与占空比,结合示波器的扫描速度,观察完整的 RC 暂态过程,观测和总结不同参数对电容充放电过程的影响。
2. 总结测量电容的方法,包括仪器测量方法。设计一个测量电容的实验方案。

【原理简介】

1. 电容的特性

电容是电容元件(电容器)的简称,是一种储存电场能量的元件,其电路符号如图 1 所示。C 表示电容元件,也可表示电容元件参数。电容量大小取决于极板的形状与体积、相对位置以及电介质的电容率等,与电容器是否带电无关。对于有极性的电容,其正极应与元件位置的高电位点连接。

图 1　电容元件

当加在电容两端的电压 u 增加时,电容器极板上的电荷量 q 也增加。对于线性电容,利用 $C = q/u$ 关系建立电容元件模型,其伏安关系为

$$i = \frac{\mathrm{d}q}{\mathrm{d}t} = C \frac{\mathrm{d}u}{\mathrm{d}t} \tag{1}$$

或

$$u(t) = \frac{1}{C} \int_{-\infty}^{t} i(\tau)\mathrm{d}\tau = u(t_0) + \frac{1}{C} \int_{t_0}^{t} i(\tau)\mathrm{d}\tau, t \geqslant t_0 \tag{2}$$

上述两式分别称为电容元件伏安关系的微分形式与积分形式。

由(1)式可见,仅当电容的端电压发生变化时,才有 $\mathrm{d}u/\mathrm{d}t \neq 0$(即 $i \neq 0$),即流过电容的电流与电容两端的电压变化率成正比,两者具有动态关系,即电容为动态元件。

若电容电流为有限值,则 $\mathrm{d}u/\mathrm{d}t$ 为有限值,意味着电容的端电压是时间的连续函数,即电容电压是不能跃变的。

(2)式表明,电容在某一时刻 t 的电压并不取决于该时刻的电流值,而是与 t 时刻以前的整个历史有关,所以,电容又是一种记忆元件,称 $u(t_0)$ 为初始状态。

当电容上的电压为恒定值时,通过电容的电流为零,即在直流电路中,电容两端有电压,但无电流通过,相当于开路,电容起隔断直流的作用,简称隔直。此时,电容吸收的直流功率为零,即在电容上不消耗直流电源的功率。

电容元件吸收的功率为

$$p(t) = u(t) \cdot i(t) = Cu(t)\frac{\mathrm{d}u(t)}{\mathrm{d}t} \tag{3}$$

对上式从 $-\infty$ 到 t 进行积分,设 $u(-\infty) = 0$,得出 t 时刻电容的储能为

$$w_C(t) = \frac{1}{2}Cu^2(t) \tag{4}$$

因为 $w_C(t) \geqslant 0$,故电容元件是储能元件,既可吸收能量,也可释放能量。

当电容通过一定频率的正弦信号时,电容起导通交流的作用,但有一定阻抗。

2. RC 串联电路的暂态过程

暂态过程就是直流状态时电容的充放电过程。

图 2 所示为电阻 R 和电容 C 组成的串联电路。根据元件伏安关系,回路方程为

$$\frac{\mathrm{d}u_C}{\mathrm{d}t} + \frac{1}{RC}u_C = \frac{u_i}{RC} \tag{5}$$

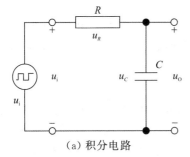 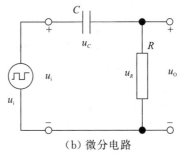

（a）积分电路　　　　　　　　　　（b）微分电路

图 2　RC 串联暂态电路

充电过程:对矩形波输入信号,当 $u_i = E$,考虑到初始条件 $t = 0$ 时,$u_C = 0$,得到方程的解为

$$u_C = E(1 - \mathrm{e}^{-\frac{t}{RC}}) = E(1 - \mathrm{e}^{\frac{t}{\tau}}) \tag{6}$$

式中,$\tau = RC$ 称为电路的时间常数,是表征暂态过程快慢的一个重要的物理量。

放电过程:当 $u_i = 0$ 时,电容 C 通过 R 放电,结合初始条件 $t = 0$ 时,$u_C = E$,此时电阻两端电压极性反向,得到方程的解

$$u_C = E\mathrm{e}^{-\frac{t}{\tau}} \tag{7}$$

可见,电容的暂态过程为指数函数变化规律。电容两端的输出信号为积分形式;若从电阻两端输出,则为微分形式,如图 3 所示。

对图 2(a)电路,构成积分电路的条件是电路的时间常数 $\tau = RC \gg t_w$(t_w 为矩形波正脉冲宽度),工程上一般要求 $\tau > 5T$(T 为矩形波周期),输出电压从电容端输出。

若输出电压从电阻端输出,如图 2(b),电路可以是微分电路或耦合电路。构成微分电路的条件是 $\tau = RC \ll \min\{t_w, T - t_w\}$,工程上一般要求 $\tau < 0.2\min\{t_w, T - t_w\}$。若 $\tau \gg T$,电容对交流信号实现了有效的耦合,电路变成 RC 耦合电路。实际使用时一般要求 $\tau > 10T$。当

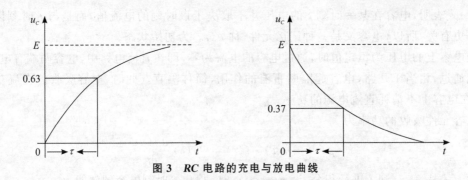

图3　RC 电路的充电与放电曲线

外接负载时,需要考虑负载对 τ 的影响,通常把负载归并到电阻 R 中。

必须指出,对于矩形波输入信号,其占空比的大小对充放电的影响很大。有两种较为特殊的情况:一种是充电还没有完全充满,下一个脉冲就来了;另一种是放电还没有完全放完,下一个脉冲又来了。同样地,矩形波周期大小不同,即 $\tau \gg T$ 或 $\tau \ll T$ 时,也会出现类似的情况。

实验中,可输入一定频率的方波信号,改变 R 的阻值,使 τ 分别满足 $\tau \ll T/2$,$\tau = T/2$ 和 $\tau \gg T/2$,进行观察,分析 u_C、u_R 变化规律。然后,再结合其他参数变化分别进行观测。

此外,还可观察 RC、RL、RLC 串联或并联电路的工作情况。

若把输入信号 u_i 改为一定频率的正弦波,可以看出,RC 串联电路对正弦交流信号的响应仍是正弦信号,电容起导通交流的作用。输入信号频率变化时,元件上各物理量的峰值将随之改变。此种情况为稳态过程。

若输入信号含有各种不同频率成分,则高频成分将更多地降落在电阻上,而低频部分将更多地降落在电容上,从而可以把不同频率的信号分开,利用 RC 电路的此特性,灵活运用,即可构成各种形式的滤波器。

3. 放电法测量电容

通常采用电桥或专用的测量仪表直接测量电容,也可采用放电法、比较法等方法进行测量。电容量不同,测量方法有所差异。这里简要介绍一种简便的方法 —— 高阻放电法。

根据电容器的电容量 $C = q/u$,通过高阻值电阻放电的过程,即可测出放电时的电流 i 与时间 t 的关系。i 与 t 为非线性关系,但在一定条件下,可近似地把电流 i 看成恒定的,利用作图法,则在 $i\text{-}t$ 关系曲线中,该曲线与两坐标所围成的面积就是电容器在放电过程中所释放的电量 q。

可以证明,在放电过程中,q 与 t 的关系为

$$q = q_0 \mathrm{e}^{-\frac{t}{RC}} = q_0 \mathrm{e}^{-\frac{t}{\tau}} \tag{8}$$

式中,时间常数 $\tau = RC$。放电时电路中的电流随时间变化的情况为

$$i = \frac{u}{R}\mathrm{e}^{-\frac{t}{RC}} = \frac{u}{R}\mathrm{e}^{-\frac{t}{\tau}} \tag{9}$$

【注意事项】

1. 测量电容前,应对其完全放电,尤其是容量较大的电容。
2. 动态电路的分析较为复杂,这里着重了解电容的特性,观察其暂态过程。

【思考与练习】

1. 总结电容的基本特性与性质。

2. 在已经学过的知识中,请举例说明电容器在电子电路中的用途。

3. 什么是积分电路和微分电路,它们必须具备什么条件? 在方波序列脉冲信号激励下,其输出信号波形的变化规律如何?

4. 如何测量不同容量电容器的电容? 简要说明其实现方法。

科学从不怕错,就怕迟迟没有发现错。

——科学谚语

实验 60　电工电子学基本电路系列实验

　　电子电路是指由电子器件(电子管、晶体管、集成电路等)和有关元件组成,并能实现某种特定功能的电路。电子管为早期器件,已基本淘汰,但在视听领域一些音频功放中仍在使用。

　　电工电子学基本电路实验项目以九孔万用插板作为电路连接板,配置基本的电子元器件(电阻、电感、电容、常见集成电路和接插件等),组成以电工学、模拟电路为主的系列实验,覆盖了大学物理课程中与电磁学理论相关的最基本实验。

　　积木式电路单元模块具有器件清晰,电路直观,操作简便,组合灵活等特点,实验形式一目了然,可完成传统的电工电子学基本实验,或作为设计性实验与开放式实验。

【实验目的】

　　1. 认识实验装置所提供的器材,理解其基本特性,了解其使用方法。

　　2. 结合所学专业的相关基础课程,自主设计电工电子学基本实验。

【实验器材】

　　九孔实验板,电阻,电位器,多圈电位器,电阻箱,滑线变阻器,电容箱,电感箱,普通二极管,光敏电阻,光具座与导轨,按钮开关,小功率变压器,以及 JK-5 型直流稳压电源,JK-6 型信号源,数字万用表,示波器等。如图 1 所示。

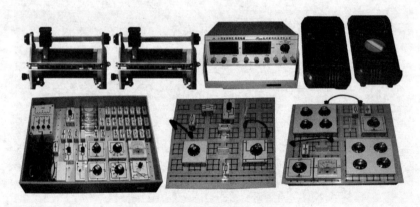

图 1　实验装置

【实验要求】

　　利用实验装置和实验室提供的元器件及配套清单,结合所学专业的相关基础课程,通过查阅资料,设计基本的电工电子电路或探究相关电路组成形式,讨论所要实现电路的功能,并形成测试方案。

【原理简介】

　　1. 实验项目

　　根据器件清单,以下实验项目可供参考:

• 基本电路的测量	• 整流滤波电路	• 电表的改装
• 基本仪器的使用	• 直流稳压电路	• 单臂电桥电路
• 制流与分压电路	• 直流电源输出特性测量	• 惠斯登电桥实验
• 电路元件参数测量	• RC、RL 暂态电路研究	• 万用电表组装实验
• 电路元件伏安特性测量	• RLC 暂态电路研究	• 电路混沌效应
• 非线性元件伏安特性测量	• RLC 暂态特性	
• 光敏电阻光电特性测量	• RLC 稳态特性	

2. 实验示例——输出电压可调直流稳压电源

(1)电路组成及其功能

图 2 所示为直流稳压电源基本组成方框图,图 3 为应用电路。

变压器 B 用于降压,把电网交流电压 U_1 变换为所需的电压,二极管 $D_1 \sim D_4$ 组成的桥式整流电路把交流电压 U_2 变换为单向脉动电压,滤波电容 C_1 降低了 U_3 电压的脉动成分。为了获得稳定的直流输出,采用集成稳压器 LM7805,它与 R_1、R_w 等组成稳压电路,输出脉动成分较小的直流电压 U_O,为负载 R_L 提供电压平滑、幅值稳定的直流电源。调节变阻器 R_w,可获得输出电压可调直流稳压电压输出。

图 2　直流稳压电源基本组成方框图

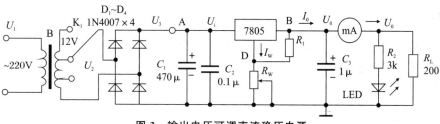

图 3　输出电压可调直流稳压电源

(2)工作原理

图 3 电路中,C_2 用于抵消输入电路因连接线较长引起的电感效应,C_3 用于消除输出电压中的高频噪声。发光二极管 LED 用作输出指示,R_2 为其限流电阻。

当 U_2 后面仅接入 $D_1 \sim D_4$(未接入滤波电容等后级电路)时,A 点为单向脉动电压,记为 U_3;接入滤波电路和稳压电源后,A 点电压波形变得较为平滑,记为 U_i,但仍有较大纹波。此滤波电压 U_i 经过 7805 组成的稳压电路后,最后输出稳定的直流电压 U_O。

已知 7805 输出端 B 对其公共端 D 的电压为 $+5$ V,$I_w = 50$ μA,则输出电压为

$$U_O = 5 + \left(\frac{5}{R_1} + I_w\right) \times R_w = \left(1 + \frac{R_w}{R_1}\right) \times 5 + I_w R_w \tag{1}$$

改变电位器 R_w 滑动端位置,即可调节输出电压。集成稳压器 7805 既作为稳压器件,又为电路提供基准电压。若取 R_1 为 100 Ω,R_w 取 200 Ω,$I_w = 50$ μA ≈ 0,则通过 R_w 的电流与流过 R_1 的电流基本相等,输出电压可调范围为 $5 \sim 15$ V。

(3)测试方法

按图 3 连接电路,先把 A 点断开,测量并记录的 U_3 波形(即 U_A 的波形),然后接通 A 点后

面的电路,LED 点亮,观测 U_i 波形以及 U_o 波形。调节 R_W,若输出电压变化,表示电路基本正常。

①测量稳压电源输出范围

测量稳压器的基准电压(即 100 Ω 电阻两端的电压);调节 R_W,用示波器观测输出电压 U_o 波形,分别测出稳压电路的最大和最小输出电压,以及相应的 U_i 值。

②测量纹波电压

调节 R_W 使 U_o 最小,用示波器观察稳压电路输入电压 U_i 的波形,并测量纹波电压大小,再观察输出电压 U_o 的纹波,将两者进行比较。

③测量稳压电源输出电阻 R_o。

断开 R_L($R_L \to \infty$,负载开路),用万用表测量输出电压,记为 U_o';接入 R_L,测出相应的输出电压,记 U_o,则计算 R_o 为

$$R_o = \left(\frac{U_o'}{U_o} - 1 \right) \times R_L$$

(4)分析与讨论

①列表记录实验的测量数据,画出各观测 U_2、U_3、U_i 和 U_o 的电压波形。

②根据实验参数,比较测量值与理论值,分析产生误差原因。

③如果断开其中一个二极管,说明电路有何变化。

说明:交流变压器外接 220 V 交流电源,初级指示灯点亮表示电源接通(未画出)。实验时要注意用电安全。

【思考与练习】

1. 交流电与直流电有何不同?为什么不能储存交流电?

2. 查找 LM317 资料,把图 3 电路的 LM7805 改为 LM317,设计相应的电路参数。

3. 利用示波器测量纹波电压,如何进行操作?

> 读一切好的书,就是和许多高尚的人谈话。
>
> 我的努力求学并没有得到别的好处,只不过是愈来愈发觉自己的无知。
>
> 没有知识的人总爱议论别人的无知,知识丰富的人却时时发现自己的无知。
>
> 实验给我们提供了原始前提的必要素材,它还能检验我们所引出的结论的正确性。
>
> ——笛卡儿

实验 61 温度的测量及其方法研究

温度的测量与控制在各行各业都有着广泛的应用。1960 年,第 11 届国际计量大会把热力学温度等 7 个单位作为国际单位制的基本单位,其他单位可由它们导出。热力学温标是一种建立在卡诺定理基础上的温标,以前称开氏温标、绝对温标,最早由英国物理学家汤姆孙(William Thomson,1824—1907,开尔文勋爵)1848 年创立。国际上把热力学温标规定为实用温标。

在原子物理和核物理中,为了把高能粒子能量转换为温度,通常把玻尔兹曼常量选为 $k=1$,温度以电子伏特(eV)表示,这时有:$1\ eV=11\ 604\ K \cdot k$,$1\ K=8\ 617 \times 10^{-5}\ eV/k$。这种表示方法仅是为了方便而已,因为两者的量纲并不相同。

【实验目的】

1. 总结本书中涉及温度测量的方法。
2. 了解不同传感器在测量温度中的应用。

【实验器材】

非平衡电桥,电位差计,加热装置,温度计,直流稳压电源等,温度传感器。

【实验要求】

1. 总结常见的几种温度测量方法及其特点。
2. 利用非平衡电桥、热敏电阻和温度控制装置,设计一个测量温度的实验方案。

【原理简介】

本书中涉及温度测量的有实验 13、14、15、17、24 和 53 等项目。

1. 温度及其温标

温度是表示物体冷热程度的物理量,是热力学系统(系统)之间热平衡时的一种内涵量。温度升高,破坏了热平衡,内能增大,系统宏观运动能量增加了;从微观来看,分子热运动加剧。反之亦然。因此,物体(或系统)的温度是分子热运动平均动能的标志,与分子热运动动能密切相关。

温度的数值大小与温标的选择有关。为了量度物体温度高低,需要规定温度零点和分度方法。世界上常用的温标有华氏温标、摄氏温标、热力学温标、理想气体温标,以及国际温标等。其中,热力学温标是最基本的理想温标,为国际上规定的实用温标。

热力学温度(开尔文温度)T 的单位为开尔文,简称开(K)。定义 1 K 等于纯水的三相点(水、水蒸气和冰共存的平衡状态)的热力学温度的 1/273.16,即规定水的三相点的热力学温度为 273.16 K(摄氏温标上为 0.01 ℃)。热力学温标的零点即为绝对零度。

中国大陆地区普遍使用摄氏温标,摄氏温度 t 与开尔文温度 T 的关系为

$$t=T-273.15 \tag{1}$$

摄氏温度 t 的单位为℃,读作"摄氏度"。

某些英语国家仍沿用华氏温标,尤其是美国。华氏温度 t_F 的单位为°F,如人体的血液温度为 100 °F≈37.8 ℃。华氏温度 t_F 与摄氏温度 t 的关系为

$$t_F=32+9t/5 \tag{2}$$

2. 温度测量方法

温度的测量可利用物质的某些属性随温度改变的规律制成的温度计来量度。这些属性与规律包括温度引起物质体积热胀冷缩,金属或半导体材料的电阻变化,物质发光的光谱变化等,据此制成不同的类型温度计,如水银温度计、酒精温度计、双金属片温度计、电阻温度计、温差温度计、辐射温度计、光测温度计、气体温度计、蒸气温度计、磁温度计、超导温度计等。

温度测量常见传感器有金属热电阻、热电偶、集成温度传感器(如 AD590)、热敏电阻、PN结温度传感器、热释电红外传感器等。

温度的测量方法都具有如下共同特征:使某系统 M 与待测系统达到热平衡,且该 M 系统的热平衡态与某种易于观察的热力学变量存在唯一的关联性。例如,温度计就是具有可被测量的、与温度相联系参量的系统。

这种可能的观测量与状态方程有关,为温度的测量提供了赖以实现的方法。例如,电阻温度计利用电阻率与温度的关系进行测量;双金属温度计基于金属的线膨胀系数不同,可用于现场温度测控;热电偶基于结点处电压与温度的关系等。

根据温度传感器的使用方式,温度的测量方法通常分为接触法与非接触法两类。接触式和非接触式温度计各有优缺点,分别用于不同场合。

3. 温度的校准点

一支新制成的温度计需要定标,即分度或校准。国际计量委员会在 18 届国际计量大会第七号决议授权 1989 年会议通过了 1990 年国际温标 ITS-90,替代 IPTS-68,参考附录"常用的温度校准点"。IPTS 固定点中的沸点和凝固点对应于标准压强为 1 013.25 hPa 的情况(IPTS-90 固定点)。

标准温度指基于 p_n=1 013.25 hPa 标准条件的特定温度,即 T_n=273.15 K=0 ℃。

温度的校准点是指校准温标的特定温度点,由某些物质与温度相关的性质确定(固定压力下的三相点、沸点或凝固点)。

IPTS-90 固定点按照不同温区进行定义。为了固定温度点之间刻度以制作温度计,通常还采用下列温区定标(方法略):铂电阻温度计,温度范围为 13.81～903.89 K;铑-铂热电偶,由铂和 10%铑-铂组成,温度范围为 903.89～1 337.58 K;光谱温度计,工作在 1 337.58 K 以上,遵从普朗克定律。

【思考与练习】

1. 比较温度接触式测量和非接触式测量的特点。

3. 金属热电阻用于测温系统时,为了消除连接导线电阻变化的影响,通常采用三线制或四线制接法,结合数字电位差计的使用,说明其原理。

3. 热电偶测温时,为什么要对冷端进行温度补偿?

4. 简要说明 PN 结温度传感器的测温原理。

实验 62　物质折射率测量方法研究

　　折射率表示在两种各向同性媒质中光速比值的物理量,是物质最基本的光学常数之一。物质的折射率与介质的性质和密度、光线的波长、温度等有关。

　　折射率随波长而变的现象,称为色散。不同条件下的空气对不同波长的光具有不同的折射率。对同一材料作出的折射率与波长的关系曲线,为色散曲线。手册中提供的物体折射率,通常是在一定的温度和压力下(如 20 ℃,1 个大气压)对某一特定波长(如 D 线钠黄光 $\lambda = 589.3$ nm)而言的,如空气折射率是 1.000 272。

　　介质的折射率通常由实验测定,有多种测量方法。介质材料不同,测定方法也不一定相同。主要有几何光学法和波动光学法两大类。几何光学法根据折射定律,由实验对角度变化进行测定,主要有最小偏向角法、临界角法、棱镜耦合法等;波动光学法利用光通过介质后,因相位变化或光在介质表面反射时偏振态变化进行测量,以干涉法为主,有牛顿环法、劈尖干涉法和迈克耳孙干涉仪法等。

　　对固体介质,常用最小偏向角法或自准直法等;对液体介质,常用临界角法(如阿贝折射仪)等;对气体介质,可用精密度更高的干涉法(如瑞利干涉仪)等。随着科技的发展,测量方法与手段越来越先进,精度也进一步提高。

　　折射率常用于检验原料、溶剂、中间体和最终产物的纯度及作为鉴定未知样品的依据。

【实验目的】

　　1. 熟悉折射率测量涉及的物理问题。

　　2. 理解各种不同物质折射率测量的基本原理及方法。

【实验器材】

　　分光计,读数显微镜,阿贝折射仪,迈克耳孙干涉仪,椭圆偏振仪等相关附件,实验平台以及常用光学元件,光源,待测样品,烧杯等。

【实验要求】

　　1. 对同类物质折射率的测量方法进行总结和分类,比较其优缺点。

　　2. 写出实施的折射率测量实验方案,包括实验原理、测量方法、测量公式、光路图、主要操作步骤等。

　　3. 尽可能提高测量结果精度,就某一方案,对实验结果进行总结与讨论。

【原理简介】

　　折射率表征光从真空射向介质时该介质的折射特性,看作介质相对真空的折射率,通常为绝对折射率的简称。对于非真空情况,两种介质的折射率之比,称为相对折射率。

　　对一般的透明材料而言,折射率随波长的增大而减小。在对可见光为透明的媒质内,红光的折射率最小,紫光的折射率最大。

1. 基于阿贝折射仪或读数显微镜测量液体折射率

测量液体介质的折射率常用临界角法。阿贝折射仪就是利用光的全反射原理设计的,通过测量处于临界角光线的出射角,算出待测物体的折射率,有透射法和全反射法两种测量方法。主要用于测量透明或半透明液体,或固体折射率及平均色散,还能测量糖溶液的含糖浓度。

液体折射率常用阿贝折射仪、读数显微镜等仪器进行测量,虽阿贝折射仪测量精度高,但要接触式测量,为非在线检测,给生产检测带来不便。大多数液体的折射率与浓度有一定的关系,读数显微镜虽可用于非接触式测量,但其精度相对较低,有一定的局限性,尤其对浓度的精确度要求较高时,往往达不到要求。

阿贝折射仪还可以用于测量透明或半透明材料的折射率,但被测材料要制成一个抛光平面,技术条件要求高,不便快速测量。

2. 基于分光计最小偏向角法测量玻璃棱镜的折射率

棱镜玻璃的折射率可用最小偏向角的方法测定。测量透明材料折射率常用的方法有最小偏向角法和全反射法。此外,利用偏振片和布儒斯特定律也可测量三棱镜的折射率。请参考本书其他实验(略)。

3. 基于迈克耳孙干涉仪测量气体折射率

迈克耳孙干涉仪常用于测量物质折射率与气压等一切可以转化为光程变化的物理量。请参考本书其他实验(略)。

4. 基于椭偏仪(椭圆偏振法)测量薄膜折射率

利用偏振光束在界面或薄膜上的反射或透射时出现的偏振变换,研究两媒质界面或薄膜中发生的现象及其特性,就是椭圆偏振测量方法。椭圆偏振测量在半导体、光学薄膜、有机薄膜、圆晶、金属、激光反射镜等得到广泛的应用,也可用于实时监测薄膜的生长过程等。借助计算机及其软件,可手动改变入射角度,进行实时测量,快速获取数据。

反射型椭偏仪又称为表面椭偏仪,可以测量金属的复折射率,并且可以测量纳米数量级薄膜厚度。

5. 基于读数显微镜劈尖干涉法测量液体折射率

利用劈尖干涉原理,可测量液体的折射率。请参考本书其他实验(略)。

6. 基于激光测量液体折射率

在球形烧瓶中装入半瓶透明待测液体,液面通过烧瓶球心,He-Ne 激光器在烧瓶液体下方一侧,并与液面成一定角度对准球心发射光束,激光束在球心所在液面发生折射与反射,用直尺在烧瓶另一侧测量折射与反射的成像点与球心或液面相关距离,利用折射定律和几何关系即可求出液体折射率。

【思考与练习】

1. 光栅分光与三棱镜分光的光谱有何区别?
2. 利用椭圆偏振测量方法测量薄膜厚度的基本原理是什么?
3. 如何判断反射光线是否为线偏振光?

【参考书目】

1. 杨述武主编.普通物理实验(光学部分)[M].第三版.北京:高等教育出版社,2000
2. 张兆奎,缪连元,张立主编.大学物理实验[M].第二版.北京:高等教育出版社,2001

实验 63　转速测量方法研究

转速(rotational speed)是转动物体在单位时间内绕固定转轴转过的转数,是衡量物体旋转快慢程度的物理量,也是描述机器运转性能的重要参数之一。

转速 n 法定计量单位为 r・min^{-1}(转/分)或 r・s^{-1}(转/秒)或,有时也用 rad・s^{-1}(弧度/秒)或非国际单位制符号 rpm(转/分,revolutions per minute)表示,如硬盘转速 7 200 rpm。若选用 r・s^{-1} 为单位,数值上 n 与频率 f 相等,换算关系为 1 rpm＝1 r・min^{-1}＝(1/60)s^{-1}。

转速测量涉及各种传感器的应用,综合了机械、电气、磁、光等方面知识,内容丰富。

【实验目的】

1. 理解转速测量的基本概念及其应用。
2. 了解转速测量的基本方法,比较并探讨实现方案的可能性。

【实验器材】

实现测量方案所需要的器材等。

【实验要求】

1. 通过理解转速的概念以及测量意义,探讨转速测量实现方法。
2. 设计一个用于自行车转速测量系统,画出原理方框图,简述其工作原理。
3. 对选定的实验方法进行讨论,完成实验方案(可用模块代替有关电路)。

【原理简介】

工程上,通常用转速表测量转速。转速表一般由转换器(传感器或换能器)、传动机构和测量机构等三部分组成。

转速表种类繁多,按工作原理可分为离心式、磁电式(磁感应式、电动式)、频闪式(机械式、数字式)和电子计数式等;按结构分为机械式、磁电式、光电式和频闪式等;按使用方式分为固定式和便携式(手持式)等。

在转速计量中,转速 n 涉及的物理量包括角位移 $\Delta\theta$、角速度 ω、角加速度 a_ω、旋转周期 T、旋转频率 f、线速度 v 等。若圆周上某点的旋转半径为 r,它们之间相互关系为

$$\omega=\lim_{\Delta t\to 0}\frac{\Delta\theta}{\Delta t}=\frac{\mathrm{d}\theta}{\mathrm{d}t},a_\omega=\frac{\mathrm{d}\omega}{\mathrm{d}t},v=r\frac{\mathrm{d}\theta}{\mathrm{d}t}=r\omega,\omega=2\pi f$$

电子转速计一般包括转角-脉冲变换器、整形放大电路、脉冲计数器和数字显示装置等。根据需要,转角-脉冲变换器每一转可产生若干个电脉冲,脉冲的计数、译码和显示实质上相当于一个数字频率计。

若对被测物体运动的转速范围进行划分,大致为(单位:r・min^{-1}):0.10～2.00 为超低速,0.5～500 为低速,20～20 000 为中高速,500～200 000 为高速,500～600 000 为超高速,0.10～600 000 为全速。转速范围不同,采用的测量方法不尽相同,对低速或高速、稳速或瞬时速度的精确测量均有严格的要求,并需要根据测量环境选择合适的测量方法。

转速测量通常有直接与间接两种方法。直接法是直接观测转动物体的机械运动,测量特定时间内其旋转圈数,从而测出机械运动转速;间接法是测量由于机械转动引起其他物理量的变化,从这些物理量变化与转速关系测出转速。测速转换器安装方式可采用接触或非接触方式。

转速测量与传感器的应用密不可分,传感器将旋转物体的转速转换为电量输出,用于转速测量的有磁电、磁敏、光电(光纤)、霍耳等方式的传感器。转速传感器的种类繁多,应用广泛,按信号形式的不同,可分为模拟式和数字式两种。前者的输出信号值是转速的线性函数,后者的输出信号频率与转速成正比,或其信号峰值间隔与转速成反比。

1. 频闪测速原理

人眼的视觉暂留时间为 $1/15 \sim 1/20$ s,如果一系列信号的间断时间都少于 $1/20$ s,就会给人以连贯的感觉。

在一个称为频闪盘的旋转圆盘上预先做一个记号,并用闪光频率为 n_0 的闪光灯照射,当频闪盘转速 $n = n_0$ 时,盘上记号每次都转到同一位置才被照亮。若闪光频率超过 $15 \sim 20$ r·min^{-1},则照亮的记号都来不及从视觉中消失,叠加后呈现停留不动的频闪像,由已知的闪光频率即可确定频闪盘的转速。

若两次闪光之间频闪盘转了 K 圈,即 $n = Kn_0$,仍然可以看到 $n = n_0$ 时的频闪像。若闪光频率为频闪盘转速的 m 倍,即 $n = n_0/m$,则在频闪盘上出现对称分布的 m 个频闪点。

当频闪像停留不动时,转速 n 与闪光频率 n_0 之间的关系为

$$n = \frac{K}{mZ} \cdot n_0 \tag{1}$$

式中,K 为频闪像停留序数,mZ 为频闪点数,Z 为频闪盘上的记号数。

2. 磁电式测速原理

根据霍耳效应原理,利用霍耳元件把磁场变化信号转化为电压信号。或根据磁电阻效应,利用磁电阻元件把磁场变化信号转化为电阻或电压信号(电桥形式)。

3. 光电式测速原理

利用光电器件、光电开关或光电断路器把转动信号转换为数字形式的电信号。

【思考与练习】

1. 在本书中,有相关实验(器件或电路)可用于转速测量,请举例说明。

2. 根据转速表的不同工作原理,简述其工作原理及其误差来源。

【参考书目】

1. 戴莲瑾主编.力学计量技术[M].北京:中国计量出版社,1992

实验 64　薄凸透镜焦距测定方法比较

　　透镜及其组合是光学仪器中最基本的元件,透镜的焦距反映了透镜的主要参量。掌握光学元件的成像规律,学会光路的分析及调整技术,有利于了解光学仪器的构造、使用与设计方法。

　　在光学设计中,需要选择合适焦距的透镜或透镜组,这就需要测定透镜的焦距。透镜焦距是设计各类光学仪器的主要参量。

【实验目的】

　　1. 了解薄透镜的成像规律,掌握简单光学现象的分析和共轴光路的调节方法。

　　2. 理解共轭法、自准直法和平行光管测定薄凸透镜焦距的原理与方法。

【实验器材】

　　光学平台及光学元件,光源,平行光管及其附件,待测透镜等。

【实验要求】

　　1. 理解共轭法、自准直法和准直管法(平行光管或焦距仪)测量透镜焦距的原理,画出光路图(包括原理图、实验图)。

　　2. 自拟实验步骤和测量数据的记录表格。

　　3. 选择实验仪器(型号或规格)和光学元件。

　　4. 写出测量结果的标准式。比较实验方案,对实验结果进行比较、分析和讨论。

【原理简介】

　　透镜通常由透明材料(玻璃、塑料或树脂、水晶等)制成。当透镜的中央部分厚度与其两折射球面的曲率半径相比小很多时,可视该透镜为薄透镜。薄透镜一般有凸透镜和凹透镜两种。

　　凸透镜有使光线会聚的作用,当一束平行于透镜主光轴的光线通过透镜后,将会聚于主光轴上,会聚点 F 称为该凸透镜的焦点,透镜光心 O 到焦点 F 的距离称为该凸透镜的焦距 f。

1. 薄透镜成像公式

　　在近轴光线的条件下,凸凹薄透镜成像规律为

$$\frac{1}{u}+\frac{1}{v}=\frac{1}{f} \tag{1}$$

　　式中,u 表示物距,v 为像距,f 为焦距,u、v 和 f 均从透镜的光心 O 点算起,物距 u 恒取正值,像距 v 的正负由像的实虚来确定,实像 $v>0$,虚像 $v<0$;凸透镜 $f>0$,凹透镜 $f<0$。

2. 自准直法

　　如图 1 所示,在待测透镜 L 的一侧放置被光源照明的物屏 AB,在另一侧放置一平面反射镜 M。移动透镜(或物屏),当物屏 AB 正好位于凸透镜之前的焦平面上时,物屏 AB 上任一点发出的光线经透镜折射后,将变为平行光线,经平面反射镜反射回来,再经透镜折射,仍会聚于焦平面上,即在原物屏平面上,形成一个与原物大小相等方向相反的倒立实像 $A'B'$。此时

物屏到透镜之间的距离,就是待测透镜的焦距,即

$$f = s \qquad (2)$$

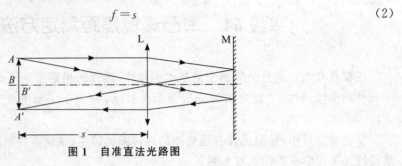

图 1　自准直法光路图

此方法利用调节实验装置本身使之产生平行光,以达到聚焦的目的,故称之为自准直法,其测量误差约在 $1\% \sim 5\%$ 之间。

3. 共轭法(位移法,两次成像法)

自准直法存在透镜中心位置不易确定的缺点,使之在测量中引入误差。为避免这一缺点,可取物屏与像屏之间的距离 D 大于 4 倍焦距($D > 4f$),且保持不变,沿光轴方向移动透镜,则必能在像屏上观察到二次成像。

如图 2 所示,当物距为 u_1 时,得到放大的倒立实像,像距为 v_1;物距为 u_2 时,得到缩小的倒立实像,像距为 v_2。设透镜二次成像之间的位移为 d,根据成像公式(1),有

$$u_1 = v_2, u_2 = v_1 \qquad (3)$$

即

$$u_1 = v_2 = (D - d)/2$$
$$v_1 = u_2 = (D + d)/2 \qquad (4)$$

根据透镜成像公式,将(4)代入(1),得

$$f = \frac{D^2 - d^2}{4D} \qquad (5)$$

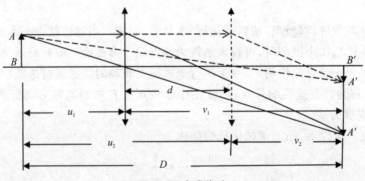

图 2　两次成像法

可见,只要在光具座上确定物屏、像屏以及透镜二次成像时其底座所在位置,就可较准确地求出焦距 f。这种方法不必考虑透镜本身的厚度,测量误差可达到 1%。

4. 准直管法

前面介绍的测量方法,测量的相对误差较大。若需进一步提高测量精度,可利用准直管法(平行光管)进行精密测量。具体的使用方法,请参考仪器说明书。

平行光管能出射严格平行的光束,配备各种不同用途的分划板及其附件,与测微目镜或读

数显微镜组合使用,可用于观察、瞄准无穷远目标,又可作为光学部件、光学系统的光学常数以及成像质量的评定与检测,可精确测定和检验透镜或透镜组的焦距、分辨率及其成像质量,是一种基本的光学测试仪器。

为保证测量精度,一般被测的透镜组的焦距应小于平行光管物镜焦距的二分之一。

【思考与练习】

1. 比较几种测量薄凸透镜焦距方法的特点。

2. 用平行光管测量薄凸透镜焦距时,如何通过调节消除视差?

【参考书目】

1. 杨述武主编.普通物理实验(光学部分)[M].第三版.北京:高等教育出版社,2000

2. 贺顺忠主编.工程光学实验教程[M].北京:机械工业出版社,2007

人只有献身于社会,才能找到那实际上是短暂而有风险的生命的意义。

热爱是最好的老师,它远远超过责任感。

学校的目标应当是培养有独立行动和独立思考能力的人。

——爱因斯坦

实验 65　　显微镜与望远镜的组装

显微镜与望远镜都是常用的助视光学仪器。

显微镜一般分为光学显微镜和电子显微镜(电镜)。现在的光学显微镜可把物体放大到 1 000倍或更高,能分辨 0.2 μm 的细节;而电子显微镜的分辨可达纳米量级或更高,能直接观察到某些重金属的原子和晶体中排列整齐的原子点阵,在生物学、医药学、金相学以及地矿学等领域应用广泛。

望远镜主要指光学望远镜,一般用于观测远方物体和天空。现代天文学中,其观测的波段已经突破了可见光波段,包括射电望远镜、红外望远镜、X 射线和 γ 射线望远镜等。参见本实验的阅读材料。

【实验目的】

1. 掌握光学系统等高与共轴的调节方法。
2. 通过组装简单的显微镜和望远镜,熟悉它们的构成及放大原理。
3. 用组装的望远镜测量凸透镜和凹透镜的焦距。

【实验器材】

光学实验平台(或导轨),光具座及支架,不同焦距的凸透镜,物屏,像屏(分划板),待测凸透镜与凹透镜。

【实验要求】

1. 组装显微镜
(1)分辨不同焦距的凸透镜,从中选择合适的凸透镜作为物镜和目镜。
(2)用目镜和分划板组成目镜系统。
(3)改变显微镜的放大倍率,画出显微镜的光路图。

2. 组装望远镜
(1)用上述目镜系统(目镜和分划板)作为望远镜中的目镜系统。
(2)用一个焦距较长的凸透镜作为物镜。
(3)画出望远镜的光路图。
(4)测量待测凸透镜和凹透镜的焦距。画出测量光路图,并说明测量原理及过程。

【原理简介】

1. 显微镜
显微镜是由一组适当组合的透镜构成,获得观察微小物体或物体微细部分的放大像,以便观察的光学仪器。通常由物镜、目镜和照明系统等组成,分别安装在金属管的两端。物镜是一短焦距的会聚透镜,用于生成放大的倒立的中间实像;目镜为一较长焦距的会聚透镜或透镜系统,将物镜形成的中间像放大。照明系统或聚光镜用于照亮被观察的物体。物镜和目镜都是透镜组,以消除有关像差。

显微镜的角放大率 M 等于物镜的线放大率 M_{OB} 与目镜的角放大率 M_{EP} 的乘积。

$$M = M_{OB} \cdot M_{EP} = \frac{L}{f_{OB}} \cdot \frac{a_B}{f_{EP}} \tag{1}$$

式中，f_{OB}、f_{EP} 分别为物镜和目镜的焦距，管长 L 为物镜与目镜相邻焦平面之间的距离，a_B 为明视距离。

显微镜的分辨本领主要由所用光的波长和物镜的数值孔径决定。波长越短，数值孔径越大，分辨本领就越大。

2. 望远镜

望远镜是一种用以观察远处物体的光学仪器。

简单构造的望远镜由物镜、目镜和两个大小圆筒组成，圆筒一端装一焦距较长的凸透镜（为物镜），另一端插入可以自由伸缩的较小圆筒，小圆筒外端装一焦距较短的凸透镜或凹面镜（为目镜）。从远处物体辐射来的光，经物镜折射后形成物体的倒像，经过目镜放大后，能把张角很小的远处物体按一定倍率放大，使之在像空间具有较大的视角，以便肉眼清晰可辨。

物镜为会聚透镜，远方的物体在其焦平面上成像。采用会聚透镜的目镜，其作用类似于放大镜，用来观察物镜焦平面上的像。

望远镜的角放大率 M 等于物镜焦距 f_{OB} 与目镜焦距 f_{EP} 之比。即

$$M = -\frac{f_{OB}}{f_{EP}} \tag{2}$$

相当于使用与不使用望远镜时的角孔径之比。孔径比指物镜直径与物镜焦距之比。

【思考与练习】

1. 说明伽利略望远镜与开普勒望远镜的特点与区别。
2. 组装开普勒望远镜时，应如何选择物镜和目镜？
3. 显微镜和望远镜的调焦方式有何不同？为什么？

【阅读材料】

光学望远镜发展简介

1. 光学望远镜及其分类

光学望远镜是指用人眼观察远处物体的光学仪器。用以观察远处物体的望远镜有伽利略望远镜、双目望远镜等类型，均成正像；用以观测天体的望远镜称天文望远镜，一般均成倒像。用以接收和测量天体无线电辐射的仪器称射电望远镜，也是天文望远镜的一种。这里简要介绍光学望远镜，以前两者为主。

按光学系统的不同，光学望远镜有伽利略式、开普勒式、反射与折反射式、调焦式、准直式望远镜等形式。既可单独使用，也可作为仪器或装置的组成部分，可用于观察、瞄准，测量小角度或概略测量距离，以及改变光束口径、压缩扩散角等。

随着科学技术的发展，光学望远镜的精度越来越高，口径越做越大，从而不断发现新的天体，观测新天象，其观测手段正向多镜面望远镜和空间望远镜发展。

2. 望远镜发展简史

1608 年，荷兰眼镜商人李普赛（H. Lippershey，1587—1619）偶然发现，用两块镜片可以看

清远处的景物,受此启发,发明了人类历史上第一架望远镜。

1609 年,意大利科学家伽利略利用"光线穿透玻璃时会折射弯曲"的透镜聚光原理,发明了折射式透镜望远镜,并首次用其观察天空,看到了太阳黑子、月球上的群山阴影、木星较大的4 个卫星以及金星等天象。

1611 年,开普勒成功地改进了望远镜,把伽利略望远镜的凹透镜目镜改成小凸透镜,这种望远镜称为开普勒望远镜,为折射望远镜的发明奠定了基础。小型天文望远镜通常采用这种开普勒式望远镜结构。

1668 年,英国科学家牛顿以反射面镜取代易产生色差的透镜式望远镜,发明了可消除透镜造成的色差的第一架反射式望远镜,清楚地观看出木星的 8 个较大卫星。虽然它的球面镜还存在一定的像差,但用反射镜代替折射镜却是一个巨大的成功。大口径望远镜通常采用这种牛顿式望远镜结构。

1659 年,荷兰科学家惠更斯将透镜悬吊于精巧的框架中,代替易受风力影响的长焦距望远镜筒,首次描绘出土星光环,修正了早期认为土星是三个行星组成而不是一个行星的错误观念。改良后的望远镜清晰地观察到土星光环中的带隙。

图 1　赫歇尔及望远镜

1789 年,英国天文学家威廉·赫歇尔(F. William Herschel,1738—1822)制成了焦距 12 米、直径 1.22 米的反射式望远镜,以提高测程和分辨率,成为 18 世纪最大的望远镜(图 1),绘制了首张详细的银河天体图,初步确立了银河系的概念,让人们知道了银河系就是人类所在的星系,其光芒源自其中数十亿的星球与星云。英国皇家天文学会以此望远镜作为会徽。

1845 年,爱尔兰天文学家威廉·帕森思(William Parsons,1800—1867)制造的反射望远镜反射镜直径为 1.82 米,为 19 世纪最大的望远镜。他对螺旋星云的发现和观测做了开拓性工作。

1879 年,美国天文学家海耳(George E. Hale,1868—1938)在叶凯士天文台建成口径 1 米的折射望远镜,迄今为止仍为世界上最大的折射望远镜。1908 年,他在威尔逊山天文台主持建成了口径 1.5 米的发射望远镜。1917 年,又建成了胡克望远镜(Hooker Telescope),其主反射镜口径为 100 英寸。海耳为星系和宇宙学研究作出了卓越贡献。

1930 年,德国人博恩哈德·施密特(Bernhard W. Schmidt,1879—1935)将折射望远镜和反射望远镜的优点(折射望远镜像差小但有色差,而且尺寸越大越昂贵;反射望远镜没有色差,造价低廉,且反射镜可以造得很大,但存在像差)结合起来,制成了第一台折反射望远镜,又称施密特望远镜。

1950 年,海耳在帕罗玛山天文台花了 20 年时间建成了直径 5.08 米的反射式望远镜,后来被命名为海耳望远镜。1970 年安装一台 1.52 米(60 英寸)的反射式望远镜,用来观测暗天体。1969 年,为纪念海耳,帕罗玛山天文台和威尔逊山天文台合并成为海耳天文台。

1975 年,在苏联高加索北部的帕斯土霍夫山上安装了直径 6 米的反射望远镜,口径比帕罗玛山望远镜大,但其本身有一些缺陷,性能不佳。

1989 年我国建成并投入使用口径 2.16 米光学望远镜,可以观察到极暗的星体,最暗可达25 等星。

1993 年,美国在夏威夷莫纳克亚山上建成直径 10 米的-1(Keck-1)望远镜,成为口径最大的望远镜。此后,凯克-2(Keck-2)、双子座(Gemini,8.1 米)、斯巴鲁(Subaru,8.4 米)、GTC

(10.4 米)和 LBT(12.8 米)等望远镜相继建成,这批 8～10 米级的望远镜代表了现代地面光学望远镜的最高水平,与空间的哈勃望远镜一起,为研究有关宇宙加速膨胀等理论提供了观测证据。凯克望远镜采用分离镜片拼装,避免了制造单块大口径镜片的技术困难。

2001 年,由欧洲南方天文台研制完成、位于智利的"甚大望远镜(VLT)"由 4 架口径 8 米的望远镜组成,其聚光能力与一架 16 米的反射望远镜相当。

四百多年来,天文学家正是靠着分辨率越来越高,规模越来越大,技术越来越先进的望远镜,观测到了宇宙中种种壮丽的景象,揭示了宇宙的历史及其演化的奥秘。1923—1924 年,美国天文学家爱德温·哈勃(Edwin P. Hubble,1889—1953)利用口径 2.5 米反射望远镜确定许多所谓的"星云"实际上是银河系外的星系,认识到星系的红移,发现宇宙在膨胀的惊人事实,靠的是当年最大的威尔逊山 100 英寸(约 2.5 米)望远镜,他因此成为星系天文学奠基人。1963 年,马丁·施密特(Maarten Schmidt,1929—)发现类星体,用的是帕罗玛山 200 英寸(约 5 米)的反射望远镜。

近年来,规划或开工建设的项目有位于智利、口径 39 米特大天文望远镜(E-ELT,又称世界最大的天空之眼)和口径 24.5 米大麦哲伦望远镜(Giant Magellan Telescope,GMT)等。2015 年第 29 届国际天文联合会大会(IAU)在夏威夷落下帷幕之后不久,位于夏威夷的口径 30 米大望远镜(Thirty Meter Telescope,TMT)建设项目重启,建成后有望成为世界上最大的光学望远镜。中国科学院国家天文台参与了 TMT 项目。

优越的建站条件使天文学家对智利和夏威夷刮目相看。如夏威夷大岛的 Mauna Kea 山上建有 IRTF(3 米,1979 年)、法国-加拿大的 CFHT(3.6 米,1979 年)、英国的 UKIRT(3.8 米,1979 年)等其他望远镜观测台。

天文学家认为,这些特大口径望远镜的主要观测目标为系外行星、黑洞、遥远恒星和星系的光线等,能够让科学家更加深入观测宇宙,比以往任何时候更加接近时间的起点。

必须指出的是,要在大尺度上实现全部镜面均控制在一定的精度范围内是困难的,所以光学望远镜的口径难以做得很大。望远镜的口径越大,其聚光能力就越强,但口径不能无限增大。口径大,镜片厚度及其重量随之增大,当进行跟踪天体的运行时,支撑系统的灵活性以及控制系统需要克服一系列无法想象的困难。同时,镜片玻璃工艺也变得十分复杂,其技术水平制约着观测精度大小。加上温度的变化也会导致镜片变形,导致望远镜观测精度下降。为此,通常采用镜片组合方式形成一台大口径的望远镜,但需要庞大的机械控制系统和计算机智能控制,使各镜片的相对位置必须保持一致,方可达到观测精度要求。

为纪念伽利略首次用望远镜进行天文观测 400 年,2007 年 12 月 20 日,联合国通过了将 2009 年定为国际天文年的决议。国际天文年是由国际天文学联合会(IAU)和联合国教科文组织(UNESCO)共同发起的全球性活动,以"探索我们的宇宙"为主题,旨在通过白天的天空和夜晚的星空,感受宇宙,传递个人发现的欣喜,传播分享科学知识的愉悦。图 2 为其标志。

顺便指出,2011 年我国在贵州开工建设、绰号"天眼"的射电望远镜(500 米口径球面射电望远镜 FAST,Five-hundred-meter Aperture Spherical radio Telescope)为中国有史以来最大的天文工程,建成后将成为世界射电望远镜第一大单口径之最和世界级射电天文研究中心。届时,中国空间测控能力将由月球同步轨道延伸到太阳系外缘,即远在百亿光年外的射电信号"天眼"也有可能捕捉到。期待天文学家在深空探测领域中取得突破性进展。

图 2　国际天文年标志

实验 66　　光偏振现象的分析与研究

1808 年,法国工程师马吕斯(E. L. Malus,1775—1812)在实验中发现了光的偏振现象(马吕斯定律)。光的偏振性证明了光是横波,干涉、衍射和偏振现象是光的波动性最重要的特征。

近年来,基于偏振性的光学元件与光学仪器在各领域应用十分广泛,特别是在光学计量、实验应力分析、晶体性质研究、立体电影眼镜、激光和显示技术等方面尤为突出。

【实验目的】

1. 观察光的偏振现象,熟悉偏振基本规律,加深对光波传播规律的认识。

2. 了解偏振光的产生,掌握检验偏振光的原理和方法。

3. 了解波片的作用。

【实验器件】

光学部件,光源,数字式光功率计。

1. 应用光学实验系统

实验可选择的实验装置和器件有光具座、光源(如半导体激光器)、光电探测器与光功率计、支架、白屏(接收屏)和光学元件等,如图 1 所示。

根据实验需要,光具座置于导轨上,导轨上有标尺,便于测量光具座平移的距离。光学部件(如光源、偏振片、波片、透镜、白屏、探测器等)安装在光具座上,在光具座上可调整高度,使它们等高、共轴,满足光学测量系统的要求。

光学元件包括透镜(含扩束器)、波片(1/4 波片与半波片)、偏振片、滤光片、三棱镜、平面镜等。图中 P_1、P_2、C_1、C_2 均为光具座上的光学元件。

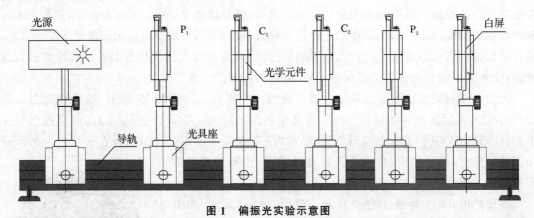

图 1　偏振光实验示意图

2. 半导体激光器

实验选用的激光光源为半导体激光器,其发出的是部分偏振光,波长为 $650\sim680$ nm,功率为 $1.5\sim2.0$ mW,工作电压为 3 V。

3. 数字式光功率计

光功率计与光电探测器配套使用,量程有 $200\ \mu$W 和 2 mW 两挡,用于测量光强的相对功率强度,三位半数字显示。

【实验要求】

1. 利用偏振片进行光的起偏与检偏,用偏振片和波片等区分光的不同偏振态。
2. 通过实验验证马吕斯定律和布儒斯特定律。
3. 通过观察圆偏振光和椭圆偏振光,区别自然光和圆偏振光,区别部分偏振光和椭圆偏振光。

【原理简介】

对光的偏振现象深入研究,可进一步认识光的本性,特别是光的传播规律以及光与物质的相互作用规律。

1. 偏振光基本概念

光具有电磁波和粒子的性质,是一种横波。把电场方向定为光振动方向,其电场、磁场分量分别垂直于传播方向,有各种不同的振动方向,自然光就是沿着各个方向振动的光强度均相同的光,或不直接显示偏振现象的光。

(1)光的偏振性

把电矢量振动矢量相对于光的传播方向具有不对称的光,称为偏振光。光波的电矢量 E 相对于光的传播方向不对称的性质,称为光的偏振特性。

光波的偏振性说明光是横波,是区别于纵波的一个最明显标志,只有横波才有偏振现象。纵波沿着波的传播方向振动,所以不可能有偏振。但是,光的横波性只表明其电矢量与光的传播方向垂直,在与传播方向垂直的平面内还可能有各种各样的振动状态。

(2)光的偏振态

按光的电矢量振动状态不同,光有五种偏振态:自然光、部分偏振光、线偏振光、椭圆偏振光、圆偏振光。其中常见的偏振光有 4 种。

自然光——在垂直于光波前进方向的平面内,振动方向任意且各方向振幅相等。也可以把自然光看成是无数线偏振光的无规则集合而不显现偏振性。

线偏振光——光在传播过程中在垂直于光前进方向的平面内,光振动限于某一固定的方向。由于其电矢量在与传播方向垂直的平面上的投影为一条直线,故称为线偏振光或完全偏振光。有时也称平面偏振光。

部分偏振光——有的方向上光矢量振幅较大,有的方向上光矢量振幅较小。即在某一方向上振动比其他方向上强。当偏振光与自然光混合时,就成为部分偏振光。

圆偏振光——偏振光的振动矢量末端在光的传播过程中做圆形旋转,即光的振动矢量末端在垂直于光波前进方向的平面内的投影为圆的轨迹,且其大小和方向随时间有规律地变化。

椭圆偏振光——偏振光的振动矢量末端在光的传播过程中做椭圆形旋转,即光矢量末端在垂直于光波前进方向的平面内的投影是椭圆的轨迹,且其大小和方向随时间有规律地变化。

2. 偏振光产生方法

起偏器(起偏振器)、检偏器(检偏振器)分别是产生、检验偏振光的元件。偏振片、尼柯耳棱镜等均可作为起偏器或检偏器。

自然光通过偏振片、晶体起偏器、介质表面反射均可以产生线偏振光。

起偏有反射和反透射两种形式。

(1)线偏振光和部分偏振光

采用偏振片获得线偏振光是一种简便方法。偏振片为人造透明薄片,价格便宜,但强度及透明度较差,不能受潮,容易褪偏振。

采用介质表面反射或折反射获得。当光从折射率为 n_1 的介质(如空气)入射到折射率为 n_2 的介质(如玻璃)交界面,其反射光和折射光将成为部分偏振光。

布儒斯特定律指出,当入射角 φ 满足 $\tan\varphi_b = n_1/n_2$ 时,反射光就是线偏振光,对应的 φ_b 为布儒斯特角或起偏角。此时,介质表面就是一种反射式起偏器。而折射光一般为部分偏振光;若在多层的玻璃堆上,经过多次反射后,光的偏振程度会逐渐加强,透射出的光也接近于线偏振光,其振动面平行于入射面。此时,介质表面就是一种反透射式起偏器。

采用晶体起偏器,可以获得较高质量的线偏振光。如尼柯耳棱镜,这种晶体具有双折射现象,价格昂贵。

(2)圆偏振光和椭圆偏振光

椭圆偏振光可视为两个沿同一方向传播、振动方向相互垂直的线偏振光的合成,即

$$E_x = A_x\cos(\omega t - kz),\ E_y = A_y\cos(\omega t - kz + \varepsilon)$$

式中,A 为振幅,ω 为圆频率,t 为时间,k 为波矢的数值,ε 为两波的相对位相差。E 矢量的端点在波面内的轨迹为一椭圆,其形状、取向和旋转方向由 A_x、A_y 和 ε 决定。

若 $A_x = A_y$,$\varepsilon = \pm\pi/2$,得到圆偏振光;若 $\varepsilon = 0$,$\pm\pi$ 或 $A_x(A_y) = 0$,得到线偏振光。

若 $-\pi < \varepsilon < 0$,则为左旋;若 $0 < \varepsilon < \pi$,则为右旋。

线偏振光垂直入射到波片,若入射光振动方向和波片光轴之间夹角为 θ,则在波片表面上 o 光、e 光的振幅分别为 $A\sin\theta$ 和 $A\cos\theta$;由于 o 光与 e 光传播速度不同,因此透过晶片后,两光就产生了固定的相位差 $\Delta\varphi = 2\pi(n_o - n_e)l/\lambda$($l$ 为晶片厚度,n_o、n_e 分别为 o 光、e 光的折射率)。因此,透过波片的光是二者叠加合成的结果,其轨迹一般为椭圆。

3. 波片及其偏光作用

波片也称"波晶片",是用来改变或检验光的偏振情况的晶体薄片。一般用石英、云母等双折射晶体沿光轴方向切割而成。

当线偏振光垂直晶面入射时,"寻常光线(o 光)"和"非常光线(e 光)"都沿原方向前进,但传播速度不同,因而在经过一定厚度晶片后,两者之间就产生一定光程差 Δ。光程是光在媒质中的路程与媒质折射率的乘积,即在相同时间内光在真空中通过的路程。

当一束振幅为 A、波长为 λ,振动方向与波片光轴夹角为 θ 的线偏振光垂直入射到波片表面,在晶体内分解成 o 光和 e 光,振幅分别为 $A_o = A\sin\theta$ 和 $A_e = A\cos\theta$,经过厚度为 d 的波片后,两光线产生的位相差 δ 为

$$\delta = 2\pi\Delta/\lambda = 2\pi(n_o - n_e)d/\lambda \tag{1}$$

式中,λ 为入射光在真空中的波长;n_o、n_e 为晶片对 o 光和 e 光的折射率。

当 $\delta = \pi/2$、π 和 2π 时,对应于某一单色光波片分别称四分之一波片、半波片和全波片。因为波片能使 o 光或 e 光的位相推迟,故又称位相延迟器。

o 光和 e 光振动方向相互垂直,频率相同,位相差恒定,由振动合成可得

$$\frac{x^2}{A_e^2} + \frac{y^2}{A_o^2} - \frac{2xy}{2A_e A_o}\cos^2\delta = \sin^2\delta \tag{2}$$

为椭圆方程式,代表椭圆偏振光。

当 $\delta = 2k\pi(k = 1,2,3\cdots)$ 及 $A_o = A_e$ 时,合成振动为圆偏振光。

设对某一单色光,晶片所产生的光程差 Δ 不同,波片的作用也不同。线偏振光通过不同波片可获得不同类型的偏振光。

(1)当 $\Delta=\lambda/4$ 时,晶片称为该单色光的四分之一波片。它能使通过它的线偏振光变成椭圆(或圆)偏振光,或反过来把椭圆(或圆)偏振光变成线偏振光。当 $\theta=\pi/4$ 时,得圆偏振光;当 $\theta=0$ 或 $\pi/2$ 时,得线偏振光;当 θ 为任意角时,得椭圆偏振光。

(2)当 $\Delta=\lambda/2$ 时,晶片称为该单色光的半波片。它能使入射线偏振光的振动面旋转一定角度,或使椭圆(或圆)偏振光改变其旋转方向,即出射的线偏振光振动方向转过 2θ 角度。

(3)当 $\Delta=\lambda$ 时,晶片称为该单色光的全波片。它能使通过它的单色线偏振光振动情况不变,但用复色线偏振光通过并用一检偏器观察,则波片会显现出颜色,这个现象在工业上可用来检验玻璃的应力。

使用时注意,入射光必须垂直入射到波片上;波片规格应与光源输出波长相匹配;波片的快慢轴应根据其输出偏振态调整到相应的方位上。

4. 马吕斯定律

自然光通过偏振片变成光强为 I_0,振幅为 A 线偏振光,再垂直入射到另一块偏振片上,出射光强 I 为(未考虑光的吸收)

$$I=I_0\cos^2\theta \tag{1}$$

这就是马吕斯定律。式中, θ 为入射光偏振方向与检偏器偏振化方向之间的夹角,或两偏振片透振方向之间夹角, I_0 为透射光强度的极大值。

当 $\theta=0°$ 或 $180°$ 时光强最强;当 $\theta=90°$ 或 $270°$ 时光强最弱。

5. 线偏振光的检测

根据马吕斯定律,可利用偏振片检验线偏振光,这是一种简便方法。

当线偏振光通过检偏器,若以光线传播方向为轴转动检偏器时,透射光强就会发生周期性变化。当 $\theta=0°$,光强最大;当 $\theta=90°$,光强最小,完全消光。

自然光通过检偏器,若以光传播方向为轴转动检偏器时,透射光强始终不变。若入射的是部分偏振光,虽然透射光强有变化,但不会出现全暗情况。

有关布儒斯特定律请参见实验40相关内容。

6. 其他偏振光的区分

对于自然光、部分偏振光、圆偏振光和椭圆偏振光,只用一个偏振片无法加以区分,需要与波片配合,方可区分光的其他不同偏振态。

(1)用 1/4 波片与检偏器配合可将自然光与圆偏振光区分开。圆偏振光经 1/4 波片能成为线偏振光,而自然光不能。

(2)椭圆偏振光经 1/4 波片后能成为线偏振光,而部分偏振光经 1/4 波片后不能成为线偏振光。据此,可区分椭圆偏振光与部分偏振光。

(3)线偏振光通过 1/4 波片后,其偏振状态随波片所转过的角度不同而不同。当 1/4 波片转动角度 $\theta=0°$ 时,经波片后出射光为线偏振光;当 1/4 波片转动角度 $\theta=\pi/2$ 时,经波片后出射光为线偏振光;当 1/4 波片转动角度 $\theta=\pi/4$ 时,经波片后出射光为圆偏振光; θ 为其他值时,从波片出射的光为椭圆偏振光。如图 2 所示,图中 A 为入射偏振光振动方向, X 为波片光轴方向。

下表为不同偏振态的光垂直入射并经过 $\lambda/4$ 波片后偏振状态

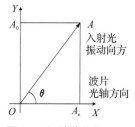

图 2　$\lambda/4$ 波片作用

的变化情况。

入射光	λ/4 波片位置	出射光
线偏振光	光轴与入射偏振方向平行或垂直	线偏振光
	光轴与入射偏振方向成±45°	圆偏振光
	其他位置	椭圆偏振光
圆偏振光	其他位置	线偏振光
椭圆偏振光	光轴与椭圆的长轴或短轴一致	线偏振光
	其他位置	椭圆偏振光

(4)当线偏振光垂直入射到 1/2 波片时,如果光振动面与波片光轴成 θ 角,则通过波片的光仍为线偏振光,但其振动面转动了 2θ 角;如果 $\theta=45°$,则出射光的振动面与入射光的振动面垂直。

【注意事项】

1. 半导体激光器光能量高度集中,请勿用眼睛直接观察激光,以免损伤。若把激光器光束射至探测器上,可能导致超量程,可用透镜扩束,以免损坏光电探测器。

2. 波片属于精密光学元件,请勿触摸其表面。

3. 保证光学元件同轴等高。测量时要使偏振系统的出射光入射至探测器中间部位。

【思考与练习】

1. 如何区分各种不同状态的光? 偏振光的获得方法有哪几种?

2. 如何区别自然光和圆偏振光? 如何区别部分偏振光和椭圆偏振光?

3. 在偏振化方向相互垂直的偏振片 P_1、P_2 中插入一块 λ/2 波片,使其光轴和起偏器的偏振化方向平行,则通过检偏器的光斑亮度如何? 为什么? 若将检偏器旋转 90°,情况又会如何呢?

【参考书目】

1. 杨述武主编.普通物理实验(三、光学部分)[M].第三版.北京:高等教育出版社,2000

2. 丁慎训,张连芳主编.物理实验教程[M].第二版.北京:清华大学出版社,2002

实验 67　基于计算机研究光电器件的基本特性

光电器件（光电传感器）的品种很多，主要包括光敏电阻、光伏电池（太阳能电池）、光电晶体管（光敏二极管、光敏三极管）、光电耦合器（光遮断器）以及光电管等。

光电器件以外加光照为媒介，其理论基础都是光电效应。与光有关的基本特性大多是共性的，熟悉这些基本特性及其测量方法，有利于正确地加以使用。

在实验 43 中，介绍了光敏电阻的基本特性、主要参数及其测量方法，本实验借助计算机实现自动测量，并可拓展到其他光电器件的测量。

【实验目的】

1. 进一步熟悉常用光电器件的主要特性。
2. 熟悉利用计算机测量光电器件主要特性的方法。

【实验器材】

光源，透镜，起偏器，检偏器，光具座与支架，光电器件，直流稳压稳流电源，Science Workshop—Interface 750（科学工作室）及其软件，光传感器，照度计，计算机等。

【实验要求】

利用有关光学元件，结合科学工作室（数据采集接口），完成相应的实验方案设计。

1. 设计一个测量光敏器件光照特性的实验方案。
2. 设计一个测量光敏器件光强度的实验方案。

【原理简介】

光敏元件是用半导体材料制成的光电式传感器，属于半导体传感器。

光照能使物体的电导率增加的现象称为内光电效应（光电导效应）。光敏晶体管、光敏电阻以及由光敏电阻制成的光导管都是基于内光电效应的光电元件。

太阳能电池（Solar cell），又称为光伏电池（Photovoltaic cell），是一种基于光生伏特效应，将入射光的辐射能直接转换为电能（电压或电流）的半导体光电变换器件。

1. 光敏电阻

请参考实验 43 相关介绍。

2. 光电晶体管

光敏三极管和光敏二极管都是光电转换半导体器件，与光敏电阻相比，具有灵敏度高，高频性能好，可靠性好，体积小和使用方便等优点。

光敏三极管与普通三极管的结构相似，也有电流放大作用，只是光敏三极管必须有一个对光敏感的 PN 结作为感光面，其集电极电流不只受基极电路（通常基极不引出，但一些光敏三极管的基极也引出，用于温度补偿和附加控制等）和电流控制，同时也受光辐射的控制。如图 1 所示为光敏三极管基本应用电路。

图 2 为光控电路的一部分，电流 I 随光照的强弱而变化；运放 A_1 等组成线性运算电路，

A_2 等组成迟滞比较器,可将连续变化的光电信号转换成数字逻辑信号。

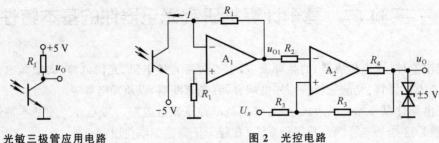

图1　光敏三极管应用电路　　　　图2　光控电路

3. 太阳能电池

太阳能电池的结构实际上是一个较大面积的半导体 PN 结,当负载接入 PN 两极后即可得到功率输出,请参考实验 52 相关内容。

测试时,可利用运算放大器设计一个电流-电压转换电路,将太阳能电池的短路电流转换成电压。图 3 所示为太阳能电池的一个基本应用电路,图中太阳能电池用图标表示。

根据太阳能电池的特性,太阳能电池的开路电压 V_{op} 与入射光强度的对数成正比,并非线性关系,而其短路电流 I_{sh}(单位为 $\mu A \cdot lx^{-1}$)却与照度成正比,故一般转换电路大多采用短路电流做转换,而不采用开路电压。其中,电阻 R_2 起扩展调整作用,使得输出电压为某一额定值,便于测量与定标。

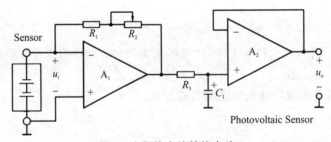

图3　太阳能电池转换电路

【注意事项】

1. 光电传感器在强光照射下会加速老化。实验时,应避免其长时间受到照射。

2. 外加的电信号必须在器件允许的测试条件下进行,以免光电器件损坏。

【思考与练习】

1. 光电器件的理论基础为光电效应,基于不同的分类,有哪些对应的光电器件?

2. 光电器件共性的主要特性包括哪些? 请举例说明不同光电器件的应用。

实验 68　常用传感器基本应用系列实验

工业发达国家十分重视传感器研究与应用,早在 20 世纪 70 年代,就把传感器技术列入当时的六大核心技术(计算机、通信、激光、半导体、超导和传感器)之一,可见其重要性。

有关传感器实验内容涉及力学、热学、电磁学和光学,以及湿敏、气敏等各种应用,适合作为对相关内容感兴趣的较高年级学生自主学习的开放性实验,实验者可根据自己的想法,对其应用进行拓展,学以致用。

【实验目的】

1. 理解常用传感器工作原理。
2. 了解常用传感器测量电路及其基本应用实验,探究其在工程技术中的应用。

【实验器材】

FB716-Ⅱ型传感器自主设计性实验装置由实验台(图 1 至图 5)、各种配套传感器、配套仪器 JK-19 型直流恒压电源(图 6)和 JK-20 型频率振荡器(图 7),以及各种相应的实验模块(图 8至图 20)等组成。元器件和模块等可插入九孔电路插板搭建电路进行实验。

实验项目中包含几种工程技术应用中常见传感器及其电路模块(差动放大器、电容放大器、电压放大器、移相器、相敏检波器、电荷放大器、低通滤波器、调零、增益和移相等)和少量其他部件,配套有直流稳压稳流电源、正弦波信号源(音频振荡器和低频振荡器),利用九孔实验板自主搭建测量电路,具有电路结构简单,原理清晰,实验易于实现,测量直观等特点。

1. 实验装置提供的器材

(1)传感器或传感器模块

应变式传感器	差动变压器传感器	磁电式传感器	压电式传感器
电容式传感器	压阻式传感器	线性霍耳传感器	光电式传感器
气敏式传感器	湿敏电阻传感器	热释电红外传感器	电位器调节模块

(2)信号调理电路模块

电压放大器	移相器	相敏检波器	电荷放大器
差动放大器	电容放大器	低频滤波器	涡流变换器

(3)阻容元件

电阻 $10\ \Omega/2W$、$350\ \Omega/2W$、$1\ k\Omega/2W$;电位器 $20\ k\Omega$;电容 $0.1\ \mu F$。

(4)配套仪表或配件

血压(气压)表,螺旋测微计,砝码,砝码盘,振动棒,连接线等。

2. 实验台或实验仪(含传感器)

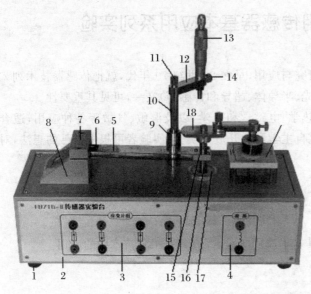

1—机箱底脚　　　　2—机箱
3—应变片组信号输出插座
4—激励信号输入插座
5—双平行梁　　　6—应变片
7—平行梁压块
8—平行梁安装底座
9—测微头座　　　10—支杆
11—支杆锁紧螺钉　12—连接板
13—测微头
14—连接板锁紧螺钉
15—搁板及固定螺钉　16—磁棒
17—激励线圈及螺母　18—振动盘
说明:
1. 测微头只用于静态实验;
2. 使用振动盘时,需按循序装卸部件。

图 1　应变传感器实验仪

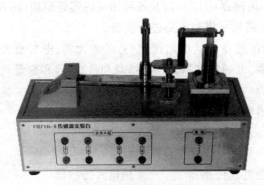

图 2　差动变压器实验仪

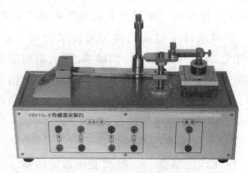

图 3　磁电式传感器实验仪

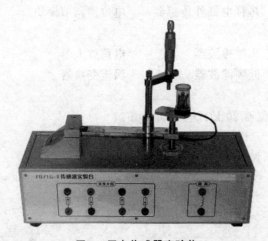

图 4　压电传感器实验仪

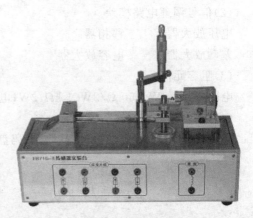

图 5　变面积电容传感器实验仪

图6　直流恒压电源面板图　　　　图7　频率振荡器

3. 各种传感器及其实验模块

图8　气敏电阻传感器模块

图9　电位器调节模块

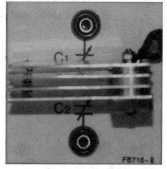

图10　电容式传感器模块

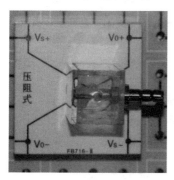

图11　压阻式传感器模块

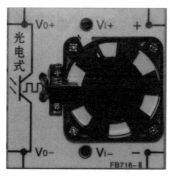

图12　光电式传感器模块

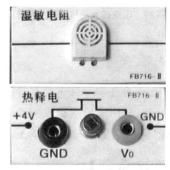

图13　湿敏电阻与热释电传感器模块

图14　磁电式传感器模块

图15　差动式传感器模块

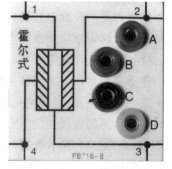

图16　霍耳式传感器模块

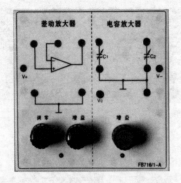

图 17　差动放大器与电容放大器模块

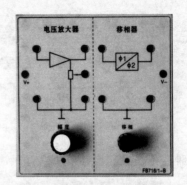

图 18　电压放大器与移相器模块

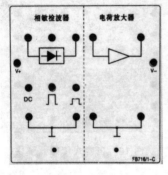
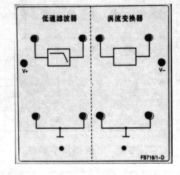
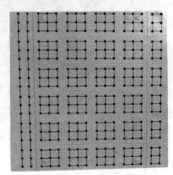

图 19　相敏放大器与电荷放大器模块　图 20　低通滤波与涡流变换器模块　　图 21　九孔电路插板

【实验要求】

1. 通过学习常见几种传感器工作原理,了解传感器基本应用及其测量技术。

2. 利用实验室提供的产品说明书,通过查找资料,选定一个传感器应用案例,设计一个传感器应用测量系统,画出原理方框图,简述其工作原理,完成实验测量方案。

【原理简介】

1. 传感器基本知识

传感器是一种检测装置,能感受被测量(一般为非电量)的信息,并按照一定规律转换成与被测量具有确定对应关系的电信号或其他所需形式的信息输出,以满足信息的传输、处理、存储、显示、记录和控制等要求。

传感器通常由敏感元件和转换元件组成,是实现自动检测与控制的首要环节。敏感元件感受或响应被测量,经转换元件转换成适于传输或测量的电信号部分,实现了从非电量到电量的转换。传感器就像人的五官,人通过五官,即眼(视觉)、耳(听觉)、鼻(嗅觉)、舌(味觉)、四肢身体(触觉)感知和接收外界的信息,再通过神经系统传输到大脑进行加工处理(思维)。因此,针对不同的应用需要,有各种各样的传感器,在自动控制和测量系统中得到广泛应用。

(1)传感器分类

传感器技术(测量技术)与众多学科有关,应用十分广泛,传感器种类繁多,分类方法也很多。按传感器工作原理、被测参数分类的为多。传感器的工程应用通常按工程参数进行描述。

按工作原理或变换原理分类,可分为应变式、电容式、电感式、压电式、光电式、磁电式、热电式等,如光敏电阻。每一原理对应的传感器都包含多种形式,如电感式有变磁阻式传感器、差动变压器和涡流式传感器等,热电式有热电阻(金属热电阻和半导体热敏电阻)、热电偶和集成温度传感器等。

按被测参数分类,可分为位移、压力、速度、温度、流量、气体成分等,如位移传感器等。基本被测量有热工量、机械量、化学量、生物量、光学量和其他物理量等。

按工作原理进行分类,其工作原理清楚。以被测参数进行分类时,使用对象明确。实际上,同一被测量可以采用不同传感器进行测量,有时把两种分类方法结合起来,从原理到应用,概念更加明确。如电阻式传感器可用于测量温度、位移、压力、加速度等;而测量位移量可以采用电容式、电感式等。

(2)自动检测系统简介

一个自动检测系统通常由传感器及其测量电路,以及数据处理与记录、执行机构等组成,完成从信息获取与转换到处理和显示等过程。此外,还需要包括电源和传输通道等不可或缺的部分。图 22 为检测系统原理方框图。

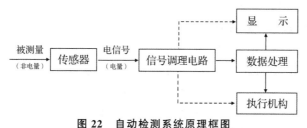

图 22　自动检测系统原理框图

信号调理电路作为接口电路与相应的传感器配合使用,有时与传感器做在一起,有放大器、电桥、振荡器、电荷放大器等,以便于信号传送与处理。

2. 实验项目

利用本实验装置可完成传感器实验项目二十多个,参考项目有:

实验 1　金属箔式应变片性能(单臂电桥)

——了解金属箔式应变片、单臂电桥的工作原理

实验 2　金属箔式应变片(单臂、半桥和全桥比较)

——验证单臂、半桥、全桥的性能及相互之间关系

实验 3　移相器实验

——了解运算放大器构成的移相电路的原理及工作情况

实验 4　相敏检波器实验

——了解相敏检波器的原理和工作情况

实验 5　金属箔式应变片(交流全桥)

——了解交流供电的四臂应变片电桥的原理和工作情况

实验 6　交流全桥的应用(振幅测量)

——了解交流激励的金属箔式应变片电桥的应用

实验 7　交流全桥的应用(电子秤)

——了解交流供电的金属箔式应变片电桥的实际应用

实验 8　霍耳式传感器的直流激励静态位移特性

——了解霍耳式传感器的原理与特性

【思考与练习】

1. 在本书中,有实验(器件或电路)可用于转速测量,请举例说明。
2. 根据传感器不同工作原理,简述其分类及其基本应用。

【参考书目】

1. 方佩敏主编.新编传感器原理·应用·电路详解[M].北京:电子工业出版社,1994
2. 田裕鹏,姚恩涛,李开宇,等.传感器原理[M].第三版.北京:科学出版社,2007

附录一　物理学常用数据

附录 1.1　国际单位制(SI)的基本单位和辅助单位

国际单位制是在 1960 年第 11 届国际计量大会上通过的一种单位制,其代号为 SI,由基本单位、导出单位及倍数单位组成。共有 7 个基本单位,其他单位均由它们导出。

1.1.1　国际单位制(SI)的基本单位和辅助单位

	量的名称	单位名称	单位符号	英文
基本单位	长度	米	m	meter
	质量	千克(公斤)	kg	kilogram
	时间	秒	s	second
	电流	安〔安培〕	A	Ampere
	热力学温度	开〔开尔文〕	K	Kelvin
	物质的量	摩〔摩尔〕	mol	mole
	发光强度	坎〔坎德拉〕	cd	candela
辅助单位	角(平面角)	弧度	rad	radian
	立体角	球面度	sr	steradian

1.1.2　国际单位制中具有专门名称的导出单位

量的名称	单位名称	单位符号	英文	其他表示示例
频率	赫〔赫兹〕	Hz	Hertz	s^{-1}
力	牛〔牛顿〕	N	Newton	$kg \cdot m/s^2$
压力,压强,应力	帕〔帕斯卡〕	Pa	Pascal	N/m^2
能〔能量〕,功,热量	焦〔焦耳〕	J	Joule	$N \cdot m$
功率,辐通量〔辐射能通量〕	瓦〔瓦特〕	W	Watt	J/s
电荷〔电荷量〕	库〔库仑〕	C	Coulomb	$A \cdot s$
电压,电动势,电位(电势)	伏〔伏特〕	V	Volt	W/A
电容	法〔法拉〕	F	Farad	C/V
电阻	欧〔欧姆〕	Ω	Ohm	V/A
电导	西〔西门子〕	S	Siemens	Ω^{-1}
磁通〔磁通量〕	韦〔韦伯〕	Wb	Weber	$V \cdot s$
磁通量密度,磁感应强度	特〔特斯拉〕	T	Tesla	Wb/m^2

续表

量的名称	单位名称	单位符号	英文	其他表示示例
电感	亨〔亨利〕	H	Henry	Wb/A
摄氏温度	摄氏度	℃	degree celsius	—
光通量	流〔流明〕	lm	lumen	cd·sr
照度〔光照度〕	勒〔勒克斯〕	lx	lux	lm/m²
活度〔放射性活度〕	贝克〔贝克勒尔〕	Bq	Becquerel	s^{-1}
吸收剂量,比授能〔比授予能〕,比释动能	戈〔戈瑞〕	Gy	Gray	J/kg
剂量当量	希〔希沃特〕	Sv	Sievert	J/kg

1.1.3　用于构成十进倍数和分数单位的词头

所表示的因数	词头名称	词头符号	所表示的因数	词头名称	词头符号
10^{24}	尧〔尧它〕	Y	10^{-1}	分	d
10^{21}	泽〔泽它〕	Z	10^{-2}	厘	c
10^{18}	艾〔艾可萨〕	E	10^{-3}	毫	m
10^{15}	拍〔拍它〕	P	10^{-6}	微	μ
10^{12}	太〔太拉〕	T	10^{-9}	纳〔纳诺〕	n
10^{9}	吉〔吉咖〕	G	10^{-12}	皮〔皮可〕	p
10^{6}	兆	M	10^{-15}	飞〔飞母托〕	f
10^{3}	千	k	10^{-18}	阿〔阿托〕	a
10^{2}	百	h	10^{-21}	仄〔仄普托〕	z
10^{1}	十	da	10^{-24}	幺〔幺科托〕	y

1.1.4　常用非推荐单位、导出单位与国际单位制的换算(摘录)

量的名称	换算关系
长度	1 Å(埃)＝10^{-10} m＝10^{-4} μm＝10^{-1} nm 1 in(英寸)＝2.54 cm,1 fo(英尺)＝12 in(英寸,inch) 1 yd(码)＝91.44 cm,3 fo(英尺)＝1 yd(码,yard) 1 mile(英里,哩)＝5 280 fo(英尺)＝1.609 344 km 海里与纬度有关,规定地球子午圈的1分弧长为1海里,各国标准不同,中国1海里＝1.852 km
体积	1 L(升)＝1 000 mL＝1 dm³(有时 mL 也表示为 ml,l 为备用单位)
质量	1 市斤＝0.5 kg,1 市两＝50 g 1 b(磅)＝16 oz(盎司)＝0.453 592 37 kg 1 oz(盎司)＝28.349 5×10^{-3} kg 1 u(原子质量单位)≈1.660 540×10^{-27} kg
压力	1 atm＝760 mmHg＝760 Torr(乇)＝1.013 25 bar(巴)＝101 325 Pa
温度	华氏温标 F(℉)＝32＋1.8 t(℃),T(K)＝t(℃)＋273.15
能量	1 cal(卡)＝4.184 J;1 eV≈1.602×10^{-19} J
其他	1 度＝1 kW·h(千瓦时)＝3.6×10^{6} J

说明:

1. 圆括号()中的名称与它前面的名称相同,两者为同义语。方括号〔〕中的名称为全称,在不致混淆和误解的情况下,可用前面的简称代替。

2. 组合单位的名称与其符号表示的顺序一致,符号中的乘号没有对应的名称,除号的对应名称为"每"字,无论分母中有几个单位,"每"字都只出现一次。例如,比热容的单位符号是 J/(kg·K),其名称是"焦耳每千克开尔文",而不是"每千克开尔文焦耳"或"焦耳每千克每开尔文"。

3. 组合单位中的"·"仅在符号中出现,如电阻率单位的符号是 Ω·m,其名称为"欧姆米",而不是"欧姆·米"、"欧姆—米"、"[欧姆][米]"等。

4. 除加括号避免混淆外,单位符号中的斜线"/"不得超过一条。在复杂的情况下,也可以使用负指数,如 $kg·s^{-2}·A^{-1}$。当用单位相除的方法构成的组合单位,其形式可采用下列形式之一:米/秒或米·秒$^{-1}$(m/s 或 m·s^{-1})。

5. 公里为千米的俗称,符号为 km。生活中习惯把质量称为重量。10^4 称为万,10^8 称为亿,10^{12} 称为万亿,这类数词的使用不受词头名称的影响,但不应与词头混淆(东南亚国家华裔把万称为十千,较符合数量级用法)。

6. 单位符号和 SI 词头符号一律用正体字母。除来源于人名的单位符号第一个字母要大写外,其余均为小写字母(升的符号 L 例外,小写字母 l 为备用单位)。

7. 单位符号应写在全部数值之后,并与数值间留适当的空隙。SI 词头符号与单位符号间不得留空隙,如 42.195 km。

附录 1.2　基本常量表

基本常量名称	符号、数值与单位
真空中的光速	$c = 2.997\ 924\ 58 \times 10^8$ m/s
真空磁导率	$\mu_0 = 4\pi \times 10^{-7}$ H/m $= 1.256\ 637\ 061\ 4 \times 10^{-6}$ H/m
真空电容率	$\varepsilon_0 = 8.854\ 187\ 817 \times 10^{-12}$ F/m
元电荷	$e = 1.602\ 176\ 487 \times 10^{-19}$ C
普朗克常量	$h = 6.626\ 068\ 96 \times 10^{-34}$ J·s
阿伏伽德罗常量	$N_A = 6.022\ 141\ 79 \times 10^{23}$ mol^{-1}
原子质量单位	$u = 1.660\ 538\ 782 \times 10^{-27}$ kg
电子静止质量	$m_e = 9.109\ 382\ 15 \times 10^{-31}$ kg
法拉第常量	$F = 9.648\ 533\ 99 \times 10^4$ C/mol
里德伯常量	$R_\infty = 1.097\ 373\ 156\ 9 \times 10^7$ m^{-1}
理想气体标准状态下的摩尔体积	$V_m = 2.241\ 399\ 6 \times 10^{-2}$ m^3/mol
摩尔气体常量	$R = 8.314\ 472$ J/(mol·K)
玻尔兹曼常量	$k = 1.380\ 650\ 4 \times 10^{-23}$ J/K
引力常量	$G = 6.674\ 280 \times 10^{-11}$ N·m^2/kg^2
标准大气压	$p_0 = 101\ 325$ Pa
水的三相点温度	$t_0 = 273.16$ K $= 0.01$ ℃
绝对零度	$T_0 = -273.15$ ℃

根据国际科技数据委员会(CODATA)2006 年的资料。

1996 年全国自然科学名词审定委员会公布的物理学名词中,ε_0 又称真空介电常数(为不推荐用名)。

附录1.3 水的密度与温度的关系

温度/℃	密度/g·cm⁻³	温度/℃	密度/g·cm⁻³	温度/℃	密度/g·cm⁻³
12	0.999 52	20	0.998 23	28	0.996 26
13	0.999 40	21	0.998 02	29	0.995 97
14	0.999 27	22	0.997 80	30	0.995 67
15	0.999 13	23	0.997 57	31	0.995 37
16	0.998 97	24	0.997 32	32	0.995 05
17	0.998 80	25	0.997 07	33	0.994 72
18	0.998 62	26	0.996 81	34	0.994 40
19	0.998 43	27	0.996 54	35	0.994 06

附录1.4 海平面上不同纬度处重力加速度

纬度 $\varphi/°$	$g/\text{m}\cdot\text{s}^{-2}$	纬度 $\varphi/°$	$g/\text{m}\cdot\text{s}^{-2}$
0	9.780 49	50	9.810 79
5	9.780 88	55	9.815 15
10	9.782 04	60	9.819 24
15	9.783 94	65	9.822 94
20	9.786 52	70	9.826 14
25	9.789 69	75	9.828 73
30	9.793 38	80	9.830 65
35	9.797 46	85	9.831 82
40	9.801 80	90	9.832 21
45	9.806 29		

说明:计算公式 $g=9.780\,49(1+0.005\,288\sin^2\varphi-0.000\,006\sin^2 2\varphi)$,其中 φ 为纬度。如厦门北站附近位于东经 $118°05'08''$,北纬 $24°37'26''$,g 约为 $9.789\,43\ \text{m}\cdot\text{s}^{-2}$。

附录1.5 不同海拔高度的重力加速度 g

海拔 h/km	纬度 $\varphi/°$									
	0	10	20	30	40	50	60	70	80	90
0	9.780	9.782	9.786	9.793	9.802	9.811	9.819	9.826	9.831	9.832
4	9.768	9.770	9.774	9.781	9.789	9.798	9.807	9.814	9.818	9.820
8	9.756	9.757	9.762	9.768	9.777	9.786	9.794	9.801	9.806	9.807
12	9.743	9.745	9.749	9.756	9.765	9.774	9.782	9.789	9.794	9.795
16	9.731	9.732	9.737	9.744	9.752	9.761	9.770	9.777	9.781	9.783
20	9.719	9.720	9.725	9.732	9.740	9.749	9.757	9.764	9.769	9.770

说明:若上升高度不大,则每升高 1 km,g 约减少 3×10^{-4}。g 单位为 $\text{m}\cdot\text{s}^{-2}$。

附录 1.6　　20 ℃时常用金属的杨氏弹性模量

材料名称	杨氏模量 $E/10^{11}\mathrm{Pa}$	材料名称	杨氏模量 $E/10^{11}\mathrm{Pa}$	材料名称	杨氏模量 $E/10^{11}\mathrm{Pa}$
钨	4.07	铬	2.35～2.45	镍	2.03
合金钢	2.06～2.16	碳钢	1.96～2.06	铁	1.86～2.06
康铜	1.60	铜	1.03～2.03	锌	0.78
银	0.69～0.80	铝	0.69～0.70	金	0.77
铅	0.66	木材	0.10	橡胶	8×10^{-5}

说明:杨氏弹性模量与材料的结构、化学成分及其加工制造方法有关。在某些情况下可能与表中所列的平均值不同。

附录 1.7　　纯净水表面张力系数

水的温度 $t/℃$	10	15	16	17	18	19	20	25	30	50
$\gamma/(\mathrm{mN\cdot m^{-1}})$	74.22	73.49	73.34	73.19	73.05	72.90	72.75	71.97	71.18	67.91

液体表面张力系数最极端的是汞,其值为 $0.475\ \mathrm{N\cdot m^{-1}}$;最具典型性为碳氢化合物,其值为 $0.02\ \mathrm{N\cdot m^{-1}}$,如 20 ℃乙醇表面张力系数仅为 $22.32\times10^{-3}\ \mathrm{N\cdot m^{-1}}$,正丁醇为 $24.6\times10^{-3}\ \mathrm{N\cdot m^{-1}}$。另外,甘油为 64×10^{-3} $\mathrm{N\cdot m^{-1}}$,橄榄油为 $33\times10^{-3}\ \mathrm{N\cdot m^{-1}}$。

表面张力系数随温度升高而减小,对某些杂质(去污剂)的反应极其灵敏。

附录 1.8　　常见热电偶的特性与铜-康铜热电偶分度表

1.8.1　常见标准温差热电偶的特性

热电偶名称	分度号	使用温度范围/℃	100 ℃温差电动势近似值/mV
铜-康铜(Ni45,Cu55)	CK T	−200～+300	4.277
铁-康铜(铜镍)	E T	−200～+800	5.268 5.279
铬-铝		−200～+1 100	4.1
铂-铑(Pt90,Rh10)		−180～+1 600	0.95
铂,铑 40-铂,铑 20		+200～+1 800	0.4
镍铬(Cr9～10Si0.4Ni90)-康铜(Cu56～57Ni43～44)	EA-2	−200～800	6.95

续表

热电偶名称	分度号	使用温度范围/℃	100 ℃温差电动势近似值/mV
镍铬（Cr9～10Si0.4Ni90)-镍硅（Si2.5～3Co＜0.6Ni97)	EV-2	1 200	4.10
铂铑（Pt90Rh10)-铂	LB-3	1 600	0.645
铂铑（Pt70Rh30)-铂铑（Pt94Rh6)	LL-2	1 800	0.034

说明：参考端温度为 0 ℃，依据国际实用温标 IPTS-90。

1.8.2　常用的温度校准点

温度的校准点就是校准温标的特定温度点，是由某些物质与温度的性质确定的（固定压力下的三相点、沸点或凝固点）。

IPTS 固定点是计量学大会提供的国际实用温标（IPTS-90）。表中的沸点和凝固点都是对应于标准压强为 1 013.25 hPa 的情况（IPTS-90 固定点）。

材料		特征点	温度	
分子式	名称		T/K	$t/℃$
$p-H_2$	仲氢	三相点	13.81	−259.34
O_2	氧	三相点	54.361	−218.789
O_2	氧	沸点	90.188	−188.962
H_2O	水	熔点（冰点）	273.15	0.00
H_2O	水	三相点	273.16	0.010 0
H_2O	水	沸点	373.15	100
Sn	锡	凝固点（熔点）	505.118 1	213.968 1
Zn	锌	凝固点（熔点）	692.73	419.58
Ag	银	凝固点（熔点）	1 235.08	961.93
Au	金	凝固点（熔点）	1 337.58	1 064.43

1.8.3　铜-康铜热电偶分度表

温度/℃	热电势/mV									
	0	1	2	3	4	5	6	7	8	9
−10	−0.383	−0.421	−0.458	−0.496	−0.534	−0.571	−0.608	−0.646	−0.683	−0.720
−0	0.000	−0.039	−0.077	−0.116	−0.154	−0.193	−0.231	−0.269	−0.307	−0.345
0	0.000	0.039	0.078	0.117	0.156	0.195	0.234	0.273	0.312	0.351
10	0.391	0.430	0.470	0.510	0.549	0.589	0.629	0.669	0.709	0.749
20	0.789	0.830	0.870	0.911	0.951	0.992	1.032	1.073	1.114	1.155
30	1.196	1.237	1.279	1.320	1.361	1.403	1.444	1.486	1.528	1.569

续表

温度/℃	热电势/mV									
	0	1	2	3	4	5	6	7	8	9
40	1.611	1.653	1.695	1.738	1.780	1.882	1.865	1.907	1.950	1.992
50	2.035	2.078	2.121	2.164	2.207	2.250	2.294	2.337	2.380	2.424
60	2.467	2.511	2.555	2.599	2.643	2.687	2.731	2.775	2.819	2.864
70	2.908	2.953	2.997	3.042	3.087	30131	3.176	3.221	3.266	2.312
80	3.357	3.402	3.447	3.493	3.538	3.584	3.630	3.676	3.721	3.767
90	3.813	3.859	3.906	3.952	3.998	4.044	4.091	4.137	4.184	4.231
100	4.277	4.324	4.371	4.418	4.465	4.512	4.559	4.607	4.654	4.701
110	4.749	4.796	4.844	4.891	4.939	4.987	5.035	5.083	5.131	5.179

说明:参考端温度为 0 ℃,依据国际实用温标 IPTS-90。

附录 1.9　25 ℃时材料的线膨胀系数

材料名称	线膨胀系数 $\alpha/℃^{-1}$	材料名称	线膨胀系数 $\alpha/℃^{-1}$
铸铁	10.5×10^{-6}	纯铜	16.5×10^{-6}
非合金钢	$(11 \sim 13) \times 10^{-6}$	康铜	17.5×10^{-6}
纯铁	11.8×10^{-6}	黄铜	19×10^{-6}

附录 1.10　蓖麻油黏度与温度的关系

温度 $t/℃$	$\eta/Pa \cdot s$	温度 $t/℃$	$\eta/Pa \cdot s$	温度 $t/℃$	$\eta/Pa \cdot s$
10	2.42	20	0.95	30	0.45
11	2.20	21	0.87	31	0.42
12	2.00	22	0.79	32	0.39
13	1.83	23	0.73	33	0.36
14	1.67	24	0.67	34	0.34
15	1.51	25	0.62	35	0.31
16	1.37	26	0.57	40	0.23
17	1.25	27	0.53		
18	1.15	28	0.52		
19	1.04	29	0.48		

说明:流体的黏度随温度而变,温度升高时,液体的黏度减小,气体的黏度增大。

附录 1.11　声波在不同媒质中的传播速度

液体	温度 t_0/℃	速度 v/(m·s^{-1})	液体	温度 t_0/℃	速度 v/(m·s^{-1})
海水	17	1 510～1 550	菜籽油	30.8	1 450
普通水	25	1 497	变压器油	32.5	1 425

说明:液体中的声速与液体的压缩模量(即体积模量)及其密度有关,固体中的声速决定于弹性模量及其密度。对于非各向同性固体,声速与传播方向有关。

20 ℃水中的声速约为 1 480 m·s^{-1},17 ℃海水中的声速为 1 510～1 550 m·s^{-1}。

固体材料由于其材质、密度、测试的方法各有差异,故声速测量参数仅供参考。例如,钢中的声速约为 5 050 m·s^{-1}。

许多常见气体的声速在 200～1 300 m·s^{-1} 之间,即大体与平均分子速度相当。在标准状态下,干燥空气的平均摩尔质量 $M=28.964×10^{-3}$ kg·mol^{-1},声速 $u_0 ≈ 331.6$ m·s^{-1}。在 10 ℃、20 ℃和 30 ℃时,空气中的声速分别约为 338 m·s^{-1}、344 m·s^{-1} 和 350 m·s^{-1}。计算声速时,一般取 340 m·s^{-1}(15 ℃的值)。

附录 1.12　各种气体的折射率

空气折射率与空气密度、光线波长、温度与压强等有关。例如,在 20 ℃、101 325 Pa 时,对 546.074 30 nm,不含 CO_2 的干燥空气折射率为 1.000 277 88,真空折射率为 1。

1.12.1　空气折射率(0 ℃,101 325 Pa)

	$λ$/nm	$(n-1)×10^6$			$λ$/nm	$(n-1)×10^6$	
		15 ℃	20 ℃			15 ℃	20 ℃
Cd(红)	634.846 96	276.38	271.63	Cd(蓝)	479.991 04	279.50	274.70
He(黄)	587.562 3	277.15	272.39	Cd(蓝)	467.814 93	279.88	275.07
Hg(绿)	546.074 30	277.88	273.11	He(紫)	447.147 7	280.60	275.79
Cd(绿)	508.582 12	278.72	273.93	Hg(紫)	835.832 5	281.05	276.22

1.12.2　各种气体的折射率($t=0$ ℃,$ρ=101 325$ Pa,$λ=589.3$ nm)

气体	$(n-1)×10^4$	气体	$(n-1)×10^4$	气体	$(n-1)×10^4$
氩(Ar)	2.837	氢(H_2)	1.40	一氧化二氮(N_2O)	5.16
溴(Br_2)	11.32	氯化氢(HCl)	4.47	氖	0.69
乙炔(C_2H_2)	5.10	氦(He)	0.36	氧	2.72
甲烷(CH_4)	4.44	硫化氢(H_2S)	6.23	氙	7.02
一氧化碳(CO)	3.35	氪(Kr)	4.27	空气	2.926
二氧化碳(CO_2)	4.50	氮(N_2)	2.97	水蒸气	2.54
氯(Cl_2)	7.73	氨(NH_3)	3.79		

附录 1.13　汞灯发射光谱波长表(可见光区定标用已知波长)

λ/nm	颜色	相对强度	λ/nm	颜色	相对强度
690.72	深红	弱	546.07	绿	很强
671.62	深红	弱	535.40	绿	弱
623.44	红	中	496.03	蓝绿	中
612.33	红	弱	491.60	蓝绿	中
585.94	黄	弱	434.75	蓝紫	中
589.02	黄	弱	435.84	蓝紫	很强
579.07	黄	弱	433.92	蓝紫	弱
578.97	黄	弱	410.81	紫	弱
576.96	黄	弱	407.78	紫	中
567.59	黄绿	弱	404.66	紫	强

附录 1.14　铜电阻分度表(代号 WZC,分度号 Cu50,50 Ω)

温度/℃	0	1	2	3	4	5	6	7	8	9
	电阻值/Ω									
−50	39.24	下表中只列出 0～129 ℃对应的电阻值								
0	50.00	50.21	50.43	50.64	50.86	51.07	51.28	51.50	51.71	51.93
10	52.14	52.36	52.57	52.78	53.00	53.21	53.43	53.64	53.86	54.07
20	54.28	54.50	54.71	54.92	55.14	55.35	55.57	55.78	56.00	56.21
30	56.42	56.64	56.85	54.07	57.28	57.49	57.71	57.92	58.14	58.35
40	58.56	58.78	58.99	59.21	59.42	59.63	59.85	60.06	60.27	60.49
50	60.70	60.92	61.13	61.34	61.56	61.77	61.98	62.20	62.41	62.63
60	62.84	63.05	63.27	63.48	63.70	63.91	64.12	64.34	64.55	64.76
70	64.98	65.19	65.41	65.62	65.83	66.05	66.26	66.48	66.69	66.96
80	67.12	67.33	67.54	67.76	67.97	68.19	68.40	68.62	68.83	69.00
90	69.26	69.47	69.68	69.90	70.11	70.33	70.54	70.76	70.97	71.18
100	71.40	71.61	71.83	72.04	72.25	72.47	72.68	72.80	73.11	71.33
110	73.54	73.75	73.97	74.18	74.40	74.61	74.83	75.04	75.26	76.47
120	75.68	75.90	76.11	76.33	76.54	76.76	76.97	77.19	77.40	77.62

不同代号或不同生产厂家的产品,电阻温度系数及电阻值可能略有差异。

附录1.15　水的沸点随压强变化参考值

沸点/℃	压强/kPa	沸点/℃	压强/kPa	沸点/℃	压强/kPa	沸点/℃	压强/kPa
100.0	101.3	87.6	64.0	75.2	38.9	60.8	20.7
99.6	99.9	87.2	63.0	74.8	38.2	60.4	20.3
99.2	98.5	86.8	62.0	74.4	37.6	60.0	19.9
98.8	97.1	86.4	61.0	72.0	33.9	59.6	19.5
98.4	95.7	86.0	60.1	71.6	33.4	59.2	19.2
98.0	94.3	85.6	59.2	71.2	32.8	58.8	18.8
97.6	92.9	85.2	58.3	70.8	32.2	58.4	18.5
97.2	91.6	84.8	57.3	70.4	31.7	58.0	18.1
96.8	90.3	84.4	56.5	70.0	31.2	57.6	17.8
96.4	89.0	84.0	55.6	69.6	30.6	57.2	17.5
96.0	87.7	83.6	54.7	69.2	30.1	56.8	17.1
95.6	86.4	83.2	53.8	68.8	29.6	56.4	16.8
95.2	85.1	82.8	53.0	68.4	29.1	56.0	16.5
94.8	83.9	82.4	52.2	68.0	28.6	55.6	16.2
94.4	82.7	82.0	51.3	67.6	28.1	55.2	15.9
94.0	81.4	81.6	55.0	67.2	27.6	54.8	15.6
93.6	80.2	81.2	49.7	66.8	27.1	54.4	15.3
93.2	79.1	80.8	48.9	66.4	26.6	54.0	15.0
92.8	77.9	80.4	48.1	66.0	26.1	53.6	14.7
92.4	76.7	80.0	47.4	65.6	25.7	53.2	14.4
92.0	75.6	79.6	46.6	65.2	25.2	52.8	14.1
91.6	74.5	79.2	45.8	64.8	24.8	52.4	13.9
91.2	73.4	78.8	45.1	64.4	24.3	52.0	13.6
90.8	72.3	78.4	44.4	64.0	23.9	51.6	13.3
90.4	71.2	78.0	43.6	63.6	23.5	51.2	13.1
90.0	70.1	77.6	42.9	63.2	23.1	50.8	12.8
89.6	69.0	77.2	42.2	62.8	22.6	50.4	12.6
89.2	68.0	76.8	41.5	62.4	22.2	50.0	12.3
88.8	67.0	76.4	40.9	62.0	21.8	40.0	7.38
88.4	65.9	76.0	40.2	61.6	21.4	30.0	4.24
88.0	64.9	75.6	39.5	61.2	21.0	20.0	2.34

附录二　物理学与技术发明

附录 2.1　历届诺贝尔物理学奖与物理学技术一览表

时间	科学家	国籍	主要贡献	物理学技术
1901	W. C. 伦琴　　W. C. Roentgen (1845—1923)	德国	首次发现穿透性射线——X射线	医疗影像技术
1908	G. 里普曼　　Gabriel Lippmann (1845—1921)	法国	发明应用干涉现象的天然彩色摄影技术	彩色照相技术
1909	G. 马可尼　　Guglielmo Marconi (1874—1937)	意大利	发明无线电极及其对无线电通信发展作出的贡献	无线电报
	C. F. 布劳恩　　Karl Ferdinand Braun (1850—1918)	德国		
1912	N. G. 达伦　　Nils Gustaf Dalen (1869—1937)	瑞典	发明点燃航标灯和浮标灯的瓦斯自动调节器	瓦斯自动调节器
1928	O. W. 里查森　　Owen W. Richardson (1879—1959)	英国	高温物体中的热离子效应和电子发射方面的研究	热离子现象与无线电电子学
1946	P. W. 布里奇曼　　Percy Willian Bridgman (1882—1961)	美国	研制高压装置并创立了超高压物理	高压物理
1947	E. V. 阿普顿　　Sir Edward V. Appleton (1892—1965)	英国	发现电离层中反射无线电波的阿普顿层	大气物理与无线电报
1956	W. 肖克莱　　William Shockley (1910—1989)	美国	从事半导体研究,并发现晶体管效应	半导体与晶体管
	W. H. 布拉坦　　Walter H. Brattain (1902—1987)	美国		
	J. 巴丁　　John Bardeen (1908—1991)	美国		
1964	C. H. 汤斯　　Charles H. Townes (1915—)	美国	在量子电子学领域中基础研究,根据微波激射器和激光器的原理构成振荡器和放大器	微波激射器、激光
	N. G. 巴索夫　　Nikolar G. Basov (1922—)	苏联	用于产生激光光束的振荡器和放大器的研究工作	
	A. M. 普洛霍罗夫　　Alexander M. Prokhorov (1916—2002)	苏联	在量子电子学中的研究工作,促成了微波激射器和激光器的制作	
1971	D. 盖博尔　　Dennis Gabor (1900—1979)	英国	全息摄影技术的发明及发展	全息照相技术

续表

时间	科学家	国籍	主要贡献	物理学技术
1973	B. D. 约瑟夫森　Brian David Josephson (1940—)	英国	发现固体中的隧道效应,从理论上预言了超导电流能够通过隧道阻挡层的效应(即约瑟夫森效应)	半导体隧道效应
	江崎玲于奈　Leo Esaki(1925—)	日本	从实验上证实了半导体中的隧道效应	—
	I. 贾埃弗　Ivar Giaever(1929—)	美国		
1981	N. 布洛姆伯根　Nicolaos Bloembergen (1920—)	美国	激光光谱学与非线性光学的研究	激光与非线性光学
	A. L. 肖洛　Arthur L. Schowlow (1921—1999)	美国		
	K. M. 瑟巴　Kai M. Siegbahn (1918—)	瑞典	高分辨电子能谱的研究	—
1986	E. 鲁斯卡　Ernst Ruska (1906—1988)	德国	开发了第一架电子显微镜	电子显微镜
	G. 比尼格　Gerd Binning (1947—)	德国	设计并研制了第一架新型电子显微镜——扫描隧道显微镜	新型电子显微镜——扫描隧道显微镜
	H. 罗雷尔　Heinrich Rohrer (1933—)	瑞士		
2000	J. S. C. 基尔比　Jacks S. Clair Kilby (1923—)	美国	发明快速晶体管、激光二极管和集成电路	微电子领域的研究和微芯片的制造
	H. 克雷默　Herbert Kroemer (1928—)	美国		
	Z. I. 阿尔费罗夫　Zhores I. Alferov (1930—)	俄罗斯		
2007	阿尔贝·费尔　Albert Fert (1938—)	法国	巨磁电阻效应	大容量硬盘记录技术
	彼得·格林贝格尔　Peter Grünberg (1939—)	德国		
2009	高琨　Charles K. Kao(1933—)	美国	光导纤维	光通信传输技术
	W.博伊尔　Willard Boyle(1924—) G.E.史密斯　George E. Smith(1930—)	美国	电荷耦合器件(CCD)	数字成像技术
2010	安德烈·盖姆　Andre Geim(1958—) 康斯坦丁·诺沃肖洛夫　Konstantin Novoselov (1974—)	英国	石墨烯	微电子器件等
2014	赤崎勇　Isamu Akasaki(1929—) 天野弘　Hiroshi Amano(1960—) 中村修二　Shuji Nakamura (1954—)	日本	蓝光 LED	白色照明光源

附录 2.2　科学技术的百个重大发现与发明一览表

序号	发现发明者	国别	时间	发现与发明
1	古代中国人	中国	前 11 世纪	制冷技术
2	古代中国人	中国	前 5 世纪	双动式活塞风箱,用于矿产冶炼
3	李冰	中国	前 3 世纪	吊桥
4	商高	中国	前 1 世纪	《周髀算经》,勾股定理
5	不详	中国	前 700 年	滑轮
6	欧几里得	希腊	前 300 年左右	《几何原本》
7	阿基米德	希腊	前 250 年左右	发现浮力原理
8	丁缓	中国	前 140 年	被中香炉
9	耿寿昌	中国	前 52 年	浑天仪(天象仪、浑仪和浑象)
10	蔡伦	中国	公元 105 年	造纸术
11	张衡	中国	约 132 年	候风地动仪
12	古代中国人	中国	25—220 年	算盘
13	祖冲之	中国	462 年	计算出圆周率的分数值 355/113
14	古代中国人	中国	约 581—808 年	火药
15	北齐宫女	中国	约 6 世纪	火柴
16	不详	波斯	650 年	风车
17	古代中国人	中国	868 年	雕版印刷术
18	古代中国人	中国	1000—1200 年	固体火药火箭
19	毕昇	中国	1041—1048 年	活字印刷术
20	苏颂	中国	1088 年	水运仪象台
21	古代中国人	中国	1100 年左右	指南针
22	沈括	中国	11 世纪	磁偏角(《梦溪笔谈》)
23	陈规	中国	1132 年	(竹管)火枪
24	郭守敬	中国	1276 年	简仪(浑天仪的改进)
25	古代中国人	中国	1280 年	马鞍
26	古代中国人	中国	1300 年	眼镜
27	J. 古腾堡	德国	1450 年	铅字印刷术与印刷机
28	L. 达·芬奇	意大利	1490 年	较精确的人体解剖图
29	N. 哥白尼	波兰	1543 年	发现太阳是太阳系的中心,提出日心说
30	G. 伽利略	意大利	1609 年	提出自由落体定律

续表

序号	发现发明者	国别	时间	发现与发明
31	J. 开普勒	德国	1609—1619 年	提出行星运动三定律
32	J. 耐普尔	英国	1614 年	对数
33	P. 皮尔	法国	1631 年	游标卡尺(中国公元初年已有滑动卡尺)
34	W. 盖斯科因	英国	1638 年	螺旋千分尺
35	R. 胡克	英国	1665 年	发现细胞
36	I. 牛顿	英国	1665—1666 年	发现光的色散现象,提出光的微粒说
37	I. 牛顿 G. W. 莱布尼茨	英国 德国	1666 年 1674 年	创立微积分
38	I. 牛顿	英国	1687 年	提出运动三定律和万有引力定律
39	T. 萨维利 T. 纽可门 J. 瓦特	英国 英国 英国	1698 年 1712 年 1765—1769 年	蒸汽泵 纽可门蒸汽机 瓦特蒸汽机
40	古诺	法国	1770 年	汽车
41	J. 哈格里夫斯 R. 阿克赖特 S. 克朗普顿 E. 卡特赖特	英国 英国 英国 英国	1765 年 1769 年 1779 年 1785 年	珍妮纺纱机 水力纺纱机 走锭纺纱机(骡机) 动力织机
42	C. W. 舍勒 J. 普利斯特列 A. L. 拉瓦锡	瑞典 英国 法国	1772 年 1774 年 1777 年	发现氧气,提出燃烧的氧化学说
43	A. 伏打	意大利	1799 年	伏打电堆(电池组)
44	R. 特里维西克 斯蒂芬森	英国 英国	1804 年 1814 年	蒸汽火车 铁路机车(铁轨与火车)
45	R. 富尔顿	美国	1807 年	蒸汽轮船
46	J. 道尔顿	英国	1808 年	提出化学原子论
47	H. C. 奥斯特	丹麦	1820 年	发现电流的磁效应
48	M. 法拉第	英国	1831 年	发现电磁感应现象,提出电磁感应定律
49	J. 麦考密克	美国	1834 年	收割机
50	I. 皮特曼	英国	1839 年	速记法
51	J. P. 焦耳	英国	1840 年	发现电流的热效应,提出焦耳定律
52	J. P. 焦耳 J. R. 迈尔 H. L. F. von 亥姆霍兹	英国 德国 德国	1840 年 1842 年 1847 年	各自独立提出能量守恒定律

续表

序号	发现发明者	国别	时间	发现与发明
53	C. R. 达尔文	英国	1859 年	提出生物进化论学说
54	J. C. 麦克斯韦	英国	1864 年	总结电磁现象的基本规律,提出电磁经典理论,从理论上预言电磁波
55	C. J. 孟德尔	奥地利	1865 年	发现遗传定律,奠定生物遗传学的基本理论
56	A. B. 诺贝尔	瑞典	1867 年	炸药
57	Д. И 门捷列夫	俄国	1869 年	发现元素周期律,绘制出元素周期表
58	A. G. 贝尔	美国	1876 年	电话
59	N. A. 奥托	德国	1876 年	四冲程内燃机
60	T. A. 爱迪生	美国	1877 年	留声机
61	W. 西门子	德国	1879 年	电力机车
62	C. 本茨 G. W. 戴姆勒	德国 德国	1885 年 1885 年	汽油汽车
63	W. K. 伦琴	德国	1895 年	发现 X 射线
64	A. H. 贝克勒尔 M. B. 居里夫妇	法国 法国	1896 年 1896 年起	发现铀的天然放射性现象 发现放射性元素铀、钍、钋、镭
65	J. J. 汤姆孙	英国	1897 年	发现电子
67	马可尼 波波夫	意大利 俄国	1896 年 1895 年	无线电
68	M. 普朗克	德国	1900—1901 年	创立量子假说,对建立量子力学产生重大影响
69	W. 莱特 O. 莱特	美国	1903 年	飞机
70	A. 爱因斯坦	美籍 德国人	1905 年 1915 年	创立狭义相对论 创立广义相对论
71	L. 卢瑟福	新西兰	1911 年	提出原子有核模型
72	N. 玻尔	丹麦	1913 年	创立量子论,第一次较圆满地解释了原子结构
73	A. L 魏格纳	德国	1915 年	提出大陆漂移假说
74	W. K. 海森伯 E. 薛定谔	德国 奥地利	1925 年 1926 年	创立量子力学的矩阵形式 创立量子力学的波动形式
75	J. L. 贝尔德	英国	1925 年	电视
76	F. 惠特尔	英国	1930 年	喷气发动机
77	E. 鲁斯卡 M. 克诺尔	德国 德国	1931 年	电子显微镜
78	J. 查德威克	英国	1932 年	发现中子
79	G. 雷伯	美国	1937 年	射电望远镜

续表

序号	发现发明者	国别	时间	发现与发明
80	L. W. 瓦特	英国	1935 年	雷达
81	O. 哈恩	德国	1939 年	发现原子核的裂变现象
82	E. 费米等	美国	1942 年	原子反应堆
83	J. R. 奥本海默等	美国	1945 年	原子弹
84	P. 埃克特 J. W. 莫奇利 （莫尔小组）	美国	1946 年	埃尼阿克(ENIAC)电子计算机
85	W. B. 肖克莱 J. 巴丁 W. H. 布拉顿	美国	1947 年	晶体管
86	J. D. 沃森 F. H. C. 克里克	美国 英国	1953 年	发现脱氧核糖核酸(DNA)双螺旋结构模型，奠定分子生物学基础
87	杨振宁 米尔斯	中国 美国	1953 年	提出规范场理论
88	苏联科学家	苏联	1957 年	人造卫星
89	J. S. 基尔比 诺伊斯	美国	1958 年	集成电路
90	J. 戴沃 J. 恩伯尔伯格	美国	1961 年	机器人
91	A. A. 彭齐亚斯 R. W. 威尔逊	美国	1964 年	发现宇宙微波背景辐射,为宇宙大爆炸理论提供了观察依据
92	M. 盖尔曼 G. 茨韦格	美国	1964 年	提出强子结构的夸克模型
93	中国科学院 北京大学	中国	1965 年	人工合成胰岛素
94	阿姆斯特朗	美国	1969 年	登陆月球
95	英特尔公司	美国	1971 年	微处理器
96	袁隆平	中国	1973 年	水稻杂交种利用技术
97	L. 爱德华兹 B. 斯戴克	英国	1978 年	试管婴儿
98	M.D.戈特力布	美国	1981 年	首次发现艾滋病毒感染者
99	A. 哈勃	美国	1990 年	哈勃空间望远镜
100	凯克天文台	美国	1999 年	发现距地球 130 亿光年的一个星系

参考文献

[1] 夏征农,陈至立主编.辞海[M].第六版.上海:上海辞书出版社,2009

[2] Horst Stöcker 编.物理手册[M].吴无真,李祝霞,陈师平译.北京:北京大学出版社,2004

[3] 丁慎训,张连芳主编.物理实验教程[M].第二版.北京:清华大学出版社,2002

[6] 张兆奎,缪连元,张立主编.大学物理实验[M].第二版.北京:高等教育出版社,2001

[5] 杨述武主编.普通物理实验(一、力学及热学部分)[M].第三版.北京:高等教育出版社,2000

[6] 杨述武主编.普通物理实验(二、电磁学部分)[M].第三版.北京:高等教育出版社,2000

[7] 杨述武主编.普通物理实验(三、光学部分)[M].第三版.北京:高等教育出版社,2000

[8] 朱鹤年编著.基础物理实验教程物理测量的数据处理与实验设计[M].北京:高等教育出版社,2003

[9] 程守洙,江之永编.普通物理学(1,2,3)(1982 年修订本)[M].北京:高等教育出版社,1982

[10] 杜旭日编著.大学物理实验[M].第二版.厦门:厦门大学出版社,2012

[11] 百度百科.http://baike.baidu.com/

[12] http://www.nobelprize.org/nobel_prizes/physics/laureates/

练习题参考答案

1. (1)量值;(2)函数、量值;(3)结果、真值;(4)绝对误差、真值、百分数;
   (5)系统、随机;(6)恒定、可预知;(7)被测量值、测量误差;(8)可靠、误差;
   (9)大小、单位;(10)测量值、误差、单位;
   (11)可靠的几位数字、可疑的一位数字、精度、准确度;(12)高度、内径、深度;
   (13)0.05、0.02;(14)0.01、零点、系统;(15)砝码;(16)水平、零点、称衡;
   (17)量程、内阻、精度等级;(18)绝对误差、量程;(19)电压降;(20)0.5。

2. (1)5 位,8.45×10^{-1} m 或 8.45×10 cm;(2)4 位,7.54 s;(3)4 位,6.74 g;
   (4)4 位,5.06×10^{-3} kg 或 5.06 g;(5)4 位,4.89×10^{-7} m;(6)10 位,3.14;
   (7)3 位,1.00×10^{-2}。

3. (1)1876;(2)0.86(或 0.85);(3)2.27;(4)6.222.

4. (1)$N = (11.8 \pm 0.2)$ cm;(2)$R = (9.75 \pm 0.07)$ cm;(3)$L = (2.9 \pm 0.8) \times 10^4$ mm;
   (4)$L = (1.283\,0 \pm 0.000\,2)$ cm;(5)$h = (2.73 \pm 0.02) \times 10^5$ mm;
   (6)$d = (12.44 \pm 0.02)$ cm;
   (7)$L = (20.0 \pm 0.5)$ ℃;(8)$\theta = 60°00' \pm 2'$;(9)$L = 8.5$ m $= 8.5 \times 10^3$ mm。

5. (1)最佳值末位未与 σ 末位对齐,应为 (1.55 ± 0.03) mm;
   (2)最佳值末位未与 σ 末位对齐,应为 (6.73 ± 0.01) g;
   (3)σ 多于 2 位,最佳值与 σ 末位未对齐,应为 (84.50 ± 0.14) s 或 (84.5 ± 0.1) s;
   (4)σ 多于 2 位,应为 $(5.64 \pm 0.03) \times 10^5$ Ω 或 (564.0 ± 3.0) kΩ;
   (5)σ 多于 2 位,最佳值与 σ 末位不一致,应为 $59°53.4' \pm 3.5'$;
   (6)最佳值末位没有与 σ 末位对齐,而且最佳值与 σ 所取幂级也不同,不便于观察,应为
   　　$(1.453 \pm 0.038) \times 10^{-2}$ V 或 $(1.45 \pm 0.04) \times 10^{-2}$ V。

6. 由 $V = \dfrac{\pi d^2 h}{4}$ 的不确定度合成公式求 $\dfrac{\sigma_V}{V}$,得 $\dfrac{\sigma_V}{V} = \sqrt{(\dfrac{2\Delta_d}{d})^2 + (\dfrac{\Delta_h}{h})^2}$,计算后写出结果式。

7. (3)。

8. 正确的有:43.50 mm,43.48 mm,43.52 mm。

我赞美目前的祖国,更要三倍地赞美它的将来。

——马雅可夫斯基